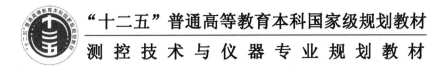

"十二五"普通高等教育本科国家级规划教材

测控技术与仪器专业规划教材

传感器原理与应用

（第 4 版）

孟立凡　郭晨霞　葛双超

刘新妹　李　晨　董和磊　编著

U0226182

电子工业出版社

Publishing House of Electronics Industry

北京 · BEIJING

内 容 简 介

本书是"十二五"普通高等教育本科国家级规划教材,系统全面地阐述了各类传感器的原理及应用,全书内容丰富,概念清楚,涉及面广。新版增加了相应知识点和应用讲解,以及动画的二维码设计,成为一本全媒体教材。全书分3部分,共23章:第1部分共2章,介绍传感器的一般特性、分析方法;第2部分为第3章至第17章,主要论述常见传感器及新型传感器,如电阻应变式、电容式、电感式、压电式、压阻式、热电式、光电式、固态图像、磁阻、射线及微波检测、光纤、化学传感器,以及声表面波传感器、生物传感器、智能传感器等新型传感器,分析了它们的基本原理、静动态特性、测量电路和相关设计知识及应用;第3部分为第18章至第23章,主要介绍智慧家居、智慧交通、智慧城市、智慧电网、智慧救援和智慧生产的架构和特点,以及典型传感器的应用。本书免费提供电子课件等教学资源,读者可登录华信教育资源网 www.hxedu.com.cn 下载使用。

本书可作为检测技术、仪器仪表、自动控制及机电类专业的专科生、本科生和研究生的教材,也可供其他专业学生或有关工程技术人员参考。

图书在版编目(CIP)数据

传感器原理与应用 / 孟立凡等编著. —4 版. —北京:电子工业出版社,2020.12
ISBN 978-7-121-40162-6

Ⅰ. ①传… Ⅱ. ①孟… Ⅲ. ①传感器－高等学校－教材 Ⅳ. ①TP212

中国版本图书馆 CIP 数据核字(2020)第 244053 号

责任编辑:秦淑灵　　特约编辑:田学清
印　　刷:保定市中画美凯印刷有限公司
装　　订:保定市中画美凯印刷有限公司
出版发行:电子工业出版社
　　　　　北京市海淀区万寿路 173 信箱　邮编:100036
开　　本:787×1 092　1/16　印张:20　字数:512 千字
版　　次:2007 年 8 月第 1 版
　　　　　2020 年 12 月第 4 版
印　　次:2024 年 8 月第 8 次印刷
定　　价:59.00 元

前　言

本书第 1 版是由兵器工业总公司教育局组织兵工专业教学指导委员会编写，并于 2000 年 2 月由兵器工业出版社出版发行的"九五"规划教材。2007 年 9 月，《传感器原理与应用》（第 2 版）作为普通高等教育"十一五"国家级规划教材出版；2009 年 6 月，获兵器工业部优秀教材一等奖。2015 年 3 月，《传感器原理与应用》（第 3 版）被列为"十二五"普通高等教育本科国家级规划教材，并获全国优秀教材三等奖。本书基于党的二十大精神，将思政与工程教育的结合提升到新的高度，致力于弘扬民族自信自强、守正创新、踔厉奋发、勇毅前行的精神，响应科教兴国战略，引入新时代的创新技术，展现新时代的创新能力，助力提升读者的创新思维和文化自信。

根据近几年各校教学反馈意见和现代传感器的最新发展，在第 2 版和第 3 版的基础上，第 4 版增加了 7 章全新内容，分别是第 16 章新型传感器及其应用和第 3 部分智慧地球的 6 章内容，同时部分章节针对重、难点内容，增加了相应知识点和应用讲解，以及动画的二维码设计，成为一本全媒体教材。除新增内容外，其余各章节内容在原来的基础上有所删减，结构上也有所调整，更注重基础的专业教学需求，更能反映传感器原理技术基础和科技发展新成果。在传感器设计与应用中引用优秀民族企业的科研成果，弘扬我国科技自主自强精神，激发学生的爱国热情和民族自信心；在"智慧农业"章节宣贯党的方针政策，引领学生想国家之所想、急国家之所急、应国家之所需，更好把为党育人、为国育才落到实处。

本书根据传感器的不同种类分别论述。传感器分论则按照传感器的工作原理、特性、设计、测量电路及应用的次序编写。工作原理部分叙述清晰、充分；特性部分叙述简单、明了，逻辑性强；设计部分培养学生独立思考和解决问题的能力；测量电路部分选材典型、综合性强，激发学生的创造性；应用部分强调要注意选择的多样性，以开阔眼界，为将来的应用做准备。

全书分 3 部分，共 23 章：第 1 部分共 2 章，介绍传感器的一般特性、分析方法；第 2 部分为第 3 章至第 17 章，主要论述常见传感器及新型传感器，如电阻应变式、电容式、电感式、压电式、压阻式、热电式、光电式、固态图像、磁阻、射线及微波检测、光纤、化学传感器，以及声表面波传感器、生物传感器、智能传感器等新型传感器，分析了它们的基本原理、静动态特性、测量电路和相关设计知识及应用；第 3 部分为第 18 章至第 23 章，主要介绍智慧家居、智慧交通、智慧城市、智慧电网、智慧救援和智慧生产的架构和特点，以及典型传感器的应用。

感谢电子工业出版社秦淑灵编辑及其他同志的辛勤工作和热情帮助。

本书第 1、2、7、8 章由中北大学孟立凡教授编写，第 4、6 章由郑宾编写，第 3、13 章由王凡编写，第 5、10、22 章由李晨编写，第 9 章由赵东花编写，第 11、15 章由高璟编写，第 12、14、23 章由董和磊编写，第 16 章由郭晨霞编写，第 17 章由刘新妹编写，第 18、19、20、21 章由葛双超编写。孟立凡教授负责统编全稿。在此致以衷心的感谢。

尽管全体编者都尽心尽力，但因水平有限，书中难免有不足或错误之处，恳请广大读者批评指正。

编　者

2020 年 6 月

目　录

第1部分　传感器的一般特性、分析方法

第2部分　常见传感器与新型传感器

第 3 部分　智慧地球

第1部分

传感器的一般特性、分析方法

第 1 章　传感器概述

1.1　传感器的定义及分类

传感器定义
及分类

1.1.1　传感器的定义

为了研究自然现象和制造劳动工具,人类必须了解外界各类信息。了解外界信息的最初通道是大自然赋予人体的生物体感官,如五官、皮肤等。随着人类实践的发展,仅靠感官获取外界信息是远远不够的,人们必须利用已掌握的知识和技术制造一类元件或装置,以补充或替代人体感官的功能,于是出现了传感器。

能够把特定的被测量信号(如物理量、化学量、生物量等)按一定规律转换成某种可用信号的元件或装置称为传感器。传感器是生物体感官的工程模拟物;反之,生物体的感官则可以看作天然的传感器。

所谓“可用信号”,是指便于传输、处理的信号。目前,电信号最能满足便于传输、便于处理的要求。因此,也可以把传感器狭义地定义为:能把外界非电量信号转换成电信号输出的元件或装置。目前,传感器指的几乎都是以电信号为输出的传感器。除电信号以外,人们还在不断探索和利用新的信号媒介。可以预料,当人类跨入光子时代,光信号能够更为快速、高效传输与处理时,一大批以光信号为输出的元件和装置将加入传感器的家族。

1.1.2　传感器的分类

现已发展起来的传感器用途纷繁,原理各异,形式多样,其分类方法也有多种,其中两种分类方法较为常用。一种是按外界输入信号转换至电信号过程中所利用的效应来分类的分类方法,例如:利用物理效应进行转换的为物理传感器;利用化学反应进行转换的为化学传感器;利用生物效应进行转换的为生物传感器等。表1.1列出了与五官对应的几种传感器及其效应。另一种是按输入量分类的分类方法,如输入信号是用来表征压力大小的就称为压力传感器,这种分类方法可将传感器分为位移(线位移和角位移)、速度、角速度、力、力矩、压力、流速、液面、温度、湿度、光、热、电压、电流、气体成分、浓度和黏度传感器等,用户和生产厂家所关心的各种待测信息的种类,正好与这种分类方法相对应。

表 1.1　与五官对应的几种传感器及其效应

感　　觉	传　感　器	效　　应
视觉(眼)	光敏传感器	物理效应
听觉(耳)	压力敏、磁敏传感器	物理效应
触觉(皮肤)	压力敏、热敏传感器	物理效应
嗅觉(鼻)	气敏、热敏传感器	化学效应、生物效应
味觉(舌)	味敏传感器	化学效应、生物效应

1.2　传感器的作用与地位

如今,信息技术对社会发展、科学进步起到了决定性的作用。现代信息技术的基础包括信息采集、信息传输与信息处理。信息采集离不开传感器技术。传感器位于信息采集系统之首、检测与控制之前,是感知、获取与检测的最前端。科学研究与自动化生产过程中所要获取的各类信息,都须通过传感器获取并转换成电信号。没有传感器技术的发展,整个信息技术的发展就成为一句空话。若将计算机比喻为大脑,那么传感器则可比喻为感官。可以设想,没有功能正常而完善的感觉器官来迅速、准确地采集与转换外界信息,即使有再好的大脑也无法发挥其应有的效能。科学技术越发达,自动化程度越高,工业生产和科学研究对传感器的依赖性越强。20 世纪 80 年代以来,世界各国相继将传感器技术列为重点发展的技术。

传感器广泛应用于各个学科领域。在基础学科和尖端技术的研究中,大到上千光年的茫茫宇宙,小到 10^{-13} cm 的粒子世界;长到数十亿年的天体演化,短到 10^{-24} s 的瞬间反应;高达 1×10^8 的超高温,低到 10^{-6} K 以下的超低温;从 25T 超强磁场到 10^{-11} T 的超弱磁场……要完成如此极巨和极微信息的测量,单靠人的感官和一般电子设备早已无能为力,必须借助配备有专门传感器的高精度测试仪器或大型测试系统。传感器技术的发展,正在把人类感知、认识物质世界的能力推向一个新的高度。

在工业领域与国防领域,高度自动化的装置、系统、工厂和设备是传感器的高度集合地。从工业自动化中的柔性制造系统(FMS)、计算机集成制造系统(CIMS)、几十万千瓦的大型电动机组、连续生产的轧钢生产线、无人驾驶汽车、多功能武器指挥系统,到宇宙飞船或星际、海洋探测器等,无不配置数以千计的传感器,这些传感器昼夜发送各种各样的工况参数,以达到监控运行的目的,成为运行精度、生产速度、产品质量和设备安全的重要保障。

在生物工程、医疗卫生、环境保护、安全防范、家用电器等与人们生活密切相关的方面,传感器的应用也层出不穷。可以肯定地说,未来的社会将充满传感器。

1.3　传感器技术的发展动向

传感器技术所涉及的知识非常广泛,涵盖各个学科领域。但是它们的共性是利用物质的物理、化学和生物等特性,将非电量转换成电量。所以,采用新技术、新工艺、新材料,以及探索新理论,以达到高质量的转换效能,是传感器技术总的发展途径。当前,传感器技术的主要发展动向:一是传感器本身的基础研究;二是和微处理器组合在一起的传感器系统的研究。前者是研究新的传感器材料和工艺,发现新现象;后者是研究如何将检测功能与信号处理技术相结合,向传感器的智能化、集成化发展。

1.3.1　发现新现象

传感器的工作机理是基于各种效应、反应和物理现象的。重新认识诸如压电效应、热释电现象、磁阻效应等已发现的物理现象,以及各种化学反应和生物效应,并充分利用这些现象与效应设计制造各种用途的传感器,是传感器技术领域的重要工作。同时要开展基础研究,以求发现新的物理现象、化学反应和生物效应。各种新的物理现象、化学反应和生物效应可极大地扩大传感器的检测极限和应用领域。例如,利用核磁共振吸收效应的磁传感器能检测 10^{-7} T

的地球磁场强度,利用约瑟夫逊效应的磁传感器(SQUID)能检测 10^{-11}T 的极弱磁场强度,利用约瑟夫逊效应热噪声温度计,能检测 10^{-6}K 的超低温度。值得一提的是,能检测极微弱信号传感器技术的开发,不仅能促进传感器技术本身的发展,还能推动一些新的学科诞生,意义十分重大。

1.3.2　开发新材料

随着物理学和材料科学的发展,人们已经能够在很大程度上根据对材料功能的要求来设计材料的组分,并通过对生产过程的控制,制造出各种所需材料。目前最为成熟、先进的材料技术是以硅加工为主的半导体制造技术。例如,人们利用该项技术设计制造的多功能精密陶瓷气敏传感器可以工作在很高的工作温度下,弥补了硅(或锗)半导体传感器温度上限低的缺点,可用于汽车发动机空燃比控制系统,大大扩展了传统陶瓷传感器的使用范围。有机材料、光导纤维等材料在传感器上的应用,也已成为传感器材料领域的重大突破,引起国内外学者的极大关注。

1.3.3　采用微细加工技术

将硅集成电路技术加以移植并发展,形成了传感器的微细加工技术。这种技术能将电路尺寸加工到光波长数量级,并能实现低成本、超小型传感器的批量生产。

微细加工技术除全面继承氧化、光刻、扩散、淀积等微电子技术外,还发展了平面电子工艺、各向异性腐蚀、固相键合工艺和机械切断技术。利用这些技术对硅材料进行三维形状的加工,能制造出各式各样的新型传感器。例如,利用光刻、扩散工艺已制造出压阻式传感器,利用薄膜工艺已制造出快速响应的气敏、湿敏传感器等。日本横河公司综合利用微细加工技术,在硅片上构成孔、沟、棱锥、半球等各种形状的微型机械元件,并制作出了全硅谐振式压力传感器。

1.3.4　传感器的智能化

"电五官"与"电脑"的结合,就是传感器的智能化。智能化传感器不仅具有信号检测、转换功能,还具有记忆、存储、解析、统计处理,以及自诊断、自校准、自适应等功能。

1.3.5　仿生传感器

传感器相当于人的五官,且在许多方面超过人的五官,但在检测多维复合量方面,传感器的水平则远不如人的五官。尤其是那些与人体生物酶反应相当的嗅觉、味觉等化学传感器,还远未达到人体感官那样高的选择性。实际上,人体感官由非常复杂的细胞组成并与人脑连接紧密,配合协调。工程传感器要完全替代人的五官,则须具备相应复杂细密的结构和相应高度的智能化,这一点目前看来还是不可能的。但是,研究人体感官,开发能够模仿人体嗅觉、味觉、触觉等感觉的仿生传感器,使其功能尽量向人体感官的功能逼近,已成为传感器发展的重要课题。

思　考　题

1-1　传感器的定义是什么?

1-2　传感器有哪些分类方式?怎样分类?

1-3　传感器的发展方向是什么?

第 2 章　传感器的特性及标定

传感器所测量的物理量基本有两种形式:一种是稳态(静态或准静态)的形式,这种形式的信号不随时间变化(或变化很缓慢);另一种是动态(周期变化或瞬态)的形式,这种形式的信号是随时间变化的。由于输入物理量形式不同,传感器所表现出来的输入/输出特性也不同,因此存在所谓静态特性和动态特性。不同传感器有着不同的内部参数,它们的静态特性和动态特性也表现出不同的特点,对测量结果的影响也就各不相同。一个高精度传感器必须同时具有良好的静态特性和动态特性,这样它才能完成对信号(或能量)的无失真转换。

以一定等级的仪器设备为依据,对传感器的动、静态特性进行实验检测,这个过程称为传感器的动、静态标定。本章讨论传感器的特性及标定。

2.1　传感器的静态特性

2.1.1　线性度

如果理想的输出(y)与输入(x)关系曲线是一条直线,即$y = a_0x$,那么称这种关系为线性输入/输出关系。显然,在理想的线性关系之下,只要知道输入/输出直线上的两个点,即可确定其余各点,故输出量的计算和处理十分简便。

1. 非线性输入/输出特性

实际上,许多传感器的输入/输出特性是非线性的,在静态情况下,如果不考虑滞后和蠕变效应,输入/输出特性总可以用如下多项式来逼近

$$y = f(x) = a_0 + a_1x + a_2x^2 + \cdots + a_nx^n \tag{2-1}$$

式中,x——输入信号;

　　y——输出信号;

　　a_0——零位输出;

　　a_1——传感器线性灵敏度;

　　$a_2, a_3, \cdots, a_n$——非线性系数。对于已知的输入/输出特性曲线,非线性系数可由待定系数法求得。

式(2-1)有如图 2.1 所示的 4 种情况。

(1) 理想线性特性如图 2.1(a)所示。当式(2-1)中的$a_0 = a_2 = a_3 = \cdots = a_n = \cdots = 0$时,

$$y = a_1x \tag{2-2}$$

因为直线上所有点的斜率相等,故传感器的灵敏度为

$$a = \frac{y}{x} = k = 常数 \tag{2-3}$$

(2) 输入/输出特性方程仅有奇次非线性项,如图 2.1(b)所示,即

$$y = a_1x + a_3x^3 + a_5x^5 + \cdots \tag{2-4}$$

具有这种特性的传感器在靠近原点的相当大范围内,输入/输出特性基本为线性关系。并且,当 x 大小相等而符号相反时,y 也大小相等而符号相反,相对坐标原点对称,即

$$f(x) = -f(-x)$$

(3) 输入/输出特性方程仅有偶次非线性项,如图 2.1(c)所示,即

$$y = a_1 x + a_2 x^2 + a_4 x^4 + \cdots \tag{2-5}$$

具有这种特性的传感器,其线性范围窄,且对称性差,即 $f(x) \neq -f(x)$。但用两个特性相同的传感器差动工作,即能有效地消除非线性误差。

(4) 输入/输出特性既有奇次项,也有偶次项,如图 2.1(d)所示。

具有这种特性的传感器,其输入/输出特性的表示式即式(2-1)。

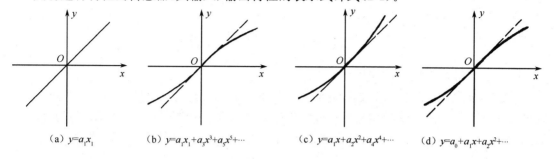

(a) $y = a_1 x_1$ (b) $y = a_1 x_1 + a_3 x^3 + a_5 x^5 + \cdots$ (c) $y = a_1 x + a_2 x^2 + a_4 x^4 + \cdots$ (d) $y = a_0 + a_1 x + a_2 x^2 + \cdots$

图 2.1 传感器的静态特性

2. 非线性特性的"线性化"

在实际使用非线性特性传感器时,如果非线性项次不高,在输入量不大的情况下,可以用实际特性曲线的切线或割线等直线来近似地代表实际特性曲线的一段,如图 2.2 所示,这种方法称为传感器的非线性特性的线性化,所采用的直线称为拟合直线。

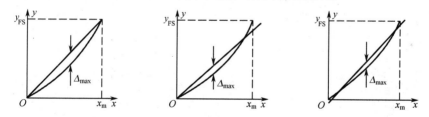

图 2.2 输入/输出特性的非线性特性的线性化

传感器的实际特性曲线与拟合直线不吻合的程度,在线性传感器中称为非线性误差或线性度。常用相对误差的概念表示线性度的大小,即传感器的实际特性曲线与拟合直线之间的最大偏差的绝对值与满量程输出之比为

$$e_1 = \pm \frac{\Delta_{\max}}{y_{FS}} \times 100\% \tag{2-6}$$

式中,e_1——非线性误差(线性度);

$\Delta_{\max}$——实际特性曲线与拟合直线之间的最大偏差;

y_{FS}——满量程输出。

传感器的输入/输出特性曲线的静态特性实验是在静态标准条件下进行的。静态标准条件是指没有加速度、振动、冲击(除非这些本身就是被测物理量),环境温度为(20±5)℃,相对

湿度小于85%,气压为(101±8)kPa的情况。在静态标准条件下,利用一定等级的标准设备,对传感器进行往复循环测试,得到的输入/输出数据一般用表列出或绘成曲线,这种曲线称为实际特性曲线。

显然,非线性误差是将拟合直线作为基准直线计算出来的,基准直线不同,计算出来的线性度也不相同。因此,在提到线性度或非线性误差时,必须说明其依据怎样的基准直线。

(1) 最佳平均直线与独立线性度。

找出一条直线,使该直线与实际输出特性曲线的最大正偏差等于最大负偏差。然而这样的直线不止一条,其中最大偏差最小的直线,称为最佳平均直线。根据该直线确定的线性度称为独立线性度,如图2.3所示。

在考虑独立线性度的情况下,式(2-6)应改为

$$e_1 = \pm \frac{|+\Delta_{\max}| + |-\Delta_{\max}|}{2y_{FS}} \times 100\% \tag{2-7}$$

(2) 端点直线和端点线性度。

取零点为直线的起始点,满量程输出的100%作为终止点,通过这两个端点做一条直线为端点直线,根据该端点直线确定的线性度称为端点线性度。用端点直线作为拟合直线,优点是简单,便于应用;缺点是没有考虑所有校准数据的分布,故其拟合精度低。端点直线如图2.4所示,其方程为

$$y = b + kx \tag{2-8}$$

$$k = \frac{y_m - y_1}{x_m - x_1} \tag{2-9}$$

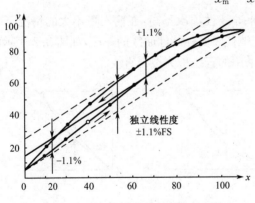

图2.3 独立线性度的理论曲线

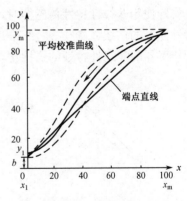

图2.4 端点直线

端点直线的截距为

$$b = \frac{y_1 x_m - y_m x_1}{x_m - x_1} \tag{2-10}$$

当检测下限 $x = x_1 = 0$ 时,端点直线方程为

$$y = y_1 + \frac{y_m - y_1}{x_m - x_1} x \tag{2-11}$$

(3) 端点直线平移线。

端点直线平移线如图2.5所示,它是与端点直线 AB 平行,并在整个检测范围内使最大正误差与最大负误差的绝对值相等的一根直线,即直线 CD。若在各校准点中相对端点直线的最大正、负误差为 $+\Delta_{\max}$ 和 $-\Delta_{\max}$,则端点直线平移线的截距为

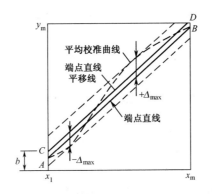

图 2.5　端点直线平移线

$$b = \frac{y_1 x_{\mathrm{m}} - y_{\mathrm{m}} x_1}{x_{\mathrm{m}} - x_1} + \frac{|+\Delta_{\max}| - |-\Delta_{\max}|}{2} \tag{2-12}$$

其斜率与式(2-9)的斜率相同。显然,端点直线平移线的方程为

$$y = \frac{y_1 x_{\mathrm{m}} - y_{\mathrm{m}} x_1}{x_{\mathrm{m}} - x_1} + \frac{|+\Delta_{\max}| - |-\Delta_{\max}|}{2} + \frac{y_{\mathrm{m}} - y_1}{x_{\mathrm{m}} - x_1} x \tag{2-13}$$

当检测下限 $x = x_1 = 0$ 时

$$y = y_1 + \frac{|+\Delta_{\max}| - |-\Delta_{\max}|}{2} + \frac{y_{\mathrm{m}} - y_1}{x_{\mathrm{m}}} x \tag{2-14}$$

因此,将端点直线平移线作为理论特性曲线时的最大误差为

$$\Delta_{\max} = \frac{|+\Delta_{\max}| + |-\Delta_{\max}|}{2} \tag{2-15}$$

端点直线平移线可看作最佳平均直线的一种近似。

（4）最小二乘法直线和最小二乘法线性度。

找出一条直线,使该直线各点与相应的实际输出的偏差的平方和最小,这条直线称为最小二乘法直线。若有 n 个检测点,其中第 i 个检测点与最小二乘法直线上相应值之间的偏差为

$$\Delta_i = y_i - (b + k x_i) \tag{2-16}$$

最小二乘法理论直线的拟合原则是使 $\sum\limits_{i=1}^{n} \Delta_i^2$ 最小,即使其对 k 和 b 的一阶偏导数等于零,故可得到 b 和 k 的表达式为

$$\frac{\partial}{\partial k} \sum \Delta_i^2 = 2 \sum (y_i - k x_i - b)(-x_i) = 0, \qquad \frac{\partial}{\partial b} \sum \Delta_i^2 = 2 \sum (y_i - k x_i - b)(-1) = 0$$

从而得到

$$k = \frac{n \sum x_i y_i - \sum x_i \cdot \sum y_i}{n \sum x_i^2 - (\sum x_i)^2} \tag{2-17}$$

$$b = \frac{\sum x_i^2 \cdot \sum y_i - \sum x_i \cdot \sum x_i y_i}{n \sum x_i^2 - (\sum x_i)^2} \tag{2-18}$$

式中, $\sum x_i = x_1 + x_2 + \cdots + x_n$;

$\quad \sum y_i = y_1 + y_2 + \cdots + y_n$;

$\quad \sum x_i y_i = x_1 y_1 + x_2 y_2 + \cdots + x_n y_n$;

$\quad \sum x_i^2 = x_1^2 + x_2^2 + \cdots + x_n^2$;

$\quad n$——校准点数。

将求得的 k 和 b 代入 $y=b+kx$ 中,即可得到最小二乘法拟合直线方程。这种拟合方法的缺点是计算烦琐,但线性的拟合精度高。

2.1.2　灵敏度

线性传感器的校准曲线的斜率就是静态灵敏度,它是传感器的输出量变化和输入量变化之比,即

$$k_n = \frac{\Delta y}{\Delta x} \qquad (2\text{-}19)$$

式中,k_n——静态灵敏度。

例如,对于位移传感器,当位移量 Δx 为 $1\mu m$,输出量 Δy 为 $0.2mV$ 时,灵敏度 k_n 为 $0.2mV/\mu m$。非线性传感器的灵敏度通常用拟合直线的斜率表示。非线性特别明显的传感器的灵敏度可用 dy/dx 表示,也可用某一小区域内拟合直线的斜率表示。

2.1.3　迟滞

迟滞表示传感器在输入值增长的过程中(正行程)和减少的过程中(反行程),同一输入量输入时,输出值的差别,如图 2.6 所示。迟滞是传感器的一个性能指标,该指标反映了传感器的机械部件和结构材料等存在的问题,如轴承摩擦、灰尘积塞、间隙不适当、螺钉松动、元件磨损(或碎裂),以及材料的内部摩擦等。迟滞的大小通常由整个检测范围内的最大迟滞值 Δ_{max} 与理论满量程输出之比的百分数表示,即

$$e_t = \frac{\Delta_{max}}{y_{FS}} \times 100\% \qquad (2\text{-}20)$$

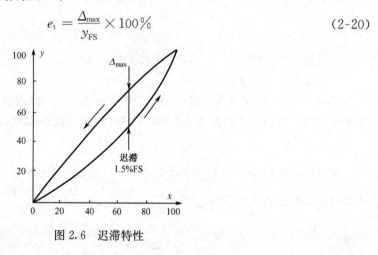

图 2.6　迟滞特性

2.1.4　重复性

当传感器的输入量按同一方向做多次变化时,各次检测所得的输入/输出特性曲线往往不重复,如图 2.7 所示。产生不重复的原因和产生迟滞的原因相同。重复性误差 e_R 通常用输出最大不重复误差 Δ_{max} 与满量程输出 y_{FS} 之比的百分数表示,即

$$e_R = \frac{\Delta_{max}}{y_{FS}} \times 100\% \qquad (2\text{-}21)$$

式中,Δ_{max}——Δ_{1max} 与 $\Delta_{2\,max}$ 两数值之中的最大者;

Δ_{1max}——正行程多次测量的各个测试点输出值之间的最大偏差;

Δ_{2max}——反行程多次测量的各个测试点输出值之间的最大偏差。

重复性误差是属于随机误差性质的,校准数据的离散程度是与随机误差的精度相关的,应

根据标准偏差来计算重复性指标。重复性误差 e_R 又可按下式来表示

$$e_R = \pm \frac{(2 \sim 3)\sigma}{y_{FS}} \times 100\%$$

式中, σ——标准偏差。

重复性误差服从正态分布误差,其 σ 可以根据贝塞尔公式来计算

$$\sigma = \sqrt{\frac{\sum\limits_{i=1}^{n}(y_i - \overline{y})^2}{n-1}}$$

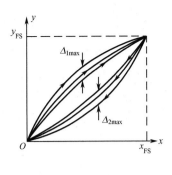

图 2.7 重复性

式中, y_i——测量值;

$\overline{y}$——测量值的算术平均值;

n——测量次数。

2.2 传感器的动态特性

即使静态性能很好的传感器,当被检测物理量随时间变化时,如果传感器的输出量不能很好地追随输入量的变化而变化,也有可能导致高达百分之几十甚至百分之百的误差。因此,在研究、生产和应用传感器时,要特别注意其动态特性的研究。动态特性是指传感器对随时间变化的输入量的响应特性。动态特性好的传感器的输出量随时间变化的曲线与被测量随同一时间变化的曲线一致或相近。实际被测物理量随时间变化的形式可能是各种各样的,根据哪种变化的形式来判断一个传感器动态特性的好坏呢?在实际研究中,通常根据标准输入特性来判断传感器的响应特性。标准输入有两种:正弦变化和阶跃变化。传感器的动态特性分析和动态标定都以这两种标准状态输入为依据。对任一传感器,只要输入量是时间的函数,则其输出量也应是时间的函数。

2.2.1 传感器动态特性的数学模型

传感器的动态特性比静态特性要复杂得多,必须根据传感器结构与特性,建立与之对应的数学模型,从而利用逻辑推理和运算方法等已有的数学成果,对传感器的动态特性进行分析和研究。使用最广泛的数学模型是线性常系数微分方程,只要对该微分方程求解,就可得到动态性能指标。线性常系数微分方程一般形式为

$$a_n \frac{\mathrm{d}^n y}{\mathrm{d}t^n} + a_{n-1} \frac{\mathrm{d}^{n-1} y}{\mathrm{d}t^{n-1}} + \cdots + a_1 \frac{\mathrm{d}y}{\mathrm{d}t} + a_0 y = b_m \frac{\mathrm{d}^m x}{\mathrm{d}t^m} + b_{m-1} \frac{\mathrm{d}^{m-1} x}{\mathrm{d}t^{m-1}} + \cdots + b_1 \frac{\mathrm{d}x}{\mathrm{d}t} + b_0 x$$

(2-22)

式中, $x = x(t)$——输入信号;

$y = y(t)$——输出信号;

a_i、b_i——取决于传感器的某些物理参数(除 $b_0 \neq 0$ 外,通常 $b_1 = b_2 = \cdots = b_m = 0$)。

常见的传感器物理模型通常可用零阶、一阶或二阶的线性常系数微分方程描述,其输入/输出动态特性称为零阶环节、一阶环节或二阶环节,相应地将传感器称为零阶传感器、一阶传感器或二阶传感器,即

$$a_0 y = b_0 x \quad (零阶环节)$$

$$a_1 \frac{\mathrm{d}y}{\mathrm{d}t} + a_0 y = b_0 x \quad (一阶环节)$$

$$a_2 \frac{\mathrm{d}^2 y}{\mathrm{d}t^2} + a_1 \frac{\mathrm{d}y}{\mathrm{d}t} + a_0 y = b_0 x \quad \text{(二阶环节)}$$

显然，阶数越高，传感器的动态特性越复杂。零阶环节在测量上是理想环节，因为不管 $x = x(t)$ 如何变化，其输出总是与输入成简单的正比关系。严格来说，零阶传感器不存在，只能说有近似的零阶传感器。常见的是一阶传感器和二阶传感器。

理论上，由式(2-22)可以计算出传感器输入与输出的关系，但是对于一个复杂的系统和复杂的输入信号，采用式(2-22)求解很困难。因此，在信息论和控制论中，通常采用一些足以反映系统动态特性的函数将系统的输出与输入联系起来。这些函数有传递函数、频率响应函数和脉冲响应函数等。

2.2.2 算子符号法与传递函数

算子符号法和传递函数的概念在传感器的分析、设计和应用中十分有用。利用这些概念，可以用代数式的形式表征系统本身的传输、转换特性，这些特性与激励和系统的初始状态无关。因此，如果两个完全不同的物理系统由同一个传递函数来表征，那么说明这两个系统的传递特性是相似的。

用算子 D 代表 $\mathrm{d}/\mathrm{d}t$，则式(2-22)可改写为

$$(a_n D^n + a_{n-1} D^{n-1} + \cdots + a_1 D + a_0) y = (b_m D^m + b_{m-1} D^{m-1} + \cdots + b_1 D + b_0) x \quad (2\text{-}23)$$

这样，用算子形式表示的传感器的数学模型为

$$\frac{y}{x}(D) = \frac{b_m D^m + b_{m-1} D^{m-1} + \cdots + b_1 D + b_0}{a_n D^n + a_{n-1} D^{n-1} + \cdots + a_1 D + a_0} \quad (2\text{-}24)$$

采用算子符号法可使方程的分析得到适当简化。

对式(2-22)取拉普拉斯变换，得

$$Y(s)(a_n s^n + a_{n-1} s^{n-1} + \cdots + a_1 s + a_0) = X(s)(b_m s^m + b_{m-1} s^{m-1} + \cdots + b_1 s + b_0) \quad (2\text{-}25)$$

或

$$\frac{Y(s)}{X(s)} = \frac{b_m s^m + b_{m-1} s^{m-1} + \cdots + b_1 s + b_0}{a_n s^n + a_{n-1} s^{n-1} + \cdots + a_1 s + a_0} \quad (2\text{-}26)$$

输出 $y(t)$ 的拉普拉斯变换 $Y(s)$ 和输入 $x(t)$ 的拉普拉斯变换 $X(s)$ 之比称为传递函数，记为 $H(s)$，即

$$H(s) = \frac{Y(s)}{X(s)} \quad (2\text{-}27)$$

引入传递函数概念之后，在 $Y(s)$、$X(s)$ 和 $H(s)$ 三者之中，知道任意两个，第三个便可以容易求得。这样就为了解一个复杂的系统传递信息特性创造了方便条件，这时不需要了解复杂系统的具体内容，只要给系统一个激励信号 $x(t)$，得到系统对 $x(t)$ 的响应 $y(t)$，系统特性就可以确定了。

2.2.3 频率响应函数

对于稳定的常系数线性系统，可用傅里叶变换代替拉普拉斯变换，此时式(2-26)变为

$$H(\mathrm{j}\omega) = \frac{Y(\mathrm{j}\omega)}{X(\mathrm{j}\omega)} = \frac{b_m(\mathrm{j}\omega)^m + b_{m-1}(\mathrm{j}\omega)^{m-1} + \cdots + b_1(\mathrm{j}\omega) + b_0}{a_n(\mathrm{j}\omega)^n + a_{n-1}(\mathrm{j}\omega)^{n-1} + \cdots + a_1(\mathrm{j}\omega) + a_0} \quad (2\text{-}28)$$

$H(\mathrm{j}\omega)$ 称为传感器的频率响应函数，简称频率响应或频率特性。很明显，频率响应是传递函数的一个特例。

不难看出，传感器的频率响应函数 $H(\mathrm{j}\omega)$ 就是在初始条件为零时，输出的傅里叶变换与输

入的傅里叶变换之比,是在频域对系统传递信息特性的描述。输出量幅值与输入量幅值之比称为传感器的幅频特性。输出量与输入量的相位差称为传感器的相频特性。

2.2.4 动态响应特性

1. 正弦输入时的频率响应

(1) 一阶系统。

一阶系统方程式的一般形式为

$$a_1 \frac{\mathrm{d}y}{\mathrm{d}t} + a_0 y = b_0 x$$

上式两边都除以 a_0,得

$$\frac{a_1}{a_0} \frac{\mathrm{d}y}{\mathrm{d}t} + y = \frac{b_0}{a_0} x$$

或者写成

$$\tau \frac{\mathrm{d}y}{\mathrm{d}t} + y = kx$$

式中,τ——时间常数($\tau = a_1/a_0$);

k——静态灵敏度($k = b_0/a_0$)(在动态特性分析中,k 只起输出量增加 k 倍的作用。因此为了方便起见,在讨论任意阶传感器时可使 $k = 1$,这种处理方法称为灵敏度归一化)。由式 (2-27) 可知,一阶系统的传递函数为

$$H(s) = \frac{1}{1 + \tau s} \tag{2-29}$$

频率特性为

$$H(\mathrm{j}\omega) = \frac{1}{1 + \tau \mathrm{j}\omega} \tag{2-30}$$

幅频特性为

$$|H(\mathrm{j}\omega)| = \frac{1}{\sqrt{1 + (\omega\tau)^2}} \tag{2-31}$$

相频特性为

$$\phi(\omega) = \arctan(-\omega\tau) \tag{2-32}$$

由弹簧(刚度为 k)和阻尼器(阻尼系数为 c)组成的机械系统为单自由度一阶系统,如图 2.8 所示。

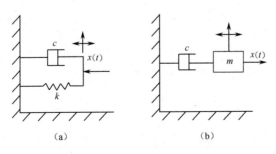

图 2.8　单自由度一阶系统

单自由度一阶系统的运动方程式为

$$c\frac{\mathrm{d}y}{\mathrm{d}t}+ky=b_0x$$

式中，c——阻尼系数；

k ——刚度。

上式可改写为

$$\tau\frac{\mathrm{d}y}{\mathrm{d}t}+y=kx(t)$$

式中，τ——时间常数（$\tau=c/k$）；

k——静态灵敏度（$k=b_0/k$）。

利用式(2-30)、式(2-31)和式(2-32)即可求得单自由度一阶系统的频率特性、幅频特性和相频特性的表达式。除了弹簧-阻尼、质量块-阻尼系统为一阶系统，R-C、L-R 电路和液体温度计等也是一阶系统。图 2.9 为一阶传感器的频率响应特性曲线。

从式(2-31)、式(2-32)和图 2.9 可以看出，时间常数 τ 越小，频率响应特性越好。当 $\tau\omega\leqslant1$ 时：$A(\omega)\approx1$，传感器输出与输入为线性关系；$\phi(\omega)$ 很小，$\tan\phi\approx\phi$，相位差与频率 ω 为线性关系。这时保证了测试是无失真的，输出 $y(t)$ 真实地反映了输入 $x(t)$ 的变化规律。

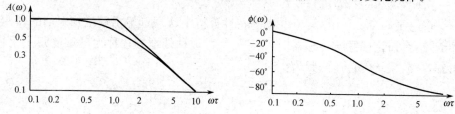

图 2.9　一阶传感器的频率响应特性曲线

（2）二阶系统。

很多传感器（如振动传感器、压力传感器、加速度传感器等）都包含运动质量块（质量为 m）、弹性敏感元件和阻尼器，这三者组成了一个单自由度二阶系统，如图 2.10 所示。

根据牛顿第二定律，可以写出单自由度二阶系统的力平衡方程式

$$m\frac{\mathrm{d}^2y}{\mathrm{d}t^2}+c\frac{\mathrm{d}y}{\mathrm{d}t}+ky=F(t)$$

式中，$F(t)$——作用力；

y——位移；

m——运动质量块的质量；

c——阻尼系数；

k——弹簧刚度。

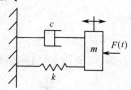

图 2.10　单自由度二阶系统

上式中的 $m\frac{\mathrm{d}^2y}{\mathrm{d}t^2}$ 表示惯性力；$c\frac{\mathrm{d}y}{\mathrm{d}t}$ 表示阻尼力；ky 表示弹性力。上式又可写成

$$\frac{\mathrm{d}^2y}{\mathrm{d}t^2}+2\xi\omega_0\frac{\mathrm{d}y}{\mathrm{d}t}+\omega_0^2y=K_1F(t)$$

式中，ω_0——系统无阻尼时的固有振动角频率（$\omega_0=\sqrt{k/m}$）；

ξ——阻尼比（$\xi=\dfrac{c}{2\sqrt{km}}$）；

K_1——常数$(K_1=1/m)$。

将上式写成一般通用形式

$$\frac{1}{\omega_0^2}\frac{\mathrm{d}^2 y}{\mathrm{d}t^2}+\frac{2\xi}{\omega_0}\frac{\mathrm{d}y}{\mathrm{d}t}+y=\frac{K_1}{\omega_0^2}F(t)=KF(t) \qquad (2\text{-}33)$$

式中,K——静态灵敏度$(K=1/m\omega_0^2)$。

式(2-33)的拉普拉斯变换式为

$$\left(\frac{1}{\omega_0^2}s^2+\frac{2\xi}{\omega_0}s+1\right)y(s)=KF(s)$$

传递函数为

$$H(s)=\frac{K}{\dfrac{s^2}{\omega_0^2}+\dfrac{2\xi s}{\omega_0}+1} \qquad (2\text{-}34)$$

频率特性为

$$H(\mathrm{j}\omega)=\frac{K}{1-\left(\dfrac{\omega}{\omega_0}\right)^2+2\xi\mathrm{j}\left(\dfrac{\omega}{\omega_0}\right)} \qquad (2\text{-}35)$$

任何一个二阶系统都具有如式(2-35)所示的频率特性。由式(2-35)可知,二阶系统的幅频特性为

$$|H(\mathrm{j}\omega)|=\frac{K}{\sqrt{[1-(\omega/\omega_0)^2]^2+4\xi^2(\omega/\omega_0)^2}} \qquad (2\text{-}36)$$

相频特性为

$$\phi(\omega)=\arctan\left[\frac{2\xi}{(\omega/\omega_0)-(\omega_0/\omega)}\right] \qquad (2\text{-}37)$$

图 2.11 为二阶传感器的频率响应特性曲线。由图 2.11 可见,传感器的频率响应特性的好坏主要取决于传感器的固有频率 ω_0 和阻尼比 ξ。当 $\xi<1,\omega\ll\omega_0$ 时:$A(\omega)\approx1$,幅频特性曲线平直,输出与输入为线性关系;$\phi(\omega)$很小,$\phi(\omega)$与 ω 为线性关系。此时,系统的输出 $y(t)$ 真实准确地再现输入 $x(t)$ 的波形,这是测试设备应有的性能。通过上面的分析,可以得出这样的结论:为了使测试结果能精确地再现被测信号的波形,在设计传感器时,必须使其阻尼比 $\xi<1$,固有频率 ω_0 至少应不低于被测信号频率 ω 的 3 倍,即 $\omega_0\geqslant3\omega$。

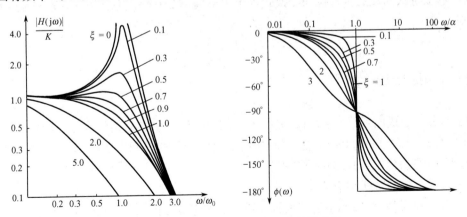

图 2.11　二阶传感器的频率响应特性曲线

在实际测试中，当 $\xi<1$ 时，$H(\omega)$ 在 $\omega/\omega_0\approx1(\omega\rightarrow\omega_0)$ 时出现极大值，即出现共振现象。当 $\xi=0$ 时，共振频率就等于无阻尼固有频率 ω_0；当 $\xi>0$ 时，有阻尼的共振频率为 $\omega_d=\sqrt{1-\xi^2}\,\omega_0$。另外，在 $\omega\rightarrow\omega_0$ 时，$\phi(\omega)$ 趋近于 $-90°$。通常，当 ξ 很小时，取 $\omega=\omega_0/10$ 的区域作为传感器的通频带。当 $\xi=0.7$（最佳阻尼）时，幅频特性曲线平坦段最宽，且相频特性曲线近似一条直线，在这种情况下，若取 $\omega=\omega_0/(2\sim3)$ 为通频带，其幅度失真不超过 2.5%，而输出曲线比输入曲线延迟 $\Delta t=\pi/2\omega_0$。当 $\xi=1$（临界阻尼）时，幅频特性永远小于1，其共振频率 $\omega_d=0$。但因幅频特性曲线下降得太快，平坦段反而变短了。当 $\omega/\omega_0=1(\omega=\omega_0)$ 时，幅频特性趋于零，几乎无响应。

如果传感器的固有频率 ω_0 不低于输入信号谐波中最高频率 ω_{max} 的3倍，这样可以保证动态测试精度。但保证 ω_0 达到3倍的 ω_{max} 在制造上很困难，且 ω_0 太高又会影响传感器的灵敏度。实践表明，如果被测信号的波形与正弦波相差不大，则被测信号谐波中最高频率 ω_{max} 可为其基频 ω 的 $3\sim5$ 倍。这样，在选用和设计传感器时，保证传感器固有频率 ω_0 不低于被测信号基频的10倍即可。从上面分析可知：为了减小动态误差和扩大频响范围，一般是通过减小传感器运动部分质量和增加弹性敏感元件的刚度来提高传感器的固有频率 ω_0 的。但刚度增加，必然使灵敏度按比例减小。所以在实际中，要综合各种因素来确定传感器的各个特征参数。

2. 阶跃信号输入时的阶跃响应

（1）一阶系统的阶跃响应。

传感器的动态特性除可以用频域中的频率特性来表征外，也可以根据时域中的瞬态响应和过渡过程进行分析。阶跃函数、冲激函数和斜坡函数等是常用激励函数。对于起始静止的传感器，若输入的是一个单位阶跃信号，则当 $t=0$ 时，x 和 y 均为零（既没有输入时也没有输出）；当 $t>0$ 时，有一个阶跃信号 $x(t)=1(t)$（幅值为1）输入，如图2.12(a)所示。一阶系统的传递函数为

$$H(s)=\frac{Y(s)}{X(s)}=\frac{1}{1+\tau s}$$

$$Y(s)=H(s)X(s)$$

因为单位阶跃函数的拉普拉斯变换式等于 $1/s$，将 $X(s)=1/s$ 代入，并将 $Y(s)$ 展开成部分分式，则

$$Y(s)=\frac{1}{s}-\frac{\tau}{1+\tau s}$$

上式进行拉普拉斯反变换可得

$$y(t)=1-\mathrm{e}^{-t/\tau}\quad(t>0) \tag{2-38}$$

将式(2-38)画成曲线，如图2.12(b)所示，可以看出，输出的初始值为零；随着时间推移，y 接近于1；当 $t=\tau$ 时，$y=0.63$。τ 是系统的时间常数，系统的时间常数越小，响应就越快，故系统的时间常数是决定响应速度的重要参数。

（2）二阶系统的阶跃响应。

具有惯性质量块、弹簧和阻尼器的振动系统是典型的二阶系统，它的传递函数为

$$H(s)=\frac{Y(s)}{X(s)}=\frac{K\omega_0^2}{s^2+2\xi\omega_0 s+\omega_0^2}$$

当输入信号 $X(s)$ 为单位阶跃信号时，$X(s)=1/s$，则输出为

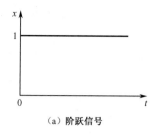

（a）阶跃信号

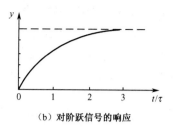

（b）对阶跃信号的响应

图 2.12　一阶系统的阶跃响应

$$Y(s) = X(s)H(s) = \frac{K\omega_0^2}{s(s^2 + 2\xi\omega_0 s + \omega_0^2)} \tag{2-39}$$

① $0 < \xi < 1$，衰减振荡情形，此时式(2-39)可展开成部分分式

$$Y(s) = K\left[\frac{1}{s} - \frac{s + 2\xi\omega_0}{s^2 + 2\xi\omega_0 s + \omega_0^2}\right] \tag{2-40}$$

式(2-40)的第二项分母特征方程在 $0 < \xi < 1$ 时为复数，令 $\omega_d = \omega_0\sqrt{1-\xi^2}$（称为阻尼振荡角频率），式(2-40)可写为如下形式

$$Y(s) = K\left[\frac{1}{s} - \frac{s + 2\xi\omega_0}{(s + \xi\omega_0 + j\omega_d)(s + \xi\omega_0 - j\omega_d)}\right]$$

$$Y(s) = K\left[\frac{1}{s} - \frac{s + 2\xi\omega_0}{(s + \omega_0\xi)^2 + \omega_d^2}\right] = K\left[\frac{1}{s} - \frac{s + \xi\omega_0}{(s + \xi\omega_0)^2 + \omega_d^2} - \frac{\xi\omega_0}{(s + \xi\omega_0)^2 + \omega_d^2}\right]$$

上式进行拉普拉斯反变换可得

$$y(t) = K\left[1 - \frac{e^{-\xi\omega_0 t}}{\sqrt{1-\xi^2}}\sin\left(\omega_d t + \arctan\frac{\sqrt{1-\xi^2}}{\xi}\right)\right] \quad (t \geqslant 0) \tag{2-41}$$

由式(2-41)可知，在 $0 < \xi < 1$ 的情形下，阶跃信号输入时的输出信号为衰减振荡，其阻尼振荡角频率为 ω_d；幅值按指数衰减，ξ 越大，即阻尼越大，衰减越快。

② $\xi = 0$，无阻尼，即临界振荡情形，此时将 $\xi = 0$ 代入式(2-41)，得

$$y(t) = k[1 - \cos\omega_0 t] \quad (t \geqslant 0) \tag{2-42}$$

临界振荡为一个等幅振荡过程，其振荡频率就是系统的固有振动角频率 ω_0。实际上，系统总有一定的阻尼，所以 ω_d 总小于 ω_0。

③ $\xi = 1$，临界阻尼情形，此时式(2-39)成为

$$Y(s) = \frac{K\omega_0^2}{s(s + \omega_0)^2}$$

上式分母的特征方程的解为两个相同实数，由拉普拉斯变换式的反变换可得

$$y(t) = K[1 - e^{-\omega_0 t}(1 + \omega_0 t)] \tag{2-43}$$

式(2-43)表明系统既无超调也无振荡。

④ $\xi > 1$，过阻尼情形，此时式(2-39)可写成

$$Y(s) = \frac{k\omega_0^2}{s(s + \xi\omega_0 + \omega_0\sqrt{\xi^2-1})(s + \xi\omega_0 - \omega_0\sqrt{\xi^2-1})}$$

上式进行拉普拉斯反变换后为

$$y(t) = K\left\{1 + \frac{1}{2(\xi^2 - \xi\sqrt{\xi^2-1} - 1)}e^{[-(\xi-\sqrt{\xi^2-1})\omega_0 t]} + \frac{1}{2(\xi^2 + \xi\sqrt{\xi^2-1} - 1)}e^{[-(\xi+\sqrt{\xi^2-1})\omega_0 t]}\right\}$$

$$(t > 0) \tag{2-44}$$

式(2-44)表明,若 $\xi>1$,则传感器等同于两个一阶系统串联。此时虽然不产生振荡(不发生超调),但也需要经过较长时间才能达到稳态。

对应于不同 ξ 值的二阶系统单位阶跃响应曲线族如图 2.13 所示,由于横坐标是无量纲变量 $\omega_0 t$,所以该曲线族只与 ξ 有关。由图 2.13 可见,在一定的 ξ 值下,欠阻尼系统比临界阻尼系统更快地达到稳态;过阻尼系统反应迟钝,动作缓慢,所以系统通常设计成欠阻尼系统,ξ 取值为 $0.6\sim0.8$。

测量系统的动态特性常用单位阶跃信号(其初始值为零)作为输入信号时通过输出 $y(t)$ 的变化曲线来表示,如图 2.14 所示。表征动态特性的主要参数有上升时间 t_r,响应时间(过程时间)t_s,超调量 σ_p,衰减度 ϕ 等。

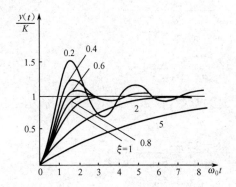
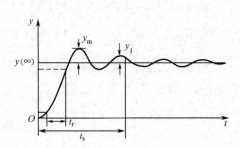

图 2.13　对应于不同 ξ 值的二阶系统单位阶跃响应曲线族　　图 2.14　阶跃输入时的动态响应

上升时间 t_r 定义为仪表示值从最终值的 $a\%$ 变化到最终值的 $b\%$ 所需时间。$a\%$ 常采用 5% 或 10%,$b\%$ 常采用 90% 或 95%。响应时间 t_s 是指输出量 y 从开始变化到示值进入最终值的规定范围内的所需时间。最终值的规定范围常取仪表的允许误差值,它应与响应时间一起写出,如 $t_s=0.5$ s($\pm5\%$)。超调量 σ_p 是指输出最大值与最终值的差值与最终值之比,用百分数来表示,即

$$\sigma_p = \frac{y_m - y(\infty)}{y(\infty)} \times 100\% \tag{2-45}$$

衰减度 ϕ 用来描述瞬态过程中振荡幅值衰减的速度,定义为

$$\phi = \frac{y_m - y_1}{y_m} \times 100\% \tag{2-46}$$

式中,y_1——出现一个周期后的 $y(t)$ 值。如果 $y_1 \ll y_m$,则 $\phi \approx 1$ 表示衰减很快,该系统很稳定,振荡很快停止。

总之,上升时间 t_r 和响应时间 t_s 是表征仪表(或系统)的响应速度性能的参数;超调量 σ_p 和衰减度 ϕ 是表征仪表(或系统)的稳定性能的参数。这几个参数完整地描述了仪表(或系统)的动态特性。

2.3　传感器的标定

传感器的动、静态标定是利用一定等级的仪器及设备产生已知的非电量(如标准压力、加速度、位移等),非电量作为输入量输入待标定的传感器中,得到传感器的输出量;然后将传感器的输出量与输入量做比较,从而得到一系列曲线(称为标定曲线);之后通过对标定曲线的分析处理,得到传感器的动、静态特性的过程。

2.3.1 传感器的静态标定

传感器的静态标定主要是检验、测试传感器的静态特性指标,如静态灵敏度、非线性、迟滞、重复性等。静态标定是在静态标准条件下进行的。静态标准条件是指没有加速度、振动、冲击(除非这些量本身就是被测物理量),环境温度一般为(20±5)℃,相对湿度不大于85%,大气压力为(101.3±8)kPa时的条件。

1. 压力传感器的静态标定

下面以压电式压力传感器为例,讨论传感器的静态标定。

压电式压力传感器安装在如图2.15所示的静重式标准活塞式压力计的压力传感器接头上,传感器配接静态标准电荷放大器及显示仪。标定过程可采用加载法或卸载法。以加载法为例,静态标定的步骤如下。

(1) 将传感器、仪器连接好。

(2) 将传感器全量程(测量范围)分为若干等分点,用砝码加载,在施加载荷时要尽量做到均匀加载,不要引起冲击。记录仪显示传感器在某一点的输出最大值并保持一定的时间,然后记录下来。依次一点一点地加载至满量程,同时记录每次标定传感器的输出值。

(3) 按上述过程,对传感器进行多次往复循环测试,将得到输入/输出测试数据组,用表格列出或画成曲线。

(4) 对数据进行必要的处理,根据处理结果就可以得到传感器的灵敏度、线性度、重复性和迟滞等静态特性指标。

不同原理的压力传感器静态标定的方法与压电式压力传感器的静态标定方法基本相同,只是不同原理的压力传感器需要配用不同的二次仪表。

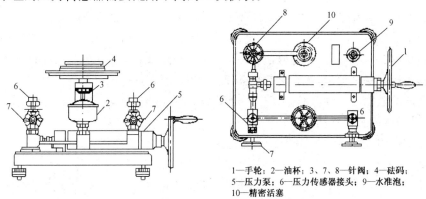

1—手轮;2—油杯;3、7、8—针阀;4—砝码;
5—压力泵;6—压力传感器接头;9—水准泡;
10—精密活塞

图 2.15 静重式标准活塞式压力计

2. 加速度传感器的静态标定

加速度传感器的静态标定可采用离心校准技术,如图2.16所示。设被校传感器惯性质量块距离心机回转中心距离为 r,当离心机旋转时,传感器惯性质量块承受的离心加速度为

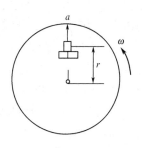

$$a = r\omega^2 \qquad (2\text{-}47)$$

用遥测方式引出信号,这就是离心静态校准的基本原理。

图 2.16 离心静态校准

2.3.2 传感器的动态标定

传感器的动态标定主要研究传感器的动态响应特性,即频率响应、时间常数、固有频率和阻尼比等。

1. 压力传感器的动态标定

压力传感器的动态标定方法有正弦激励法、半正弦激励(落球、落锤冲击)法和阶跃压力激励法。这三种方法是目前标定压力传感器的主要方法。本节仅介绍用激波管产生阶跃压力信号的方法,该方法具有压力幅值范围宽,频率范围广,便于进行分析研究和数据处理的特点。

(1) 激波管标定装置工作原理。

激波管标定装置示意图如图 2.17 所示,整个装置由气源、激波管、测速和被测压力传感器及记录仪器等组成。

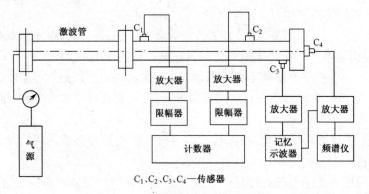

C₁、C₂、C₃、C₄—传感器

图 2.17　激波管标定装置示意图

激波管由高压室和低压室组成,高压室和低压室之间由铝或塑料膜片隔开。低压室的压力一般为 101.325kPa,仅用于为高压室充高压气体。压缩气体经减压器、控制阀进入激波管的高压室,膜片在一定的压力下爆破后,高压气体迅速膨胀冲入低压室,从而形成激波。这个激波的波阵面压力保持恒定,接近理想的阶跃波,并以超音速冲向被标定的传感器。被标定的传感器在激波的激励下按固有频率产生一个衰减振荡,其波形(见图 2.18)由显示系统记录下来,用于分析确定传感器的动态特性。

激波管中压力波动情况如图 2.19 所示。图 2.19(a)为膜片爆破前的情况,p_4 为高压室的压力,p_1 为低压室的压力。图 2.19(b)为膜片爆破后稀疏波反射前的情况,p_2 为膜片爆破后产生的激波压力,p_3 为高压室爆破后形成的压力,p_2 与 p_3 的接触面称为温度分界面。p_3 与 p_2 所在区域的温度不同,但其压力值相等,即 $p_3 = p_2$。稀疏波就是在高压室内膜片破碎时形成的波。

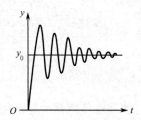

图 2.18　被标定的传感器输出波形

图 2.19(c)为稀疏波反射后的情况。当稀疏波波头到达高压室端面时,便产生稀疏波的反射,称为反射稀疏波,其压力减小至 p_6。图 2.19(d)为反射激波波动的情况。当反射稀疏波到达低压室端面时也产生反射,压力增大至 p_5,称为反射激波。p_2 和 p_5 状态下的激波都是在标定传感器时要用到的激波,视传感器安装的位置而定;被标定的传感器安装在侧面时要用 p_2 状态下的激波,装在端面时要用 p_5 状态下的激波;二者不

同之处在于 $p_5 > p_2$，但维持恒压时间 τ_5 略小于 τ_2。

侧装传感器感受入射激波的阶跃压力为

$$\Delta p_2 = p_2 - p_1 = \frac{7}{6}(M_a^2 - 1)p_1 \tag{2-48}$$

安装在低压端面的传感器感受反射激波的阶跃压力为

$$\Delta p_5 = p_5 - p_1 = \frac{7}{3}p_1(M_a^2 - 1)\frac{2 + 4M_a^2}{5 + M_a^2} \tag{2-49}$$

式中，M_a——激波的马赫数，由测速系统决定。

上述基本关系式可参考有关资料，这里不进行详细推导。p_1 一般采用当地的大气压，因此，上列各式只要 p_1 及 M_a 给定，各压力值易于计算出来。

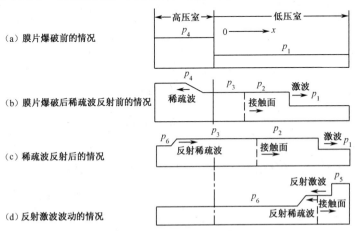

图 2.19　激波管中压力波动情况

（2）入射激波的波速。

如图 2.17 所示，测速用的压力传感器 C_1 和 C_2 应具有良好的一致性。入射激波经过传感器 C_1 时，C_1 输出信号经过前置放大器、限幅器加至计数器，计数器开始计数；入射波经过传感器 C_2 时，C_2 输出信号使计数器停止计数，从而求得入射波波速为

$$v = \frac{l}{t} \quad (\text{m/s}) \tag{2-50}$$

式中，l——两个测速传感器之间的距离；

t——激波通过两个传感器之间所需的时间（$t = \Delta t n$，Δt 为计数器的时标，n 为频谱仪显示的脉冲数）。

激波通常以马赫数表示，其定义为

$$M_a = \frac{v}{a_T} \tag{2-51}$$

$$a_T = a_0\sqrt{1 + \beta t} \tag{2-52}$$

式中，v——激波波速；

a_T——低压室 T 时的音速；

a_0——0℃时的音速；

β——常数（$\beta = 0.00366$ 或 $1/273$）；

T——试验时低压室的温度（一般为 25℃）。

（3）标定测量信号的获取。

如图 2.17 所示，触发传感器 C_3 感受激波信号后，经放大器输入记忆示波器输入端，记忆示波器开始扫描；接着，被测传感器 C_4 被激励，其输出信号被记忆示波器记录；频谱仪测出传感器的固有频率。模拟量由 A/D 转换器输入微处理机进行处理，从而求得传感器的幅频特性、相频特性、固有频率及阻尼比等参数。

（4）传感器的动态参数确定方法。

图 2.20 为传感器对阶跃压力的响应曲线，由于该曲线是压力与时间关系曲线，所以又称为时域曲线。若传感器振荡周期 T_d 是稳定的，而且振荡幅度有规律地单调减小，则传感器（或测压系统）可以近似看作单自由度的二阶系统。由前文分析可知，只要能得到传感器的无阻尼固有频率 ω_0 和阻尼比 ξ，那么传感器的幅频特性和相频特性可分别表示为

$$|H(j\omega)| = \frac{K}{\sqrt{[1-(\omega/\omega_0)^2]^2 + 4\xi^2(\omega/\omega_0)^2}}$$

$$\phi(\omega) = \arctan\left[\frac{2\xi}{(\omega/\omega_0) - (\omega_0/\omega)}\right]$$

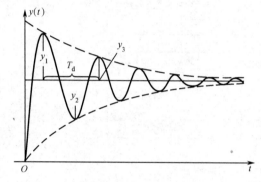

图 2.20 传感器对阶跃压力的响应曲线

根据传感器对阶跃压力的响应曲线不难测出振动周期 T_d，于是传感器的有阻尼固有频率为

$$\omega_d = 2\pi\frac{1}{T_d} \tag{2-53}$$

并且，定义传感器的对数衰减比为

$$\delta = \ln\left(\frac{y_i}{y_{i+1}}\right) \tag{2-54}$$

不难证明，阻尼比 ξ 与对数衰减比 δ 之间有如下的关系

$$\xi = \frac{\delta}{\sqrt{\delta^2 + 4\pi^2}} \tag{2-55}$$

无阻尼固有频率为

$$\omega_0 = \frac{\omega_d}{\sqrt{1-\xi^2}} \tag{2-56}$$

将求得的 ξ 和 ω_0 代入幅频特性公式和相频特性公式，即可求得传感器的幅频特性和相频特性。

2. 加速度传感器灵敏度的标定

传感器的校准方法通常有绝对校准法和比较校准法。绝对校准法常用于标定高精度传感器或标准传感器，而工程中常用的是比较校准方法。

加速度传感器的灵敏度是指它所承受的加速度与所产生电量的比值。压电加速度传感器的灵敏度通常用 pC·s²/m（或 pC/g）和 mV·s²/m（或 mV/g）表示，前者称为电荷灵敏度，后者为电压灵敏度。

（1）用绝对校准法标定加速度传感器灵敏度。

振幅测量法是各国进行绝对校准的主要方法：通过一套标准装置激励被标定的加速度传感器，测出被标定传感器的输出电量和激励设备的振动频率与振幅，再计算出被标定传感器的灵敏度，即

$$K = \frac{U}{a} = \frac{U}{(2\pi f)^2 x_0} \qquad (2\text{-}57)$$

式中,U——被标定传感器输出电压(峰值);

f——激励设备振动频率;

x_0——激励设备振幅;

a——激励设备振动加速度($a = (2\pi f)^2 x_0$)。

下面以激光干涉校准法为例进行说明。激光干涉校准法系统原理图如图 2.21 所示。激光由分光镜分成两路:一路至测量镜;另一路至参考镜。这两路激光由原路返回,通过分光镜再次汇聚。由测量镜汇聚的一路激光称为测量光束,由参考镜汇聚的一路激光称为参考光束。这两束激光频率相同,相位不同,从而发生干涉。

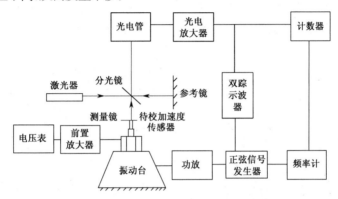

图 2.21　激光干涉校准法系统原理图

根据光的干涉原理,振动台每移动 $\lambda/2$(λ 为激光波长)的距离,光程差即变化 λ,则干涉条纹移动一条。这样就把振动台的振幅转化为一个振动周期内的干涉条纹数。由光电管接收光线明暗变化的信号,经过光电放大器,送入计数器,记下干涉条纹数。假设 N 为一个周期内的干涉条纹数,x_0 为振幅,由

$$N = \frac{4x_0}{\lambda/2} \qquad (2\text{-}58)$$

得振动台振幅为

$$x_0 = \frac{\lambda}{8} N \qquad (2\text{-}59)$$

再由频率计测出振动频率 f,由传感器系统测试、显示,记录传感器的输出,可求得传感器的灵敏度。

由于激光波长非常稳定,一般常用 He-Ne 激光器作为激光光源,其产生激光的波长 $\lambda = 632.8$nm,光谱成分纯度也很高,所以激光测振幅的精度很高,在中频范围内可达 0.32μm。

为进一步提高校准精度,可对干涉条纹进行细分。目前多采用相位细分、幅值细分、多周期平均及贝塞尔函数等方法。本书在此不进行详细介绍。

(2)用比较校准法标定加速度传感器灵敏度。

比较校准法是最常用的传感器校准方法,具有原理简单,操作方便,对设备要求不高等一系列优点,所以应用十分广泛。

比较校准法原理:两只加速度传感器背靠背地安装在一起(或安装在一刚性支架上),如图 2.22 所示;其中一只为标准加速度传感器,它的灵敏度和全部技术性能是已知的,另一只为被校加速度传感器,用同样的加速度 a 激励它们,则它们的输出分别是

$$\left.\begin{array}{l} u_s = K_s a \\ u_t = K_t a \end{array}\right\} \tag{2-60}$$

式中，u_s、K_s——标准加速度传感器的输出和灵敏度；

u_t、K_t——被校加速度传感器的输出和灵敏度。

于是有

$$K_t = \frac{u_t}{a} = u_t / \frac{u_s}{K_s} = \frac{u_t K_s}{u_s} \tag{2-61}$$

以上原理同样适用于校准速度传感器和位移传感器。

比较校准法校准原理简单，但试验方法却很多，下面以电压比测量法为例进行说明。

电压比测量法校准系统如图 2.22 所示。在图 2.22 中，两只被激励的传感器背靠背地安装在一起，下面为标准加速度传感器，上面是被校加速度传感器，用振动台激励这两个传感器；两路信号经放大器进行阻抗变换、适调、放大后接入转换开关，分别接入同一只电压表。

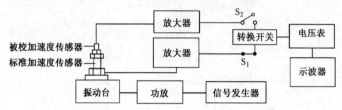

图 2.22　电压比测量法校准系统

具体标定方法：首先将转换开关置于 S_1，放大器灵敏度适调开关置于标准加速度传感器灵敏度位置，增益为 1V/g 挡。在一定频率下（通常为 160Hz）激励振动台，观察电压表输出并调整信号发生器激励信号幅度，使电压表指示一个整数值（如峰值 1V）。此时，电压表指示的值即振动台台面振动加速度。将转换开关由 S_1 置于 S_2，此时，被校加速度传感器与电压表接通，通过调整放大器增益与适调电位器旋钮，使电压表指示与标准加速度传感器相一致（注意增益挡位置）。此时电压表若输出为 1V（峰值），放大器增益为 1V/g 挡，放大器灵敏度增益与适调电位器旋钮指示为 12.2pC，那么被校加速度传感器的灵敏度就是 12.2pC/g。

用此方法可标定其他类型传感器。在标定时，标准通道的作用是控制振动台激励加速度，使之为定值。那么，只要测出被测通道的输出，就可求出被校传感器的灵敏度。工程上，常将传感器连同信号适调器一同标定。

思　考　题

2-1　衡量传感器静态特性的主要指标有哪些？说明它们的含义。

2-2　什么是传感器的动态特性？其分析方法有哪几种？

2-3　传感器静态标定的主要步骤是什么？标定条件是什么？

第2部分

常见传感器与新型传感器

第3章　传感器中的弹性敏感元件设计

固体材料在外力作用下改变原来的尺寸或形状的现象称为变形,如果外力去掉后物体能够完全恢复原来的尺寸和形状,那么这种变形称为弹性变形。

弹性敏感元件是通过弹性变形这一特性,把力、力矩或压力转换成相应的应变或位移,然后配合其他各种形式的传感元件,将力、力矩或压力转换成电量的一种元件。弹性敏感元件应用广泛,在测试技术中占有重要的地位。

3.1　弹性敏感元件的基本特性

3.1.1　弹性特性

作用在弹性敏感元件上的外力与该外力引起的相应变形(应变、位移式转角)之间的关系称为弹性敏感元件的特性。图 3.1 显示了三个不同弹性敏感元件的弹性特性曲线。弹性敏感元件的弹性特性可能是线性的(如图 3.1 中的直线 1),也可能是非线性的(如图 3.1 中的曲线 2 和曲线 3)。弹性特性可由刚度或灵敏度来表示。

1. 刚度

刚度通常用 k 表示,定义为

$$k = \lim_{\Delta x \to 0} \left(\frac{\Delta F}{\Delta x} \right) = \frac{\mathrm{d}F}{\mathrm{d}x} \tag{3-1}$$

式中,F——作用在弹性敏感元件上的外力;

　　　x——弹性敏感元件产生的变形。

显然,这样定义的刚度可以反映元件抵抗弹性变形能力的强弱。

观察图 3.1 中的 A 点,通过 A 点作曲线 3 的切线,此切线与水平线夹角 θ_3 的正切就是 A 点处的刚度。如果弹性敏感元件的弹性特性曲线是一条直线,那么它的刚度是一个常数。

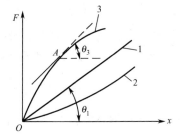

图 3.1　弹性特性曲线

2. 灵敏度

灵敏度是反映弹性特性的另一个指标,它定义为刚度的倒数,通常用 S_n 表示

$$S_n = \frac{\mathrm{d}x}{\mathrm{d}F} \tag{3-2}$$

从式(3-2)可以看出,灵敏度就是单位力作用下产生变形的大小。与刚度相似,只有当弹性特性曲线是一条直线时,灵敏度才是一个常数。

在传感器当中,有时会遇到多个弹性敏感元件串联或并联使用的情形。当弹性敏感元件并联使用时,系统的灵敏度为

$$S_n = \cfrac{1}{\sum\limits_{i=1}^{m} \cfrac{1}{S_{n_i}}}$$ (3-3)

当弹性敏感元件串联使用时,系统的灵敏度为

$$S_n = \sum_{i=1}^{m} S_{n_i}$$ (3-4)

式中,m——并联或串联弹性敏感元件的数目;

S_{n_i}——第 i 个弹性敏感元件的灵敏度。

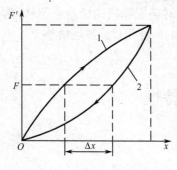

图 3.2　弹性滞后现象

3.1.2　弹性滞后

对弹性敏感元件进行加载,可绘制一条弹性特性曲线;卸载弹性敏感元件,可绘制另一条弹性特性曲线。两条曲线往往并不重合,这种现象称为弹性滞后,如图 3.2 所示。

在图 3.2 中,当作用在弹性敏感元件上的力由 0 增加至 F' 时,弹性敏感元件的弹性特性曲线如曲线 1 所示;当作用力由 F' 减小到 0 时,弹性特性曲线如曲线 2 所示。作用力通过加载达到 F 时的弹性变形与通过卸载达到 F 时的弹性变形之差 Δx 称为弹性敏感元件的滞后误差。滞后误差的存在对整个测量的精度会产生不利影响。曲线 1、曲线 2 所包围的范围称为滞环。弹性敏感元件内部微观或细观结构(如分子、离子、晶粒)间存在着的内摩擦是引起弹性滞后的主要原因。

3.1.3　弹性后效

当弹性敏感元件上的载荷发生改变时,相应的变形往往不能立即完成,而是在一个时间间隔内逐渐完成的,这种现象称为弹性后效,如图 3.3 所示。当作用在弹性敏感元件上的力由 0 突然增加到 F_0 时,其变形首先由 0 迅速增加至 x_1,然后在载荷不变情况下,元件继续变形,直到变形增大到 x_0 为止。反之,当作用力由 F_0 突然减至 0 时,其变形先由 x_0 迅速减至 x_1,然后继续减小,直到变形减小为 0。弹性后效现象使弹性敏感元件的变形

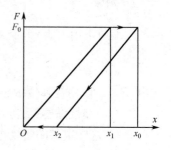

图 3.3　弹性后效现象

不能迅速地随着作用力的改变而改变,从而造成测量误差。在动态测量中,这种误差尤其严重。

3.1.4　固有振动频率

弹性敏感元件的动态特性和被测载荷变化时的滞后现象等都与元件的固有振动频率有关。固有振动频率有多阶,我们通常只关心其中的最低阶,且一般总希望弹性敏感元件具有较高的固有振动频率。固有振动频率的计算比较复杂,只有少数规则形状的弹性敏感元件具有理论解,所以实际中常常通过实验来确定。

以上各种基本特性之间是相互影响、相互制约的。灵敏度的提高会使线性变差,固有振动频率降低,从而不能满足测量动态量的要求;相反,固有振动频率提高会导致灵敏度降低。因此,在进行弹性敏感元件设计时,必须根据测试对象和实际要求,对各种基本特性进行综合、具体的考虑。

3.2　弹性敏感元件的材料

弹性敏感元件在传感器中直接参与变换和测量,因此其材料的选用十分重要。在任何情况下,材料应保证具有良好的弹性、足够的精度和稳定性,如在长时间使用和温度变化时都应保持稳定的特性等。对弹性敏感元件材料的基本要求归纳如下。

(1) 弹性滞后和弹性后效要小。

(2) 弹性模量的温度系数要小。

(3) 线膨胀系数要小且稳定。

(4) 弹性极限和强度极限要高。

(5) 具有良好的稳定性和耐腐蚀性。

(6) 具有良好的机械加工和热处理性能。

弹性敏感元件通常使用的材料为合金结构钢、铜合金、铝合金等,其中 35CrMnSiA、40Cr 是常用的材料,35CrMnSiA 尤其适合制造高精度的弹性敏感元件。50CrMnA 铬锰弹簧钢和 50CrVA 铬钒弹簧钢具有优良的机械性能,可用于制造承受交变载荷的重要弹性敏感元件。黄铜(H62、H80)可用于制造受力不大的弹簧及膜片。德银[Zn18%～22%,(Ni+Co)13.5%～16.5%,其余为 Cu]用于制造抗腐蚀的弹性敏感元件。锡磷青铜(QSn6.1%～0.1%,QSn6.5%～0.4%)用于制造一般的弹性敏感元件或抗腐蚀性能好的弹性敏感元件。铍青铜(QBe2,QBe2.5)用于制造精度高、强度好的弹性敏感元件。不锈钢(1Cr18Ni9Ti)用于制造强度高、耐腐蚀性好的弹性敏感元件。

3.3　弹性敏感元件的特性参数计算

这一节,我们介绍一些常用弹性敏感元件的特性参数计算。

3.3.1　弹性圆柱

弹性圆柱结构如图 3.4 所示。截面根据形状可分为实心圆截面[见图 3.4(a)]和空心圆截面[见图 3.4(b)]。弹性圆柱结构简单,可承受很大的载荷。

被测力 F(拉力或压力)沿弹性圆柱的轴线作用于其两端,圆柱被拉伸(或压缩),圆柱体内各点产生应力、应变。

对于受力状态下的一点,其应力、应变的值与分析时选取的截面方向有关,选取不同的截面方向进行分析,会得到不同的数值。垂直于选取截面方向的应力和应变称为正应力和正应变,下文中的应力、应变均指的是正应力、正应变。

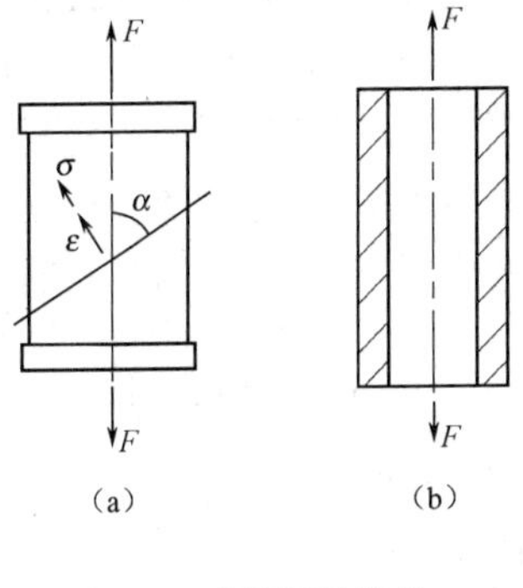

弹性圆柱上任一点在与轴线成 α 角的截面上的应力、应变为

图 3.4　弹性圆柱结构

$$\sigma_\alpha = \frac{F}{A}(\sin^2\alpha - \mu\cos^2\alpha) \tag{3-5}$$

$$\varepsilon_\alpha = \frac{F}{AE}(\sin^2\alpha - \mu\cos^2\alpha) \tag{3-6}$$

式中,F——轴线方向上的作用力;

E ——材料的弹性模量;

μ ——材料的泊松比;

A ——圆柱的横截面积;

α ——截面与轴线的夹角。

弹性圆柱上各点在垂直于轴线的截面上($\alpha= 90°$)的应力、应变为

$$\sigma = \frac{F}{A} \qquad \varepsilon = \frac{F}{AE}$$

而在平行于轴线的截面上($\alpha = 0°$)的应力、应变为

$$\sigma = -\mu\frac{F}{A} \qquad \varepsilon = -\mu\frac{F}{AE}$$

显然,在垂直于轴线的截面上出现最大的应力和应变。为了比较不同方向上的应变大小,需要引入灵敏度结构系数 β

$$\beta = \sin^2\alpha - \mu\cos^2\alpha \tag{3-7}$$

于是得圆柱应变的一般表达式为

$$\varepsilon = \frac{F}{AE}\beta \tag{3-8}$$

由式(3-8)可以看出,圆柱内各点的应变大小取决于圆柱的灵敏度结构系数、横截面积、材料的弹性模量和圆柱所承受的力,而与圆柱的长度无关。

上述所有结论同时适用于空心截面和实心截面的圆柱弹性敏感元件。空心截面的圆柱弹性敏感元件在某些方面优于实心截面的圆柱弹性敏感元件:在横截面积相等的情况下,空心截面圆柱的外直径可以较大,因此圆柱的抗弯能力大大提高;另外,较大直径圆柱对由温度变化引起的曲率半径相对变化敏感程度较小,从而使温度变化对测量的影响减小。但应注意的是,如果空心截面圆柱的壁太薄,受压力作用后将产生较明显的屈曲变形(桶形变形),这会影响测量精度。

圆柱弹性敏感元件的固有频率 f_0 为

$$f_0 = \frac{0.249}{l}\sqrt{\frac{E}{\rho}} \tag{3-9}$$

式中,l ——圆柱元件的长度;

ρ ——圆柱材料的密度。

分析圆柱弹性敏感元件的基本公式(3-8)和式(3-9)可知:为了提高灵敏度,应当选择弹性模量小的材料,此时虽然相应的固有振动频率降低了,但固有振动频率降低的程度比应变量的提高程度小,总的衡量还是有利的。不降低应变值来提高固有振动频率必须减短圆柱的长度或选择密度低的材料。圆柱弹性敏感元件主要用于电阻应变式拉力(压力)传感器。

3.3.2 悬臂梁

悬臂梁是一端固定一端自由的金属梁。作为弹性敏感元件,悬臂梁的特点是结构简单,加工方便,适用于较小力的测量。悬臂梁根据梁的截面形状不同可分为等截面悬臂梁和等强度悬臂梁。

1. 等截面悬臂梁

被测力 F 作用于等截面悬臂梁(见图3.5)的自由端,等截面悬臂梁表面某一位置处的应变可按下式计算

$$\varepsilon_x = \frac{6(l-x)}{EAh}F \tag{3-10}$$

式中,ε_x——距固定端为 x 处的应变值;

l ——梁的长度;

x——某一位置到固定端的距离;

E——梁的材料的弹性模量;

A——梁的横截面积;

h——梁的厚度。

由式(3-10)可知,随着 x 的不同,梁上各个位置所产生的应变也是不同的。在 $x=0$ 处应变最大,在 $x=l$ 处应变为零。不妨定义等截面悬臂梁的应变灵敏度结构系数

$$\beta = 6\left(1 - \frac{x}{l}\right) \tag{3-11}$$

在实际应用中,还常把悬臂梁自由端的挠度(位移)作为输出。挠度 y 与作用力 F 的关系为

$$y = \frac{4l^3}{Ebh^3}F \tag{3-12}$$

等截面悬臂梁的固有振动频率为

$$f_0 = \frac{0.162h}{l^2}\sqrt{\frac{E}{\rho}} \tag{3-13}$$

由式(3-10)、式(3-12)和式(3-13)可知,材料的特性参数(E、ρ)及结构尺寸(l,h)对灵敏度和固有振动频率都有影响,如减小等截面悬臂梁的厚度可以使其灵敏度提高,但会使其固有振动频率降低。

2. 等强度悬臂梁

等截面悬臂梁的不同部位所产生的应变是不相等的,这对电阻应变式传感器中应变片的粘贴位置的准确性提出了较高的要求。等强度悬臂梁(见图 3.6)的特点是距固定端不同距离处的横截面积不同,即

$$A_x = hb_x = hb_0\frac{l_x}{l} = hb_0\frac{l-x}{l}$$

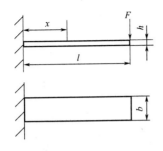

图 3.5 等截面悬臂梁

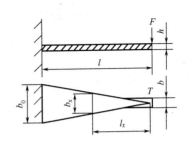

图 3.6 等强度悬臂梁

将上式代入式(3-10)得

$$\varepsilon = \frac{6l}{Eb_0h^2}F \tag{3-14}$$

在等强度悬臂梁自由端施加作用力时,梁上各处的应变大小相等,应变灵敏度结构系数与

长度方向的坐标无关,也就不需要对应变片粘贴位置准确性提出较高要求。

必须说明的是,作用力 F 必须加在梁的两斜边的交汇点 T 处,否则无法保证各处的应变大小相等。等强度悬臂梁自由端挠度为

$$y = \frac{6l^3}{Eb_0h^3}F \tag{3-15}$$

固有振动频率表达式为

$$f_0 = \frac{0.316h}{l^2}\sqrt{\frac{E}{\rho}} \tag{3-16}$$

3.3.3　扭转棒

在力矩测量中常常用到扭转棒。图 3.7 为圆截面扭转棒,该扭转棒一端固定,另一端自由。当圆截面扭转棒自由端承受力矩 M_t 时,在棒表面产生的沿圆周方向的剪切应力为

$$\tau = \frac{r}{J}M_t \tag{3-17}$$

式中,M_t——力矩;

r ——扭转棒半径;

J ——横截面对圆心的极惯性矩($J = \pi d^4/32$);

d ——扭转棒直径。

根据材料力学知识,棒表面上任一点在沿与轴线成 $45°$ 角的方向上出现最大正应力 σ_{max}(其与该点沿圆周方向的剪切应力 τ 相等),此方向上的应变为

$$\varepsilon_{max} = \frac{\sigma_{max}}{E} = \frac{r}{EJ}M_t \tag{3-18}$$

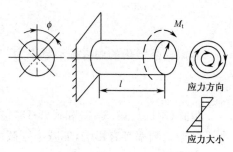

图 3.7　圆截面扭转棒

单位长度上的扭转角为

$$\phi_i = \frac{1}{GJ}M_t \tag{3-19}$$

式中,G——扭转棒材料的剪切模量。

式(3-19)表明单位长度上的扭转角 ϕ_i 与力矩 M_t 成正比,与 GJ 成反比。GJ 称为抗扭刚度。

扭转棒长度为 l 时的扭转角为

$$\phi = \phi_i l = \frac{l}{GJ}M_t \tag{3-20}$$

3.3.4　平膜片

圆形膜片分为圆形平面膜片和圆形波纹膜片两种,用来测量气体的压力。在压力相同情况下,圆形波纹膜片可产生较大的挠度。膜盒是两个圆形波纹膜片对焊在一起具有腔体的盒状元件,也用来测量气体的压力。本节主要介绍圆形平面膜片,简称平膜片。

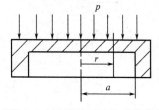

图 3.8　平膜片承受均布载荷

在工作时,平膜片承受均布载荷,如图 3.8 所示。在压力 p 作用下,平膜片中心处出现最大挠度 y_{max}。平膜片在设计计算中所采用的假设归纳如下。

(1)平膜片的周边是固支的。

(2)平膜片的最大挠度不大于1/3膜厚,属于小挠度理论范围。

(3)被测压力均匀作用于平膜片表面。

在以上假设下,平膜片的计算由以下公式给出。周边固支平膜片的应力、应变曲线如图 3.9 所示。

径向应力为

$$\sigma_r = \frac{3p}{8h^2}[a^2(1+\mu) - r^2(3+\mu)] \tag{3-21}$$

切向应力为

$$\sigma_t = \frac{3p}{8h^2}[a^2(1+\mu) - r^2(1+3\mu)] \tag{3-22}$$

径向应变为

$$\varepsilon_r = \frac{1}{E}(\sigma_r - \mu\sigma_t) = \frac{3p(1-\mu^2)}{8Eh^2}(a^2 - 3r^2) \tag{3-23}$$

切向应变为

$$\varepsilon_t = \frac{1}{E}(\sigma_t - \mu\sigma_r) = \frac{3p(1-\mu^2)}{8Eh^2}(a^2 - r^2) \tag{3-24}$$

在平膜片中心($r = 0$)处,切向应力与径向应力相等,切向应变与径向应变相等,而且具有正的最大值

$$\sigma_{r0} = \sigma_{t0} = \frac{3pa^2}{8h^2}(1+\mu) \tag{3-25}$$

$$\varepsilon_{r0} = \varepsilon_{t0} = \frac{3pa^2}{8Eh^2}(1-\mu^2) \tag{3-26}$$

在平膜片的边缘($r = a$)处,切向应力、径向应力和径向应变都达到负的最大值,而切向应变为零

$$\sigma_{ra} = -\frac{3pa^2}{4h^2} \tag{3-27}$$

$$\sigma_{ta} = -\frac{3pa^2}{4h^2}\mu \tag{3-28}$$

$$\varepsilon_{ra} = -\frac{3pa^2}{4Eh^2}(1-\mu^2) \tag{3-29}$$

$$\varepsilon_{ta} = 0 \tag{3-30}$$

平膜片的挠度为

$$y = \frac{3p(1-\mu^2)}{16Eh^3}(a^2 - r^2)^2 \tag{3-31}$$

平膜片的挠度在其中心($r=0$)处取得最大值,即

$$y_0 = y_{max} = \frac{3p(1-\mu^2)a^4}{16Eh^3} \tag{3-32}$$

平膜片的固有振动频率为

$$f = \frac{10.17h}{2\pi a^2}\sqrt{\frac{E}{12(1-\mu^2)\rho}} \tag{3-33}$$

上述各式中,

p——压力(Pa);

h——平膜片厚度(cm);

a——平膜片工作部分的半径(cm);

r——平膜片任意部位的半径(cm);

μ——平膜片材料的泊松比;

E——平膜片材料的弹性模量(MPa);

ρ——平膜片材料的密度(kg/cm^3)。

需要指出的是,以上这些公式均不考虑平膜片周围流体的影响,因此,平膜片在流体中(特别是在液体中)工作时,固有振动频率比式(3-33)的计算值要低一些。

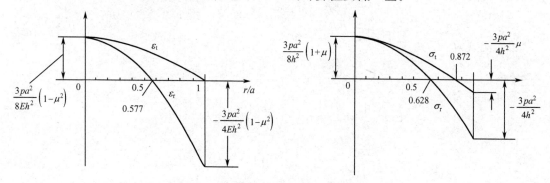

图 3.9　周边固支平膜片的应力、应变曲线

3.3.5　波纹管

波纹管是一种表面上有许多同心环状波形皱纹的薄壁圆管,如图 3.10 所示。在轴向力或流体压力的作用下,波纹管伸长或缩短,从而把轴向力(或压力)变换为位移。金属波纹管沿轴向容易变形,也就是说,其灵敏度非常高。在变形量允许范围内,轴向力(或压力)的大小与伸缩量成线性关系。

波纹管的轴向位移与轴向作用力之间的关系可用下式表示

$$y = \frac{n}{A_0 - \alpha A_1 + \alpha^2 A_2 + B_0 \dfrac{h_0^2}{R_H^2}} \frac{1-\mu^2}{E h_0} F \qquad (3\text{-}34)$$

式中,F——轴向力。

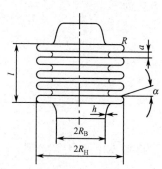

图 3.10　波纹管

n——波纹管上的波纹数。

h_0——波纹管内半径的壁厚,即毛坯的厚度。波纹处的材料厚度随着它与波纹管轴线的距离增大而减薄。

A_0,A_1,A_2,B_0——取决于参数 K 和 m 的系数(参阅"仪器零件"等有关书籍)。

其中,$K = R_H/R_B$,$m = R/R_B$。

R_H——波纹管的外半径;

R_B——波纹管的内半径;

R——波纹管的圆弧半径;

α——波纹平面部分的斜角(又称紧密角)[$\alpha = 0.5(2R-a)/(R_H - R_B - 2R)$];

a——相邻波纹的间隙。

当作用于波纹管的压力为 p 时,波纹管的自由端位移 y 可由下式求得

$$y = \frac{n}{A_0 - \alpha A_1 + \alpha^2 A_2 + B_0 \dfrac{h_0^2}{R_H^2}} \cdot \frac{1-\mu^2}{E h_0} S_a p \qquad (3\text{-}35)$$

式中,p——作用压力;

S_a——有效面积。

波纹管的有效面积可以用下式确定

$$S_a = \pi r^2$$

式中,r——波纹管的平均半径$[r=(R_H+R_B)/2]$。

由式(3-34)和式(3-35)可知,波纹管自由端位移 y 与轴向力 F 或压力 p 成正比,即其弹性特性是线性的。但是,当压力很大,超过一定范围时,波纹相互接触,会破坏线性特性;如果轴向力过大,会使波纹形状发生变化,同样会破坏线性特性。另外,在允许行程内波纹管受压缩时的基本特性的线性度较好,因此通常使其在压缩状态工作。

理论分析和试验表明,当其他条件不变时,波纹管的灵敏度与波纹管上的波纹数目成正比,与壁厚的三次方成反比,与内、外径比 R_H/R_B 的平方成正比。为了提高波纹管的强度和耐久性,特别是波纹管在大的高变作用力下工作时,常将它做成多层结构。

3.3.6 薄壁圆筒

薄壁圆筒壁厚一般都小于圆筒直径的 1/20,内腔与被测压力相通,内壁均匀受压,薄壁不受弯曲变形,只是均匀地向外扩张,如图 3.11 所示。筒壁的每一单元在轴线方向和圆周方向的拉伸应力分别为

$$\sigma_x = \frac{r_0}{2h}p \qquad\qquad \sigma_r = \frac{r_0}{h}p$$

式中,σ_x——轴线方向的拉伸应力;

σ_r——圆周方向的拉伸应力;

r_0——薄壁圆筒的内半径;

h——薄壁圆筒的壁厚。

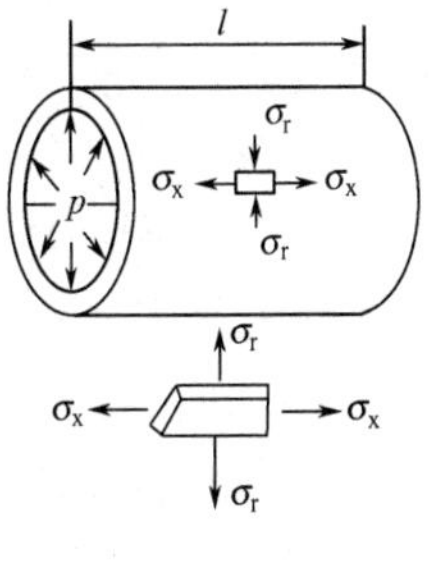

σ_x 和 σ_r 相互垂直,应用广义虎克定律可求得薄壁圆筒的压力-应变关系式为

图 3.11 薄壁圆筒

$$\varepsilon_x = \frac{r_0}{2Eh}(1-2\mu)p \qquad\qquad (3-36)$$

$$\varepsilon_r = \frac{r_0}{2Eh}(2-\mu)p \qquad\qquad (3-37)$$

从式(3-36)和式(3-37)可以看出,薄壁圆筒的灵敏度仅取决于其半径、厚度和弹性模量,而与其长度无关,并且轴线方向应变和圆周方向的应变不相等。我们可以定义沿不同方向的灵敏度结构系数为

$$\beta_x = \frac{1}{2}(1-2\mu) \qquad\qquad (3-38)$$

$$\beta_r = \frac{1}{2}(2-\mu) \qquad\qquad (3-39)$$

需要指出的是,在传感器的实际应用中,电阻应变片既不沿轴向粘贴,也不沿周向粘贴,而是在与轴向(或周向)成某一角度的方向上粘贴,测得的应变与粘贴方向的应力有关,灵敏度结构系数应该为 0.2~0.87。可以证明,当电阻应变片粘贴方向与圆周方向应力的夹角为 13.3°时,具有最大的灵敏度结构系数 0.87。

薄壁圆筒的固有振动频率为

$$f_0 = \frac{0.276}{l}\sqrt{\frac{E}{\rho}} \qquad (3\text{-}40)$$

3.3.7　双端固定梁

如图 3.12 所示，A 点处沿梁长度方向的应变为

$$\varepsilon = \frac{3l}{4bh^2 E}F \qquad (3\text{-}41)$$

一般都将梁和壳体做成一体。虽然双端固定梁比悬臂梁的刚度大，但受到过载后容易产生非线性误差。

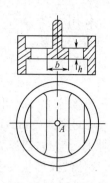

图 3.12　双端固定梁应变式力传感器

3.4　有限单元法简介

3.4.1　弹性力学

材料力学的知识可以用来分析等截面悬臂梁、等强度悬臂梁、扭转棒等杆状元件的载荷-应变关系。对于平膜片、圆形波纹膜片、波纹管等非杆状元件，则需要使用弹性力学知识。

弹性材料在载荷作用下，材料上每一点均会出现 3 个位移 u_x、u_y、u_z，6 个应变 ε_x、ε_y、ε_z、γ_{xy}、γ_{yz}、γ_{zx} 和 6 个应力 σ_x、σ_y、σ_z、τ_{xy}、τ_{yz}、τ_{zx}。位移、应变和应力是材料点位置坐标 (x,y,z) 的函数。

外载荷是已知的，3 个位移、6 个应变和 6 个应力是未知的，总共有 15 个未知函数。另外，根据对材料内部的力学关系的研究，共建立 15 个弹性力学基本方程，它们是：

6 个几何方程，描述 6 个应变与 3 个位移之间的关系；

6 个物理方程，描述 6 个应变与 6 个应力之间的关系；

3 个平衡方程，描述材料微小单元力的平衡关系。

3.4.2　边界条件

解决弹性力学问题，就是利用 15 个弹性力学基本方程和全部边界条件求解 15 个未知函数。如果边界情况不确定，那么材料内部的情况也就不能确定。因此，在问题的求解过程中，确定边界条件有着十分重要的意义。

例如，两边固支的矩形板如图 3.13 所示，板上方受到均匀压力。

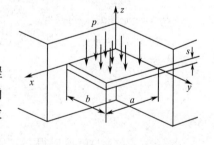

图 3.13　两边固支的矩形板

写出问题的边界条件。

解　板的边界分为 6 个面，逐个写出后如下。

上表面：　　$\sigma_{zz} = -p, \tau_{zx} = 0, \tau_{zy} = 0$　　　　$x \in [0,a], y \in [0,b], z = 0$

下表面：　　$\sigma_{zz} = 0, \tau_{zx} = 0, \tau_{zy} = 0$　　　　$x \in [0,a], y \in [0,b], z = -s$

左前表面：　$\sigma_{xx} = 0, \tau_{xy} = 0, \tau_{zx} = 0$　　　　$x = a, y \in [0,b], z \in [0,-s]$

右前表面：　$\sigma_{yy} = 0, \tau_{yx} = 0, \tau_{yz} = 0$　　　　$x \in [0,a], y = b, z \in [0,-s]$

左后表面：　$u_x = 0, u_y = 0, u_z = 0$　　　　$x \in [0,a], y = 0, z \in [0,-s]$

右后表面：　$u_x = 0, u_y = 0, u_z = 0$　　　　$x = 0, y \in [0,b], z \in [0,-s]$

3.4.3 最小势能原理

受外载荷变形后,材料上任一点的应力乘以应变的二分之一形成该点处的应变能密度(单位体积内由于变形而储存的能量),所有各点应变能密度的积分称为应变能;表面上外力经历位移而做的功称为外力功;应变能+外力功=总势能。

材料受外载荷作用后的变形会是怎样的呢?最小势能原理指出:在众多的可能当中,总势能最小的变形将是真实的变形。换言之,所有物体受到外载荷并达到平衡时,总是自动地使自身处于最低势能状态。

3.4.4 有限单元法

弹性力学基本方程当中含有偏微分方程,对大多数问题来说很难得到精确解,于是只好求助于数值计算。有限单元法就是这样一种数值计算方法。

想象将弹性敏感元件分割成为许多细小单元。以单元节点坐标为插值点,构造一个插值函数(构造方法略)来替代单元内各点的位移值。有了插值函数这一近似手段,原先求解单元内无穷多个点的位移问题,转化为只需要求解为数有限的单元节点位移的问题。单元越小,这种近似为最终结果带来的误差越小。下面,利用最小势能原理求解单元节点位移。

研究一个单元的总势能,对它的表达式做一系列推演。

(1)由定义知道,总势能是一个积分式,被积函数中含有应力、应变、位移、外力(此时指一个单元的外力)等未知函数。

(2)利用几何方程和物理方程,将总势能表达式中的应力和应变全部替换成位移函数,并暂时假设单元的外力已知。这时,单元总势能表达式中就只有位移这一个未知函数了。

(3)将总势能表达式中的位移替换为相应的插值函数,通过偏微分、积分等运算,总势能就写成了以节点位移为自变量的函数式,式中偏微分符号、积分符号均消失了。

由最小势能原理,总势能应取极小值;根据"多元函数极值存在的必要条件",可得

$$\frac{\partial \Pi_p^e}{\partial a_{ij}} = 0 \qquad (3\text{-}42)$$

式中,Π_p^e——单元的总势能;

a_{ij}——单元上第 i 个节点第 j 个方向的位移。

随着 i、j 取不同的数,式(3-42)代表不是一个而是一组方程。如果单元外力是已知的,到这一步,解式(3-42)就可以得到单元节点位移的具体数值了。然而,单元外力只是暂时假设为已知,但我们注意到:

(1)每个单元都有各自的一组类似式(3-42)的方程;

(2)每个单元与相邻单元间的外力互为作用力和反作用力;

(3)材料边缘部分单元的外力就是边界条件。

综合考虑上面三组关系,能够归纳合并出一个总的线性方程,其未知数是所有各节点的位移。解此线性方程,就得到了所有单元的节点位移的具体数值。通过已计算出的节点位移和插值函数,能够得到所有非节点处的位移,再通过几何方程、物理方程等已知的关系,可进一步得到各点的应力、应变。于是弹性力学问题得到了解决。

有限单元法的研究和应用已经十分深入和广泛,并出现了多种成熟的应用软件,这些软件已经成为传感器设计和解决其他各类工程问题的有力工具。

第4章 电阻应变式传感器

将电阻应变片粘贴在弹性敏感元件特定表面,当力、扭矩、速度、加速度及流量等物理量作用于弹性敏感元件时,会导致元件应力和应变发生变化,进而引起电阻应变片电阻值的变化,电阻值的变化经电路处理后以电信号的方式输出。这就是电阻应变式传感器的工作原理。

电阻应变式传感器由两大部分组成,即弹性敏感元件和电阻应变片。弹性敏感元件在第3章中已有讨论,本章重点讨论电阻应变片的工作原理及电阻应变式传感器的结构。

4.1 电阻应变片的工作原理

电阻应变片简称应变片,是一种能将被测试件上的应变变化转换成电阻值变化的传感元件,其转换原理是基于金属电阻丝的电阻应变效应。电阻应变效应是指金属导体(电阻丝)的电阻值随变形(伸长或缩短)而发生改变的一种物理现象。设有一根圆截面的电阻丝(见图4.1),其原始电阻值为

$$R = \rho \frac{L}{A} \qquad (4\text{-}1)$$

式中,R ——电阻丝的原始电阻值(Ω);

ρ ——电阻丝的电阻率($\Omega \cdot \text{m}$);

L ——电阻丝的长度(m);

A ——电阻丝的横截面积(m^2)[$A = \pi r^2$(r 为金属丝的半径)]。

当电阻丝受轴向力 F 作用被拉伸时,式(4-1)中的 ρ、L、A 都发生变化,从而引起电阻值 R 发生变化。设受拉力作用后,电阻丝长度增加 $\text{d}L$,截面积减小 $\text{d}A$,电阻率变化为 $\text{d}\rho$,电阻 R 变化为 $\text{d}R$。式(4-1)进行全微分,得

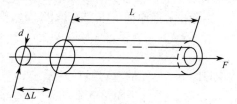

图 4.1 一根圆截面的电阻丝

$$\text{d}R = \frac{L}{A}\text{d}\rho + \frac{\rho}{A}\text{d}L - \frac{\rho L}{A^2}\text{d}A \qquad (4\text{-}2)$$

$$\frac{\text{d}R}{R} = \frac{\text{d}l}{l} - \frac{\text{d}A}{A} + \frac{\text{d}\rho}{\rho} \qquad (4\text{-}3)$$

根据材料力学的知识,杆状元件在轴向受拉或受压时,其纵向应变与横向应变的关系为

$$\frac{\text{d}L}{L} = \varepsilon$$

$$\frac{\text{d}r}{r} = -\varepsilon\mu \qquad (4\text{-}4\text{a})$$

电阻丝电阻率的相对变化与其轴向所受应力 σ 有关,即

$$\frac{\text{d}\rho}{\rho} = \lambda\sigma = \lambda E\varepsilon \qquad (4\text{-}4\text{b})$$

式中,ε——电阻丝材料的应变;

E——电阻丝材料的弹性模量；

λ——压阻系数，与材料有关；

$\mathrm{d}\rho/\rho$——电阻丝电阻率的相对变化量。

将式(4-4a)、式(4-4b)代入式(4-3)整理后得

$$\frac{\mathrm{d}R}{R} = (1+2\mu+\lambda E)\varepsilon \tag{4-5}$$

式中，$\mathrm{d}R/R$——电阻值相对变化量；

μ——电阻丝材料的泊松比。

由式(4-5)可知，电阻值相对变化量是由两方面的因素决定的：一方面由电阻丝几何尺寸的改变而引起，即$(1+2\mu)$项；另一方面是材料受力后，由材料的电阻率ρ变化而引起，即λE项。对于特定的材料，$(1+2\mu+\lambda E)$是一个常数，因此，式(4-5)所表达的电阻丝电阻值变化量与应变成线性关系，这就是电阻应变计测量应变的理论基础。

对于式(4-5)，令$K_0=(1+2\mu+\lambda E)$，则有

$$\frac{\mathrm{d}R}{R} = K_0\varepsilon \tag{4-6}$$

式中，K_0为单根电阻丝的灵敏度系数，其物理意义为：当电阻丝发生单位长度变化（应变）时，其大小为电阻值相对变化量与其应变的比值，即单位应变的电阻值相对变化量。

对于大多数电阻丝，$(1+2\mu)$是电阻丝式应变片的灵敏度系数K_0，为常数。由实验得知，用于制造电阻应变片的电阻丝材料的K_0多为$1.7\sim3.6$，但在弹性变形范围内，$K_0\approx2$。

对于由半导体材料制成的应变片，其由电阻率的相对变化量$\mathrm{d}\rho/\rho$引起的形变远远大于由几何尺寸变化引起的形变（这一数值是电阻丝式电阻应变片的$50\sim70$倍），并产生压阻效应（详见第8章）。

电阻丝式应变片与半导体式应变片的主要区别在于：前者是利用金属导体形变引起电阻值的变化，后者则是利用半导体电阻率变化引起电阻值的变化。

4.2 电阻应变片的结构、类型及参数

4.2.1 电阻应变片的基本结构

电阻应变片主要由四部分组成，如图4.2所示，敏感栅是电阻应变片的敏感元件；基片、覆盖层起定位和保护敏感栅的作用，并使敏感栅和被测试件之间绝缘；引出线用于连接测量导线。

4.2.2 电阻应变片的种类及特点

电阻应变片种类繁多，下面对几种常见的电阻应变片及其特点进行介绍。

1. 电阻丝式应变片

电阻丝式应变片的敏感栅是丝栅状的电阻丝，它可以制成U形、V形和H形等多种形状，如图4.3所示。电阻丝式应变片根据使用的基片材质的不同又可以分为纸基、胶基等类型。

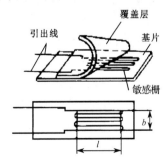

图4.2 电阻应变片结构示意图

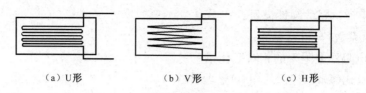

|(a)U形|(b)V形|(c)H形|

图 4.3 几种常见的电阻丝式应变片

纸基电阻丝式应变片制造简单,价格便宜,易于粘贴,但耐热性和耐潮湿性不好,一般多在短期的室内试验中使用,若在其他恶劣环境中使用,则应采取有效的防护措施,使用温度一般在 70℃以下。用酚醛树脂、聚酯树脂等胶液将纸进行渗透、硬化等处理后,可使纸基电阻丝式应变片的特性得到改善,使用温度可提高到 180℃,耐潮湿性也得到了提高,可以长期使用。在粘贴时应注意将应变片粘贴牢固,防止翘曲。

胶基电阻丝式应变片是用环氧树脂、酚醛树脂和聚酯树脂等有机聚合物的薄片直接制成的,其耐潮湿性和绝缘性能均好,弹性系数高,使用温度为 $-50\sim+170℃$,长时间使用的测量仪表多用此种应变片。

电阻丝是电阻丝式应变片受力后引起电阻值变化的关键部件,它是一根具有很高电阻率的金属细丝,直径约为 $0.01\sim0.05mm$。由于电阻丝很细,故要求电阻丝材料具有电阻温度系数小、温度稳定性良好、电阻率大等特性。同时,电阻丝的相对灵敏度系数较大,能在较大的应变范围内保持为常数。常用的电阻丝材料有铜镍(康铜)合金、镍铬合金、铂、铂铬合金、铂钨合金、卡玛丝等。

2. 箔式应变片

箔式应变片的工作原理和结构与电阻丝式应变片的工作原理和结构基本相同,但制造方法不同。箔式应变片采用光刻法代替电阻丝式应变片的绕线工艺:在厚度为 $3\sim10\mu m$ 的金属箔底面上涂绝缘胶层作为应变片的基片,箔片的上表面涂一层感光胶剂,将敏感栅绘成放大图,经照相制版后,印晒到箔片表面的感光胶剂上,再经腐蚀等工序,制成条纹清晰的敏感栅。箔式应变片的结构如图 4.4 所示。

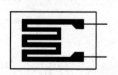

图 4.4 箔式应变片的结构

箔式应变片与电阻丝式应变片相比,具有下列优点。

(1)制造工艺能保证敏感栅的尺寸正确,线条均匀,大批量生产时电阻值离散度小,能制成任意形状以适应不同的测量要求。敏感栅的基长可做得很小,小基长应变片适用于应变梯度大的场合。

(2)横向效应很小。

(3)允许电流大。电阻箔厚度为 $3\sim10\mu m$,表面积大,散热条件好,可以通过较大的电流($I=100\sim300mA$),能承受较高的电压。输出功率大,为电阻丝式应变片的 $100\sim400$ 倍,灵敏度得到极大提高。

(4)柔性好,蠕变小,疲劳寿命长;可贴在形状复杂的被测试件上;与被测试件的接触面积大,粘接牢固,能很好地随同被测试件变形;在受交变载荷时疲劳寿命长,蠕变也小。

(5)生产效率高。便于实现生产工艺自动化,从而提高生产效率,减轻工人的劳动。价格便宜。

3. 半导体式应变片

半导体式应变片用半导体单晶硅条作为敏感栅。典型半导体式应变片的结构示意图如图4.5所示。半导体式应变片的使用方法与电阻丝式应变片的使用方法相同，即粘贴在弹性敏感元件或被测试件上，其电阻值随被测试件的应变发生相应变化。

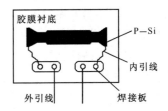

图4.5 典型半导体式应变片的结构示意图

半导体式应变片的工作原理基于半导体材料的压阻效应。半导体式应变片具有灵敏度高、频率响应范围宽、体积小、横向效应小等特点，这使其拥有很宽的应用范围。同时，半导体式应变片具有温度系数大、灵敏度离散大，以及在较大变形下非线性比较严重等缺点。

4.2.3 电阻应变片的参数

由于电阻应变片各部分的材质、性能，以及敏感栅形式和工艺等方面存在差异，电阻应变片在工作中所表现的性质和特点也有差别，因此需要对电阻应变片的主要规格、特性和影响因素进行研究，以便合理选择、正确使用和研制新的电阻应变片。

1. 几何尺寸

几何尺寸表明电阻应变片敏感栅的有效工作面积 $b \cdot l$，如图4.2所示。电阻应变片的宽度（基宽）b 是在与电阻应变片轴线相垂直的方向上，敏感栅最外侧之间的距离；电阻应变片的基长（标距）l 是电阻应变片敏感栅在其轴线方向的长度，对于带有圆弧端的敏感栅，就是指两端圆弧之间的距离。

电阻应变片所测得的应变，是被测试件在基长内的平均应变值。目前电阻应变片最小基长为0.2mm，最大基长为300mm。一般生产厂家都有一个电阻应变片基长系列供用户选用。

2. 电阻值

电阻值 R 指电阻应变片没有粘贴也不受力时，在室温下测定的电阻值。电阻应变片电阻值也有一个系列，如60Ω、120Ω、350Ω、600Ω和1000Ω，其中120Ω较为常用。阻值大，承受电压大，输出信号大，敏感栅尺寸也大。

3. 绝缘电阻

绝缘电阻指电阻应变片引线与被测试件之间的电阻值，它取决于黏合剂及基片材料的种类。绝缘电阻过低，会造成电阻应变片与被测试件之间漏电，产生测量误差。电阻应变片的绝缘电阻一般应不低于100MΩ。

4. 最大工作电流

最大工作电流指允许通过电阻应变片而不影响其工作特性的最大电流值。工作电流大，电阻应变片输出信号就大，其灵敏度系数就高。但过大的工作电流会使电阻应变片本身过热，使灵敏度系数产生变化，零漂、蠕变增加，甚至把电阻应变片烧毁。通常最大工作电流在静态测量时取25mA左右，在动态测量时取75～100mA；箔式应变片的最大工作电流可更大些。

5. 相对灵敏度系数

将金属丝制成电阻丝式应变片后，其电阻应变特性与单根金属丝时的特性有所不同，必须重新用实验来测定,实验要按统一的规定来进行。将电阻应变片贴在一维应力作用下的被测试件上,如钢制纯弯曲梁或等强度悬臂梁。被测试件材料规定为泊松比 $\mu = 0.285$ 的钢材。电阻应变片敏感栅的纵向轴线必须沿装置的应力方向粘贴。当装置受力梁发生变形后,电阻应变片的阻值也发生相应的变化,这样就可得到电阻应变片的电阻应变特性曲线。

电阻应变片粘贴到被测试件上后,一般不能取下再用,所以只能在每批产品中提取一定百分比的产品抽样检定,取其平均值作为该批产品的相对灵敏度系数。这就是产品包装盒上注明的相对灵敏度系数 k(或称标称灵敏度系数)。

实验表明,电阻应变片的相对灵敏度系数恒小于线材的相对灵敏度系数。究其原因,除胶体传递变形失真以外,还存在横向效应。这样电阻应变片电阻值相对变化应写成

$$\frac{\mathrm{d}R}{R} = k\varepsilon \tag{4-7}$$

6. 横向效应

电阻应变片粘贴在单向拉伸被测试件上,这时各直线段上的电阻丝感受沿其轴向拉应变 ε_x,其各微段电阻值都是增加的。但是在圆弧段上的应变,按泊松系数关系,在垂直轴方向产生应变 ε_y,因此该段的电阻值是减小的。所以将直的线材绕成敏感栅后,虽然长度相同,但在同受单向拉伸时,电阻应变片敏感栅的电阻值减小,灵敏度系数有所降低。这种现象称为应变片的横向效应。事实上,在标定 K 值时,规定被测试件的材料为泊松比 $\mu = 0.285$ 的钢材,已把横向效应的影响考虑在内。但在实际应用中,电阻应变片往往粘贴在平面应变场中,轴向应变 ε_x 和横向应变 ε_y 并不是标定状态($\varepsilon_y = -0.285\varepsilon_x$)的关系,这时横向效应就会引起一定的误差,需要加以考虑。

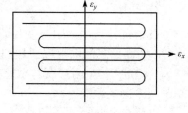

图 4.6　横向效应

当电阻应变片处于平面应变场中时,由于存在横向效应(见图 4.6),横向应变 ε_y 也能引起电阻值的变化,此时实际电阻值的变化为

$$\frac{\Delta R}{R} = K_x \varepsilon_x + K_y \varepsilon_y \tag{4-8}$$

式中,$K_x = \left(\dfrac{\Delta R/R}{\varepsilon_x} \right)_{\varepsilon_y = 0}$;

$K_y = \left(\dfrac{\Delta R/R}{\varepsilon_y} \right)_{\varepsilon_x = 0}$。

K_x 为电阻应变片对轴向应变的相对灵敏度系数,它是当 $\varepsilon_y = 0$ 时,敏感栅阻值相对变化与 ε_x 之比。K_y 为电阻应变片对横向应变的相对灵敏度系数,它是当 $\varepsilon_x = 0$ 时,敏感栅阻值相对变化与 ε_y 之比。通常可用实验方法来测定 K_x 和 K_y。

令横向效应系数 $K_H = K_y / K_x$,则式(4-8)可写为

$$\frac{\Delta R}{R} = K_x (\varepsilon_x + K_H \varepsilon_y) \tag{4-9}$$

由电阻应变片灵敏度系数 K 的定义可知

$$K = \frac{\Delta R/R}{\varepsilon_x} = \frac{K_x (\varepsilon_x - \mu \varepsilon_x K_H)}{\varepsilon_x} = (1 - \mu K_H) K_x \tag{4-10}$$

显然,在任意平面应变场的情况下,应变片的实际灵敏度系数相比轴向灵敏度系数 K_x 减小

了。因此,在这种情况下,仍用电阻应变片出厂给定的 K 值,就会导致测量结果出现误差。对于精度要求较高的应变测量,当误差较大时,需要进行修正。

7. 应变极限

电阻应变片所能测量的应变范围是有一定限度的,误差超过一定限度则认为电阻应变片已经开始失去工作能力,这个限度称为应变极限,用 ε_j 表示。

8. 机械滞后、零漂和蠕变

机械滞后就是在循环加载时,加载特性与卸载特性不重合的现象。产生机械滞后的主要原因是敏感栅、基片和黏合剂在承受机械应变以后存在残余变形。敏感栅材料经过适当的热处理,可以减少应变片的机械滞后。为了减少新安装电阻应变片的机械滞后,最好在正式测量前对被测试件或结构进行三次以上的加、卸载循环。

对于已安装好的电阻应变片,在一定温度下不承受机械应变时,其指示应变随时间的变化而变化的现象称为电阻应变片的零漂。在一定温度下,使电阻应变片承受一恒定的机械应变时,指示应变随时间的变化而变化的现象称为电阻应变片的蠕变。实际上,蠕变中已包含了零漂。

4.2.4 电阻应变片的粘贴技术

电阻应变片的黏合剂是具有特殊力学性能的一类胶粘剂,常用的黏合剂有酚醛类、环氧类、有机硅类、聚酰亚胺和合成橡胶类等。在测试时,电阻应变片通过黏合剂贴到被测试件上,黏合剂形成的胶层要将被测试件的应变正确无误地传递到敏感栅上。电阻应变片在测量系统中是关键性的元件,而试验的成败往往取决于黏合剂的选用与粘贴方法是否正确。黏合剂在很大程度上影响着电阻应变片的工作特性,如蠕变、机械滞后、零漂、灵敏度、线性,以及影响这些特性随时间、温度变化的程度。所以黏合剂的选用和粘贴工艺十分重要。

电阻应变片与被测试件之间的粘接不但要求黏结力强,而且要求黏合层的剪切弹性模量大,固化内应力小,耐老化,耐疲劳,稳定性好,蠕变和机械滞后小,要有较高的电绝缘和良好的耐潮耐油性能,以及使用简便等特点。

电阻应变片的粘贴通常包括下列工艺流程:表面处理(研磨及清洗)→弹性体上底胶(涂覆或浸渍)→底胶固化→粘贴电阻应变片→粘贴固化→上防潮层→粘贴质量检查。其中比较关键的环节是表面处理、粘贴固化和粘贴质量检查。

固化处理后的电阻应变片电阻值应重新测量,以判断贴片过程中敏感栅和引线是否损坏。另外,还要测量引出线和被测试件之间的绝缘电阻。在一般情况下,绝缘电阻为 $50\mathrm{M}\Omega$ 即可,对于某些高精度测量,则需要绝缘电阻在 $200\mathrm{M}\Omega$ 以上。

电阻应变片引出线最好采用中间连接片。为了保证电阻应变片工作的长期稳定,应采取防潮、防水等措施,如在应变片及其引出线上涂以石蜡、石蜡松香混合剂、环氧树脂、有机硅和清漆等保护层。

4.3 电阻应变片的动态响应特性

4.3.1 应变波的传播过程

被测试件的应变是以应变波的形式传递的。应变波首先经过被测试件或弹性敏感元件,然后经过黏合层和电阻应变片基片,最后传播到电阻应变片上,并由电阻应变片将被测试件变形的应变波全部反映出来。

1. 应变波在被测试件材料中的传播

应变波在被测试件材料中的传播速度与声波传播速度相同,其速度可按下式计算

$$\upsilon = \sqrt{\frac{E}{\rho}} \tag{4-11}$$

式中,υ——应变波在被测试件中的传播速度;

E——被测试件材料的纵向弹性模量;

ρ——被测试件材料的密度。

表 4.1 列出了应变波在各种材料中的传播速度。

表 4.1 应变波在各种材料中的传播速度

材料名称	传播速度(m·s⁻¹)	材料名称	传播速度(m·s⁻¹)
混凝土	2800～4100	有机玻璃	1500～1900
水泥砂浆	3000～3500	赛璐珞	850～1400
石膏	3200～5000	环氧树脂	700～1450
钢	4500～5100	环氧树脂合成物	500～1500
铝合金	5100	橡胶	30
镁合金	5100	电木	1500～1700
铜合金	3400～3800	型钢结构物	5000～5100
钛合金	4700～4900		

2. 应变波在粘接层和基片中的传播

由于粘接层和基片的总厚度非常小,所以应变波在其中的传播时间是极短的,可以忽略不计。

3. 应变波在敏感栅长度(基长)内的传播

由于电阻应变片所测得的应变是被测试件在基长内的平均应变值,因此,只有在应变波通过电阻应变片敏感栅的全部长度后,电阻应变片所反应的波形幅值才能达到最大值。

4.3.2 电阻应变片的极限工作频率估算

从应变波的传播过程可以看出,影响电阻应变片频率响应特性的主要因素是电阻应变片的基长和应变波在被测试件材料中的传播速度。电阻应变片的极限工作频率可以根据下面两种情况进行估算。

1. 应变波为正弦波

当应变波按正弦规律变化时,由于电阻应变片敏感栅具有一定的长度,因此在同一瞬间沿基长方向的各点的应变是不同的。当电阻应变片所反应的平均应变与电阻应变片中心点处的真实应变相差太大时,就会使测量失真,产生测量误差。

下面讨论电阻应变片的基长与测量时所允许的极限工作频率的关系。假设应变波为正弦波,其波长为 λ,固有振动频率为 f,如图 4.7 所示。

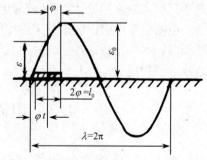

图 4.7 电阻应变片对正弦波的响应

为了计算方便,这里令应变波方程为

$$\varepsilon = \varepsilon_0 \sin\omega t \tag{4-12}$$

式中,$\omega = 2\pi f$。

现将波长 λ 和电阻应变片基长 L 都用角度表示,设 $\lambda = 2\pi$,则电阻应变片的基长 L 用角度表示有 $\varphi = \pi L / \lambda$,此时电阻应变片反映的平均应变为

$$\bar{\varepsilon} = \frac{1}{L} \int_{\omega t - \varphi}^{\omega t + \varphi} \varepsilon_0 \sin\omega t \, \mathrm{d}t = \varepsilon_0 \sin\omega t \, \frac{\sin\varphi}{\varphi} \tag{4-13}$$

当角度 φ 较小时,$\dfrac{\sin\varphi}{\varphi}$ 可用展开级数的前两项来代替,即

$$\frac{\sin\varphi}{\varphi} \approx 1 - \frac{\varphi^2}{6} \tag{4-14}$$

所以,电阻应变片中心点处的真实应变与整个电阻应变片所反映的平均应变的相对误差为

$$\delta = \frac{\varepsilon - \bar{\varepsilon}}{\varepsilon} = 1 - \frac{\bar{\varepsilon}}{\varepsilon} = 1 - \frac{\sin\varphi}{\varphi} \approx \frac{\varphi^2}{6} \tag{4-15}$$

再用长度替换角度,得

$$\delta = \frac{1}{6} \left(\frac{\pi L}{\lambda} \right)^2 = \frac{1}{6} \left(\frac{\pi L f}{\upsilon} \right)^2 \tag{4-16}$$

式中,$\upsilon = \lambda f$——应变波的传播速度。

因此

$$f = \frac{\upsilon}{\pi L} \sqrt{6\delta} \tag{4-17}$$

或

$$L = \frac{\upsilon}{\pi f} \sqrt{6\delta} \tag{4-18}$$

由上式可知,当允许误差 δ 及应变波的传播速度 υ 一定时,所测电阻应变片的极限工作频率是由基长决定的。一般取基长为应变波波长的 $1/10 \sim 1/20$,即

$$f = \left(\frac{1}{10} \sim \frac{1}{20} \right) \frac{\upsilon}{L} \tag{4-19}$$

表 4.2 为利用式(4-19)求出的不同基长电阻应变片的极限工作频率。

表 4.2　利用式(4-19)求出的不同基长电阻应变片的极限工作频率

基长(mm)	1	2	3	5	10	15	20
极限工作频率(kHz)	250	125	83.3	50	25	16.6	12.5

2. 应变波为阶跃波

当应变波为阶跃波时,由于应变波通过敏感栅全部长度需要一定时间,所以电阻应变片所反应的波形要经过一定的时间延迟才能达到最大值,如图4.8所示。若以输出最大值的10%上升到90%这段时间为上升时间 t_r,则

$$t_\mathrm{r} = 0.8 \frac{L}{\upsilon} \tag{4-20}$$

可得频率 $f = 0.35/t_\mathrm{r}$,此时电阻应变片的极限工作频率可近似为

$$f = \frac{0.35\upsilon}{0.8L} = 0.44 \frac{\upsilon}{L} \tag{4-21}$$

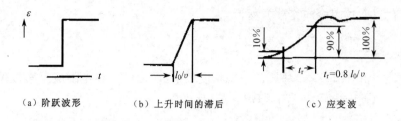

|（a）阶跃波形|（b）上升时间的滞后|（c）应变波|

图 4.8　电阻应变片对阶跃应变响应特性

4.4　测量电路

应变片可以将应变的变化转换为电阻值的变化,电阻值的变化量通常用电桥(作为测量电路)来测量。电桥根据电源的不同可分为直流电桥和交流电桥。

4.4.1　直流电桥

1. 直流电桥工作原理及平衡条件

典型的直流电桥结构如图 4.9 所示。典型的直流电桥有 4 个纯电阻的桥臂,传感器电阻

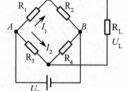

图 4.9　典型的直流电桥结构

可以充任其中任意一个桥臂。U_E 为电源电压,U_L 为输出电压,R_L 为负载电阻,由此可得桥路输出电压的一般形式为

$$U_L = \frac{R_1}{R_1 + R_2}U_E - \frac{R_3}{R_3 + R_4}U_E$$

$$= U_E \frac{R_1 R_4 - R_2 R_3}{(R_1 + R_2)(R_3 + R_4)} \tag{4-22}$$

显然,当 $R_1 R_4 = R_2 R_3$ 时,电桥平衡,输出电压 U_L 为零。

2. 直流电桥输出电压灵敏度

若电桥中 R_1 为电阻应变片,它随被测参数变化而变化,R_2、R_3 与 R_4 为固定电阻。当被测参数的变化引起电阻值变化 $\Delta R_1 (R_1 = R_1 + \Delta R_1)$ 时,则电桥平衡被破坏,电桥输出不平衡电压为

$$U_L = \frac{(R_1 + \Delta R_1)R_4 - R_2 R_3}{(R_1 + \Delta R_1 + R_2)(R_3 + R_4)}U_E$$

$$= \frac{R_1 R_4 - R_2 R_3 + R_4 \Delta R_1}{(R_1 + \Delta R_1 + R_2)(R_3 + R_4)}U_E \tag{4-23}$$

因为此时 $R_1 R_4 - R_2 R_3 = 0$,所以式(4-23)将变为

$$U_L = \frac{R_4 \Delta R_1}{(R_1 + \Delta R_1 + R_2)(R_3 + R_4)}U_E = \frac{\dfrac{R_4}{R_3}\dfrac{\Delta R}{R_1}}{\left(1 + \dfrac{R_2}{R_1} + \dfrac{\Delta R_1}{R_1}\right)\left(1 + \dfrac{R_4}{R_3}\right)}U_E \tag{4-24}$$

设桥臂比 $R_1/R_2 = R_3/R_4 = 1/n$,略去分母中的 $\Delta R_1/R_1$,有

$$U_L \approx U_E \frac{n}{(1 + n)^2}\frac{\Delta R_1}{R_1} \tag{4-25}$$

定义 $K_V = \dfrac{U_L}{\Delta R_1/R_1}$ 为单臂工作电阻应变片电桥输出电压灵敏度,其物理意义是,单位电阻

值相对变化量引起电桥输出电压的大小。

$$K_V = \frac{n}{(1+n)^2} U_E \tag{4-26}$$

K_V 的大小由电桥电源电压 U_E 和桥臂比 n 决定。由式(4-26)可知：

（1）电桥电源电压越高,输出电压的灵敏度越高。但提高电源电压将使电阻应变片和桥臂电阻功耗增加,温度误差增大。一般电源电压取 3～6V 为宜。

（2）桥臂比 n 取何值时 K_V 最大？K_V 是 n 的函数,取 $dK_V/dn = 0$ 时 K_V 有最大值,即

$$\frac{dK_V}{dn} = \frac{1-n^2}{(1+n)^4} = 0$$

显然当 $n=1$ 时,K_V 有最大值,即有 $R_1 = R_2 = R_3 = R_4 = R$,由式(4-25)和式(4-26)得

$$U_L \approx \frac{U_E}{4} \frac{\Delta R}{R} = \frac{U_E}{4} K\varepsilon \tag{4-27}$$

3. 输出电压非线性误差

上面在讨论电桥的输出特性时,应用了 $R_1 \gg \Delta R_1$ 的近似条件才得出 U_L 对 ΔR_1 的线性关系。当 ΔR_1 过大而不能忽略时,桥路输出电压将存在较大的非线性误差。下面以全等臂四分之一电桥($R_1 = R_2 = R_3 = R_4 = R$)电压输出为例,讨论桥路输出非线性误差的大小。由上面的分析可知,全等臂四分之一电桥输出电压的精确值为

$$U'_L = \frac{U_E}{2} \frac{\dfrac{\Delta R}{R}}{2 + \dfrac{\Delta R}{R}}$$

理想化的线性关系的相对非线性误差为

$$\delta = \frac{U_L - U'_L}{U_L} = 1 - \frac{2}{2 + \dfrac{\Delta R}{R}} = \frac{\Delta R}{2R} \frac{1}{1 + \dfrac{\Delta R}{2R}} \tag{4-28}$$

按幂级数展开 $\left(\dfrac{1}{1+\Delta R/2R}\right)$,有

$$\delta = \frac{\Delta R}{2R} \left[1 - \frac{\Delta R}{2R} + \frac{1}{4}\left(\frac{\Delta R}{R}\right)^2 - \frac{1}{8}\left(\frac{\Delta R}{R}\right)^3 + \cdots \right] \tag{4-29}$$

略去高次项,有

$$\delta \approx \frac{\Delta R}{2R} \tag{4-30}$$

对于电阻应变片电桥,可得

$$\delta_u = \frac{1}{2} K\varepsilon \tag{4-31}$$

利用非线性误差的表达式,可以按照测量要求允许的最大非线性误差来选择电阻应变片或确定电阻应变片的最大测量范围。

对于一般电阻应变片,其灵敏度系数 $K=2$,当承受的应变 $\varepsilon < 5000$ 微应变时,$\delta_u = 0.5\%$,这还不算太大,但当要求测量精度较高时,或者应变量再大时,非线性误差就不能忽略了。半导体式应变片的应用更是如此。例如,半导体式应变片的应变灵敏度系数 $K=100$,当它承受 1000 微应变时,其非线性误差将达到 5%。所以,对半导体式应变片的测量电路要做特殊处理,以减小非线性误差。

一般消除非线性误差的方法有以下几种。

（1）采用差动电桥电路。

以上在讨论电桥输出特性时，都是按一个桥臂电阻有增量来分析的，这种测量方法称为四分之一电桥测量法，只测量一个桥臂。在一些测量应变的专用电子仪器（如电阻应变仪）中，一般把两个桥臂作为标准电阻置于放大器中，而另两个桥臂由电阻应变片组成。如果两个电阻应变片同时参与测量，则称为半桥测量。让四个桥臂都由电阻应变片组成，且都产生适当的电阻值变化，即全桥测量。利用桥路中电阻值变化的特点，可使桥路形成差动电桥（半桥或全桥）。

采用差动电桥是消除非线性误差影响的有效措施。利用桥路中相邻臂电阻值变化相反，对邻臂电阻值变化相同的特点，将两个作为工作片的电阻应变片接入电桥的相邻臂，并使它们一个受拉，另一个受压，如图 4.10(a) 所示，称为半桥差动电桥，半桥差动电桥电路的输出电压为

$$U_L = \left(\frac{R_1 + \Delta R_1}{R_1 + \Delta R_1 + R_2 - \Delta R_2} - \frac{R_3}{R_3 + R_4} \right) U_E \tag{4-32}$$

设平衡时 $R_1 = R_2 = R_3 = R_4 = R$，又 $\Delta R_1 = \Delta R_2 = \Delta R$，则

$$U_L = \frac{U_E}{2} \frac{\Delta R}{R} \tag{4-33}$$

比较式(4-27)和式(4-33)可知，半桥差动电桥电路不仅没有非线性误差，而且其输出电压灵敏度比单一电阻应变片工作时的输出电压灵敏度提高了一倍。

同理，全桥差动电桥电路的输出电压灵敏度是单一电阻应变片工作时的输出电压灵敏度的四倍。一个桥臂电阻有增量的测量方法称为四分之一电桥测量法。而两个桥臂由电阻应变片组成，两个电阻应变片的电阻值一增一减同时参与测量的测量方法称为差动半桥测量法。让四个桥臂都由电阻应变片组成，都产生适当的电阻值变化，即全桥测量，如图 4.10(b) 所示。

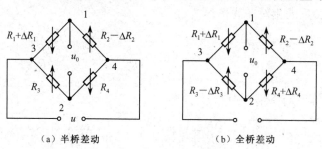

（a）半桥差动　　　　　　　　（b）全桥差动

图 4.10　差动电桥电路

一个等臂全桥的输出电压很容易导出。令 $R_1 = R + \Delta R_1$，$R_2 = R + \Delta R_2$，$R_3 = R + \Delta R_3$，$R_4 = R + \Delta R_4$，代入式(4-22)，则可得

$$U_L = \frac{U_E}{4} \left(\frac{\Delta R_1}{R} - \frac{\Delta R_2}{R} - \frac{\Delta R_3}{R} + \frac{\Delta R_4}{R} \right) \tag{4-34}$$

根据式(4-6)得

$$U_L = \frac{U_E}{4} K (\varepsilon_1 - \varepsilon_2 - \varepsilon_3 + \varepsilon_4) \tag{4-35}$$

式(4-34)及式(4-35)中的正、负号表明，欲使电桥四个桥臂的电阻值变化不致相互抵消，必须使 2、3 臂的电阻值变化和 1、4 臂的电阻值变化相反，或者使 2、3 臂电阻应变片所感受的应变与 1、4 臂所感受的应变相反，也即相邻臂变化相反，对邻臂变化相同。在实际工作中，可以根据结构受力应变情况，适当地选择测量臂电阻应变片的位置。例如，对于受

对称弯曲作用的被测试件,若一面产生拉应变,另一面产生压应变,两者方向相反,大小相等,则可以在两面各贴一片(或两片)电阻应变片接在电桥的两相邻臂;若沿某方向均匀地应变,则可用两个电阻应变片感受同相信号放在电桥的两对邻臂上。

(2)采用高内阻的恒流源电桥。

产生非线性的原因之一是在工作过程中通过桥臂的电流不恒定,因此有时需要用恒流源为桥路供电。采用恒流源比采用恒压源的非线性误差减小一半。一般半导体式应变片的桥路都采用恒流源供电。

4.4.2 交流电桥

交流电桥的供桥电源为正弦交流电,且四个桥臂不是纯电阻,即 $Z_1 = R_1 + jX_1$,$Z_2 = R_2 + jX_2$,$Z_3 = R_3 + jX_3$,$Z_4 = R_4 + jX_4$,其等效电路如图 4.11 所示,输出负载电压为

$$\dot{U}_L = \dot{U}\frac{Z_1}{Z_1 + Z_2} - \dot{U}\frac{Z_3}{Z_3 + Z_4} = \dot{U}\frac{Z_1 Z_4 - Z_2 Z_3}{(Z_1 + Z_2)(Z_3 + Z_4)} \tag{4-36}$$

电桥平衡的条件为

$$Z_1 Z_4 = Z_3 Z_2 \tag{4-37}$$

设 Z_1、Z_2、Z_3、Z_4 分别为

$$Z_1 = Z_{1m}e^{j\varphi_1}$$
$$Z_2 = Z_{2m}e^{j\varphi_2}$$
$$Z_3 = Z_{3m}e^{j\varphi_3}$$
$$Z_4 = Z_{4m}e^{j\varphi_4}$$

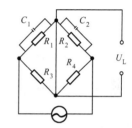

图 4.11 交流电桥的等效电路

式中,Z_{1m}、Z_{2m}、Z_{3m}、Z_{4m} 为阻抗模,φ_1、φ_2、φ_3、φ_4 为阻抗的辐角,代入 $Z_1 Z_4 = Z_3 Z_2$ 中有

$$\begin{cases} Z_{1m}Z_{4m} = Z_{2m}Z_{3m} \\ \varphi_1 + \varphi_4 = \varphi_2 + \varphi_3 \end{cases} \tag{4-38}$$

得到交流电桥平衡条件为:相对桥臂阻抗模之积相等,相对桥臂阻抗辐角之和相等。当作为工作片的电阻应变片电阻值 R_1 改变 ΔR 后引起阻抗 Z_1 变化 ΔZ_1,代入式(4-36),有

$$\dot{U}_L = \dot{U}_E \frac{\dfrac{Z_4}{Z_3}\dfrac{\Delta Z_1}{Z_1}}{\left(1 + \dfrac{Z_2}{Z_1} + \dfrac{\Delta Z_1}{Z_1}\right)\left(1 + \dfrac{Z_4}{Z_3}\right)} \tag{4-39}$$

设 $Z_1 = Z_2$,$Z_3 = Z_4$,略去式中分母的 $\Delta Z_1 / Z_1$ 项,则有

$$\dot{U}_L = \frac{\dot{U}_E}{4}\frac{\Delta Z}{Z} \tag{4-40}$$

上述结论与直流电桥的情况相似。

4.5 电阻应变式传感器的温度误差及其补偿

4.5.1 温度误差及其产生原因

由温度变化引起的电阻应变片电阻值变化与被测试件(弹性敏感元件)应变所造成的电阻

值变化几乎有相同的数量级,如果不采取必要的措施克服温度的影响,测量精度将无法得到保证。下面分析温度误差产生的原因。

1. 温度变化引起电阻应变片敏感栅电阻值变化而产生附加应变

电阻值与温度的关系可用下式表达

$$R_t = R_0(1 + \alpha\Delta t) = R_0 + R_0\alpha t$$
$$\Delta R_{t\alpha} = R_t - R_0 = R_0\alpha\Delta t \tag{4-41}$$

式中,R_t——温度为 t 时的电阻值;

R_0——温度为 t_0 时的电阻值;

Δt——温度的变化值;

$\Delta R_{t\alpha}$——温度变化 Δt 时的电阻值变化;

α——敏感栅材料的电阻温度系数。

将温度变化 Δt 时的电阻值变化折合成应变 $\varepsilon_{t\alpha}$,则

$$\varepsilon_{t\alpha} = \frac{\Delta R_{t\alpha}/R_0}{K} = \frac{\alpha t}{K} \tag{4-42}$$

式中,K——电阻应变片的灵敏度系数。

2. 被测试件材料与敏感栅材料的线膨胀系数不同,使电阻应变片产生附加应变

如果在被测试件上粘贴一段长度为 l_0 的应变丝,当温度变化 Δt 时,应变丝受热膨胀至 l_{t1},而应变丝下的被测试件伸长为 l_{t2}

$$l_{t1} = l_0(1 + \beta_{丝} \Delta t) = l_0 + l_0\beta_{丝} \Delta t \tag{4-43}$$
$$\Delta l_{t1} = l_{t1} - l_0 = l_0\beta_{丝} \Delta t \tag{4-44}$$
$$l_{t2} = l_0(1 + \beta_{试} \Delta t) = l_0 + l_0\beta_{试} \Delta t \tag{4-45}$$
$$\Delta l_{t2} = l_{t2} - l_0 = l_0\beta_{试} \Delta t \tag{4-46}$$

式中,l_0——温度为 t_0 时的应变丝长度;

l_{t1}——温度为 t 时的应变丝长度;

l_{t2}——温度为 t 时应变丝下被测试件的长度;

$\beta_{丝}$、$\beta_{试}$——分别为应变丝和被测试件材料的线膨胀系数;

Δl_{t1}、Δl_{t2}——分别为温度变化 Δt 时应变丝和被测试件膨胀量。

由式(4-44)和式(4-46)可知,如果 $\beta_{丝}$ 和 $\beta_{试}$ 不相等,则 Δl_{t1} 和 Δl_{t2} 就不等,但是应变丝和被测试件是黏结在一起的,若 $\beta_{丝} < \beta_{试}$,则应变丝被迫从 Δl_{t1} 拉长至 Δl_{t2},这就使应变丝产生附加变形 $\Delta l_{t\beta}$,即

$$\Delta l_{t\beta} = \Delta l_{t2} - \Delta l_{t1} = l_0(\beta_{丝} - \beta_{试})\Delta t \tag{4-47}$$

折算为应变,则有

$$\varepsilon_{t\beta} = \frac{\Delta l_{t\beta}}{l_0} = (\beta_{丝} - \beta_{试})\Delta t \tag{4-48}$$

引起的电阻值变化为

$$\Delta R_{t\beta} = R_0 K\varepsilon_{t\beta} = R_0 K(\beta_{丝} - \beta_{试})\Delta t \tag{4-49}$$

因此,由温度变化 Δt 引起的总电阻值变化为

$$\Delta R_t = \Delta R_{t\alpha} + \Delta R_{t\beta} = R_0 \alpha \Delta t + R_0 K(\beta_{丝} - \beta_{试}) \Delta t \qquad (4\text{-}50)$$

总附加虚假应变为

$$\varepsilon_t = \frac{\Delta R_t / R_0}{K} = \frac{\alpha \Delta t}{K} + (\beta_{丝} - \beta_{试}) \Delta t \qquad (4\text{-}51)$$

由式(4-51)可知,温度变化引起了附加电阻值变化或造成了虚假应变,从而为测量带来了误差。这个误差除与环境温度变化有关外,还与电阻应变片本身的性能参数($K, \alpha, \beta_{丝}$)及被测试件的线膨胀系数 $\beta_{试}$ 有关。

然而,温度对电阻应变片特性的影响,不止上述两个因素,但在一般常温下,上述两个因素是造成电阻应变片温度误差的主要原因。

4.5.2 温度补偿方法

温度补偿方法基本分为桥路补偿法、应变片自补偿法和热敏电阻补偿法。

1. 桥路补偿法

桥路补偿法也称补偿片法。电阻应变片通常是作为平衡电桥的一个臂测量应变的,如图 4.12(a)中 R_1 为工作片,R_2 为补偿片,R_3、R_4 为固定电阻。工作片 R_1 粘贴在被测试件上需要测量应变的地方,补偿片 R_2 粘贴在一块不受力的与被测试件材料相同的物体上,这块物体自由地放在被测试件上或附近,如图 4.12(b)所示。当温度发生变化时,工作片 R_1 和补偿片 R_2 的电阻值都发生变化,由于它们的温度变化相同,R_1 与 R_2 为同类电阻应变片,又贴在相同的材料上,因此 R_1 和 R_2 的电阻值变化也相同,即 $\Delta R_1 = \Delta R_2$。有时,在结构允许的情况下,可以不另设补偿片,而将电阻应变片作为工作片直接贴在被测试件上,如图 4.12(c)所示。当 R_1 和 R_2 分别接入电桥的相邻两桥臂上时,由温度变化引起的电阻值变化 ΔR_1 和 ΔR_2 的作用相互抵消,这样就起到了温度补偿的作用。

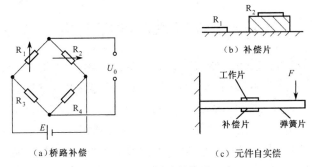

（a）桥路补偿　　　　（b）补偿片　　　　（c）元件自实偿

图 4.12　桥路补偿法

2. 应变片自补偿法

粘贴在被测部位上的电阻应变片是一种特殊应变片,当温度变化时,它产生的附加应变为零或被抵消,这种特殊应变片称为温度自补偿应变片。利用温度自补偿应变片来实现温度补偿的方法称为应变片自补偿法。

制造温度自补偿应变片的基本思想可由式(4-51)看出,要实现温度自补偿的条件是

$$\varepsilon_t = \frac{\Delta R_t / R_0}{K} = \frac{\alpha \Delta t}{K} + (\beta_{丝} - \beta_{试}) \Delta t = 0$$

即

$$\alpha = - K(\beta_{\text{试}} - \beta_{\text{丝}}) \tag{4-52}$$

也即如果选择的敏感栅材料的电阻温度系数和线膨胀系数使电阻应变片在某一线膨胀系数的被测试件上使用,能满足式(4-52),则电阻应变片的温度误差为零,从而达到温度自补偿效果。这种方法的缺点是温度自补偿应变片只能在一种材料上使用,局限性很大。

另外一种应变片自补偿法是双金属丝栅法。双金属丝栅用两种温度系数不同的电阻丝串联制成,如图4.13所示,若两段敏感栅 R_1 和 R_2 由于温度变化而产生电阻值变化 ΔR_{1t} 和 ΔR_{2t},当两段敏感栅的电阻值变化大小相等、符号相反时,就可以实现温度补偿。R_1 与 R_2 的电阻值的比值关系可以由下式决定

$$\frac{R_1}{R_2} = \frac{- \Delta R_{2t} / R_2}{\Delta R_{1t} / R_1} \tag{4-53}$$

3. 热敏电阻补偿法

热敏电阻补偿法如图4.14所示,图中的热敏电阻 R_t 处在与电阻应变片相同的温度条件下,当电阻应变片的灵敏度随温度升高而下降时,热敏电阻 R_t 的阻值下降,使电桥的输入电压随温度升高而增加,从而提高电桥的输出电压值,补偿由电阻应变片变化引起的输出电压下降。合理选择分流电阻 R_5 的阻值可以得到良好的温度补偿。

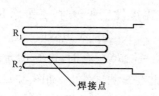

图 4.13　双金属丝栅法

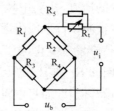

图 4.14　热敏电阻补偿法

4.6　电阻应变式传感器的结构设计及应用

电阻应变片作为一种转换元件,除了可以直接测量被测试件的应变和应力外,还可以与不同结构的弹性敏感元件结合制成各种形式的电阻应变式传感器。电阻应变式传感器的结构组成框图如图4.15所示,这里的弹性敏感元件是整个系统的一个传递环节。

弹性敏感元件的结构形式很多,可以根据不同弹性敏感元件的结构特性构成用于测量力、力矩、压力、加速度等参量的电阻应变式传感器。弹性敏感元件的结构特性在本书的第3章中已进行了详细的论述,这里不再赘述。下面对几种常用的电阻应变式传感器进行讨论。

图 4.15　电阻应变式传感器的结构组成框图

4.6.1　电阻应变式压力传感器

1. 平膜片式应变测压传感器

图4.16是平膜片式应变测压传感器的4种基本结构。平膜片可看作周边固支的圆形平

板,被测压力作用于平膜片的一面,而电阻应变片粘贴在平膜片的另一面。图 4.17 是一个简易的平膜片式应变测压传感器,可用于测量气体或液体压力。图 3.9 给出了周边固支的平膜片的应力分布曲线,其中特别值得注意的是,径向应变 ε_r 的曲线,在中心附近是正值,在板的边缘则为负值。在设计平膜片式应变测压传感器时,可以利用这个特点适当地布置电阻应变片,以使应变电桥工作在推挽(差动)状态。

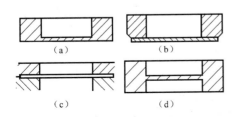

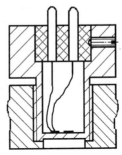

图 4.16　平膜片式应变测压传感器的 4 种基本结构　　图 4.17　一个简易的平膜片式应变测压传感器

图 4.18 是电阻应变片在平膜片上的几种典型布置方式。图 4.18(a)是一种半桥布置方式,其中 R_1 承受正的径向应变,R_2 承受负的径向应变。R_1、R_2 分别接入电桥的相邻两臂,处于半桥工作状态。根据第 3 章中式(3-21)、式(3-22)、式(3-23)、式(3-24),在平膜片中心($r=0$)处,切向应力与径向应力相等,切向应变与径向应变相等,而且具有正的最大值,即

$$\sigma_{r0} = \sigma_{t0} = \frac{3pa^2}{8h^2}(1+\mu) \qquad \varepsilon_{r0} = \varepsilon_{t0} = \frac{3pa^2}{8Eh^2}(1-\mu^2)$$

在平膜片的边缘($r=a$)处,切向应力、径向应力和径向应变都达到负的最大值,而径向应变为零

$$\sigma_{ra} = -\frac{3pa^2}{4h^2} \qquad \sigma_{ta} = -\frac{3pa^2}{4h^2}\mu \qquad \varepsilon_{ra} = -\frac{3pa^2}{4Eh^2}(1-\mu^2) \qquad \varepsilon_{ta} = 0$$

为了保证电桥工作在对称的推挽状态,应保证 $R_1 = R_2$,$K_1 = K_2$,ΔR_1 与 ΔR_2 符号相反。前两条要求主要由电阻应变片自身保证,第三条要求则靠正确地布置电阻应变片的位置来保证。周边固支平膜片的应力、应变曲线如图 3.9 所示。假设电阻应变片的基长为 L,R_1(或 R_1 和 R_4)粘贴在正应变最大处,如图 4.18(a)中的 R_1 和图 4.18(b)中 R_1 和 R_4 对称位置;R_2(或 R_2 和 R_3)则粘贴在负应变最大处,如图 4.18(a)中的 R_2 和图 4.18(b)中的 R_2 和 R_3 对称位置。图 4.18(a)中的 R_1 和 R_2 按半桥工作的方式连接,图 4.18(b)中的 R_1 和 R_4 与 R_2 和 R_3 按全桥工作的方式连接。这样既可增大传感器的灵敏度又可起到温度补偿作用。

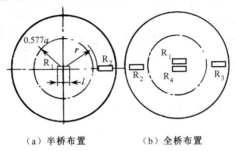

（a）半桥布置　　　　　（b）全桥布置

图 4.18　电阻应变片在平膜片上的几种典型布置方式

当平膜片式应变测压传感器工作在冲击或振动加速度很大的地方时,可以采用双平膜片

结构来消除加速度的干扰。图 4.19(a)是双平膜片结构示意图。两个结构尺寸和材料性质严格相同的平膜片同心安装在一起,并按半桥工作的方式各粘贴两个电阻应变片,按图 4.19(b)组成全桥。两个平膜片在测压时只有一个受到压力,受压平膜片的两个电阻应变片按半桥方式工作,而补偿平膜片的电阻应变片并没有什么变化,当传感器本体受到加速度作用时,两个平膜片将产生相同的反应;因此有 $\Delta R_1 = \Delta R_1'$, $\Delta R_2 = \Delta R_2'$,也就是说电桥相邻的桥臂有相同变化,电桥不会有输出,这样就可以将加速度的干扰信号消除。

平膜片式应变测压传感器的优点是结构简单且工作端面平整,但这种传感器的灵敏度与频率响应之间存在比较突出的矛盾,且温度对平膜片式应变测压传感器的性能影响也比较大。

2. 薄壁圆筒式应变压力传感器

薄壁圆筒式应变压力传感器也是较为常用的测压传感器,主要用来测量液体的压力,如图 4.20 所示。图 4.20(a)为薄壁圆筒式应变压力传感器的敏感元件——薄壁圆筒(应变管)的结构示意图。薄壁圆筒的壁厚($t = R - r$)远小于它的外径($t < D/20$),其一端与被测试件相连,当被测压力 p 施加在薄壁圆筒的腔内时,圆筒发生变形。由材料力学可知,薄臂圆筒外表面上 A 点处将产生二向应力,即轴向应力 σ_x、切向应力(环向应力)σ_t。

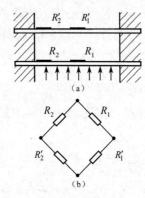

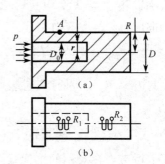

图 4.19 双平膜片结构示意图　　图 4.20 薄壁圆筒式应变压力传感器

(1) 轴向应力 σ_x。

沿薄壁圆筒轴向作用于筒顶的力 $F = p\pi r^2$,薄壁圆筒在 F 作用下,其横截面上的应力属于轴向拉伸力,薄壁圆筒的横截面积 $S = p(R^2 - r^2)$,因此,轴向应力为

$$\sigma_x = \frac{F}{S} = \frac{r^2}{R^2 - r^2} p \tag{4-54}$$

(2) 切向应力(环向应力)σ_t。

取相距为 1 的两个横截面和包括直径的纵向截面,假想从薄壁圆筒中取出一部分作为研究对象,如图 4.21(a)所示,在薄壁圆筒的纵向截面上的内力 $N = \sigma_t(R-r)l$。在这一部分薄壁圆筒内的微分面积 $lr\mathrm{d}\varphi$ 上,力为 $plr\mathrm{d}\varphi$,它在 y 轴方向上的投影为 $plr\sin\varphi\mathrm{d}\varphi$,如图 4.21(b)所示,投影总面积为 $\int_0^\pi plr\sin\varphi\mathrm{d}\varphi = 2plr$,由平衡条件在 y 轴方向合应力为零得

$$2\sigma_t(R-r)l - 2plr = 0$$

即

$$\sigma_t = \frac{r}{R-r} p \tag{4-55}$$

当薄壁圆筒壁很薄时,有 $R \approx r$,式(4-55)可近似为

$$\sigma_t = \frac{2r^2}{R^2 - r^2} p \tag{4-56}$$

由广义虎克定律可知,薄臂圆筒的轴向应变 ε_x 和切向应变 ε_t 分别为

$$\varepsilon_x = \frac{1 - 2\mu}{E} \frac{r^2}{R^2 - r^2} p$$

$$\varepsilon_t = \frac{2 - \mu}{E} \frac{r^2}{R^2 - r^2} p \tag{4-57}$$

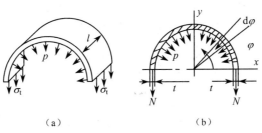

(a)　　　　　　　(b)

图 4.21　薄壁圆筒单元截面受力图

由式(4-57)可以看出,薄壁圆筒的轴向应变比切向应变小得多。因此,环向粘贴电阻应变片可提高薄臂圆筒式应变压力传感器的灵敏度,图 4.20(b)就是采用环形方式粘贴电阻应变片的。在图 4.20(b)中,盲孔的端部有一个实心部分,在制作传感器时,在薄壁圆筒壁和端部沿环向各贴一个电阻应变片,端部在薄壁圆筒内有压力时不产生变形,只用于温度补偿。为提高薄臂圆筒式应变压力传感器的灵敏度,还可利用两个电阻应变片工作,另选两个电阻应变片在端部进行温度补偿。

在环向粘贴电阻应变片时,薄臂圆筒式应变压力传感器薄壁圆筒的固有振荡频率可按以下经验公式计算

$$f = \frac{0.13}{L} \sqrt{\frac{E}{\rho}} \tag{4-58}$$

式中,L——薄壁圆筒的有效长度;

ρ——薄壁圆筒材料的密度。

通常,薄壁圆筒式应变压力传感器的固有振荡频率很高。但在使用时,薄壁圆筒内需要注入油液,这限制了传感器固有振荡频率。当液柱的柱长 L_0 大于柱半径的 1.7 倍时,薄壁圆筒的固有振荡频率可由式(4-59)计算

$$f = \frac{C}{4L_0} \tag{4-59}$$

式中,C——油液的传声速度。

4.6.2　电阻应变式加速度传感器

4.6.1 节的两种传感器都是力(集中力和均匀分布力)直接作用在弹性敏感元件上,将力变为应变的。然而加速度是运动参数,需要先经过质量弹簧的惯性作用将加速度转换为力 F,之后才能作用于弹性敏感元件。

电阻应变式加速度传感器的结构如图 4.22 所示,在等强度悬臂梁 2 的一端固定惯性质量块 1,梁的另一端用螺钉固定在壳体 6 上,在梁的上下两面粘贴电阻应变片 5,梁和惯性质量块

的周围充满阻尼液(硅油),用于产生必要的阻尼。在测量加速度时,将电阻应变式加速度传感器壳体和被测对象刚性连接。当有加速度作用在壳体上时,由于等强度悬臂梁的刚度很大,惯性质量块也以同样的加速度运动,其产生的惯性力正比于加速度 a,惯性力作用在梁的端部使梁产生变形,限位块 4 保护传感器在过载时不被破坏。电阻应变式加速度传感器在低频振动测量中得到了广泛应用。

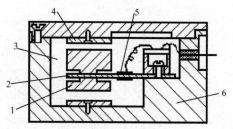

1—惯性质量块;2—等强度悬臂梁;3—腔体;
4—限位块;5—电阻应变片;6—壳体

图 4.22 电阻应变式加速度传感器的结构

思 考 题

4-1 什么是金属材料的电阻应变效应?什么是半导体材料的压阻效应?

4-2 简述电阻应变片产生温度误差的原因及其补偿方法。

4-3 画出桥式测量电路图,推导直流电桥平衡条件,并简述不对称电桥的输出电压变化。

第5章　电容式传感器

电容式传感器是能把某些非电物理量的变化通过一个可变电容转换成电容量变化的装置。电容测量技术不但广泛用于位移、振动、角度、加速度等机械量的精密测量,还用于压力、差压、液面、料面、成分含量等的测量。电容式传感器具有结构简单、体积小、分辨率高、本身发热小等优点,十分适合进行非接触测量。电容式传感器的优点随着电子技术,特别是集成电路技术的迅速发展,得到了进一步体现,而它的分布电容、非线性等缺点则将不断地得到克服。因此,电容式传感器在非电测量和自动检测中有着良好的应用前景。

5.1　电容式传感器的简介

5.1.1　基本工作原理

电容式传感器是一个具有可变参数的电容。在多数场合,电容由两个金属平行极板组成,并且以空气为介质,如图 5.1 所示。两个平行板组成的电容的电容量为

$$C = \frac{\varepsilon A}{d} \tag{5-1}$$

式中,ε——电容极板间介质的介电常数($\varepsilon = \varepsilon_r \varepsilon_0$);

ε_0——真空介电常数;

ε_r——介质材料的相对介电常数;

A——两平行极板覆盖的面积;

d——两平行极板之间的距离;

C——电容量。

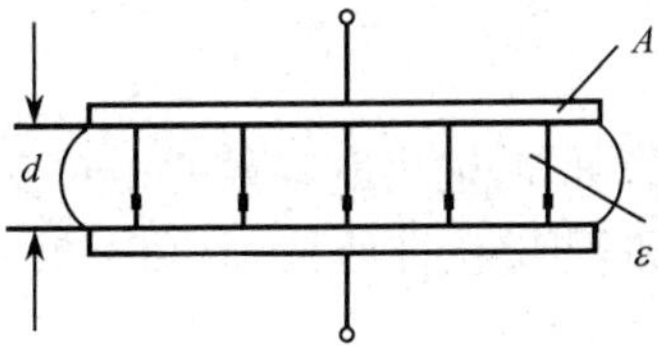

图 5.1　电容

当被测参数使得式(5-1)中的 A、d 或 ε 发生变化时,电容量 C 也随之变化。如果保持其中两个参数不变,而仅改变另一个参数,就可以把该参数的变化转换为电容量的变化。在实际使用中,电容式传感器分为三类:变间距型、变面积型和变介电常数型。变间距型电容式传感器可以测量微米数量级的位移;变面积型电容式传感器则适用于测量厘米数量级的位移;变介电常数型电容式传感器适用于液面、厚度的测量。

5.1.2　电容式传感器的线性及灵敏度

1. 变间距型电容式传感器

变间距型电容式传感器结构原理图如图 5.2 所示。在图 5.2(a)中,1 为静止极板(一般称为定极板),2 为与被测试件相连的动极板,当动极板 2 因被测参数改变而移动时,就改变了两极板的距离 d,从而改变了两极板间的电容量 C。由式(5-1)可知,电容量 C 与极板间距 d 不是线性关系,而是如图 5.3 所示的双曲线关系。图 5.2(b)是直接用被测试件作为动极板的情形。

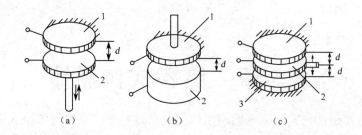

图 5.2　变间距型电容式传感器结构原理图

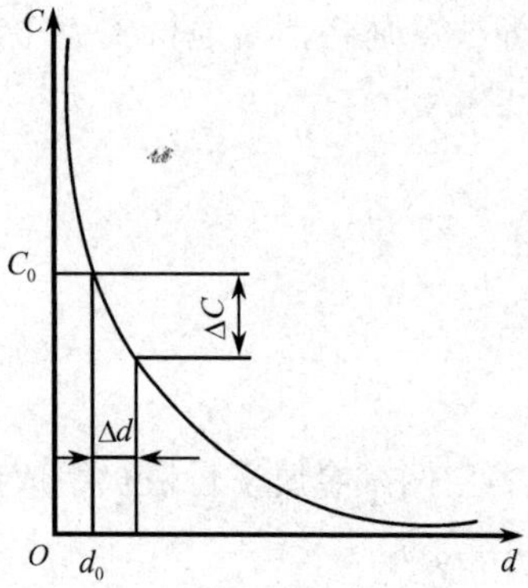

假设电容式传感器极板面积为 A，极板初始距离为 d_0，以空气为介质（$\varepsilon_r = 1$），则其电容量为

$$C_0 = \frac{\varepsilon_0 A}{d_0} \tag{5-2}$$

若极板初始距离 d_0 减小 Δd，其电容量增加 ΔC，即

$$C_0 + \Delta C = \frac{\varepsilon_0 A}{d_0 - \Delta d} = C_0 \frac{1}{1 - \dfrac{\Delta d}{d_0}} \tag{5-3}$$

由式（5-3）可得，电容量的相对变化量为

$$\frac{\Delta C}{C_0} = \frac{\Delta d}{d_0}\left(1 - \frac{\Delta d}{d_0}\right)^{-1} \tag{5-4}$$

图 5.3　C—d 特性曲线

因为 $\Delta d/d_0 \ll 1$，所以可按幂级数展开，得

$$\frac{\Delta C}{C_0} = \frac{\Delta d}{d_0}\left[1 + \frac{\Delta d}{d_0} + \left(\frac{\Delta d}{d_0}\right)^2 + \left(\frac{\Delta d}{d_0}\right)^3 + \cdots\right] \tag{5-5}$$

由式（5-5）可知，输出电容量的相对变化量 $\Delta C/C$ 与输入位移 Δd 之间的关系是非线性的，当 $\Delta d/d_0 \ll 1$ 时可略去非线性项（高次项），则得近似的线性关系式为

$$\frac{\Delta C}{C_0} \approx \frac{\Delta d}{d_0} \tag{5-6}$$

而电容式传感器的灵敏度为

$$K = \frac{\Delta C}{C_0}/\Delta d = \frac{1}{d_0} \tag{5-7}$$

电容式传感器灵敏度 K 的物理意义是：单位位移引起的电容量的相对变化量的大小。略去高次项（非线性项）引起的相对非线性误差为

$$\delta = \left|\frac{\Delta C - \Delta C'}{\Delta C}\right| = \left|\frac{\dfrac{\Delta d}{d_0} - \dfrac{\Delta d}{d_0}\left(1 + \dfrac{\Delta d}{d_0}\right)}{\dfrac{\Delta d}{d_0}}\right| = \left|\frac{\Delta d}{d_0}\right| \times 100\% \tag{5-8}$$

可见减小极板间距，有利于提高电容式传感器灵敏度。如果 d_0 过小，则容易使电容击穿。

在实际应用中，为提高电容式传感器的灵敏度，减小非线性，大都采用差动结构。而改善击穿条件的办法是在极板间放置云母片等介电材料。

（1）差动变间距型电容式传感器。

如图 5.2(c) 所示，在差动变间距型电容式传感器中，当其中一个电容的电容量 C_1 随输入位移 Δd 的减小而增大时，另一个电容的电容量 C_2 则随着 Δd 的增大而减小。它们的特性方程分

别为

$$C_1 = C_0\left[1 + \left(\frac{\Delta d}{d_0}\right) + \left(\frac{\Delta d}{d_0}\right)^2 + \left(\frac{\Delta d}{d_0}\right)^3 + \cdots\right]$$

和

$$C_2 = C_0\left[1 - \left(\frac{\Delta d}{d_0}\right) + \left(\frac{\Delta d}{d_0}\right)^2 - \left(\frac{\Delta d}{d_0}\right)^3 + \cdots\right]$$

总的电容量变化量为

$$\Delta C = C_1 - C_2 = C_0\left[2\frac{\Delta d}{d_0} + 2\left(\frac{\Delta d}{d_0}\right)^3 + \cdots\right]$$

电容量的相对变化量为

$$\frac{\Delta C}{C_0} = 2\frac{\Delta d}{d_0}\left[1 + \left(\frac{\Delta d}{d_0}\right)^2 + \left(\frac{\Delta d}{d_0}\right)^4 + \cdots\right] \tag{5-9}$$

略去高次项,则 $\Delta C/C_0$ 与 $\Delta d/d_0$ 近似为线性关系,即

$$\frac{\Delta C}{C_0} \approx \frac{2\Delta d}{d_0} \tag{5-10}$$

则差动变间距型电容式传感器的灵敏度系数为

$$K' = \frac{\Delta C}{C_0}/\Delta d = 2/d_0 \tag{5-11}$$

差动变间距型电容式传感器的相对非线性误差近似为

$$\delta' = \frac{|2(\Delta d/d_0)^3|}{|2(\Delta d/d_0)|} = \left(\frac{\Delta d}{d_0}\right)^2 \times 100\% \tag{5-12}$$

比较式(5-7)与式(5-11),式(5-8)与式(5-12)可知,差动结构可使对应传感器灵敏度提高一倍,非线性误差大为减小,由温度等环境影响造成的误差也得到有效改善。

(2) 固定介质与可变间距型电容式传感器。

减小极板间距虽然可提高灵敏度,但易击穿电容。为此,经常在两极板间加一层云母或塑料等介质,以改变电容的耐压性能。由此构成如图 5.4 所示的固定介质与可变间距型电容式传感器。

由关系式 $C = \dfrac{C_1 C_2}{C_1 + C_2}$,$C_1 = \dfrac{\varepsilon_0 \varepsilon_1 A}{d_1}$,$C_2 = \dfrac{\varepsilon_0 \varepsilon_2 A}{d_2}$ 得

$$C = \frac{\varepsilon_0 A}{d_1 + \dfrac{d_2}{\varepsilon_2}} \tag{5-13}$$

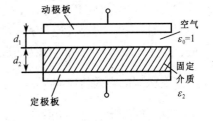

图 5.4　固定介质与可变间距型电容式传感器

空气隙减小 Δd_1,电容量会增加 ΔC,有

$$C + \Delta C = \frac{\varepsilon_0 A}{d_1 - \Delta d_1 + d_2/\varepsilon_2} \tag{5-14}$$

$$\Delta C = C\left(\frac{d_1 + d_2/\varepsilon_2}{d_1 - \Delta d_1 + d_2/\varepsilon_2} - 1\right)$$

电容量的相对变化量为

$$\frac{\Delta C}{C} = \frac{\Delta d_1}{d_1 + d_2} N_1 \frac{1}{1 - N_1 \Delta d_1/(d_1 + d_2)} \tag{5-15}$$

式中

$$N_1 = \frac{d_1 + d_2}{d_1 + d_2/\varepsilon_2} \tag{5-16}$$

当 $N_1 \Delta d_1/(d_1+d_2)<1$，即位移很小时，式(5-15)按幂级数展开可写成

$$\frac{\Delta C}{C} = N_1 \frac{\Delta d_1}{d}\left[1 + N_1 \frac{\Delta d_1}{d} + \left(N_1 \frac{\Delta d_1}{d}\right)^2 + \cdots\right] \qquad (5\text{-}17)$$

式中，$d_1+d_2=d$。

略去高次项可近似得到

$$\frac{\Delta C}{C} \approx N_1 \frac{\Delta d_1}{d} \qquad (5\text{-}18)$$

可见 N_1 为非线性因子，若增大 N_1，则非线性增加。设固定介质与可变间距型电容式传感器的灵敏度为

$$K = \frac{\Delta C/C}{\Delta d_1} = \frac{N_1}{d} \qquad (5\text{-}19)$$

同时，N_1 又是灵敏度因子，并且作为灵敏度因子与非线性因子是相互制约的。在根据式(5-16)画出的曲线(见图5.5)中，厚度比 (d_2/d_1) 为自变量，固定介质的介电常数 ε_2 为参变量，可以看出影响灵敏度和线性度的因子 N_1 的变化。

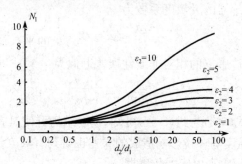

图 5.5　N_1、d_2/d_1 与不同 ε_2 的关系

因为 ε_2 总是不小于1的，所以 N_1 总是不小于1的。又因为 $\varepsilon_2 \geqslant 1$，随着厚度比 d_2/d_1 的增加，N_1 增加。当 d_2/d_1 很大时，N_1 的极限为 ε_2；当 d_2/d_1 不变时，随着 ε_2 增加，N_1 增加。

云母片的相对介电常数是空气相对介电常数的7倍左右，其击穿电压不小于1000kV/mm，而空气的击穿电压仅为3kV/mm。因此如果采用了云母片，极板间起始距离可大大减小。

2. 变面积型电容式传感器

变面积型电容式传感器结构示意图如图5.6所示。与变间距型电容式传感器相比，变面积型电容式传感器的测量范围大，可测量较大范围的线位移和角位移。在图5.6(c)中，1为定极；2为动极。在图5.6(d)中，1、3为定极；2为动极。

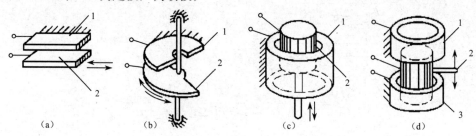

(a)　　　　　(b)　　　　　(c)　　　　　(d)

图 5.6　变面积型电容式传感器结构示意图

(1) 线位移型电容式传感器。

线位移型电容式传感器如图 5.6(a)所示。极板起始覆盖面积为 $A = a \times b$，沿动极板长度方向移动 Δa，改变了两极板间覆盖的面积，忽略边缘效应，改变后的电容量为

$$C' = \frac{\varepsilon b(a - \Delta a)}{d} = C_0 - \frac{\varepsilon b}{d}\Delta a \tag{5-20}$$

式中，a——极板的长度；

b——极板的宽度。

电容量的变化量为

$$\Delta C = C_0 - C' = \frac{\varepsilon b}{d}\Delta a = C_0 \frac{\Delta a}{a} \tag{5-21}$$

线位移型电容式传感器的灵敏度为

$$K_C = \frac{\Delta C/C_0}{\Delta a} = \frac{1}{a} \tag{5-22}$$

由式(5-22)可知，灵敏度 K_C 为常数，可见减小极板长度 a 可提高灵敏度，而极板的起始覆盖宽度 b 与灵敏度 K_C 无关。但 b 不能太小，必须保证 $b \gg d$，否则边缘处不均匀电场的影响将增大。

平板式极板进行线位移的最大不足之处是对移动极板的平行度要求高，稍有倾斜就会导致极板间距 d 发生变化，影响测量精度。因此在一般情况下，变面积型电容式传感器常做成圆柱型的。

(2) 圆柱型电容式传感器。

圆柱型电容式传感器如图 5.6(c)所示，差动结构的圆柱型电容式传感器如图 5.6(d)所示。由物理学可知，在不考虑边缘效应影响时，圆柱型电容式传感器的电容量为

$$C = \frac{2\pi\varepsilon l}{\ln(r_2/r_1)} \tag{5-23}$$

式中，l——外圆柱筒与内圆柱重叠部分长度；

r_2——外圆柱筒内径；

r_1——内圆柱外径。

动极 2(内圆柱)沿轴线方向移动 Δl 时，电容量的变化量为

$$\Delta C = \frac{2\pi\varepsilon\Delta l}{\ln(r_2/r_1)} = C\frac{\Delta l}{l} \tag{5-24}$$

若采用如图 5.6(d)所示的差动结构，动极向上移动 Δl，则上面部分的电容量 C_a 增加，下面部分的电容量 C_b 减少，使输出为差动形式，有

$$\Delta C = C_a - C_b = \frac{2\pi\varepsilon(l + \Delta l)}{\ln(r_2/r_1)} - \frac{2\pi\varepsilon(l - \Delta l)}{\ln(r_2/r_1)} = 2C\frac{\Delta l}{l} \tag{5-25}$$

比较式(5-25)和式(5-24)，可以看出，采用差动结构，电容量变化量增加一倍，灵敏度也提高一倍。

(3) 角位移型电容式传感器。

角位移型电容式传感器如图 5.6(b)所示。设两半圆极板重合时，电容量为

$$C = \frac{\varepsilon S}{d} = \frac{\varepsilon\pi r^2}{2d}$$

动极板 2 转过 $\Delta\theta$ 角，电容量变为

$$C' = \frac{\varepsilon r^2(\pi - \Delta\theta)}{2d} = \frac{\varepsilon S(1 - \Delta\theta/\pi)}{d} = C - C\frac{\Delta\theta}{\pi}$$

则电容量变化量为

$$\Delta C = C' - C = C\frac{\Delta\theta}{\pi} \qquad (5\text{-}26)$$

灵敏度为

$$K_C = \frac{\Delta C/C}{\Delta\theta} = \frac{1}{\pi} \qquad (5\text{-}27)$$

综上分析,对于变面积型电容式传感器,不论被测量是线位移还是角位移,位移与输出电容量都为线性关系(忽略边缘效应),传感器灵敏度为常数。

3. 变介电常数型电容式传感器

变介电常数型电容式传感器结构示意图如图 5.7 所示。图 5.7(a)为测量介电质的厚度 δ_x;图 5.7(b)为测量位移量 x;图 5.7(c)为测量液面位置和液量;图 5.7(d)为根据介质的介电常数随温度、湿度、容量改变来测量温度、湿度、容量等。

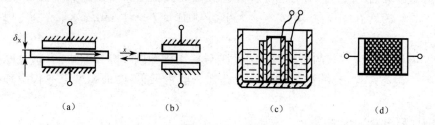

图 5.7　变介电常数型电容式传感器结构示意图

变介电常数型电容式传感器如图 5.8 所示,厚度为 d_2 的介质(介电常数为 ε_2)在电容中移动时,电容中介质的介电常数(总值)改变使电容量改变,可用来测量位移 x。有 $C = C_A + C_B$,$d = d_1 + d_2$,当电容中无介质时,有

$$C_0 = \varepsilon_1 bl/d \qquad (5\text{-}28)$$

式中,ε_1——空气的介电常数;

　　b——极板宽度;

　　l——极板长度;

　　d——极板间距。

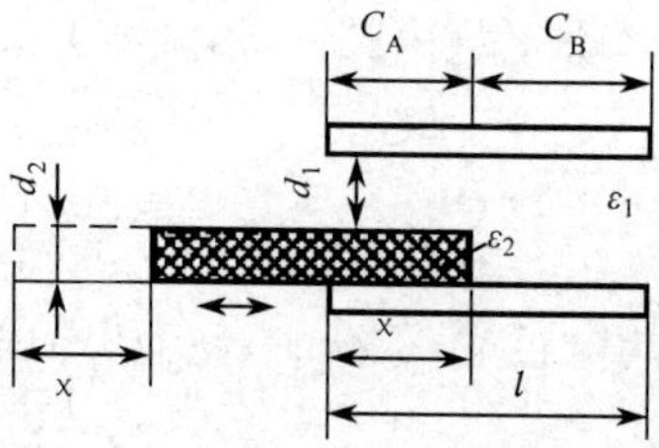

当介电常数为 ε_2 的介质移进电容中的长度为 x 时,有

$$C_A = \frac{bx}{\dfrac{d_1}{\varepsilon_1} + \dfrac{d_2}{\varepsilon_2}} \qquad (5\text{-}29)$$

图 5.8　变介电常数型电容式传感器

$$C_B = b(l - x)\frac{1}{d/\varepsilon_1} \qquad (5\text{-}30)$$

$$C = bl\frac{\varepsilon_1}{d} + bx\left[\frac{1}{\dfrac{d_1}{\varepsilon_1} + \dfrac{d_2}{\varepsilon_2}} - \frac{\varepsilon_1}{d}\right] = C_0 + C_0\frac{xd}{l}\left[\frac{\varepsilon_2}{d_1\varepsilon_2 + d_2\varepsilon_1} - \frac{1}{d}\right]$$

$$= C_0 + C_0\frac{1}{l}\left[\frac{d}{d_1 + \dfrac{\varepsilon_1}{\varepsilon_2}d_2} - 1\right]x$$

设 $A = \dfrac{1}{l}\left(\dfrac{d}{d_1 + \varepsilon_1/\varepsilon_2} - 1\right)$，则有

$$C = C_0(1 + Ax) \tag{5-31}$$

因式(5-31)中的 A 是常数，电容量 C 与位移量 x 成线性关系。上述结论均忽略了边缘效应。实际上，由于存在边缘效应，因此会有非线性误差，从而使灵敏度下降。

变介电常数型电容式传感器中的极板间存在导电物质，极板表面应涂绝缘层，以防止极板短路，如涂厚度为 0.1mm 的聚四氟乙烯薄膜。

在实际应用当中，一般变间距型电容式传感器的起始电容量为 20～100pF，极板间距为 25～200μm，最大位移应小于极板间距的 1/10，所以在微位移测量中应用较广。

5.2 电容式传感器的等效电路及输出电路

5.2.1 电容式传感器的等效电路

电容式传感器的等效电路如图 5.9 所示。通常电容式传感器的电容(包括寄生电容)只有在环境温度不高，湿度不大，电源频率适中的条件下，才能看作纯电容。如果电源频率较低或在高温高湿的条件下工作，就必须考虑极板间等效损耗(包括极板间的泄漏和极板间介质损耗电阻 R_P)。随着电源频率提高，传感器容抗减小，等效损耗电阻 R_P 的影响减小。当电源频率达到兆赫级时，R_P 可以忽略，但电流集肤效应使导体电阻值增加。此时必须考虑引线(传输电缆)的电感和电阻，图 5.9 中的 L 为引线电感和电容电感之和，电阻包括引线电阻、极板电阻和金属支架电阻，它们的电阻值通常很小，并随频率的增高而增大。由电容式传感器的等效电路可知，电容式传感器有一个谐振频率，通常为几十兆赫。当工作频率等于或接近谐振频率时，谐振频率会破坏电容的正常运行，因此，电源频率一般低于谐振频率，通常为谐振频率的 1/3～1/2，这样传感器才能正常工作。当不考虑 R_P 时，有

$$\frac{1}{j\omega C_e} = j\omega L + \frac{1}{j\omega C} + R \tag{5-32}$$

式中，C_e——电容式传感器的等效电容量；

　　　ω——电源角频率($\omega = 2\pi f$)。

由于电容式传感器自身的电容量(包括寄生电容量)很小，电源频率又很高(几兆赫)，故容抗($1/j\omega C$)很大，相比之下，电阻的影响可忽略，则有

$$C_e = \frac{C}{1 - \omega^2 LC} \tag{5-33}$$

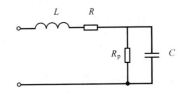

图 5.9　电容式传感器的等效电路

有效电容量的增量为对式(5-33)的微分，即

$$\Delta C_e = \frac{\Delta C}{(1 - \omega^2 LC)^2} \tag{5-34}$$

有效电容量的相对变化量为

$$\frac{\Delta C_e}{C_e} = \frac{\Delta C}{C} \frac{1}{1 - \omega^2 LC} \tag{5-35}$$

电容式传感器的有效灵敏度为

$$K_e = \frac{\Delta C_e / C_e}{\Delta d} = \frac{K_c}{1 - \omega^2 LC} \tag{5-36}$$

根据式(3-35)和式(3-36)可得出如下结论：电容式传感器的有效灵敏度与$\omega^2 LC$项有关，随ω和L变化。电容式传感器工作与标定的条件应相同：电源频率不变，引线长度不能改变。若需要改变引线长度，则需要对电容式传感器的有效灵敏度重新标定。上面各式的成立条件为电源频率在兆赫左右，此时有效灵敏度高于电容本身的灵敏度。

5.2.2 电容式传感器的输出电路

电容式传感器有多种输出电路。借助各种信号调节电路，电容式传感器可以把微小的电容量增量转换成与之成正比的电压、电流或频率输出。

1. 交流电桥(调幅电路)

如图5.10所示，电容C_1与C_2以差动形式接入两个相邻桥臂，另外两个桥臂可以是电阻、电容或电感，也可以是变压器的两个次级线圈。在图5.10(a)中，Z_1与Z_2是耦合电感，这种电桥的灵敏度和稳定性较高，且寄生电容影响小，简化了电路屏蔽和接地，适合高频工作，已得到广泛应用。在图5.10(b)中，C_1和C_2之外的两个桥臂为次级线圈，使用元件少，桥路内阻小，应用较多。现以图5.10(b)为例说明被测量与输出电压$\dot{U}_{sc}$的关系。根据频率不变的原则，本交流电桥输出电压$\dot{U}_{sc}$的频率与电源电压$\dot{E}$的频率相同。输出电压$\dot{U}_{sc}$的幅值与被测量成正比，这种电路又称为调幅电路。

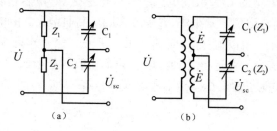

图 5.10　交流电桥

当交流电桥处于平衡位置时，电容式传感器起始电容量C_1与C_2相等，C_1与C_2的容抗相等(忽略电容内阻)。

$$Z_1 = Z_2; \qquad \frac{1}{j\omega C_1} = \frac{1}{j\omega C_2}$$

电容式传感器工作在平衡位置附近，当有电容量变化量输出时，$C_1 \neq C_2$，则$Z_1 \neq Z_2$，根据式

$$C_1' = \frac{\varepsilon A}{d + \Delta d}; \qquad C_2' = \frac{\varepsilon A}{d - \Delta d}$$

及图5.10(b)，次级线圈感应电动势为E，则电容式传感器不工作时的空载输出电压为

$$\dot{U}_{sc} = \frac{\dot{E}_1 + \dot{E}_2}{Z_1 + Z_2} Z_1 - \dot{E} = \dot{E} \frac{Z_1 - Z_2}{Z_1 + Z_2} \tag{5-37}$$

电容式传感器在工作时

$$Z_1 = \frac{1}{j\omega C_1} = \frac{d + \Delta d}{j\omega \varepsilon A}; \qquad Z_2 = \frac{1}{j\omega C_2} = \frac{d - \Delta d}{j\omega \varepsilon A}$$

则

$$\dot{U}_{sc} = \dot{E}\frac{\Delta d}{d} \tag{5-38}$$

可见电桥输出电压除与被测量变化 Δd 有关外,还与电桥电源电压有关,要求电源电压采取稳幅和稳频措施。因为电桥输出电压幅值小,输出阻抗高(MΩ 级),所以其后必须接高输入阻抗放大器才能工作。

2. 运算放大器式电路

运算放大器式电路将电容式传感器作为电路的反馈元件接入运算放大器,图5.11为运算放大器式电路原理图。

在图5.11中,u 为交流电源电压,C 为固定电容量,C_x 为电容式传感器电容量,u_{sc} 为输出电压。

由运算放大器工作原理可知,在开环放大倍数为 $-A$ 和输入阻抗较大的情况下,有

$$u_{sc} = -\frac{1/\mathrm{j}\omega C_x}{1/\mathrm{j}\omega C}u = -\frac{C}{C_x} \tag{5-39}$$

若把 $C_x = \varepsilon A/d$ 代入式(5-39),可得

$$u_{sc} = -\frac{Cd}{\varepsilon A}u \tag{5-40}$$

式中,负号表示输出电压 u_{sc} 与电源电压 u 相位相反。调幅电路要求电源电压稳定,固定电容量稳定,并要求放大倍数与输入阻抗足够大。

由上面分析可知,运算放大器输出电压与电容极板间距 d 成线性关系,解决了变间距型电容式传感器的非线性问题。由分析条件可知,在实际应用中,电容式传感器总是存在一定的非线性误差,但在一定测量范围内可以忽略不计。

3. 调频电路

在图5.12中,虚线左边为高频振荡器LC谐振回路,其电容量为

$$C = C_1 + C_i + C_0 \pm \Delta C \tag{5-41}$$

式中,C_0——传感器起始电容量;

C_i——传感器寄生电容量;

$\pm\Delta C$——电容量变化量(由被测量引起);

C_1——固定电容量($C_2 = C_3 \gg C_1$)。

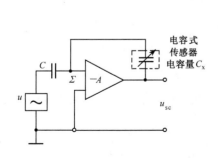

图5.11 运算放大器式电路原理图

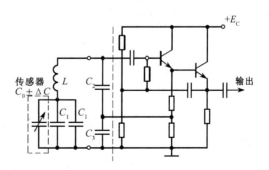

图5.12 调频电路原理图

当被测量变化使传感器电容量变化 $\pm\Delta C$ 时,高频振荡器的振荡频率 $f = 1/2\pi\sqrt{LC}$ 也随之变化,则

$$f = \frac{1}{2\pi\sqrt{LC}} = \frac{1}{2\pi\sqrt{L(C_1 + C_i + C_0 \pm \Delta C)}} \tag{5-42}$$

调频电路的优点在于:频率输出易得到数字量输出,不需要进行 A/D 转换;灵敏度较高,可测量 $0.01\mu m$ 级位移变化;能获得伏特级直流电压信号,直接与微型计算机匹配;抗干扰能力强,可进行长距离发送与接收。调频电路的主要缺点是稳定性差,因此在使用时,要求元件参数稳定,直流电源电压稳定,并要消除温度和电缆电容的影响。频率误差约为 $0.1\% \sim 1\%$。此外,调频电路输出非线性较大,须进行误差补偿。

4. 差动脉宽调制电路

差动脉宽调制电路及各点电压波形如图 5.13 所示。图 5.13(a)为差动脉宽调制电路,它的工作原理是传感器的电容在充放电时,电容量的变化使电路输出的脉冲宽度随之变化,经过低通滤波器之后,得到与被测量变化相关的直流信号。图 5.13(a)中电容 C_1 与 C_2(起始电容量相等)构成差动结构,A_1 与 A_2 是比较器,参考电压为 U_r。当接通直流电源时,双稳态触发器 Q 端(A 点)为高电位,$\overline{Q}$ 端(B 点)为低电位。由 Q 端经 R_1 对 C_1 充电,直至 F 点的电位等于参考电压 U_r,比较器 A_1 输出脉冲使双稳态触发器翻转;Q 端变为低电位,$\overline{Q}$ 端变为高电位。翻转后,C_1 经二极管 VD_1 迅速放电至零;同时高电位 $\overline{Q}$ 端经 R_2 对 C_2 充电,直至 G 点电位等于参考电压 U_r,比较器 A_2 输出脉冲使双稳态触发器再次翻转,此时 Q 端又变为高电位,$\overline{Q}$ 端再次变为低电位。周而复始,A 与 B 两点(Q 端与 $\overline{Q}$ 端)电位高低的变化分别受电容 C_1 与 C_2 的调制。当 $C_1 = C_2$ 时,A 与 B 两点输出的矩形脉冲宽度相等,输出电压 U_{AB} 的平均值为零,如图 5.13(b)所示。当 $C_1 > C_2$ 时,A 点输出的脉冲宽度大于 B 点输出的脉冲宽度,输出电压 U_{AB} 的平均值不为零,如图 5.13(c)所示。

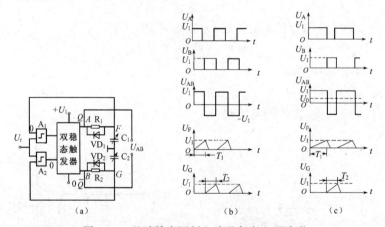

图 5.13　差动脉宽调制电路及各点电压波形

C_1 与 C_2 的变化由被测量变化引起。经 A 与 B 两点输出电压 U_{AB},再经低通滤波器得到一个由被测量变化决定的直流电压 U_{sc},即

$$U_{sc} = U_A - U_B = \frac{T_1}{T_1 + T_2}U_1 - \frac{T_2}{T_1 + T_2}U_1 = \frac{T_1 - T_2}{T_1 + T_2}U_1 \tag{5-43}$$

式中,U_A 与 U_B 分别为 A 点与 B 点的直流分量(平均值);U_1 是双稳态触发器输出的高电位;T_1 与 T_2 分别为 C_1 与 C_2 的充电时间,表示为

$$T_1 = R_1 C_1 \ln \frac{U_1}{U_1 - U_r} \quad T_2 = R_2 C_2 \ln \frac{U_1}{U_1 - U_r}$$

设 $R_1 = R_2 = R$,则有

$$U_{sc} = \frac{C_1 - C_2}{C_1 + C_2} U_1 \tag{5-44}$$

可见,输出电压与电容式传感器电容量的变化量代数和成正比(C_1 与 C_2 构成差动结构)。差动脉宽调制电路的直流电源电压稳定性要高,输出电压信号一般为 $0.1 \sim 1\mathrm{MHz}$ 的矩形波,再配一个低通滤波器就可以得到直流信号。

5. 阻抗电桥电路

阻抗电桥电路如图 5.14 所示。方波信号发生器的工作电压为 $\dot{U}$,工作频率为 f;VD_1 与 VD_2 为两个特性相同的二极管;R_1 与 R_2 为固定电阻;C_1 为压力敏感电容;C_2 为固定电容。C_1、C_2、R_1、R_2 构成阻抗电桥;R_L 为负载电阻。

阻抗电桥电路等效电路如图 5.15 所示。图 5.15(a) 中的电源电压处于正半周,VD_1 导通,VD_2 截止。此时电容 C_1 经 VD_1 迅速充电至电压 U,并经 R_1 以电流 I_1 向 R_L 供电。

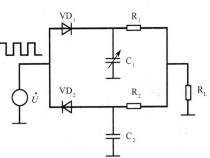

图 5.14 阻抗电桥电路

与此同时,电容 C_2 经 R_L、R_1、R_2 放电,流经 R_L 的电流为 I_2,放电时间常数为

$$\tau_2 = C_2 \left(R_2 + \frac{R_1 R_L}{R_1 + R_L} \right) \tag{5-45}$$

在图 5.15(b) 中,电源电压处于负半周,与上述情况相反。C_1 经 R_1、R_L,以及 R_1、R_2、VD_2 放电,放电时间常数为

$$\tau_1 = C_1 \left(R_1 + \frac{R_2 R_L}{R_2 + R_L} \right) \tag{5-46}$$

电容 C_1 与 C_2 在一个周期 T 内的电压平均值 $\overline{U}_{C1}$ 与 $\overline{U}_{C2}$ 分别为

$$\overline{U}_{C1} = \frac{1}{T} \int_0^{\frac{T}{2}} U e^{-\frac{1}{\tau_1}} \mathrm{d}t + \frac{U}{2} \tag{5-47}$$

$$\overline{U}_{C2} = \frac{1}{T} \int_0^{\frac{T}{2}} U e^{-\frac{1}{\tau_2}} \mathrm{d}t + \frac{U}{2} \tag{5-48}$$

式中,U 为方波信号发生器工作电压 $\dot{U}$ 的幅值。

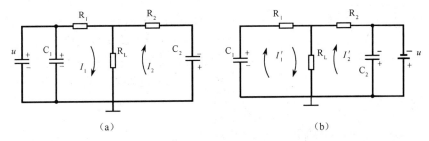

(a)   (b)

图 5.15 阻抗电桥电路的等效电路

在一个周期内,负载电阻 R_L 两端的平均电压降为

$$\overline{U}_L = \frac{\overline{U}_{C_1}\frac{1}{R_1} + \overline{U}_{C_2}\frac{1}{R_2}}{\frac{1}{R_1} + \frac{1}{R_2} + \frac{1}{R_L}} \tag{5-49}$$

设 $R_1 = R_2 = R$,则上式变为

$$\overline{U}_L = (\overline{U}_{C_1} + \overline{U}_{C_2})\frac{R_L}{2R_L + R} \tag{5-50}$$

把式(5-46)和式(5-47)代入式(5-50),有

$$\begin{aligned}
\overline{U}_L &= \frac{R_L}{2R_L + R}\left\{\frac{1}{T}\int_0^{\frac{T}{2}} Ue^{-\frac{t}{\tau}}dt - \frac{1}{T}\int_0^{\frac{T}{2}} Ue^{\frac{T}{2}}dt\right\} \\
&= \frac{R_L}{2R_L + R}\frac{U}{T}\left(R + \frac{RR_L}{R + R_L}\right)(C_1 - C_2) \\
&= \frac{RR_L}{R + R_L}Uf(C_1 - C_2) \tag{5-51}
\end{aligned}$$

从式(5-51)可以看出,在 VD_1 与 VD_2 特性相同,无外加压力作用时,$C_1 = C_2$;在一个周期内流过 R_L 的平均电流为零,即负载电阻无电压输出。在外加压力作用下,C_1 发生变化,$C_1 \neq C_2$,R_L 的平均电流不为零。输出电压大小除了与电源电压幅值有关,还与频率有关,如果固定电阻 R_1 与 R_2 用二极管代替,并加入两个驱动源,如图 5.16 所示,既能增加灵活性,又能降低电阻方面的损耗。

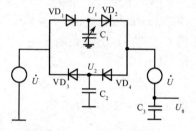

图 5.16　双 T 形电桥电路

5.3　影响电容式传感器精度的因素及提高精度的措施

在应用电容式传感器时要注意影响其精度的各种因素。

5.3.1　边缘效应的影响

理想平板电容的电场线是直线,但在实际情况下,电场线在靠近边缘处会弯曲,越靠近边缘弯曲越严重,在边缘时弯曲最严重,这种现象称为边缘效应。

边缘效应不仅使电容式传感器的灵敏度降低,还产生非线性误差。为了消除边缘效应的影响,可以采用带有保护环的电容式传感器,如图 5.17 所示。保护环与定极板同心,电气上绝缘且间距越小越好,同时始终保持等电位,以保证中间各区得到均匀的场强分布,从而克服边缘效应影响。为减小极板厚度,往往不用整块金属板作为极板,而在石英或陶瓷等非金属材料上蒸

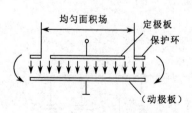

图 5.17　带有保护环的电容式传感器

涂一层金属膜作为极板。

5.3.2　寄生电容的影响

寄生电容一般是指电感、电阻、芯片引脚等在高频情况下表现出来的电容特性。电容式传

感器寄生电容的影响主要是指传感器电容极板并联的寄生电容的影响。由于电容式传感器电容量很小,寄生电容量相对大得多,往往使传感器不能正常工作。消除和降低寄生电容影响的方法可归纳为以下几种。

1. 缩小传感器至测量线路前置极的距离

将集成电路、超小型电容应用于测量电路,可将部分元件与传感器做成一体,这既减小了寄生电容量,也使寄生电容量固定不变。

2. 驱动电缆法

驱动电缆法实际上是一种等电位屏蔽法,如图5.18所示。这种接线法使传输电缆的芯线与内层屏蔽等电位,消除了芯线对内层屏蔽的容性漏电,从而消除了寄生电容的影响,而内外屏蔽之间的电容变成了电缆驱动放大器的负载。驱动放大器是一种输入阻抗很高、具有容性负载、放大倍数为1的同相放大器。

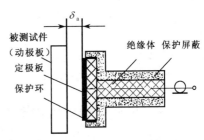

图 5.18　驱动电缆法

3. 整体屏蔽法

将整个桥体(包括供电电源及传输电缆在内)用一个统一屏蔽层保护起来,公用极板与屏蔽层之间(也就是公用极板对地)的寄生电容(电容量为 C_1)只影响灵敏度,另外两个寄生电容(电容量分别为 C_3、C_4)在一定程度上影响电桥的初始平衡及总体灵敏度,但不妨碍电桥的正常工作。因此寄生电容对传感器电容的影响基本得到了排除。

5.3.3　温度的影响

1. 对结构尺寸的影响

由于电容式传感器极板间距很小且对结构尺寸的变化特别敏感,在传感器各零件材料线性膨胀系数不匹配的情况下,温度变化将导致极板间距有较大的相对变化,从而产生很大的温度误差。为减小这种误差,应尽量选取温度系数小和温度系数稳定的材料,如电极的支架材料选用陶瓷,电极材料选用铁镍合金。近年来多采用在陶瓷或石英上喷镀金或银的工艺。

2. 对介质介电常数温度系数的影响

温度对介电常数温度系数的影响随介质不同而不同,空气及云母的介电常数温度系数近似为零,而某些液体介质(如硅油、蓖麻油、煤油等)的介电常数的温度系数较大。例如,煤油的介电常数的温度系数可达 0.07%/℃,若环境温度变化±50℃,则将带来 7%的温度误差,故在采用煤油介质时必须注意温度变化造成的误差。

5.4　电容式传感器的应用

电容式传感器不但应用于位移、振动、角度、加速度、荷重等机械量的测量,也广泛应用于压力、差压力、液压、料位、成分含量等热工参数的测量。

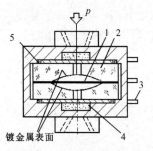

1—膜片（动电极）；2—凹玻璃圆片（定电极）；
3—接线柱；4—过滤器；5—保护环

图 5.19　用膜片和两个凹玻璃圆片组成
的差动电容式压力传感器

5.4.2　电容式加速度传感器

电容式加速度传感器的优点是频率响应范围大，量程大，仅受弹性系统设计限制。电容式加速度传感器的设计难点是获得对温度不敏感的阻尼。由于气体的粘度温度系数比液体的粘度温度系数要小得多，因此采用空气或其他气体作为阻尼是合适的。图 5.20 是空气阻尼的电容式加速度传感器。

5.4.3　电容式荷重传感器

电容式荷重传感器结构原理图如图 5.21 所示。选用一块浇铸性好、弹性极限高的特种钢

5.4.1　电容式压力传感器

电容式压力传感器实质上是位移传感器，它利用具有弹性的膜片在压力作用下变形所产生的位移来改变传感器的电容量（此时膜片作为电容的一个电极）。图 5.19 是用膜片和两个凹玻璃圆片组成的差动电容式传感器。

膜片（薄金属）夹在两片镀金属的凹玻璃圆片之间，当两个腔的压差增加时，膜片弯向低压的一边，这一微小的位移改变了每个凹玻璃圆片之间的电量，所以分辨率很高。采用 LC 振荡线路或双 T 形电桥，可以测量压力为 $0\sim0.75Pa$ 的小压力。

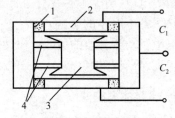

1—绝缘体；2—定电极；
3—振动质量块（动电极）；4—弹簧片

图 5.20　空气阻尼的电容式加速度传感器

（镍铬钼），在同一高度上并排平行打圆孔，用特殊的黏结剂将两个截面为 T 形的绝缘体固定于圆孔的内壁，保持其平行并留有一定的间隙，在相对面上粘贴铜箔，从而形成一排平板电容。当圆孔受荷重变形时，电容量将改变。在电路上，各电容并联，因此总电容量增量正比于被测平均荷重 F。此种传感器的特点是测量误差小，受接触面影响小；采用高频振荡电路作为测量电路，把检测、放大等电路置于孔内；利用直流供电，输出也是直流信号；无感应现

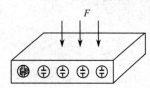

图 5.21　电容式荷重
传感器结构原理图

象，工作可靠，温度漂移可补偿到很小。

5.4.4　振动、位移测量仪

DWY-3 振动、位移测量仪是一种基于电容调频原理的非接触式测量仪器，它既是测振仪，又是电子测微仪，主要用来测量旋转轴的回转精度和振摆，往复结构的运动特性和定位精度，机械构件的相对振动、相对变形、工件尺寸和平直度等，同时用于某些特殊测量。DWY-3 振动、位移测量仪是一种应用广泛的通用型精密机械测试仪器，它的传感器是一片金属板，作为定极板，而以被测试件为动极组成电容，如图 5.22 所示。

在测量时，首先调整好传感器与被测试件的原始间隙 d_0，当旋转轴旋转时，轴承间隙等使旋转轴产生径向位移和振动 $\pm\Delta d$，相应地产生电容量变化 ΔC，DWY-3 振动、位移测量仪可以直接指示 Δd 的大小，在配有记录和图形显示仪器时，可将 Δd 的大小记录下来并在图像上显示其变化情况。

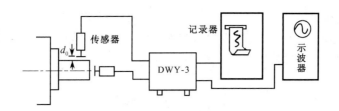

图 5.22　旋转轴的回转精度和振摆的测量

5.4.5　电容式测厚传感器

电容式测厚传感器用来测量在轧制过程中金属带材厚度的变化,其工作原理如图 5.23 所示。在被测金属带材的上、下两边各置一块面积相等且与带材距离相同的极板,这样极板与带材就形成了两个电容(带材也作为一个极板)。把两块极板用导线连接起来,就成为一个极板,而带材则作为传感器的另一个极板,其总电容量 $C=C_1+C_2$。金属带材在轧制过程中不断向前送进,如果带材厚度发生变化,将引起它上、下两个极板间距的变化,即引起电容量的变化。如果总电容量 C 作为交流电桥的一个臂,电容量的变化 ΔC 引起电桥不平衡输出,经过放大、检波、滤波,最后在仪表上显示出带材的厚度。这种传感器的优点是带材的振动不影响测量精度。

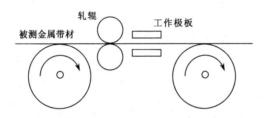

图 5.23　电容式测厚传感器的工作原理

5.4.6　电容式液位传感器

电容式液位传感器可以连续测量水池、水塔、水井等的水位,以及导电液体(如酒、醋、酱油等)的液位,采用测量电容量的变化来测量液面的高低。将一根金属棒插入盛液容器内,金属棒作为电容的一个极,容器壁作为电容的另一极,如图 5.24 所示。

两电极间的介质即液体或液面上面的气体。由于液体的介电常数 ε_1 和液面上面气体的介电常数 ε_2 不同(如 $\varepsilon_1 > \varepsilon_2$),因此当液位升高时,电容量随两电极间总的介电常数值加大而增大;反之当液位下降时,ε 值减小,电容量也减小。

所以,可通过测量两电极间的电容量的变化来测量液位的高低。电容式液位传感器的灵

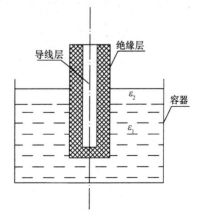

图 5.24　电容式液位传感器的工作原理

敏度主要取决于两种介电常数的差值,同时,只有 ε_1 和 ε_2 恒定才能保证液位测量准确,因为被测介质具有导电性,所以金属棒电极都覆盖有绝缘层。电容式液位传感器体积小,容易实现远传和调节,适用于具有腐蚀性和高压介质的液位测量。

思 考 题

5-1 电容式传感器有哪些优点和缺点?

5-2 如何改善单极变间距型电容式传感器的非线性?

5-3 为什么高频工作时电容式传感器的连接电缆的长度不能任意变化?

第6章 电感式传感器

电感式传感器是利用电磁感应原理,将被测物理量(如位移、压力、流量、振动等)的变化转换成线圈的自感系数 L 或互感系数 M 的变化,再由测量电路转换为电压或电流的变化量输出,实现由非电量到电量转换的装置。将非电量变化转换成自感系数变化的传感器通常称为自感式传感器,而将非电量变化转换成互感系数变化的传感器通常称为互感式传感器。

电感式传感器具有结构简单、工作可靠、测量力小、分辨率高、输出功率大及测试精度高等优点,但它也具有频率响应较低、不宜用于快速动态测量等缺点。

6.1 电感式传感器工作原理、结构与特性

6.1.1 电感式传感器的工作原理和等效电路

1. 工作原理

电感式传感器原理图如图 6.1 所示。电感式传感器由衔铁、铁芯和匝数为 W 的线圈构成。电感式传感器在测量物理量时,衔铁运动产生位移,导致线圈的电感发生变化,根据定义,线圈的电感为

$$L = \frac{W^2}{R_M} \tag{6-1}$$

式中,R_M——磁阻,它包括铁芯磁阻和空气隙的磁阻,即

$$R_M = \sum \frac{l_i}{\mu_i S_i} + R_\delta \tag{6-2}$$

式中,$\sum \dfrac{l_i}{\mu_i S_i}$——铁磁材料各段的磁阻之和,当铁芯一定时,其值一定;

$\quad l_i$——各段铁芯长度;

$\quad \mu_i$——各段铁芯的磁导率;

$\quad S_i$——各段铁芯的截面积;

$\quad R_\delta$——空气隙的磁阻($R_\delta = 2\delta/\mu_0 S$,$S$ 为空气隙截面积,δ 为空气隙长度,μ_0 为空气的磁导率)。将式(6-2)代入式(6-1),得

$$L = \frac{W^2}{\sum \dfrac{l_i}{\mu_i S_i} + \dfrac{2\delta}{\mu_0 S}} \tag{6-3}$$

铁磁材料的磁阻比空气隙的磁阻小,计算时可忽略不计,这时有

$$L = \frac{W^2 \mu_0 S}{2\delta} \tag{6-4}$$

由式(6-4)可知,当线圈及铁芯一定时,W 为常数,如果改变 δ 或 S,L 就会相应地变化。电感式传感器就是利用这一原理做成的。常用的电感式传感器是变气隙长度 δ 的电感式传感

器,由于改变 δ 和 S 都会使气隙磁阻变化,从而使电感发生变化,所以这种传感器也称变磁阻式传感器。

2. 等效电路

电感式传感器是一个带铁芯的可变电感,由于存在线圈的铜耗、铁芯的涡流损耗、磁滞损耗及分布电容,因此它并非纯电感。电感式传感器的等效电路如图 6.2 所示,其中 L 为电感,R_c 为铜耗值,R_e 为电涡流损耗值,R_h 为磁滞损耗值,C 为传感器等效电路的等效电容量,当电感式传感器确定后,这些参数为已知量。

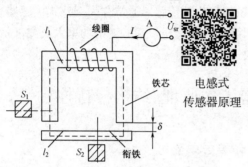
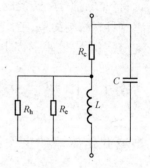

图 6.1 电感式传感器原理图　　　　图 6.2 电感式传感器的等效电路

这里需要注意的是,电感式传感器等效电路的等效电容主要由线圈绕组的分布电容和电缆电容引起。电缆长度的变化,将引起 C 的变化。

显然,当忽略分布电容且不考虑各种损耗时,电感式传感器的阻抗为

$$Z = R + j\omega L \tag{6-5}$$

式中,R ——线圈的直流电阻值;

　　L ——线圈的电感。

当考虑并联分布电容时,电感式传感器的阻抗为

$$Z_s = \frac{R + j\omega L \cdot \dfrac{1}{j\omega C}}{(R + j\omega L) + \dfrac{1}{j\omega C}}$$

$$= \frac{R}{(1-\omega^2 LC)^2 + (\omega^2 LC/Q)^2} + j\omega L \frac{(1-\omega^2 LC) - (\omega^2 LC/Q^2)}{(1-\omega^2 LC)^2 + (\omega^2 LC/Q)^2} \tag{6-6}$$

式中,Q——品质因数($Q = \omega L/R$)。

当电感式传感器的 Q 很高时,即 $1/Q^2 \ll 1$,则式(6-6)可变为

$$Z_s \approx \frac{R}{(1-\omega^2 LC)^2} + \frac{j\omega L}{1-\omega^2 LC} = R_s + j\omega L_s \tag{6-7}$$

当考虑分布电容时,电感式传感器的有效串联电阻值和有效电感都增加了,而线圈的有效品质因数却减小,此时,电感式传感器的有效灵敏度为

$$\frac{dL_s}{L_s} = \frac{1}{(1-\omega^2 LC)^2} \frac{dL}{L} \tag{6-8}$$

即在考虑分布电容后,电感式传感器的有效灵敏度增加了。因此,必须根据测试时所用电缆长度对电感式传感器进行标定,或者相应调整并联电容。

6.1.2　电感式传感器的类型及特性

常见的电感式传感器有变间隙型、变面积型和螺线管型三类。

1. 变间隙型电感式传感器

变间隙型电感式传感器如图 6.3 所示。当图 6.3(a)中的衔铁移动时,空气隙将在原始的 δ_0 基础上发生 $\pm\Delta\delta$ 的变化。若以衔铁向上移动为 $-\Delta\delta$,则由式(6-4)可得此时的电感为

$$L' = \frac{W^2 \mu_0 S}{2(\delta_0 - \Delta\delta)} \tag{6-9}$$

电感增量为

$$\Delta L = L' - L_0 = L_0 \frac{\Delta\delta}{\delta} \left[\frac{1}{1 - \frac{\Delta\delta}{\delta}} \right] \tag{6-10}$$

线圈电感的相对变化量为

$$\frac{\Delta L}{L_0} = \frac{\Delta\delta}{\delta} \left[\frac{1}{1 - \frac{\Delta\delta}{\delta}} \right] \tag{6-11}$$

若 $\Delta\delta/\delta_0 \ll 1$,则可得

$$\frac{\Delta L}{L_0} = \frac{\Delta\delta}{\delta_0} + \left(\frac{\Delta\delta}{\delta_0}\right)^2 + \left(\frac{\Delta\delta}{\delta_0}\right)^3 + \left(\frac{\Delta\delta}{\delta_0}\right)^4 + \cdots \tag{6-12}$$

同理可得衔铁向下移动时的 $\Delta L/L_0$ 为

$$\frac{\Delta L}{L_0} = -\frac{\Delta\delta}{\delta_0} + \left(\frac{\Delta\delta}{\delta_0}\right)^2 - \left(\frac{\Delta\delta}{\delta_0}\right)^3 + \left(\frac{\Delta\delta}{\delta_0}\right)^4 - \cdots \tag{6-13}$$

由式(6-13)可见,线圈电感与气隙长度为非线性关系,非线性度随气隙变化量的增大而增大;只有当 $\Delta\delta$ 很小,忽略高次项的存在时,才可得近似的线性关系(这里未考虑漏磁的影响)。所以,单边变间隙型电感式传感器存在线性度与测量范围较难协调的问题。

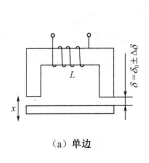
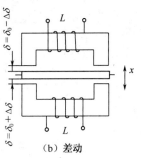

图 6.3　变间隙型电感式传感器

电感 L 与气隙长度 δ 的关系如图 6.4 所示,可见非线性是较严重的。为了得到一定的线性度,一般取 $\Delta\delta/\delta_0 = 0.1 \sim 0.2$。

图 6.3(b)为差动变间隙型电感式传感器,要求上、下两铁芯和线圈的几何尺寸与电气参数完全对称,当衔铁偏离对称位置时,会使一边间隙增大,而另一边间隙减小,两个线圈电感的总变化量为

$$\frac{\Delta L}{L} = 2\left[\frac{\Delta\delta}{\delta_0} + \left(\frac{\Delta\delta}{\delta_0}\right)^3 + \left(\frac{\Delta\delta}{\delta_0}\right)^5 + \cdots\right] \quad (6\text{-}14)$$

忽略高次项,电感的变化量为

$$\frac{\Delta L}{L} \approx 2\frac{\Delta\delta}{\delta} \qquad (6\text{-}15)$$

可见,差动变间隙型电感式传感器的灵敏度比单边变间隙型电感式传感器的灵敏度增加了近一倍,而且差动变间隙型电感式传感器的$(\Delta L_1 + \Delta L_2)/L_0$项中不包含$(\Delta\delta/\delta_0)$的偶次项,所以在相同的$(\Delta\delta/\delta_0)$下,其非线性误差比单边变间隙型电感式传感器的非线性误差要小得多。所以,实用中经常采用差动结构。差动变间隙型电感式传感器的线性工作范围内一般取 $\Delta\delta/\delta_0 = 0.3\sim0.4$。

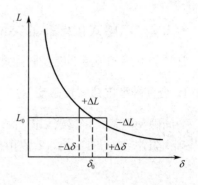

图 6.4　电感 L 与气隙长度 δ 的关系

2. 变面积型电感式传感器

变面积型电感式传感器结构示意图如图 6.5 所示。对于单边变面积型电感式传感器[见图 6.5(a)],在起始状态时,其铁芯与衔铁在气隙处正对,截面积为 $S_{g0}=ab$;当衔铁随被测量上、下移动时,$S=(a-x)b$,则线圈电感为

$$L = \frac{\mu_0 W^2 b}{2\delta_0}(a-x) \qquad (6\text{-}16)$$

可见,线圈电感 L 与面积 S(或 x)为线性关系,其灵敏度 k 为一常数,即

$$k = \frac{\mu_0 W^2 b}{2\delta_0} \qquad (6\text{-}17)$$

正确选择线圈匝数、铁芯尺寸,可提高传感器灵敏度,但是采用如图 6.5(b)所示的差动结构更好。

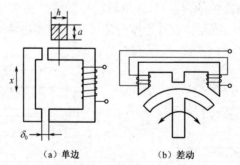

(a) 单边　　　　　　　(b) 差动

图 6.5　变面积型电感式传感器结构示意图

3. 螺线管型电感式传感器

螺线管型电感式传感器结构示意图如图 6.6 所示。螺线管型电感式传感器由螺线管形线圈、磁性材料制成的柱形铁芯和外套组成。单边螺线管型电感式传感器如图 6.6(a)所示,设线圈长度和平均半径分别为 l 和 r,铁芯进入线圈的长度和铁芯半径分别为 x 和 r_a,铁芯有效磁导率为 μ_0,当 $l/r \gg l$ 时,可认为管内磁场强度均匀分布;当 $x \ll l$ 时,推导可得线圈的电感为

$$L = \frac{\mu_0 W^2}{l}(lr^2 + \mu_a x r_a^2) \qquad (6\text{-}18)$$

可见,L 与 x 为线性关系,传感器的灵敏度为

$$K = \frac{\mu_0 W^2}{l} \mu_a r_a^2 \qquad (6\text{-}19)$$

实际上,由于漏磁等因素的影响,管内磁场强度 B 的分布并非完全均匀,故特性具有非线性。但是,在铁芯移动范围内,寻找一段非线性误差较小的区域或采用差动式结构[见图 6.6(b)],则可得到较理想的改善。

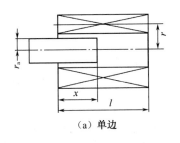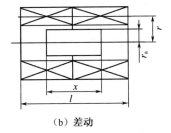

（a）单边　　　　　　　　　　（b）差动

图 6.6　螺线管型电感式传感器结构示意图

在差动螺线管型电感式传感器中,由于两线圈完全对称,故当铁芯处于中央对称位置时,两线圈电感相等,即

$$L_{10} = L_{20} = \frac{\mu_0 W^2}{l} \left(lr^2 + \mu_a \frac{r_a l_a}{2} \right) \qquad (6\text{-}20)$$

若铁芯向左移动 Δx,则 L_{10} 增大 ΔL_1,L_{20} 减小 ΔL_2,即

$$\Delta L_1 = \frac{\mu_0 W^2}{l} \mu_a r_a \Delta x$$

$$\Delta L_2 = -\frac{\mu_0 W^2}{l} \mu_a r_a \Delta x \qquad (6\text{-}21)$$

这样,既提高了传感器的灵敏度,又明显改善了特性的线性度。

6.1.3　电感式传感器的测量电路

电感式传感器常采用交流电桥式测量电路,它有三种基本形式,即电阻平衡臂电桥、变压器式电桥、紧耦合电感比例臂电桥,如图 6.7 所示。

1. 电阻平衡臂电桥测量电路

图 6.7(a)是差动电感式传感器采用的电阻平衡臂电桥,它把传感器的两个线圈作为电桥的两个桥臂(阻抗分别为 Z_1 和 Z_2),另两个相邻的桥臂用纯电阻代替,对于 Q 高的差动电感式传感器,其输出电压为

$$\dot{U}_{sc} = \frac{\dot{U}_{sr}}{2\delta_0} \Delta \delta \qquad (6\text{-}22)$$

电桥输出电压与 $\Delta \delta$ 有关,相位与衔铁的移动方向有关。

2. 变压器式电桥测量电路

变压器式电桥测量电路如图 6.7(b)所示。相邻两工作臂(阻抗分别为 Z_1、Z_2)对应于差动电感式传感器的两个线圈,另两臂分别为变压器次级线圈的一半(每一半电压为 $\dot{U}/2$),输出

电压取自 A、B 两点。假定 O 点为零电位,且传感器线圈 Q 很高,即线圈电阻远远小于其感抗,也即 $r \ll \omega L$,那么就可以推导出其输出电压特性公式为

$$\dot{U}_{sc} = \dot{U}_A - \dot{U}_B = \frac{Z_1}{Z_1 + Z_2}\dot{U} - \frac{1}{2}\dot{U} \tag{6-23}$$

在初始位置(衔铁位于差动电感式传感器中间)时,由于两线圈完全对称,因此 $Z_1 = Z_2 = Z$,此时桥路平衡,$\dot{U}_{sc} = 0$。

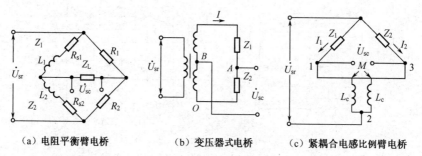

(a) 电阻平衡臂电桥   (b) 变压器式电桥   (c) 紧耦合电感比例臂电桥

图 6.7　交流电桥的几种形式

当衔铁下移时,下线圈阻抗增大,即 $Z_1 = Z + \Delta Z$;上线圈阻抗减小,即 $Z_2 = Z - \Delta Z$,此时输出电压为

$$\dot{U}_{sc} = \frac{Z_1 + \Delta Z}{Z_1 + Z_2}\dot{U} - \frac{1}{2}\dot{U} = \frac{\Delta Z}{2Z}\dot{U} \tag{6-24}$$

因为当 Q 很高时,线圈内阻可以忽略,所以

$$\dot{U}_{sc} = \frac{j\omega\Delta L}{2j\omega L}\dot{U} = \frac{\Delta L}{2L}\dot{U} \tag{6-25}$$

同理,衔铁下移时,可推导出

$$\dot{U}_{sc} = -\frac{\Delta L}{2L}\dot{U} \tag{6-26}$$

即

$$\dot{U}_{sc} = \pm\frac{\Delta L}{2L}\dot{U} \tag{6-27}$$

由式(6-27)可见,衔铁上移和下移时,输出电压相位相反,且随着 $\Delta\delta$ 的变化,输出电压也相应地改变。

3. 紧耦合电感比例臂电桥测量电路

紧耦合电感比例臂电桥常用于差动电感或电容式传感器,它采用以差动形式工作的传感器的两个阻抗电路作为电桥的工作臂,而紧耦合的两个电感电路作为固定臂,组成电桥电路,如图 6.7(c)所示。紧耦合电感比例臂及其 T 形等效转换如图 6.8 所示。

由 T 形转换可得

$$Z_{12} = Z_s + Z_p = j\omega(L_c - M) + j\omega M = j\omega L_c \tag{6-28}$$

$$Z_{13} = 2Z_s = 2j\omega(L_c - M) \tag{6-29}$$

耦合系数为

$$k = \pm\frac{M}{L_c} \tag{6-30}$$

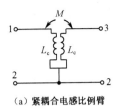

（a）紧耦合电感比例臂

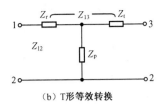

（b）T形等效转换

图 6.8　紧耦合电感比例臂及其 T 形等效转换

式中，L_c——线圈的自感；

　　M——两个线圈的互感。

当两个耦合电感比例臂内的电流同时流向节点 2 或流出节点 2 时，k 取正值；反之取负值

$$Z_s = Z_{12} - Z_p = j\omega L_c - j\omega M = j\omega L_c \left(1 - \frac{M}{L_c}\right) = j\omega L_c(1-k) \tag{6-31}$$

在电桥平衡时，$Z_1 = Z_2 = Z$，因此两个耦合电感比例臂的支路电流 i_1 和 i_2 大小相等，方向相同，在全耦合时，$k=1$，$Z_s=0$。所以有

$$Z_{1.3} = 2Z_s = 2Z_{1.2}(1-k) = 0 \tag{6-32}$$

这就可以看作 1、3 端短路，所以任何并联在 1、3 端的分布电容都被短路了。由此可见，与紧耦合电感比例臂并联的任何分布电容对平衡时的输出毫无影响。这就使得桥路平衡稳定，简化了桥路的接地和屏蔽问题，改善了电路的零稳定性。

图 6.9 是 T 形等效转换后的等效桥路。下面结合图 6.9 分析当桥路负载为无穷大时，桥路输出电压的一般表达式。

当桥路工作时，$Z_1 = Z + \Delta Z$，$Z_2 = Z - \Delta Z$，有

$$\dot{U}_{sc} = \dot{U}_{34} - \dot{U}_{14} = \frac{Z_s}{Z - \Delta Z + Z_s}\dot{E}_{54} - \frac{Z_s}{Z + \Delta Z + Z_s}\dot{E}_{54} \tag{6-33}$$

式中，$\dot{E}_{54} = \dfrac{\dot{E} Z_{54}}{Z_{54} + Z_p}$；$Z_{54} = \dfrac{(Z + \Delta Z + Z_s)(Z - \Delta Z + Z_s)}{Z + \Delta Z + Z_s + Z - \Delta Z + Z_s}$，忽略 $(\Delta Z)^2$ 项，则 $Z_{54} = \dfrac{Z + Z_s}{2}$，因此

$$\dot{E}_{54} = \frac{Z + Z_s}{Z + Z_s + 2Z_p}\dot{E} \tag{6-34}$$

$$\dot{U}_{sc} \approx \frac{2Z_s \Delta Z}{(Z + Z_s + 2Z_p)(Z + Z_s)}\dot{E} \tag{6-35}$$

例如，工作臂为差动电感式传感器，如图 6.10 所示，设 $Z = j\omega L$，则电路工作时，差动电感式传感器电感变化为

$$L_1 = L + \Delta L \qquad L_2 = L - \Delta L$$

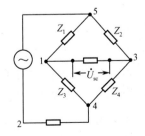

图 6.9　T 形转换后的等效桥路

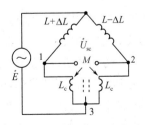

图 6.10　差动等效电路

此时桥臂上的电流发生变化,L_1 所在支路电流减少,L_2 所在支路电流增加,这样就可以看作一个环流 ΔI 由 3 端流向 1 端。由于紧耦合电感比例臂电流不是同时流向或离开节点 2 的,所以耦合系数 $k=-1$,故 $Z_{13}=2Z_2=2Z_{12}(1-k)=4\mathrm{j}\omega L_c,Z_s=2\mathrm{j}\omega L_c,Z_p=\mathrm{j}\omega L_c$。将 Z、ΔZ、Z_s 和 Z_p 代入式(6-35)得

$$\dot{U}_{sc} \approx \frac{\Delta L}{L} \frac{4\dfrac{L_c}{L}}{1+2\dfrac{L_c}{L}} \dot{E} \tag{6-36}$$

由式(6-36)可画出如图 6.11 所示的曲线。为了进行比较,图 6.11 中也画出了不紧耦合电感比例臂电桥的特性曲线。不紧耦合电感比例臂输出电压为

$$\dot{U}_{sc} = \frac{\Delta L}{L} \frac{\dfrac{2L_c}{L}}{\left(\dfrac{L_c}{L}+1\right)^2} \dot{E} \tag{6-37}$$

从图 6.11 中可以看出:紧耦合电感比例臂电桥灵敏度高;当 L_c/L 超过一定值时,灵敏度与桥臂电感的变化无关,从而增加了电桥的稳定性。

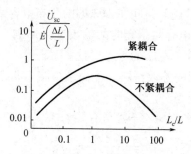

图 6.11　紧耦合电感比例臂电桥和不紧耦合电感比例臂电桥灵敏度曲线

6.2　差动变压器型电感式传感器

6.1 节讨论的是把被测量变化转换成线圈的自感变化来实现检测的。而本节讨论的差动变压器型电感式传感器则是把被测量变化转换成线圈的互感变化来进行检测的。差动变压器本身的初级线圈输入交流电压,次级线圈感应输出电信号,当互感受外界影响变化时,其感应电压也随之发生相应变化,由于该变压器的次级线圈接成差动形式,故称为差动变压器。

6.2.1　工作原理

差动变压器型电感式传感器的结构形式很多,如 E 形变隙式和螺管式,如图 6.12 所示。在结构方面,差动变压器型电感式传感器与前述电感式传感器不同之处在于差动变压器上下两只铁芯上均有一个初级线圈(也称励磁线圈)和一个次级线圈(也称输出线圈)。上下两个初级线圈串联后接交流励磁电源电压 U_{sr},两个次级线圈则按电动势反相串联。

当衔铁处于中间位置时,$\delta_1=\delta_2$,初级线圈中产生交变磁通 Φ_1 和 Φ_2,次级线圈中产生交流感应电动势。由于初级线圈和次级线圈的气隙相等,磁阻相等,所以 $\Phi_1=\Phi_2$,次级线圈中感应输出的电动势 $e_{21}=e_{22}$。由于次级线圈是按电动势反相连接的,因此结果输出电压 $U_{sc}=0$。当

衔铁偏离中间位置时,初级线圈和次级线圈的气隙不等($\delta_1 \neq \delta_2$),次级线圈中感应的电动势不再相等($e_{21} \neq e_{22}$),便有不为零的电压 U_{sc} 输出。U_{sc} 的大小及相位取决于衔铁的位移大小和方向。这就是差动变压器型电感式传感器的基本工作原理。

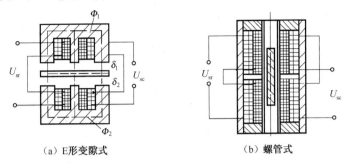

（a）E形变隙式　　　　　　　　（b）螺管式

图 6.12　差动变压器型电感式传感器的结构形式

6.2.2　差动变压器型电感式传感器的特性

在理想情况下(忽略线圈寄生电容及衔铁损耗),差动变压器的等效电路如图 6.13 所示。

在图 6.13 中,U_{sr}——初级线圈激励电压;

　　L_1、R_1——初级线圈电感和电阻值;

　　M_1、M_2——初级线圈与次级线圈 1、次级线圈 2 的
　　　　　　　互感;

　　L_{21}、L_{22}——两个次级线圈的电感;

　　R_{21}、R_{22}——两个次级线圈的电阻值。

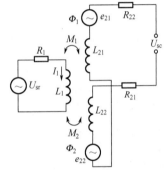

以图 6.12(a)所示结构的电感式传感器为例,分析差动变压器型电感式传感器的输出特性。设初级线圈、次级线圈的匝数分别为 W_1、W_2,当有气隙时,传感器的磁回路中的总磁阻近似为 R_δ,在初始状态时,初级线圈电感为

图 6.13　差动变压器的等效电路

$$L_{11} = L_{12} = \frac{W_1^2}{R_\delta} \qquad (6\text{-}38)$$

初始状态时,初级线圈的阻抗分别为

$$Z_{11} = R_1 + j\omega L_{11} \qquad (6\text{-}39)$$

$$Z_{12} = R_1 + j\omega L_{12} \qquad (6\text{-}40)$$

初级线圈的电流为

$$\dot{I}_1 = \frac{\dot{U}_{sr}}{2(R + j\omega L_{11})} \qquad (6\text{-}41)$$

当气隙变化 $\Delta\delta$ 时,两个初级线圈的电感分别为

$$L_{11} = \frac{W^2 \mu_0 S}{\delta - \Delta\delta} \qquad (6\text{-}42)$$

$$L_{12} = \frac{W^2 \mu_0 S}{\delta + \Delta\delta} \qquad (6\text{-}43)$$

次级线圈的输出电压 $\dot{U}_{sc}$ 为两个线圈感应电动势之差,即

$$\dot{U}_{sc} = \dot{E}_{21} - \dot{E}_{22} \qquad (6\text{-}44)$$

而感应电动势分别为

$$
\left.
\begin{aligned}
\dot{E}_{21} &= -\mathrm{j}\omega M_1 \dot{I}_1 \\
\dot{E}_{22} &= -\mathrm{j}\omega M_2 \dot{I}_1
\end{aligned}
\right\} \tag{6-45}
$$

式中，M_1、M_2——初级线圈与次级线圈之间的互感系数，分别为

$$
\left.
\begin{aligned}
M_1 &= \frac{W_2 \Phi_1}{\dot{I}_1} = \frac{W_1 W_2 \mu_0 S}{\delta - \Delta\delta} \\
M_2 &= \frac{W_2 \Phi_2}{\dot{I}_1} = \frac{W_1 W_2 \mu_0 S}{\delta + \Delta\delta}
\end{aligned}
\right\} \tag{6-46}
$$

式中，Φ_1 及 Φ_2——上下两个磁系统中的磁通（$\Phi_1 = I_1 W_1 / R_{\delta 1}$，$\Phi_2 = I_1 W_1 / R_{\delta 2}$）。

将式(6-46)代入式(6-45)，然后代入式(6-44)得

$$
\begin{aligned}
\dot{U}_{\mathrm{sc}} &= -\mathrm{j}\omega (M_1 - M_2)\dot{I}_1 \\
&= -\mathrm{j}\omega \dot{I}_1 W_1 W_2 \mu_0 S \left(\frac{2\Delta\delta}{\delta^2 - \Delta\delta^2} \right)
\end{aligned} \tag{6-47}
$$

忽略 $\Delta\delta^2$，整理式(6-47)得

$$
\dot{U}_{\mathrm{sc}} = -\mathrm{j}\omega \dot{I}_1 \frac{W_2}{W_1} \frac{2\Delta\delta}{\delta^2} \left(\frac{W_1^2 \mu_0 S}{\delta} \right) = -\mathrm{j}\omega L_{11} \dot{I}_1 \frac{W_2}{W_1} \frac{2\Delta\delta}{\delta^2} \tag{6-48}
$$

把式(6-41)代入式(6-48)得

$$
\dot{U}_{\mathrm{sc}} = -\mathrm{j}\omega L_{11} \frac{W_2}{W_1} \frac{2\Delta\delta}{\delta} \frac{\dot{U}_{\mathrm{sr}}}{2(R + \mathrm{j}\omega L_{11})}
$$

当 $\omega \gg R$ 时，有

$$
\dot{U}_{\mathrm{sc}} = -\frac{W_2}{W_1} \frac{\Delta\delta}{\delta_0} \dot{U}_{\mathrm{sr}} \tag{6-49}
$$

传感器的灵敏度为

$$
S = \frac{\dot{U}_{\mathrm{sc}}}{\Delta\delta} = \frac{W_2}{W_1} \frac{\dot{U}_{\mathrm{sr}}}{\delta_0}
$$

可见，差动变压器型电感式传感器的特性几乎完全是线性的，其灵敏度不仅取决于磁系统的结构参数，还取决于初级线圈、次级线圈的匝数比及励磁电源电压的大小。可以通过改变线圈匝数比及提高电源电压来提高差动变压器型电感式传感器的灵敏度。

6.3 电涡流式传感器

电涡流式传感器是利用金属导体中的涡流与激励磁场进行电磁能量传递的，因此必须有一个交变磁场的激励源（电感线圈）。被测对象以某种方式调制磁场，从而改变电感线圈的电感，从这个意义来看，电涡流式传感器也是一种电感式传感器。电涡流式传感器采用的传感技术属于主动测量技术，即在测试中，测量仪器主动发射能量，观察被测对象吸收（透射式）或反射能量的情况，不需要被测对象主动做功。与大多数主动测量装置一样，电涡流式传感器的测量属于非接触测量，这为使用和安装带来很大方便，特别是在测量运动物体时。电涡流式传感器的应用没有特定的目标，不像电感式、电容式、电阻应变式等传感器有相对固定的输入量，原则上，一切与涡流有关的因素都可用于测量。

6.3.1 电涡流式传感器的工作原理及特性

电感线圈产生的磁力线经过金属导体时,金属导体会产生感应电流,该电流的流线构成闭合回线,类似水涡形状,故称为电涡流。电涡流式传感器是以电涡流效应为基础的,由一个电感线圈和与该线圈邻近的金属导体组成。图 6.14 给出了电涡流式传感器工作原理和等效电路。

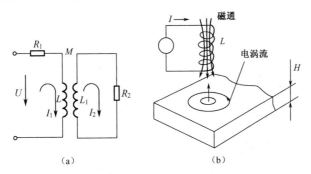

图 6.14　电涡流式传感器工作原理和等效电路

当电感线圈通入交变电流 I 时,在电感线圈的周围产生一个交变磁场 H_1,处于该磁场中的金属导体上产生感应电动势,并形成电涡流。金属导体上流动的电涡流也将产生相应的磁场 H_2,H_2 与 H_1 方向相反,对电感线圈磁场 H_1 起抵消作用,从而引起电感线圈等效阻抗 Z 或等效电感 L 或品质因数的相应变化。金属导体上的电涡流越大,这些参数的变化也越大。根据电涡流式传感器的等效电路,列出电路方程

$$\begin{cases} R_1\dot{I}_1 + j\omega L_1\dot{I}_1 - j\omega M\dot{I}_2 = \dot{U} \\ -j\omega M\dot{I}_1 + R_2\dot{I}_2 + j\omega L_2\dot{I}_2 = 0 \end{cases} \tag{6-50}$$

解方程组,得

$$Z = \frac{\dot{U}}{I} = R_1 + \frac{\omega^2 M^2}{R_2^2 + (\omega L_2)^2}R_2 + j\left(\omega L_1 - \frac{\omega^2 M^2}{R_2^2 + (\omega L_2)^2}\omega L_2\right)$$

$$L = L_1 - \frac{\omega^2 M^2}{R_2^2 + (\omega L_2)^2}L_2$$

$$Q = \frac{\omega L_1}{R_1} \cdot \frac{1 - \frac{L_2}{L_1}\dfrac{\omega^2 M^2}{R_2^2 + (\omega L_2)^2}}{1 + \frac{R_2}{R_1}\dfrac{\omega^2 M^2}{R_2^2 + (\omega L_2)^2}} \tag{6-51}$$

式中,R_1、L_1——电感线圈原有的电阻值、电感(周围无金属导体);

R_2、L_2——电涡流等效短路环的电阻值和电感;

ω——励磁电流的角频率;

M——电感线圈与金属导体的互感系数;

$\dot{U}$——电源电压。

由式(6-51)可见,Z、L 和 Q 均为互感的函数,对于给定的电感线圈,Z、L 和 Q 取决于金属导体与电感线圈的相对位置,以及金属导体的材料、尺寸、形状等。当只令其中的一个参数随被测量变化,其他参数不变时,采用电涡流式传感器并配用相应的测量线路,可得到与该被测量相对应的电信号(电压、电流或频率)输出。这种方法常用来测量位移、金属体厚度、温度等参数,并可用来探伤。

由于电涡流式传感器具有结构简单，体积小，频率响应宽，灵敏度高等特点，在测试技术中逐渐得到重视和推广应用。

6.3.2 电涡流式传感器结构形式及特点

电涡流式传感器如图 6.15 所示。

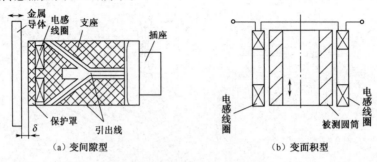

（a）变间隙型　　　　　　　　　　（b）变面积型

图 6.15　电涡流式传感器

1. 变间隙型电涡流式传感器

变间隙型电涡流式传感器常用的电感线圈为扁平线圈，金属导体与扁平线圈平行放置，如图 6.15(a)所示。

分析表明，扁平线圈的内径与厚度对特性影响不大，但扁平线圈外径对特性的线性范围和灵敏度影响较大。当扁平线圈外径较大时，扁平线圈磁场的轴向分布范围大，而磁感应强度 B 的变化梯度小，故线性范围大，而灵敏度较低；外径较小时，则相反。如果在扁平线圈中加一个磁芯，那么可使传感器小型化，即在相同电感下，减小匝数，并扩大测量范围。

金属导体是变间隙型电涡流式传感器的另一组成部分，它的物理性质、尺寸与形状也与传感器特性密切相关。金属导体的电导率高，磁导率低，灵敏度高。同时，金属导体尺寸不应过小，厚度不应过薄，否则对测量结果均有影响。

2. 变面积型电涡流式传感器

变面积型电涡流式传感器基本组成同变间隙型电涡流式传感器，但它是利用金属导体与电感线圈之间相对覆盖面积的变化引起涡流效应的原理来工作的。变面积型电涡流式传感器的灵敏度和线性范围比变间隙型电涡流式传感器的灵敏度和线性范围好。为了减小轴向间隙的影响，常采用差动结构，将两个电感线圈串联。

3. 差动螺线管型电涡流式传感器

差动螺线管型电涡流传感器结构示意图如图 6.16 所示。差动螺线管型电涡流式传感器由绕在同一骨架上的两个电感线圈（电感线圈 1 和电感线圈 2）和套在电感线圈外的金属短路套筒组成，筒长约为电感线圈长度的 60%。差动螺线管型电涡流式传感器的线性特性较好，但灵敏度不太高。

4. 低频透射型电涡流式传感器

低频透射型电涡流式传感器由两个分别处在金属导体两边的电感线圈组成，采用低频励磁，以提高贯穿深度，适用于测量金属导体的厚度，其结构示意图如图 6.17 所示。

励磁电压 U_1 施加于电感线圈 1 的两端,在电感线圈 2 两端产生感应电动势 U_2。当电感线圈 1 与电感线圈 2 之间无金属导体时,电感线圈 1 产生的磁场全部贯穿电感线圈 2,U_2 最大;当有金属导体时,在涡流形成的反磁场作用下,U_2 将降低。涡流越大,即金属导体导电性越好或金属板越厚,U_2 越小。当金属导体材料一定时,U_2 与金属板厚度相对应。

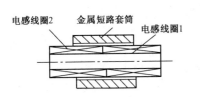 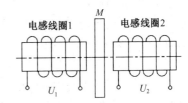

图 6.16　差动螺线管型电涡流式传感器结构示意图　　图 6.17　低频透射型电涡流式传感器的结构示意图

为了提高电容式传感器的灵敏度,除低频透射型电涡流式传感器外,上述其他 3 种电涡流式传感器一般都采用高频励磁电源,并采用调频式或调频调幅式或调幅式测量电路,将等效电感或等效抗转换成相应的电压或频率信号。

需要指出的是,电涡流式传感器的电感线圈与被测金属导体之间是磁性耦合的,并将这种耦合程度的变化作为参数测试值,因此,传感器的电感线圈仅为"实际测试传感器的一半",另一半是被测金属导体。被测物体的物理性质、尺寸和形状都与测量装置总的特性密切相关。在设计或使用电涡流式传感器时,必须同时考虑被测物体的物理性能、形状和尺寸等。

6.3.3　影响电涡流式传感器灵敏度的因素

1. 被测物体材料对测量的影响

电感线圈的阻抗 Z 的变化与被测物体材料的电阻率 ρ、磁导率 μ 有关,它们将影响电涡流的贯穿深度,影响损耗功率,进而影响传感器灵敏度。一般来说,被测物体的电导率(电阻率的倒数)越高,传感器的灵敏度也越高。如果是磁性材料,它的磁导效果与涡流损耗效果作用相反,因此与非磁性被测物体相比,传感器在测量磁性被测物体时灵敏度较低。

2. 被测物体大小和形状对测量的影响

当被测物体的面积比传感器电感线圈面积大很多时,传感器的灵敏度不发生变化;当被测物体面积为传感器电感线圈面积的一半时,其灵敏度减少一半;当被测物体面积更小时,灵敏度显著下降。

当被测物体为圆柱体时,它的直径 D 必须为电感线圈直径 d 的 3.5 倍以上才不会影响测量结果,在 D/d 为 l(圆柱体高度)时,灵敏度将降低 30% 左右。

被测物体也不能太薄,一般来说,只要厚度超过 0.2mm,测量结果就不会受到影响(铜、铝箔等的厚度为 0.07mm 以上)。

3. 传感器形状和尺寸对传感器灵敏度的影响

传感器的主要构成是电感线圈,它的形状和尺寸关系到传感器的灵敏度和测量范围,而灵敏度和线性范围是与电感线圈产生的磁场分布有关的。

单匝载流圆导线在轴上的磁感应强度根据毕奥—沙伐—拉普拉斯定律计算可得

$$B_P = \frac{\mu_0 I r^2}{2(r^2 + x^2)^{3/2}} \tag{6-52}$$

式中，μ_0——真空磁导率；

　　I——激励电流；

　　r——圆导线半径；

　　x——轴上点离单匝载流圆导线的距离。

在激励电流不变的情况下，制作出三种半径的 B_P—x 的曲线，如图 6.18 所示。由图 6.18 可见，半径小的载流圆导线的在靠近圆导线处产生的磁感应强度大；而在远离圆导线处，半径大的载流圆导线，磁感应强度大。这说明，当线圈外径大时，线圈的磁场轴向分布大，测量范围大，线性范围相应就大，但磁感应强度的变化梯度小，传感器灵敏度低；线圈外径小时，磁感应强度轴向分布的范围小，测量范围小，但磁感应强度的变化梯度大，传感器灵敏度高。因此应根据实际情况选用合适外径的线圈。

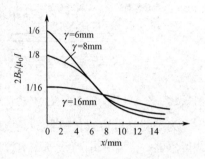

图 6.18　B_P—x 的曲线

6.3.4　测量电路

用于电涡流式传感器的测量电路主要有调频式、调幅式两种。

1. 调频式测量电路

调频式测量电路原理如图 6.19 所示。传感器线圈接入 LC 振荡电路，当传感器与被测导体距离 x 改变时，在电涡流影响下，传感器的电感发生变化，导致振荡频率发生变化，该变化的振荡频率是 x 的函数，即 $f = L(x)$。这种变化的振荡频率可由数字频率计直接测量，或者通过 F-V 变换，用数字电压表测量对应的电压。

2. 调幅式测量电路

传感器线圈和电容并联组成谐振回路，石英晶体构成石英晶体振荡器，如图 6.20 所示。石英晶体振荡器起恒流源的作用，为谐振回路提供一个稳定频率（f_0）激励电流 I_0，谐振回路输出电压为

$$U_0 = I_0 f(Z) \tag{6-53}$$

式中，Z——谐振回路的阻抗。

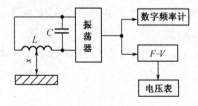

图 6.19　调频式测量电路原理

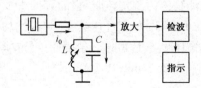

图 6.20　调幅式测量电路

当金属导体远离或被去掉时，谐振回路频率即石英晶体振荡频率 f_0，谐振回路呈现的阻抗最大，输出电压也最大；当金属导体靠近传感器线圈时，线圈的等效电感 L 发生变化，导致谐

振回路失谐,从而使输出电压降低,L随x的变化而变化,因此,输出电压也随x变化而变化。输出电压经过放大、检波后,由指示仪表直接显示x的大小。

此外,交流电桥电路也是常用测量电路。

6.4 电感式传感器的应用

6.4.1 自感式、互感式传感器的应用

自感式、互感式传感器两者的工作原理虽不相同,但在应用领域方面具有共性,除了用于测量位移、构件变形、液位等,还用于测量压力、振动、加速度等物理量。图6.21为加速度传感器及其测量电路原理,在该传感器中,衔铁即惯性质量块,加速度由两个弹簧片支撑。加速度传感器的固有振动频率由惯性质量块质量的大小及弹簧片刚度决定,这种结构的传感器只适用于低频信号(100~200Hz)的测量。图6.22为液位测量原理图,图中铁芯随浮子运动反映出液位的变化,从而使差动变压器有一个相应的电压输出。

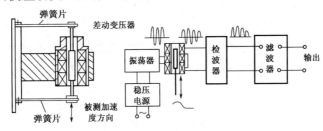

图6.21 加速度传感器及其测量电路原理

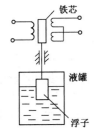

图6.22 液位测量原理图

6.4.2 电涡流式传感器的应用

电涡流式传感器的应用领域很广,可进行位移、振幅、转速等多种参数的测量,还可用于电涡流探伤。

1. 位移测量

电涡流式传感器可测量各种形状被测试件的位移量,测量范围为(0~15)μm(分辨率为0.05μm)或(0~80mm)(分辨率为0.1%)。凡是可转换成位移量的参数都可用电涡流式传感器来测量,如汽轮机的轴向窜动(其测量原理图见图6.23)、金属材料的热膨胀系数、钢水液位、纱线张力、流体压力等。

2. 振幅测量

电涡流式传感器可测量各种振幅,属于非接触式测量,如可测主轴的径向振动。振幅测量如图6.24所示。

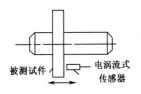

图6.23 汽车轮的轴向
窜动测量原理图

3. 转速测量

在一个旋转金属体上加一个有N个齿的齿轮,旁边安装电涡流式传感器(见图6.25),当旋转金属体转动时,电涡流式传感器将周期地改变输出信号,该输出信号频率可由频率计测出,由此可算出旋转金属体的转速。

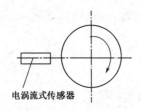

图 6.24 振幅测量

图 6.25 转速测量

4. 电涡流探伤

在非破坏性检测领域,电涡流式传感器已被用作有效的探伤仪器。例如,用来测试金属材料的表面裂纹、热处理裂痕,以及进行焊接部位的探伤等。在进行电涡流探伤时,使传感器与被测试件间距保持不变。当有裂纹出现时,金属导电率、磁导率将发生变化,即涡流损耗改变,从而使传感器阻抗发生变化,导致测量电路的输出电压改变,进而达到探伤目的。电涡流探伤时的测试信号如图 6.26 所示。

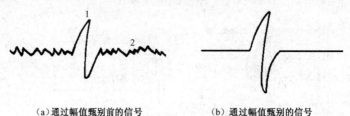

(a)通过幅值甄别前的信号   (b)通过幅值甄别的信号

1—裂缝信号;2—干扰信号

图 6.26 电涡流探伤时的测试信号

思 考 题

6-1 差动变压器型电感式传感器的等效电路包括哪些元件和参数? 这些参数各自的含义是什么?

6-2 电涡流式传感器常用的测量电路有几种? 分析它们的工作原理和特点。

6-3 如何利用电涡流式传感器测量金属板厚度?

第7章 压电式传感器

压电式传感器是利用某些物质的压电性质制作的传感器。

压电效应是可逆的,即有两种压电效应:一种为正压电效应,当沿一定方向对某些电介质施加力而使其变形时,在其表面产生电荷,当外力去掉后,电介质又恢复不带电的状态;另一种是逆压电效应(电致伸缩效应),当在电介质的极化方向上施加电场时,这些电介质就在一定的方向上产生机械变形或机械应力,当外加电场撤去后,这些机械变形或机械应力也随之消失。可见压电式传感器是一种典型的"双向传感器"。

压电元件是一种典型的力敏元件,能测量最终可变换为力的各种物理量,如压力、加速度、机械冲击和振动等。压电式传感器广泛应用于声学、力学、医学和宇航等许多领域。

由于压电元件具有体积小,质量轻,结构简单,工作可靠,固有频率高,灵敏度和信噪比高等优点,因此压电式传感器得到了飞速发展。压电式传感器的缺点是无静态输出,要求有很高的电输出阻抗,需要使用低电容的低噪声电缆等。本章重点讨论正压电效应。

7.1 压电式传感器的工作原理

7.1.1 压电效应

当沿一定方向对某些电介质施加力而使它变形时,其内部就产生极化现象,同时在它的两个表面产生符号相反的电荷;当外力去掉后,电介质又恢复不带电状态,这种现象称为压电效应。当作用力的方向改变时,电荷的极性也随之改变。具有压电效应的物质很多,如天然形成的石英晶体(见图 7.1),人工制造的压电陶瓷、锆钛酸铅等。下面以石英晶体和压电陶瓷为例来说明压电效应。

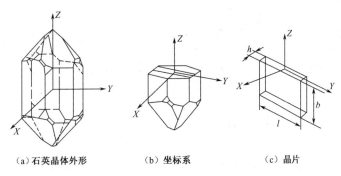

（a）石英晶体外形　　　　（b）坐标系　　　　（c）晶片

图 7.1　石英晶体

1. 石英晶体

天然形成的石英晶体的理想结构是一个正六面体,在晶体学中可以把它用三个互相垂直的轴来表示。其中 Z 轴(纵向轴)称为光轴;经过正六面体棱线,并垂直于光轴的 X 轴称为电轴;与 X 轴和 Z 轴同时垂直的 Y 轴(垂直于正六面体的棱面)称为机械轴。通常把沿电轴方向力作用产生电荷的压电效应称为"纵向压电效应";把沿机械轴方向力作用产生电荷的压电效应称为"横向压电效应";而沿光轴方向受力时不产生压电效应。从石英晶体上沿轴线切下的一片平行六面体称为压电晶体切片,简称晶片,如图 7.1(c) 所示。当晶片在沿 X 轴的方向上受到压缩应力 σ_{xx} 的作用时,晶片将产生厚度变形,并发生极化现象。在石英晶体的线性弹性范围内,极化强度 P_{xx} 与压缩应力 σ_{xx} 成正比,即

$$P_{xx} = d_{11}\sigma_{xx} = d_{11}\frac{F_x}{lb} \tag{7-1}$$

式中,P_{xx}——极化强度;

F_x——沿 X 轴方向施加的压缩力;

d_{11}——压电系数,当受力方向和变形不同时,压电系数也不同(石英晶体 $d_{11}=2.3\times 10^{-12}CN^{-1}$);

l、b——晶片的长度和宽度。

d_{11} 下标中的第一个下标数字 1 表示产生电荷的面的轴向为 X 轴,下标中的第二个下标数字 1 表示施加作用力的轴向为 X 轴。在石英晶体中,$d_{ij}(i=1,2,3)(j=1,2,3)$ 下标数字 1 表示 X 轴,下标数字 2 表示 Y 轴,下面数字 3 表示 Z 轴。

而极化强度 P_{xx} 等于晶片表面的电荷密度,即

$$P_{xx} = \frac{q_{xx}}{lb} \tag{7-2}$$

式中,q_{xx}——垂直于 X 轴平面上的电荷量。

把 P_{xx} 值代入式(7-1)得

$$q_{xx} = d_{11}F_x \tag{7-3}$$

由式(7-3)可知,当晶片受到 X 轴方向的压力作用时,q_{xx} 与作用力 F_x 成正比,而与晶片的几何尺寸无关。晶片上电荷极性与受力方向的关系如图 7.2 所示。

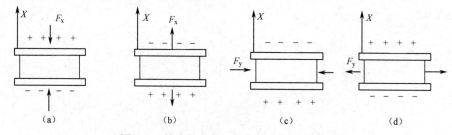

图 7.2　晶片上电荷极性与受力方向的关系

在 X 轴方向施加压力时,石英晶体的 X 轴正向带正电;如果作用力 F_x 改为拉力,则电荷仍出现在垂直于 X 轴的平面上,但极性相反,如图 7.2(a)、(b)所示。

如果在同一晶片上作用力是沿 Y 轴方向的,则电荷仍在与 X 轴垂直平面上出现,其极性如图 7.2(c)、(d)所示,此时电荷量为

$$q_{xy} = d_{12}\frac{lb}{bh}F_y \tag{7-4}$$

式中，d_{12}——石英晶体在 Y 轴方向上受力时的压电系数。

根据石英晶体轴的对称条件得

$$d_{12} = -d_{11}$$

则式(7-4)为

$$q_{xy} = -d_{11} \frac{l}{h} F_y \qquad (7-5)$$

式中，h——晶片厚度。负号表示沿 Y 轴的压力产生的电荷与沿 X 轴施加的压缩力产生的电荷极性相反。

由式(7-5)可知，当沿 Y 轴方向对晶片施加作用力时，产生的电荷量是与晶片的几何尺寸有关的。

2. 压电陶瓷

压电陶瓷是一种常用的压电材料，与天然形成单晶体的石英晶体不同，压电陶瓷是人工制造的多晶体材料。压电陶瓷在没有极化之前不具有压电性质，如图 7.3 所示。

各个电畴在晶体中杂乱分布，它们的极化效应相互抵消了，因此原始的压电陶瓷呈中性，不具有压电性质，是非压电体。在外电场的作用下，电畴的极化方向发生转动，趋向于按外电场的方向排列，从而使压电陶瓷得到极化。压电陶瓷经过极化处理后具有非常高的压电常数，为石英晶体的几百倍。如图 7.4 所示，压电陶瓷在极化面上受到垂直于它的均匀分布的作用力(作用力沿极化方向)时，则在这两个镀银的极化面上分别出现正、负电荷。极化面上的电荷量 q 与力 F 成正比，比例系数为 d_{33}，也即

$$q = d_{33} F \qquad (7-6)$$

式中，d_{33}——压电陶瓷的纵向压电系数。

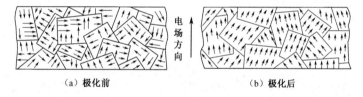

图 7.3 压电陶瓷中的电畴

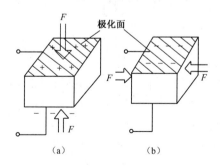

图 7.4 压电陶瓷压电原理图

d_{33} 的下标的意义与石英晶体相同，但在压电陶瓷中，通常把它的极化方向定为 Z 轴(对应的下标数字为 3)，这是它的对称轴(极化轴)，在垂直于 Z 轴的平面上，任意选择的正交轴为 X

轴和 Y 轴,对应的下标数字为 1 和 2,下标数字 1 和 2 是可以互易的,如图 7.4(a)所示。

极化压电陶瓷的平面是各向同性的,压电常数可用等式 $d_{32}=d_{31}$ 表示,它表明平行于 Z 轴的电场与沿着 Y 轴(下标数字 2)或 X 轴(下标数字 1)的轴向应力的作用关系是相同的。当极化压电陶瓷受到均匀分布的作用力 F 时,在两个镀银的极化面上,分别出现正、负电荷,如图 7.4 所示。

$$q =-d_{32}\frac{FA_{\mathrm{x}}}{A_{\mathrm{y}}}=-d_{31}\frac{FA_{\mathrm{x}}}{A_{\mathrm{y}}} \tag{7-7}$$

式中,A_{x}——极化面的面积;

A_{y}——受力面的面积。

7.1.2 压电效应的物理解释

石英晶体的压电特性与其内部分子的结构有关。石英晶体的化学式为 SiO_2。一个晶体单元中有三个硅离子 Si^{4+} 和六个氧离子 O^{2-},后者是成对的。一个硅离子和两个氧离子交替排列。当没有力作用时,Si^{4+} 与 O^{2-} 在垂直于 Z 轴的 XY 平面上的投影恰好等效为正六边形排列,如图 7.5(a)所示。这时正、负离子正好分布在正六边形的顶角上,它们所形成的电偶极矩 $\boldsymbol{P_1}$、$\boldsymbol{P_2}$ 和 $\boldsymbol{P_3}$ 的大小相等,相互的夹角为 $120°$。因为电偶极矩定义为电荷 q 与间距 l 的乘积,即 $\boldsymbol{P}=ql$,其方向是从负电荷指向正电荷,是一种矢量,所以当正负电荷中心重合时,电偶极矩的矢量和为零,即 $\boldsymbol{P_1}+\boldsymbol{P_2}+\boldsymbol{P_3}=0$。当石英晶体受到沿 X 轴方向的压力作用时,晶体沿 X 轴方向产生压缩,正、负离子的相对位置也随之发生变化,如图 7.5(b)中虚线所示。此时正、负电荷中心不重合,电偶极矩在 X 轴方向上的分量由于 $\boldsymbol{P_1}$ 减小和 $\boldsymbol{P_2}$、$\boldsymbol{P_3}$ 的增大而不等于零,在 X 轴的正向出现正电荷。电偶极矩在 Y 轴方向上的分量仍为零(因为 $\boldsymbol{P_2}$、$\boldsymbol{P_3}$ 在 Y 轴方向上的分量大小相等方向相反),不出现电荷。由于 $\boldsymbol{P_1}$、$\boldsymbol{P_2}$ 和 $\boldsymbol{P_3}$ 在 Z 轴方向上的分量都为零,不受外作用力的影响,所以在 Z 轴方向上也不出现电荷。

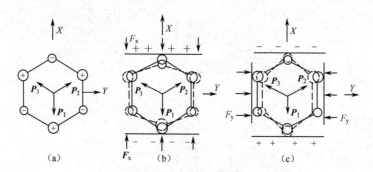

图 7.5 石英晶体压电效应示意图

当石英晶体受到沿 Y 轴方向的作用力时,晶体的变形如图 7.5(c)中虚线所示。与图 7.5(b)的情况相似,$\boldsymbol{P_1}$ 增大,$\boldsymbol{P_2}$ 和 $\boldsymbol{P_3}$ 减小,在 X 轴方向上出现电荷,电荷的极性与图 7.5(b)电荷的极性相反。而在 Y 轴和 Z 轴方向上不出现电荷。

如果沿 Z 轴方向(与纸面垂直的方向)施加作用力,因为晶体在 X 轴方向和 Y 轴方向的变形完全相同,所以,正负电荷中心保持重合,电偶极矩矢量和等于零。这就表明沿 Z 轴(光轴)方向加作用力,晶体不会产生压电效应。

如果对石英晶体的各个方向同时施加相等的作用力(如液体的压力,热应力等),那么石英晶体保持中性不变,也不存在体积变形导致的压电效应。

7.2 压电元件常用结构形式

由于要使单晶片表面产生足够的电荷需要很大的作用力,所以在实际使用中常把两片或两片以上的晶片组合在一起。图7.6给出了几种双晶片弯曲式压电元件工作原理图。

图7.6(a)、(b)为双晶片悬臂压电元件工作原理图。当自由端受力 F 作用时,晶片弯曲,上片受拉,下片受压,但中性面00的长度不变,如图7.6(a)所示。

由于压电材料是有极性的,因此存在并联和串联两种连接法。如图7.6(b)所示,设单个晶片受拉力时 a 面出现正电荷,b 面为负电荷,分别称 a 面和 b 面为正(＋)面和负(－)面;受压力时则相反。双晶片正负、负正连接法如图7.6(c)所示,当受力弯曲时,出现电荷为正负、负正(＋－－＋),负电荷集中在中间电极,正电荷出现在两边电极,相当于两晶片并联,总电容量为 C',总电压为 U',总电荷量 q' 与单晶片的 C、U、q 的关系为

$$C' = 2C \quad U' = U \quad q' = 2q \tag{7-8}$$

图7.6(d)为晶片按正负、正负(＋－＋)连接的方法,当受力弯曲时,正、负电荷分别在上、下电极上,在中性面上,上片的负电荷和下片的正电荷相抵消,这就是串联,其关系为

$$C' = C/2 \quad U' = 2U' \quad q' = q \tag{7-9}$$

上述两种连接方法的 C'、U' 和 q' 是不同的,可根据测试要求合理选用。多晶片是双晶片的一种特殊类型,已广泛应用于测力和加速度的传感器中。

为了保证双晶片悬臂压电元件黏结后两电极相通,一般用导电胶黏结。当采用并联接法时,两晶片中间应加入一个铜片或银片作为引出电极。

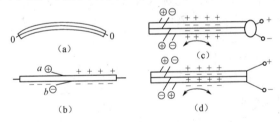

图7.6 几种双晶片弯曲式压电元件工作原理图

7.3 压电元件的等效电路及测量电路

7.3.1 等效电路

当压电式传感器中的压电晶体承受被测机械力的作用时,它的两个极板面上出现极性相反但电量相等的电荷。显然可以把压电式传感器看作一个静电发生器,如图7.7所示。因此也可以把压电式传感器视为一个极板上聚集正电荷,另一个极板上聚集负电荷,中间为绝缘体的电容,其电容量为

$$C_a = \frac{\varepsilon A}{h} = \frac{\varepsilon_r \varepsilon_0 A}{h} \tag{7-10}$$

式中,A——极板的面积;

　　h——极板的厚度;

ε——压电晶体的介电常数；

ε_r——压电晶体的相对介电常数；

ε_0——真空介电常数。

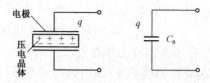

图 7.7　压电式传感器的等效原理图

当两极板聚集异性电荷时，两极板就呈现出一定的电压，其大小为

$$U_a = \frac{q}{C_a}$$

(7-11)

式中，q——极板上聚集的电荷量；

C_a——两极板间的等效电容量；

U_a——两极板间电压。

因此压电式传感器可以等效地看作一个电压源和一个电容的串联电路，如图 7.8(a)所示，也可以等效成一个电荷源和一个电容的并联电路，如图 7.8(b)所示。由压电式传感器等效电路可知，只有当传感器内部信号电荷无"漏损"，外电路负载无穷大时，压电式传感器受力后的电压或电荷才能长期保存下来，否则电路将以某时间常数按指数规律放电，这对静态标定及低频准静态测量极为不利，必然带来误差。事实上，传感器内部不可能没有泄漏，外电路负载也不可能无穷大，只有当外力以较高频率不断地作用时，传感器的电荷才能得到补充，从这个意义上讲，压电晶体不适合进行静态测量。

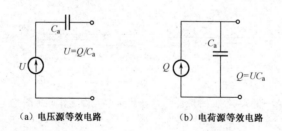

（a）电压源等效电路　　　　　　（b）电荷源等效电路

图 7.8　压电式传感器等效电路

压电式传感器的灵敏度有两种表示方式，它可以表示为单位力的电压或单位力的电荷。前者称为电压灵敏度 K_u，后者称为电荷灵敏度 K_q，它们之间可以通过压电元件或压电式传感器的电容量 C_a 联系起来，即

$$K_u = \frac{K_q}{C_a} \qquad K_q = K_u C_a$$

7.3.2　测量电路

为了使压电元件能正常工作，它的负载电阻（前置放大器的输入电阻）应有极高的值。因此与压电元件配套的测量电路的前置放大器有两个作用：一是放大压电元件的微弱电信号；二是把高阻抗输入变为低阻抗输出。根据压电元件的工作原理，前置放大器有两种形式：一种是

电压放大器,其输出电压与输入电压(压电元件的输出电压)成正比;另一种是电荷放大器,其输出电压与输入电荷量成正比。

1. 电压放大器

电压放大器的等效电路如图 7.9 所示,其中等效电阻的阻值为

$$R = \frac{R_a R_i}{R_a + R_i}$$

等效电容为

$$C = C_c + C_i + C_a$$

而

$$u_a = \frac{q}{C_a}$$

式中,R_a——传感器绝缘电阻值;

R_i——电压放大器输入电阻值;

C_a——传感器内部电容量;

C_c——电缆电容量;

C_i——电压放大器输入电容量。

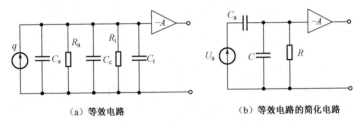

（a）等效电路　　　　（b）等效电路的简化电路

图 7.9　电压放大器的等效电路

如果压电元件受到交变力的作用,则交变力为

$$f = F_m \sin\omega t \tag{7-12}$$

式中,F_m——作用力的幅值。

若压电元件所用压电材料为压电陶瓷,其压电系数为 d_{33},则在外力作用下,压电元件产生的电压均按正弦规律变化,即

$$U_a = \frac{d_{33} F_m}{C_a} \sin\omega t \tag{7-13}$$

或

$$U_a = U_m \sin\omega t \tag{7-14}$$

式中,U_m——电压幅值($U_m = d_{33} F_m / C_a$)。

若将电压放大器输入端的电压 $\dot{U}_i$ 写成复数形式,则可得

$$\dot{U}_i = d_{33} f \frac{j\omega R}{1 + j\omega R (C_i + C_a + C_c)} \tag{7-15}$$

$\dot{U}_i$ 的幅值 $\dot{U}_{im}$ 为

$$\dot{U}_{im} = \frac{d_{33} F_m \omega R}{\sqrt{1 + \omega^2 R^2 (C_a + C_c + C_i)^2}} \tag{7-16}$$

由式(7-16)可得输入电压与作用力之间的相位为

$$\phi = \frac{\pi}{2} - \arctan[\omega(C_a + C_c + C_i)R] \tag{7-17}$$

令测量电路时间常数 $\tau = (C_a + C_c + C_i)R$，令 $\omega_0 = 1/\tau$，则式(7-16)和式(7-17)为

$$\dot{U}_{im} = \frac{d_{33}F_m\omega R}{\sqrt{1 + (\omega/\omega_0)^2}} \tag{7-18}$$

$$\phi = \frac{\pi}{2} - \arctan\left(\frac{\omega}{\omega_0}\right) \tag{7-19}$$

若作用在压电元件上的力为静态力，即 $\omega \to 0$，则电压放大器的 $\dot{U}_{im}$ 为零。因此电荷就会通过电荷放大器的输入电阻和传感器本身的泄漏电阻泄漏。这就从原理上决定了压电式传感器不能测量静态物理量的问题。

当 $\omega \to \infty$ 时，电压放大器输入端的电压幅值为

$$\dot{U}_{im} \approx \frac{d_{33}F_m}{C_a + C_c + C_i} \tag{7-20}$$

在实际应用中，我们认为 $\omega/\omega_0 \gg 1(\omega\tau \gg 1)$，也就是作用力的变化频率与测量电路时间常数的乘积远大于1，在这种情况下，电压放大器的输入电压 $\dot{U}_{im}$ 与频率无关。一般认为 $\omega/\omega_0 \geqslant 3$，可以近似地认为输入电压与作用力频率无关。这说明在测量电路时间常数一定的条件下，压电式传感器的高频响应是很好的，这是压电式传感器的优点之一。

根据电压灵敏度的定义，当 $\omega/\omega_0 \gg 1(\omega\tau \gg 1)$ 时，压电式传感器的电压灵敏度为

$$K_u = \frac{\dot{U}_{im}}{F_m} = \frac{d_{33}F_m\omega_0 R}{F_m\sqrt{1 + (\omega/\omega_0)^2}} = \frac{d_{33}}{C_a + C_c + C_i} \tag{7-21}$$

式(7-21)表明，要提高测量电路时间常数 τ，就不能增大电路电容。增大电路电容会使压电式传感器的灵敏度降低。电缆电容(电容量为 C_c)及电压放大器输入电容(电容量为 C_i)的存在使电压灵敏度减小。如果更换电缆，电缆电容发生变化，电压灵敏度也随之变化。因此，在更换或改变电缆时，务必对电压灵敏度进行校正。否则电缆电容的改变会引入测量误差。为此，要提高测量电路时间常数 τ，就不能增大回路电容，常常是靠增大输入阻抗 R_i 来提高测量电路时间常数的。

但是，当被测动态量变化缓慢，即 $\omega = 0$ 时，测量电路时间常数也不大，这就会造成传感器灵敏度下降，由式(7-18)和式(7-21)可知，此时 U_{im} 和 K_u 均为零。这说明从原理上压电式传感器不能测量静态物理量，因为压电元件上产生的微弱电量会通过输入电阻和泄漏电阻泄漏，只有动态力作用使电荷不断地补充，加上高输出阻抗，电荷才能保存下来送入电压放大器。因此为了扩大工作频带的低频段，就必须提高测量电路的时间常数 τ。但是如果要靠增大测量电路的电容量来达到提高 τ 的话，就会影响传感器的灵敏度。一般前置放大器的输入阻抗为 $10^{11}\Omega$ 以上时才能降低漏电造成的电压(或电荷)的损失。通常前置放大器的输入阻抗越大，测量电路时间常数越大，压电式传感器的低频响应也越好。因为压电元件的绝缘电阻 R_a 取决于压电材料，所以很难将前置放大器的输入电阻值 R_i 提高到 $10^9\Omega$ 以上。此外，由于输入阻抗很高，容易通过杂散电容拾取外界的干扰，因此要对引线进行认真屏蔽。

2. 电荷放大器

电荷放大器是压电式传感器的另一种专用的前置放大器，实际上是一个具有深度负反馈的高增益运算放大器。电荷放大器能将高内阻的电荷源转换为低内阻的电压源，而且输出电压

正比于输入电荷,因此电荷放大器同样也起着阻抗变换的作用,其输入阻抗高达$(10^{10} \sim 10^{12})\Omega$,而输出阻抗小于$100\Omega$。

电荷放大器等效电路如图 7.10 所示,图中 A 是放大器的开环增益,$-A$ 表示放大器的输出与输入相反。

若电荷放大器的开环增益足够高,则其输入端的电位接近"地"电位。由于电荷放大器的输入级采用场效应晶体管,保证了其输入阻抗极高,因此电荷放大器输入端几乎没有分流,电荷只对反馈电容(电容量为 C_f)充电,充电电压接近电荷放大器的输出电压,即

$$U_{sc} = u_{cf} = -\frac{q}{C_f} \tag{7-22}$$

式中,U_{sc}——电荷放大器的输出电压;

u_{cf}——反馈电容两端的电压。

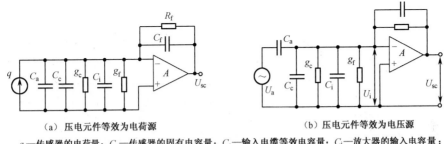

(a) 压电元件等效为电荷源　　　　　　(b) 压电元件等效为电压源

q—传感器的电荷量;C_a—传感器的固有电容量;C_c—输入电缆等效电容量;C_i—放大器的输入电容量;
C_f—放大器的反馈电容量;g_c—输入电缆漏电导;g_i—放大器的输入电导;g_f—放大器的反馈电导

图 7.10　电荷放大器等效电路

为了便于分析,用图 7.10(b)的电压源代替 7.10(a)的电荷源,由此可得(用节点电压法)

$$(\dot{U}_a - \dot{U}_i)j\omega C_a = \dot{U}_i\left[(g_c + g_i) + j\omega(C_c + C_i)\right] + (\dot{U}_i - \dot{U}_{sc})(g_f + j\omega C_f) \tag{7-23}$$

将 $\dot{U}_i = -\dot{U}_{sc}/A$ 代入式(7-23)可得

$$\dot{U}_{sc} = \frac{-j\omega C_a \dot{U}_a A}{(g_f + j\omega C_f)(1+A) + g_i + g_c + j\omega(C_a + C_i + C_c)} \tag{7-24}$$

在理想条件下,工作频率足够高,当各导纳大于各电导时,$g_i \rightarrow 0$,$g_c \rightarrow 0$,$g_f \rightarrow 0$,式(7-24)为

$$U_{sc} = \frac{-Aq}{C_f(1+A) + C_a + C_i + C_c} \tag{7-25}$$

当电荷放大器的增益 A 足够大时,$(1+A)C_f \gg (C_a + C_i + C_c)$,式(7-25)为

$$U_{sc} \approx -\frac{Aq}{(1+A)C_f} \approx -\frac{q}{C_f} \tag{7-26}$$

式(7-26)表明,输出电压 U_{sc} 正比于输入电荷量 q,比例系数为 $1/C_f$,与工作频率无关。这就是电荷放大器的理想情况。

压电元件本身的电容量大小和电缆长度不影响或极少影响电荷放大器的输出,这是电荷放大器的优点。输出电压只取决于输入电荷量 q,以及反馈电路的参数 C_f 及 R_f。一般反馈电容量 C_f 可选择的范围为$(100 \sim 10^4)$pF。

当工作频率很低时,式(7-24)中的 g_f 与 $j\omega C_f$ 值相当,$g_f(1+A)$ 不能忽略;A 仍足够大,则式(7-24)变为

$$\dot{U}_{sc} = -\frac{j\omega q A}{(g_f + j\omega C_f)(1+A)} \approx -\frac{j\omega q}{g_f + j\omega C_f} \tag{7-27}$$

其幅值为

$$U_{scm} = \frac{\omega q}{\sqrt{g_f^2 + \omega^2 C_f^2}} \qquad (7\text{-}28)$$

式(7-28)表明,当工作频率很低时,输出电压幅值 U_{scm} 不仅与表面电荷量 q 有关,而且与参数 C_f、g_f 和 ω 有关,但与开环增益 A 无关。信号频率越小,C_f 项越重要,当 $C_f\omega = g_f$ 时,有

$$U_{scm} = \frac{q}{\sqrt{2}\,C_f} \qquad (7\text{-}29)$$

可见这是截止频率点的输出电压,增益下降 3dB 时对应的下限截止频率为

$$f_L = \frac{1}{2\pi\,C_f/\,g_f} = \frac{1}{2\pi C_f R_f} \qquad (7\text{-}30)$$

在低频时,输出电压幅值 U_{scm} 与电荷量 q 之间的相位差为

$$\phi = \arctan(g_f/\,\omega C_f) = \arctan\left(\frac{1}{\omega R_f C_f}\right) \qquad (7\text{-}31)$$

由式(7-31)可知,低频时电荷放大器的频率响应仅取决于反馈电路参数 R_f 和 C_f,其中 C_f 的大小由所需的电压幅值根据式(7-26)确定,当给定工作频带的下限截止频率为 f_L 时,反馈电阻值 R_f 由式(7-30)确定。反馈电阻还有直流反馈功能。因为在电荷放大器中采用电容负反馈,对直流工作点来说相当于开路,故零漂较大而产生误差。为了减小零漂,使电荷放大器工作稳定,应并联反馈电阻。

目前,压电式传感器应用较多的测量项目仍是力、压力、加速度,尤其是用于冲击振动加速度的测量。在众多形式的测振传感器中,压电式加速度传感器占 80% 以上,因此,下面主要介绍压电式加速度传感器和压电式压力传感器。

7.4　压电式加速度传感器

7.4.1　工作原理及特性

1. 工作原理

压缩型压电式加速度传感器如图 7.11 所示。压缩型压电式加速度传感器由压电元件、大体积密度的金属质量块、弹簧、壳体、基座等组成。利用弹簧对压电元件及金属质量块施加预紧力。静态预载荷应力远大于传感器在振动或冲击测试中可能承受的最大动态应力。整个组件装在一个加厚的刚度较大的基座上,基座材料应选不锈钢、钛合金等,用金属壳体加封罩。

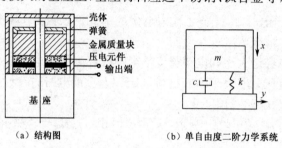

（a）结构图　　　　　　　　（b）单自由度二阶力学系统

图 7.11　压缩型压电式加速度传感器

在测量时,将传感器基座与被测试件刚性固定在一起,使传感器的金属质量块与被测试件有相同的运动并受到与加速度方向相同的惯性力的作用。这样,金属质量块就有一个正比于加速度的交变力作用在压电元件上。压电元件两个表面上产生交变电荷(或电压)。当被测试件的振动频率远低于传感器的固有振动频率时,传感器输出电荷量(或电压)正比于作用力,即 $q = d_{ij}F$。由于 $F=ma$,于是有

$$q = d_{11}ma \tag{7-32}$$

式中,d_{11}——压电常数;

    m——金属质量块质量;

    a——被测试件振动加速度。

2. 灵敏度

由于传感器输出电荷量与被测试件的加速度成正比,所以压电式加速度传感器的电荷灵敏度 K_q 与电压灵敏度 K_u 分别为

$$K_q = \frac{q}{a} = \frac{d_{11}F}{a} = d_{11}m \tag{7-33}$$

$$K_u = \frac{K_q}{C_a} = \frac{d_{11}m}{C_a} \tag{7-34}$$

若加速度 a 以重力加速度 g 计$[g = 9.81(\text{m/s}^2)]$,则经单位换算,传感器的电荷灵敏度和电压灵敏度可以分别用目前惯用的单位 pC/g 和 mV/g 表示,其中 pC 表示皮库伦(10^{-12}C)。

3. 频率响应

压缩型压电式加速度传感器可以简化成由集中质量 m、集中弹簧刚度 k 和集中阻尼 c 构成的一个单自由度二阶力学系统,如图 7.11(b)所示,其数学模型为

$$m \frac{\mathrm{d}^2 x}{\mathrm{d}t^2} + c \frac{\mathrm{d}x}{\mathrm{d}t} + kx = -ma$$

式中,m——压电元件质量;

    c——等效阻尼系数;

    k——等效刚度系数;

    x——质量块相对于基座位移的振幅;

    a——惯性力引起的加速度振幅(振动体加速度的振幅)。负号表示惯性力与加速度方向相反。

振动加速度引起质量块位移的幅值为

$$\left| \frac{x}{a} \right| = \frac{1}{\omega_0^2} \frac{1}{\sqrt{\left[1 - \left(\frac{\omega}{\omega_0} \right)^2 \right]^2 + \left(2\xi \frac{\omega}{\omega_0} \right)^2}} \tag{7-35}$$

质量块的位移滞后于加速度的相位角为

$$\varphi = -\arctan \frac{2\xi\omega/\omega_0}{1 - (\omega/\omega_0)^2} \tag{7-36}$$

式中,ω——振动角频率;

    ω_0——传感器固有角频率;

    ξ——相对阻尼系数。

由于相对位移 x 就是压电元件的变形量,在弹性范围内,如果作用在压电元件上的惯性力为 F,压电元件本身的刚度系数为 K_Y,则有 $F = K_Y x$。因此产生力-电转换,压电元件表面产生的电荷量 $q = d_{ij}F = d_{ij}K_Y x$,于是有

$$\frac{x}{a} = \frac{q}{a} \cdot \frac{1}{d_{ij}K_Y}$$

则式(7-35)成为

$$\frac{q}{a} = \frac{d_{ij}K_Y/\omega_0^2}{\sqrt{[1-(\omega/\omega_0)^2]^2 + (2\xi\omega/\omega_0)^2}} \tag{7-37}$$

由式(7-33)可知,q/a 为压电式加速度传感器的电荷灵敏度 K_q。式(7-37)表示 K_q 与 ω/ω_0(频率比)的关系,称为压电式加速度传感器的频率响应特性的数学表达式。压电式加速度传感器的频率响应特性曲线如图 7.12 所示。可见当 ω/ω_0 相当小时,式(7-37)可写成如下形式

$$\frac{q}{a} \approx \frac{K_Y d_{ij}}{\omega_0^2}$$

可见,当传感器的固有振动频率远大于振动体的工作频率时,传感器的电荷灵敏度近似为一个常数,基本不随工作频率变化,此为传感器的理想工作频率。由于压电式加速度传感器具有很高的固有振动频率,因此只要前置放大器高频截止频率远大于传感器的固有振动频率,其高频上限就可由传感器的固有振动频率决定。所以压电式加速度传感器的高频响应特性特别好,频响范围宽,其低频响应取决于输出电路的时间常数,时间常数越大,低频响应性能越好。尤其是当压电式加速度传感器配用电荷放大器时,时间常数 τ 高达 10^5 s,可用来测量准静态力学量。

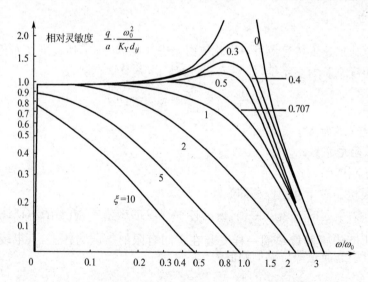

图 7.12　压电式加速度传感器的频率响应特性曲线

7.4.2　压电式加速度传感器的典型结构

压电式加速度传感器应用非常广泛,针对不同领域对传感器的要求不同,产生了多种结构形式的压电式加速度传感器,如图 7.13 所示。

(1) 单端中心压缩型结构。

单端中心压缩型压电式加速度传感器主要由基座、中心螺杆、压电元件、惯性质量块和预

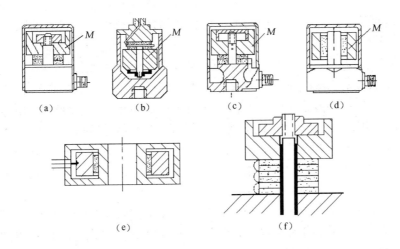

图 7.13　压电式加速度传感器的各种结构示意图

紧螺母组成,它的外壳与质量弹簧系统不直接接触,抗非振动干扰能力强。

(2) 倒置中心压缩型结构。

倒置中心压缩型结构的特点是将单端中心压缩型中的惯性质量块-压电元件系统倒挂在传感器的基座上。倒置中心压缩型结构除可以保持单端中心压缩型的基本特点外,还可以有效地隔离来自安装面的大基座的干扰信号,国外某些标准加速度传感器即采用此类结构(如丹麦 B&K 公司的 8305 型标准加速度传感器)。

(3) 隔离基座压缩型结构。

隔离基座压缩型结构在单端中心基座压缩型结构的基座上加开了一个隔热、隔应力的槽,其特点是增加了加速度传感器的基座抗应变干扰能力,降低了传感器的自重。

(4) 环形剪切型结构。

环形剪切型结构的压电元件和惯性质量块均为柱环。压电元件是经轴向极化的压电陶瓷,在其内外圆柱上面取电荷,其机电转换利用压电陶瓷的切应力产生压电效应。这种传感器的优点是壳体起屏蔽作用,具有较高的抗声、磁干扰能力,并且结构简单,装配工艺好,成本低,横向灵敏度低;缺点是压电元件及敏感质量块全靠圆环接触面间的摩擦力和胶粘接固定,受冲击大时易失效,抗干扰能力差。

(5)"中空"环形剪切型结构。

这种结构的压电式加速度传感器呈"中空"环状,在安装时,可以用简单的标准螺栓穿过其中心孔,将加速度传感器像垫圈一样安装在空间有限的被测物体上,其电缆线可按任意方向引出。

(6) 剪切-压缩复合型结构。

在同时测量一点 X、Y、Z 三个方向振动或冲击加速度时,可采用三轴向压电式加速度传感器,这种传感器是在一金属壳体中装入三只具有独立输出的单轴向加速度传感器组合而成的,这类压电式加速度传感器大都具有三组压电元件和三个惯性质量块。剪切-压缩复合型三轴向压电式加速度传感器与上述普通三轴向压电式加速度传感器不同,它仅有一个惯性质量块和三组压电元件,分别测量 X、Y、Z 三个方向的加速度分量,并分别输出。

设计剪切-压缩复合型三轴向压电式加速度传感器的理论依据是:在压电式加速度传感器中,惯性质量块的运动是微位移运动,不论纵向 Z,还是横向 X、Y,运动位移都处在相同的量级,也就是说惯性质量块的运动是全向的。可建立惯性质量块运动状态的三自由度的力学模型。

剪切-压缩复合型三轴向压电式加速度传感器装有三组压电元件。

X 组压电元件仅对 X 轴方向的振动敏感,这是一组敏感轴方向与 X 轴方向一致的剪切型压电元件。当加速度传感器感受 X 轴方向加速度分量时,惯性质量块与基座对压电元件施加 X 轴方向的剪切力,X 组压电元件产生正比于该方向上振动加速度分量的电荷输出。

Y 组压电元件仅对 Y 轴方向的加速度敏感,这是一组敏感轴方向与 Y 轴方向一致的剪切型压电元件。当传感器感受到具有 Y 轴方向分量的加速度时,Y 轴方向压电元件产生与 Y 轴方向加速度成正比的电荷输出。

上述两组压电元件分别对平行于传感器安装的 X 轴方向和 Y 轴方向水平加速度敏感。

Z 组压电元件为典型的压缩型晶片,利用其压电系数 d_{33} 检测垂直(Z 轴)方向的加速度分量,它与惯性质量(包括惯性质量块的质量和叠加在 Z 组晶片上的 X、Y 两组压电元件的质量)组成典型的中心压缩型压电式加速度传感器。用 Z 组压电元件可检测 Z 轴方向加速度。

7.4.3 压电式加速度传感器的应用

压电式加速度传感器具有结构简单,体积小,质量轻,测量的频率范围宽,动态范围大,性能稳定,输出线性好等优点,是测量振动和冲击的一种理想传感器。

1. 用于小被测试件的测试

例如,在测量飞机构件(特别是薄板型小构件)的振动时,为了不使构件的振动失真,传感器的质量应尽可能轻。早期采用的电动式加速度传感器的质量较重,会为测量带来较大的误差。现在则采用压电式加速度传感器,能较为准确地测量出构件的振动。

2. 中、高温环境下的振动测试

随着耐高温压电材料的研制成功,现在已研制出可在 400℃ 甚至 700℃ 的中、高温环境下应用的压电式加速度传感器。例如,航空发动机最大的振动一般发生在涡轮轴附近,这里的温度高达 650℃,且留给传感器安装的空间又很小,压电式加速度传感器不仅耐高温,而且体积小,能安装在涡轮发动机轴承机匣上,能相当准确地测量出发动机的最大振动。现在许多机种的发动机振动检测系统中都采用了压电式加速度传感器。

3. 冲击和振动的测试

冲击和振动是自然界和生产过程中普遍存在的现象,几乎每种机械设备和建筑都存在振动。由于振动现象和形成机理复杂,所以在观察、分析、研究机械动力系统产生振动的原因及规律时,除理论分析外,直接测量始终是一种重要的必不可少的手段。例如,机床工作时产生的振动不仅会影响机床的动态精度和被加工零件的质量,还会降低生产效率和刀具的耐用度,振动剧烈时还会降低机床的使用性能。通过动态实验,采用压电式加速度传感器进行检测和模态分析,可充分了解各种机床的动态特性,找出机床产生受迫振动、爬行及自激振动(颤振)的原因,从中找出防止和消除机床振动的方法和提高机床抗震性能的途径。此外,压电式加速度传感器在车辆道路模拟实验,火车环境振动测量分析,人体的动态特性研究等很多方面都有着广泛应用。

7.5 压电式压力传感器

7.5.1 压电式压力传感器的工作原理

1. 工作原理

图 7.14 为压电式压力传感器结构示意图。当压力 p 作用在膜片上时,压电元件上下表面将产生电荷,电荷量与作用力成正比($q = Fd_{ij}$)。

由于作用在压电元件上的力和压力之间有如下的关系

$$F = pS \qquad (7\text{-}38)$$

式中,S——压电元件受力面积。

因此式(7-38)可写成

$$q = pSd_{ij} \qquad (7\text{-}39)$$

由式(7-39)可知,输出电荷量与输入压力成正比,一般压电式压力传感器的线性较好。

2. 灵敏度

压电式压力传感器的灵敏度是指其输出电荷量(电荷或电压)与输入量(压力)的比值,也可以分别用电荷灵敏度和电压灵敏度来表示。

电荷灵敏度为

$$K_q = q/p (\text{C} \cdot \text{m}^2/\text{N}) \qquad (7\text{-}40)$$

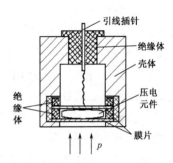

图 7.14 压电式压力传感器
结构示意图

电压灵敏度为

$$K_u = U_a/p (\text{V} \cdot \text{m}^2/\text{N}) \qquad (7\text{-}41)$$

由式(7-39)知,电荷灵敏度也可表示为

$$K_q = d_{ij}S (\text{C} \cdot \text{m}^2/\text{N}) \qquad (7\text{-}42)$$

由于 $U_a = q/C_a$,所以电压灵敏度也可用下式表示

$$K_u = d_{ij}S/C_a (\text{V} \cdot \text{m}^2/\text{N}) \qquad (7\text{-}43)$$

由以上分析可知,为了提高压电式压力传感器的灵敏度,应选用压电系数大的压制材料制作压电元件。此外也可以通过增大压电元件的受力面积,增加电荷量的办法来提高传感器的灵敏度。但是,增大受力面积不利于传感器的小型化。因此,一般将多片压电元件叠加在一起,并将电容串联和并联来提高传感器的灵敏度。

7.5.2 压电式压力传感器的结构及应用

压电式压力传感器可测量工作频率为$(10 \sim 10^5)\text{Hz}$ 的动态压力,幅值可达$(10^4 \sim 10^9)\text{Pa}$。

1. 压电式压力传感器的结构

常用的压电式压力传感器采用的是膜片型结构,如图 7.15 所示,图 7.15(a)与图 7.15(b)为平膜片,图 7.15(c)为垂链式膜片。压电元件常用材料有石英晶体和压电陶瓷,石英晶体稳定性较好。图 7.16(a)为平膜片型压电式压力传感器,这种传感器结构紧凑,轻便全密封,端(膜片及传力块)动态质量小,具有较高的谐振频率,主要由弹性敏感元件(平膜片)、压电元件(晶片)和本体(外壳及芯体)组成。

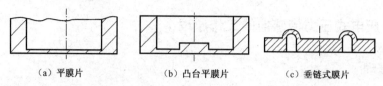

（a）平膜片　　　　（b）凸台平膜片　　　　（c）垂链式膜片

图 7.15　膜片结构图

　　压力 p 作用在膜片上,通过传力块施加到压电元件上,压电元件采用 X 轴方向切割,利用厚度形变产生纵向压电效应。双晶片并联(输出总电荷量为单晶片输出电荷量的两倍)。为保证压电元件可达微米级变形量又不被损坏,传感器本体刚度要大。为使通过传力块和导电片的作用力无损耗、快速传到压电元件,要采用不锈钢等高音速材料制作传力块和导电片。同力敏传感器一样,为保证压电式压力传感器在交变力作用下正常工作,消除因接触不良产生的非线性误差,装配时应通过拧紧芯体施加预压紧力。

　　平膜片型压电式压力传感器具有较高的灵敏度和分辨率,利于传感器小型化。平膜片型压电式压力传感器的缺点是压电元件的预压紧力是通过外壳与芯体间螺纹连接拧紧芯体施加的,这会使膜片产生弯曲,从而使线性与动态特性变差,还会直接影响各组件间接触刚度,改变传感器固有振动频率;当温度变化时,膜片变形量变化,压紧力也变化。

　　平膜片型压电式压力传感器结构图如图 7.16 所示。为消除预加载时产生的膜片变形,采用了预紧筒加载结构,如图 7.16(b)所示。预紧筒是一个薄壁厚底的金属圆筒,通过拉紧预紧筒对晶片组施加预压紧力,并在加载状态下用电子束将预紧筒与芯体焊成一体。平膜片是后焊接到壳体上去的。

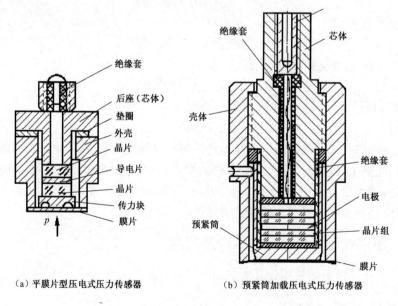

（a）平膜片型压电式压力传感器　　　（b）预紧筒加载压电式压力传感器

图 7.16　平膜片型压电式压力传感器结构图

2. 压电式压力传感器的应用

压电式压力传感器的动态测量范围很宽,频响特性好,能测量准静态的压力和高频变化的动态压力。除此之外,压电式压力传感器还具有结构坚实,强度高,体积小,质量轻,耐高温,使用寿命长等优点,因此广泛用于内燃机的汽缸、油管、进排气管的压力测量。在航空领域,压电式压力传感器有其特殊功用,如在高超音速脉冲风洞中,用来测量风洞的冲击波压力;在飞机上,用来测量发动机燃烧室的压力。

压电式压力传感器在军事工业上的应用范围也很广。例如,用它来测量枪(炮)弹在膛中击发一瞬间的膛压变化,以及炮口的冲击波压力等。目前,美国陆军测试标准中的火炮膛压测量使用的就是压电式压力传感器。

思 考 题

7-1　压电式传感器为何不能测量静态信号?

7-2　试分析压电式传感器的等效电路。

第8章 压阻式传感器

固体受到力的作用后,其电阻率(或电阻值)就会发生变化,这种现象称为压阻效应。压阻式传感器是利用固体的压阻效应制成的一种测量装置。压阻式传感器主要用于压力、加速度和载荷等参数的测量,因此分别有压阻式压力传感器、压阻式加速度传感器和压阻式载荷传感器等。压阻式传感器又分为两种类型:一种为粘贴型压阻式传感器,它的传感元件是用半导体材料电阻制成的粘贴式应变片;另一种为扩散型压阻式传感器,它的传感元件是利用集成电路工艺,在半导体材料的基片上制成的扩散电阻。

压阻式传感器具有灵敏度高、分辨率高、体积小、工作频带宽、测量电路及传感器一体化等优点。在测量压力时,对于不超过两毫米水柱的微压,压阻式传感器也能将其变化反映出来,可见其分辨力之高。由于扩散型压阻式传感器是用集成电路工艺制成的,测量电路可与传感器集成在一起,因此用于测量压力的传感器的有效面积可做得很小,有时可做到有效面积的直径仅有零点几毫米,这种传感器可用来测量几十千赫的脉动压力,所以频率响应高也是压阻式传感器的一个突出优点。

8.1 压阻式传感器的工作原理

压阻式传感器的基本原理可从材料电阻的变化率看出。任何材料电阻值的变化率都由下式决定

$$\frac{\Delta R}{R} = \frac{\Delta \rho}{\rho} + \frac{\Delta l}{l} - \frac{\Delta s}{s}$$

对于金属电阻,上式中的 $\Delta \rho / \rho$ 一项较小,即电阻率的变化率较小,有时可忽略不计,而 $\Delta l / l$ 与 $\Delta s / s$ 两项较大,即尺寸的变化率较大,故金属电阻阻值的变化率主要是由 $\Delta l / l$ 与 $\Delta s / s$ 两项引起的,这就是金属应变片的基本工作原理。对于半导体电阻,上式中的 $\Delta l / l$ 与 $\Delta s / s$ 两项很小,即尺寸的变化率很小,可忽略不计,而 $\Delta \rho / \rho$ 一项较大,也就是电阻率的变化率较大,故半导体电阻阻值的变化率主要是由 $\Delta \rho / \rho$ 一项引起的,这就是压阻式传感器的基本工作原理。

如果引用式

$$\frac{\Delta \rho}{\rho} = \pi \sigma \tag{8-1}$$

式中,π ——压阻系数;

    σ ——应力。

再引进横向变形的关系,则电阻值的相对变化率可写成

$$\frac{\Delta R}{R} = \pi \sigma + \frac{\Delta l}{l} + 2\mu \frac{\Delta l}{l} = \pi E \varepsilon + (1 + 2\mu)\varepsilon = (\pi E + 1 + 2\mu)\varepsilon = k\varepsilon \tag{8-2}$$

式中,k ——灵敏度($k = \pi E + 1 + 2\mu$)。

对于金属电阻,πE 有时可忽略不计,而泊桑系数 $\mu = 0.25 \sim 0.5$,故近似地,有 $k = 1 + 2\mu \approx 1 \sim 2$。对于半导体电阻,$1 + 2\mu$ 可忽略不计,而压阻系数 $\pi = (40 \sim 80) \times 10^{-11} (\mathrm{N/m^2})$,弹性模量 $E = 1.67 \times 10^{11} (\mathrm{N/m^2})$,故

$$k_y = \pi E \approx (50 \sim 100)k \tag{8-3}$$

式中，k_y——半导体材料的灵敏度。

式(8-3)表示，压阻式传感器的灵敏度是金属应变片的灵敏度的 50～100 倍。综上所述，半导体电阻的阻值变化率 $\Delta R/R$ 主要是由 $\Delta\rho/\rho$ 引起的，这就是半导体的压阻效应。当力作用于硅晶体时，硅晶体的晶格产生变形，使载流子产生从一个能谷到另一个能谷的散射，载流子的迁移率发生变化，扰动了纵向和横向的平均有效质量，使硅的电阻率发生变化。这个变化率随硅晶体的取向不同而不同，即硅的压阻效应与硅晶体的取向有关。

8.2　晶向的表示方法

扩散型压阻式传感器的基片是半导体单晶硅。单晶硅是各向异性材料，取向不同时特性不一样。而取向是用晶向表示的，晶向就是晶面的法线方向。

设 X、Y、Z 轴分别为单晶硅的晶轴。晶向在一个平面内有如下两种表示方法。

（1）截距式（见图 8.1），可用下式表示

$$\frac{X}{r} + \frac{Y}{s} + \frac{Z}{t} = 1 \tag{8-4}$$

式中，r、s、t——X、Y、Z 轴的截距。

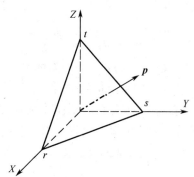

图 8.1　截距式

（2）法线式，可用下式表示

$$X\cos\alpha + Y\cos\beta + Z\cos\gamma = p \tag{8-5}$$

式中，p——法线长度；

$\cos\alpha$、$\cos\beta$、$\cos\gamma$——法线的方向余弦，也可以用 l、m、n 表示。

如果法线的长度与方向（方向余弦）均为已知，那么该平面就是确定的了。如果只知道法线的方向而不知道法线长度，则该平面的方位是确定的。

若式(8-4)与式(8-5)表示的是同一平面，则由式(8-5)得

$$\frac{X}{p}\cos\alpha + \frac{Y}{p}\cos\beta + \frac{Z}{p}\cos\gamma = 1 \tag{8-6}$$

比较式(8-4)和式(8-6)，则有

$$\cos\alpha : \cos\beta : \cos\gamma = \frac{1}{r} : \frac{1}{s} : \frac{1}{t} \tag{8-7}$$

由式(8-7)可以看出，如果知道晶面在立体坐标上的截距 r、s、t，那么就可求出法线的方向余弦，因而法线的方向就可以确定。把式(8-7)的三个截距的倒数化成三个没有公约数的整数 h、k、l，这三个整数称为密勒指数，则有

$$\cos\alpha : \cos\beta : \cos\gamma = h : k : l \qquad (8\text{-}8)$$

由式(8-8)就可以确定法线方向,晶向是晶面的法线方向,晶向确定后,晶面就是确定的。我国规定用$\langle hkl \rangle$表示晶向,用(hkl)表示晶面,用$\{hkl\}$表示晶面族。

如图 8.2(a)所示,平面与 X 轴、Y 轴、Z 轴的截距为-2、-2、4,截距的倒数为$-1/2$、$-1/2$、$1/4$,密勒指数为 $\overline{2}\,\overline{2}\,1$,故晶向、晶面、晶面族分别为$\langle \overline{2}\,\overline{2}\,1 \rangle$、$(\overline{2}\,\overline{2}\,1)$、$\{\overline{2}\,\overline{2}\,1\}$。如图 8.2(b)所示,平面与 X 轴、Y 轴、Z 轴的截距为$1,1,1$,截距的倒数仍为$1,1,1$,密勒指数就是111,故晶向、晶面、晶面族分别为$\langle 111 \rangle$、(111)、$\{111\}$。如图 8.2(c)所示,$ABCD$ 平面的截距为$1,\infty$、∞,截距的倒数为$1/1,1/\infty,1/\infty$,密勒指数为100,所以 $ABCD$ 平面的晶向、晶面、晶面族分别为$\langle 100 \rangle$、(100)、$\{100\}$;同样 $BEFC$ 平面的晶向、晶面、晶面族分别为$\langle 010 \rangle$、(010)、$\{010\}$;$CFGD$ 平面的晶向、晶面、晶面族分别为$\langle 001 \rangle$、(001)、$\{001\}$。

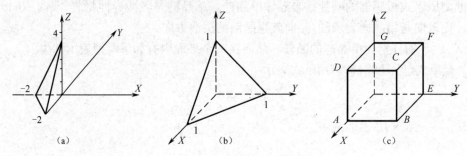

图 8.2　晶向与晶面图

由于立方晶体的 $ABCD$、$BEFC$、$CFGD$ 三个平面的特性是一样的,因此$\langle 100 \rangle$、$\langle 010 \rangle$、$\langle 001 \rangle$有时可通用,均可用$\langle 100 \rangle$表示。这是泛指的,当指某一固定的晶向时,不能通用。

对于同一个单晶硅晶体,不同的晶面上原子分布不同,各个晶面所表现的物理性质也不同,压阻效应也不同。硅压阻式传感器的硅芯片就是选择压阻效应最大的晶向来布置电阻条的。常用的晶向为$\langle 001 \rangle$、$\langle 011 \rangle$、$\langle 111 \rangle$,通常这三个晶向上的扩散电阻有最大压阻系数。

8.3 压 阻 系 数

应力作用在单晶硅上,由于压阻效应,硅晶体的电阻值发生变化。在正交坐标系中,坐标轴与晶轴一致时,有

$$\frac{\Delta R}{R} = \pi_{\mathrm{l}}\sigma_{\mathrm{l}} + \pi_{\mathrm{t}}\sigma_{\mathrm{t}} + \pi_{\mathrm{s}}\sigma_{\mathrm{s}} \qquad (8\text{-}9)$$

式中,σ_{l}——纵向应力;

　　σ_{t}——横向应力;

　　σ_{s}——与纵向应力和横向应力垂直的应力;

　　π_{l}——纵向压阻系数;

　　π_{t}——横向压阻系数;

　　π_{s}——与纵向和横向垂直的压阻系数。

由于σ_{s}比σ_{t}和σ_{l}小很多,一般略去它。π_{l}表示应力作用方向与通过压阻元件的电流方向一致;π_{t}表示应力作用的方向与通过压阻元件的电流方向垂直。

当硅晶体的晶轴与立方晶体的晶轴偏离时,电阻值的变化率表示为

$$\frac{\Delta R}{R} = \pi_l \sigma_l + \pi_t \sigma_t \tag{8-10}$$

在此情况下,式(8-10)中的 π_l、π_t 可用 π_{11}、π_{12}、π_{44} 表示,即

$$\pi_l = \pi_{11} - 2(\pi_{11} - \pi_{12} - \pi_{44})(l_1^2 m_1^2 + n_1^2 l_1^2 + m_1^2 n_1^2)$$

$$\pi_t = \pi_{12} + (\pi_{11} - \pi_{12} - \pi_{44})(l_1^2 l_2^2 + m_1^2 m_2^2 + n_1^2 n_2^2) \tag{8-11}$$

式中,π_{11}、π_{12}、π_{44}——压阻元件的纵向、横向及剪切向压阻系数,是硅、锗之类半导体材料独立的三个压阻系数。

l_1、m_1、n_1——压阻元件纵向应力相对于立方晶轴的方向余弦;

l_2、m_2、n_2——压阻元件横向应力相对于立方晶轴的方向余弦。

以上各系数由实测的结果获得。室温下单晶硅 π_{11}、π_{12}、π_{44} 的数值($10^{-11}\,\text{m}^2\,\text{N}^{-1}$)如表 8.1 所示。从表 8.1 中可以看出:对于 P 型硅,π_{44} 远大于 π_{11}、π_{12},因而在计算时,只取 π_{44};对于 N 型硅,π_{44} 较小,π_{11} 最大,$\pi_{12} \approx 1/2\pi_{11}$,因而在计算时只取 π_{11} 和 π_{12}。

表 8.1   室温下单晶硅 π_{11}、π_{12}、π_{44} 的数值($10^{-11}\,\text{m}^2\,\text{N}^{-1}$)

晶　　体	导电类型	电阻率($\Omega \cdot \text{cm}$)	π_{11}	π_{12}	π_{44}
Si	P	7.8	+6.6	−7.1	+138.1
	N	11.7	−102.2	+53.4	−13.6

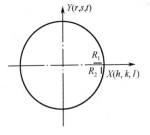

单晶硅的晶面虽然很多,但是(100)、(110)、(111)是三个主要晶面。在制作压力传感器时,总是在某一晶面上选择两个互相垂直的晶向 $\langle h,k,l \rangle$ 和 $\langle r,s,t \rangle$ 作为坐标轴,也就是说,扩散电阻要么垂直于 X 轴,要么垂直于 Y 轴,如图 8.3 所示。

实验证明,在(100)晶面上有最大的压阻系数,其晶向为 $\langle 011 \rangle \perp \langle 0\bar{1}1 \rangle$ 或 $\langle 011 \rangle \perp \langle 01\bar{1} \rangle$。对于 P 型硅,其最大压阻系数为 $\pi_l = |\pi_t| \leqslant \pi_{44}/2$。

P 型硅纵、横向压阻系数的绝对值相等。

N 型硅的最大压阻系数为 $\pi_l = \pi_t = \frac{1}{4}\pi_{11}$。

N 型硅纵、横向压阻系数大小相等。

图 8.3　扩散电阻在晶面上相互垂直的晶向

8.4　影响压阻系数的因素

影响压阻系数大小的主要因素是扩散杂质的表面浓度和环境温度。压阻系数与扩散杂质表面浓度 N_s 的关系如图 8.4 所示。上面曲线为室温条件下(27℃)P 型硅扩散层的压阻系数 π_{44} 与扩散杂质表面浓度 N_s 的关系曲线;下面曲线为室温条件下 N 型硅扩散层的压阻系数 π_{11} 与扩散杂质表面浓度 N_s 的关系曲线。压阻系数随扩散杂质表面浓度的增加而减小;扩散杂质表面浓度相同时,P 型硅的压阻系数比 N 型硅压阻系数的(绝对)值高,因此选 P 型硅有利于提高敏感元件的灵

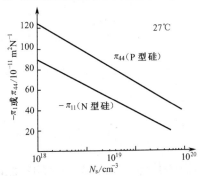

图 8.4　压阻系数与扩散杂质表面浓度 N_s 的关系敏度。

压阻系数与温度的关系如图 8.5 所示,图 8.5(a) 为 P 型硅压阻系数 π_{44} 与温度的关系;图 8.5(b) 为 N 型硅压阻系数 π_{11} 与温度的关系。当扩散杂质表面浓度低时,随温度升高,压阻系数下降快;提高扩散杂质表面浓度,随温度升高,压阻系数下降趋缓。从温度影响来看,扩散杂质的表面浓度高些好。但从图 8.4 中可以看出,提高扩散杂质表面浓度会降低压阻系数;而且高浓度扩散时,扩散层 P 型硅与衬底(膜片)N 型硅间 PN 结耐击穿电压也会下降,从而使绝缘电阻阻值下降。总之,对压阻系数、绝缘电阻及温度的影响因素要综合考虑。

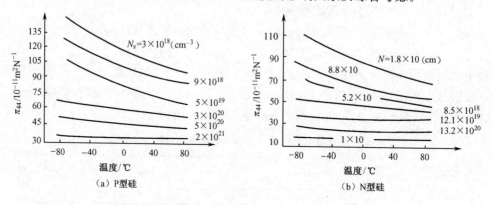

图 8.5 压阻系数与温度的关系

8.5 压阻式传感器的结构与设计

8.5.1 压阻式压力传感器

压阻式压力传感器常采用一种周边固支圆形杯硅膜片的扩散型压阻芯片。图 8.6(a) 为扩散型硅压阻式压力传感器结构;图 8.6(b) 为圆形杯硅膜片尺寸;图 8.6(c) 为应变电阻排列方式。圆形杯硅膜片的纵向压阻系数 π_l 和横向压阻系数 π_t 应该根据压力作用在膜片上产生的径向应力 σ_r 与切向应力 σ_t 来确定(参见第 3 章)。

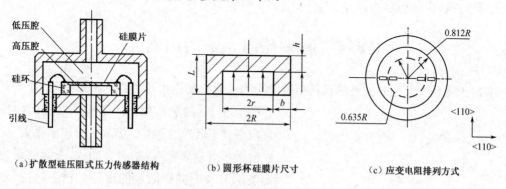

图 8.6 压阻式压力传感器

1. 扩散电阻条阻值及位置的确定

如图 8.7 所示,在⟨001⟩晶向的 N 型圆形硅膜片上,沿⟨011⟩与⟨0$\bar{1}$1⟩两晶向利用扩散的方法扩散出 4 个 P 型电阻,则⟨011⟩晶向的两个径向电阻与⟨0$\bar{1}$1⟩晶向的两个切向电阻的阻值变

化率分别为

$$\left(\frac{\Delta R}{R}\right)_r = \sigma_l \pi_l + \sigma_t \pi_t = \sigma_r \pi_l + \sigma_t \pi_t \qquad (8\text{-}12)$$

$$\left(\frac{\Delta R}{R}\right)_t = \sigma_l \pi_l + \sigma_t \pi_t = \sigma_t \pi_l + \sigma_r \pi_t \qquad (8\text{-}13)$$

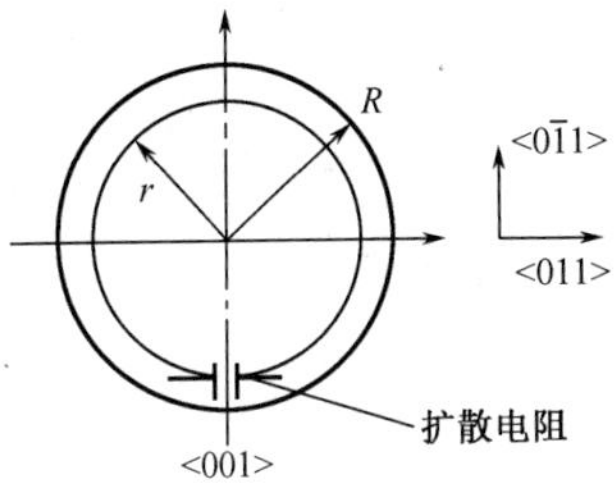

而在$\langle 0\bar{1}1 \rangle$晶向($R_1$所在晶向)上,纵向和横向压阻系数分别为

$$\pi_l = \frac{1}{2}(\pi_{11} + \pi_{12} + \pi_{44}) \approx \frac{1}{2}\pi_{44} \qquad (8\text{-}14)$$

$$\pi_t = \frac{1}{2}(\pi_{11} + \pi_{12} - \pi_{44}) \approx -\frac{1}{2}\pi_{44} \qquad (8\text{-}15)$$

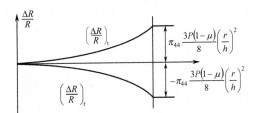

图 8.7 $\langle 011 \rangle$晶向硅膜片传感器元件

在$\langle 011 \rangle$晶向(R_2所在晶向)上,纵向和横向压阻系数为

$$\pi_l = \frac{1}{2}(\pi_{11} + \pi_{12} + \pi_{44}) \approx \frac{1}{2}\pi_{44} \qquad (8\text{-}16)$$

$$\pi_t = \frac{1}{2}(\pi_{11} + \pi_{12} - \pi_{44}) \approx -\frac{1}{2}\pi_{44} \qquad (8\text{-}17)$$

将在$\langle 0\bar{1}1 \rangle$晶向上的纵向和横向压阻系数表达式[式(8-14)与式(8-15)]代入式(8-12),并将式(8-16)与式(8-17)代入式(8-13),同时将圆形杯硅膜片上径向应力σ_r与切向应力σ_t的表达式(3-21)与式(3-22)也代入式(8-12)和式(8-13),得

$$\left(\frac{\Delta R}{R}\right)_r = -\pi_{44} \frac{3pr^2}{8h^2}(1-\mu) \qquad (8\text{-}18)$$

$$\left(\frac{\Delta R}{R}\right)_t = \pi_{44} \frac{3pr^2}{8h^2}(1-\mu) \qquad (8\text{-}19)$$

可见

$$\left(\frac{\Delta R}{R}\right)_r = -\left(\frac{\Delta R}{R}\right)_t$$

画出$\left(\dfrac{\Delta R}{R}\right)_r$和$\left(\dfrac{\Delta R}{R}\right)_t$与$r$的关系曲线,如图8.8所示。$r$越大,$\left(\dfrac{\Delta R}{R}\right)_r$与$\left(\dfrac{\Delta R}{R}\right)_t$的数值越大,所以最好将4个扩散电阻放在膜片有效面积边缘处(见图8.7),这样可获得较高的灵敏度。

图 8.8 $\left(\dfrac{\Delta R}{R}\right)_r$和$\left(\dfrac{\Delta R}{R}\right)_t$与$r$的关系曲线

2. 两种常用的压阻式压力传感器的设计方案

设计方案一:将4个扩散电阻沿二晶向扩散在$r_1 = 0.812r$处。这时因$\sigma_t = 0$,只有σ_r存在(见图3.9),故式(8-12)与式(8-13)分别为

$$\left(\frac{\Delta R}{R}\right)_r = \sigma_r \pi_l \qquad \left(\frac{\Delta R}{R}\right)_t = \sigma_r \pi_t$$

将式(8-16)和式(8-17)代入上面两式,得

$$\left(\frac{\Delta R}{R}\right)_r = \frac{1}{2}\pi_{44}\sigma_r \qquad \left(\frac{\Delta R}{R}\right)_t = -\frac{1}{2}\pi_{44}\sigma_r$$

这样设计的电阻阻值相对变化率的数值显然要小于边缘扩散型电阻阻值相对变化率的数值,前者大约为后者的1/3。

设计方案二:同理,在 $r_1 = 0.635r$ 处,$\sigma_r = 0$,只有 σ_t 存在,其电阻值的相对变化率的计算表达式与 $r_1 = 0.812r$ 时相同,只不过表达式中的 σ_r 换为 σ_t($r_1 = 0.635r$ 处只存在切向应力,因为在该处径向应力为零)。

在压阻式压力传感器的设计中,为了得到较好的输出线性度,扩散电阻上所受的应变不应过大,可用限制圆形环硅膜片上最大应变不超过$(400\sim500)\times10^{-6}$ 来保证。圆形杯硅膜片上各点的应变可用下面两式来计算

$$\varepsilon_r = \frac{3p}{8h^2E}(1-\mu^2)(a^2-3r^2)$$

$$\varepsilon_t = \frac{3p}{8h^2E}(1-\mu^2)(a^2-r^2)$$

式中,ε_r、ε_t——径向应变与切向应变;

$\quad\quad E$——弹性模量。

单晶硅的弹性模量为:当晶向为⟨100⟩时,$E = 1.30\times10^{11}(\text{N/m}^2)$;当晶向为⟨110⟩时,$E = 1.67\times10^{11}(\text{N/m}^2)$;当晶向为⟨111⟩时,$E = 1.87\times10^{11}(\text{N/m}^2)$。

从图 3.9(a)中可以看出,膜片边缘处切向应变等于零,径向应变最大,也就是说膜片上最大应变发生在膜片边缘处。所以在设计时,膜片边缘处 ε_r 不应超过$(400\sim500)\times10^{-6}\mu\varepsilon$。也因为在膜片边缘处径向应变最大,所以在设计扩散电阻时,为获得较高灵敏度,要尽量靠近膜片边缘。事实上,根据这一要求,令膜片边缘处的径向应变 $\varepsilon_r = (400\sim500)\times10^{-6}\mu\varepsilon$,当满量程应力 p 已知时,利用径向应变公式式(3-29)就可求出圆形杯硅膜片的厚度 h。

利用集成电路工艺制成的压阻式压力传感器的突出优点是尺寸可以做得很小,固有振动频率很高,因而可以用于测量频率很高的气体或液体的脉动压力。圆形杯硅膜片的固有振动频率可根据下式求出

$$f_0 = \frac{2.56h}{\pi a^2}\sqrt{\frac{E}{3(1-\mu^2)\rho}}$$

式中,ρ——单晶硅的密度。

8.5.2 压阻式加速度传感器

压阻式加速度传感器利用单晶硅作为悬臂梁,如图 8.9 所示。在悬臂梁根部扩散出 4 个电阻,当悬臂梁自由端的质量块受加速度作用时,悬臂梁受到弯矩作用,产生应力,使 4 个电阻阻值发生变化。

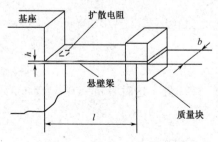

图 8.9 压阻式加速度传感器

1. 悬臂梁的应力分析

如果作为悬臂梁的单晶硅衬底采用(001)晶面,沿⟨110⟩与⟨1$\bar{1}$0⟩晶向各扩散两个电阻,设⟨110⟩晶向上的各扩散电阻阻值相对变化率为$(\Delta R/R)_1$,⟨1$\bar{1}$0⟩

晶向上的各扩散电阻阻值的相对变化率为$(\Delta R/R)_2$,由材料力学知悬臂梁根部所受的应力为

$$\sigma_1 = \frac{6ml}{bh^2}a$$

式中,m —— 质量块的质量;

$\qquad b$、h —— 悬臂梁的宽度与厚度;

$\qquad l$ —— 质量块中心至悬臂梁根部的距离;

$\qquad a$ —— 加速度。

因为悬臂梁是单向应力元件,所以沿〈110〉晶向的应力为零,即横向应力为零($\sigma_t = 0$)。

〈1$\bar{1}$0〉晶向的扩散电阻的阻值相对变化率为

$$\left(\frac{\Delta R}{R}\right)_1 = \sigma_1\pi_1 + \sigma_t\pi_t = \sigma_1\pi_1 = \frac{1}{2}\pi_{44}\sigma_1 = \pi_{44}\frac{3ml}{bh^2}a \qquad (8\text{-}20)$$

〈110〉晶向的扩散电阻的阻值相对变化率为

$$\left(\frac{\Delta R}{R}\right)_2 = \sigma_1\pi_1 + \sigma_t\pi_t = \sigma_t\pi_t = -\frac{1}{2}\pi_{44}\sigma_1 = -\pi_{44}\frac{3ml}{bh^2}a \qquad (8\text{-}21)$$

因为在〈110〉晶向上,电阻 R_2 纵向应力为零,仅有横向应力 σ_t,与〈1$\bar{1}$0〉晶向的纵向应力相等(与 R_1 的纵向应力相等),所以 R_1、R_2 的阻值相对变化率为

$$\left(\frac{\Delta R}{R}\right)_1 = \left(\frac{\Delta R}{R}\right)_2 = \left| -\pi_{44}\frac{3ml}{bh^2}a \right|$$

为保证传感器的输出具有较好的线性度,悬臂梁根部应变不应超过$(400 \sim 500) \times 10^{-6}$,悬臂梁根部应变可用下式计算

$$\varepsilon = \frac{6ml}{Ebh^2}a$$

2. 悬臂梁的固有振动频率的计算

在用压阻式加速度传感器测量振动加速度时,悬臂梁的固有振动频率应按下式来计算

$$f_0 = \frac{1}{2\pi}\sqrt{\frac{Ebh^3}{4ml^3}}$$

若能正确地选择压阻式加速度传感器的尺寸与阻尼系数,则可用其来测量低频加速度与直线加速度。

8.6 压阻式传感器的测量电路及补偿

前面已经讨论过压阻式传感器基座上扩散出的 4 个电阻阻值的变化率,这 4 个电阻如何连接才能输出与被测量成比例的信号呢? 通常是将 4 个电阻接成惠斯通电桥,并且将阻值增加的两个电阻对接,阻值减小的两个电阻对接,使电桥的灵敏度最大。电桥的电源既可采用恒压源也可采用恒流源,下面分别讨论。

8.6.1 恒压源供电

假设 4 个扩散电阻的起始阻值都相等且为 R,当有应力作用时,两个电阻的阻值增加,增加量为 ΔR,两个电阻的阻值减小,减小量为 $-\Delta R$;另外由于温度影响,每个电阻都有 ΔR_T 的变化量。由图 8.10 可知,电桥的输出电压为

$$U_{sc} = U_{BD} = \frac{U(R + \Delta R + \Delta R_T)}{R - \Delta R + \Delta R_T + R + \Delta R + \Delta R_T} - \frac{U(R - \Delta R + \Delta R_T)}{R + \Delta R + \Delta R_T + R - \Delta R + \Delta R_T}$$

$$(8\text{-}22)$$

整理后得

$$U_{sc} = U \frac{\Delta R}{R + \Delta R_T} \qquad (8\text{-}23)$$

如 $R_T = 0$，即没有温度影响，则

$$U_{sc} = U \frac{\Delta R}{R} \qquad (8\text{-}24)$$

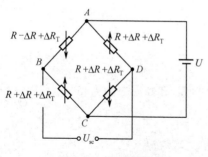

图 8.10　恒压源供电

式(8-24)说明电桥输出电压与 $\Delta R/R$ 成正比，也就是与被测量成正比；同时又与 U 成正比，也就是说，电桥的输出电压与电源电压的大小和精度都有关。

当 $\Delta R_T \neq 0$ 时，U_{sc} 与 ΔR_T 有关，也就是说与温度有关，而且与温度的关系是非线性的，所以在用恒压源供电时，不能消除温度的影响。

8.6.2　恒流源供电

恒流源供电如图 8.11 所示，假设电桥两个支路的电阻值相等，即

$$R_{ABC} = R_{ADC} = 2(R + \Delta R_T)$$

那么有 $I_{ABC} = I_{ADC} = \frac{1}{2} I$，因此电桥的输出电压为

$$U_{sc} = U_{BD} = \frac{1}{2} I(R + \Delta R + \Delta R_T) -$$
$$\frac{1}{2} I(R - \Delta R + \Delta R_T)$$

整理后得

$$U_{sc} = I\Delta R \qquad (8\text{-}25)$$

电桥的输出电压与电阻值的变化量成正比，即与被测量成正比，当然也与电源电流成正比，即输出电压与恒流源的供给电流大小和精度有关，不受温度影响，这是恒

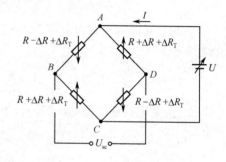

图 8.11　恒流源供电

流源供电的优点。在使用恒流源供电时，最好一个传感器配备一个恒流源，但这在使用中有时是不方便的。压阻式传感器的常用放大电路如图 8.12 所示，三极管 BG_1、BG_2 组成复合管，再与二极管 VD_1、VD_2 及电阻 R_1、R_2、R_3 构成恒流源电路，供给传感器不随温度变化的恒定电流。结型场效应管 BG_3、BG_4 与电阻 R_4、R_5 构成源极跟随器，将传感器与运算放大器 A 隔离开，使运算放大器的闭环放大倍数不受传感器输出阻抗的影响。R_6、R_7 在电路中可用可不用。

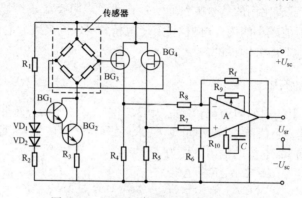

图 8.12　压阻式传感器的常用放大电路

8.6.3 减小在扩散工艺中的温度影响

1. 将4个电桥电阻尽量集中于一个小的范围

在扩散电阻形成的工艺过程中,光刻、扩散等工艺会引起电阻条宽度或杂质浓度发生偏差。这就导致各电阻阻值和温度系数互不相等,造成电桥的不平衡,电桥的输出特性就会受到温度的影响。为使各电阻阻值尽可能一致,除采用精密光刻等保证各电阻条宽度一致外,还应使各电阻的扩散杂质表面浓度均匀相等,以使电阻温度系数也相等。为此,把电桥的4个电阻配置得越近越好。如图8.7所示,4个电阻的配置很集中,因而4个电阻的扩散杂质表面浓度偏差很小,各电阻阻值和温度系数偏差也减小,所以电桥零点和输出特性受温度影响较小。

2. 采用复合电阻减小温度影响

由于在扩散工艺过程中,圆形杯硅膜片上的温度分布不均匀,因此硅膜片上不同位置的扩散杂质表面浓度也不同。这种分布有一定的规律,扩散杂质表面浓度对任意中心点的最大偏差为±5%。

如图8.13所示,在(100)晶面上配置了8个电阻,这8个电阻相互对它们自己中心对称,按图中方式连成电桥。这样,电桥的每一桥臂都由对中心点对称的两个电阻构成复合电阻,即1和2,3和4,5和6,7和8,使得电桥每一桥臂电阻值和温度系数都可以很接近,所以电桥零点不随温度变化,也没有零点漂移,表现出良好的温度特性。

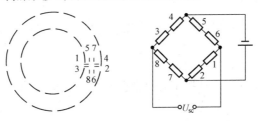

图 8.13 采用复合电阻减少温度影响

8.7 压阻式传感器的应用

由于具有频响高,体积小,精度高,测量电路与传感器一体化等优点,因此压阻式传感器广泛应用于航天、航空、航海、石油、化工、动力机械、生物医学、气象、地质地震测量等各个领域。

1. 生物医学上的应用

小尺寸,高输出和稳定可靠的性能使得压阻式传感器成为生物医学上理想的测试手段。注射针型压阻式压力传感器是一种可直接插入生物体内进行长期观测的传感器,如图8.14所示,其使用的扩散硅膜片的厚度仅为10μm,外径可小至0.5mm。

图8.15为一种可以插入心内导管中的压阻式压力传感器,这种传感器的主要技术指标是悬臂梁的固有振动频率和电桥的输出电压。图8.15中的金属插片用于对上下两个硅片进行加固,硅片与金属插片用绝缘胶黏合。在计算这种传感器的固有振动频率时应将金属插片、胶合剂的影响考虑进去。为了导入方便,在传感器端部加一个塑料囊。这种传感器可以测量心血管、颅

内、尿道、子宫和眼球内的压力。类似的还有脑压传感器、脉搏传感器、食道/尿道压力传感器、小型血液压力传感器、用于检查青光眼和肾脏中血液压力的传感器等。图 8.16 是一种脑压传感器结构图。

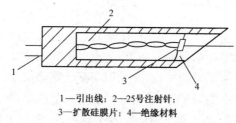

1—引出线；2—25号注射针；
3—扩散硅膜片；4—绝缘材料

图 8.14　注射针型压阻式压力传感器

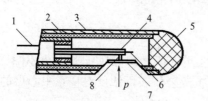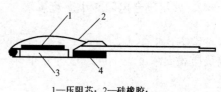

1—引出线；2—硅橡胶导管；3—圆形金属外壳；4—硅片；
5—塑料囊；6—金属插件；7—金属波纹膜片；8—推杆

1—压阻芯；2—硅橡胶；
3—玻璃基座；4—不锈钢加固板

图 8.15　一种可以插入心内导管中的压阻式压力传感器　　图 8.16　一种脑压传感器结构图

2. 爆炸压力和冲击波的测量

在爆炸压力和冲击波的测量中，广泛使用压阻式压力传感器。

3. 汽车上的应用

用硅压阻式传感器与电子计算机配合可监测和控制汽车发动机，以达到节能的目的；还可用来测量汽车启动和刹车时的加速度。

4. 兵器上的应用

由于具有固有振动频率高，动态响应快，体积小等特点，压阻式压力传感器适合测量枪炮膛内的压力。在测量时，传感器安装在枪炮的身管或装在药筒底部。另外，压阻式压力传感器也可用来测试武器发射时产生的冲击波。

此外，在石油工业中，硅压阻式压力传感器用来测量油井压力，以便分析油层情况。压阻式加速度传感器作为随钻测向测位系统的敏感元件，用于石油勘探和开发。在机械工业中，压阻式传感器可用来测量冷冻机、空调机、空气压缩机、燃气涡轮发动机等气流流速，监测机器的工作状态。在邮电系统中，压阻式传感器可进行地面和地下密封电缆故障点的检测和确定，比机械式传感器精确且节省费用。在航运领域，压阻式传感器可用于测量水的流速，还可用于测量输水管道、天然气管道内的液体或气体的流速等。

思　考　题

8-1　平膜片压阻式压力传感器的设计方法及步骤。

8-2　悬臂梁压阻式减速度传感器的设计方法及步骤。

第9章 热电式传感器

热电式传感器是利用其敏感元件的特征参数随温度变化的特性,对温度及与温度有关的参量进行测量的装置。温度是一个基本的物理量,也是表征对象和过程状态的重要参量。温度传感器是较早开发、应用较广的一类传感器。将温度变化转换为电阻或电势变化是目前工业生产和控制过程中应用较为普遍的方法。将温度变化转换为电阻变化的主要元件有热电阻和热敏电阻;将温度变化转换为热电势变化的主要元件有热电偶和 PN 结式传感器。另外,集成温度传感器及利用热释电效应制成的感温元件在测温领域也受到越来越多的关注。

9.1 热 电 偶

热电偶是利用导体或半导体材料的热电效应将温度的变化转换为电势变化的元件,是一种发电型的温敏元件。热电偶结构简单,动态特性好,便于远距离传输,集中检测和自动记录,是目前工业上应用较为广泛的热电式传感器。

9.1.1 热电偶的工作原理

1. 热电效应

热电效应:两种不同导体 A、B 的两端连接成如图 9.1 所示的闭合回路,若使连接点分别处于不同温度场 T_0 和 T(设 $T > T_0$),则在回路中产生由接点温度差 $(T - T_0)$ 引起的电势差的现象。通常把 A、B 两种不同金属的这种组合称为热电偶,A 和 B 称为热电极,热电极有正、负之分,温度高的接点称为工作端(或热端),温度低的接点称为自由端(或冷端)。

热电效应也称塞贝克效应,这种效应在物理学中已进行了深入的研究,热电偶回路中产生的电势差为

$$E_{AB}(T, T_0) = \frac{\kappa}{e}(T - T_0)\ln\frac{N_A}{N_B} + \int_{T_0}^{T}(\sigma_A - \sigma_B)\mathrm{d}T \tag{9-1}$$

式中,N_A——导体 A 所用材料的电子密度;

　N_B——导体 B 所用材料的电子密度;

　σ_A——导体 A 的汤姆逊系数;

　σ_B——导体 B 的汤姆逊系数;

　κ——玻耳兹曼常数。

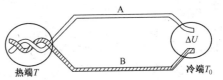

图 9.1 热电效应

热电效应

由式(9-1)可知,前一项是由两种不同材料金属连接时产生的接触电势差,取决于材料的电子密度;而后一项是由同一种材料制成的均质导体的两端温度不同时产生的温差电势,即汤姆逊效应。导体由汤姆逊效应引起的电势差很小,常可忽略。

根据式(9-1)可以得出如下结论。

(1)若热电偶回路的两种导体材料相同,则无论两接点的温度如何,回路总热电势为零。

(2)若热电偶回路的两种导体材料不同,而热电偶两接点温度相等,即 $T = T_0$,则回路总热电势仍为零。

（3）热电偶的热电势输出只与两接点温度及材料的性质有关，与导体 A、B 中间各点的温度、形状及大小无关。

因此当导体 A、B 所用材料的特性（N_A、N_B）为已知时，若使一端温度固定，则待测温度是电动势 $E(T, T_0)$ 的单值函数，这既是热电偶测温的物理基础，也为工程中用热电偶测量温度带来极大的方便。

为了使热电偶冷端温度 T_0 固定，通常采用一些措施对冷端进行修正或补偿。常用的方法有冰点法、温度修正法、补偿导线法及补偿电桥法。

2. 热电偶基本定律

（1）中间导体定律。

在热电偶的参考端接入第三种材料导体，只要接入第三种材料导体两端的温度相同，对热电偶的总热电势就没有影响。

中间导体定律对热电偶测温具有特别重要的实际意义。因为当利用热电偶测量温度时，必须在热电偶回路中接入测量导线或测量仪表，也就是相当于接入第三种材料导体，如图 9.2 所示。将热电偶的一个接点分开，接入第三种材料导体 C。当三个接点的温度相同（如为 T_0）时，则不难证明

中间导体定律

$$E_{ABC} = E_{AB}(T_0) + E_{BC}(T_0) + E_{CA}(T_0) = 0 \tag{9-2}$$

如果 A、B 导体接点的温度为 T，其余接点的温度为 T_0，且 $T > T_0$，则回路中的总热电势为各接点电势之和，即

$$E_{ABC} = E_{AB}(T) + E_{BC}(T_0) + E_{CA}(T_0) \tag{9-3}$$

由式（9-2）得

$$E_{AB}(T_0) = -E_{BC}(T_0) - E_{CA}(T_0)$$

因此

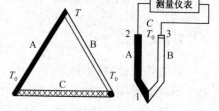

图 9.2　三种导体形成的回路

$$E_{ABC}(T, T_0) = E_{AB}(T) - E_{AB}(T_0) = E_{AB}(T, T_0) \tag{9-4}$$

由式（9-4）可以看出，当向由导体 A、B 组成的热电偶中插入第三种材料导体 C 时，只要该导体两端的温度相同，那么插入导体 C 对热电偶回路总的热电势就无影响。将第三种材料导体 C 用测量仪表或连接导线代替，并保持两个接点的温度一致，这样就可以对热电势进行测量而不影响热电偶的热电势输出。

（2）中间温度定律。

当热电偶的接点温度为 T、T_0 时，其热电势等于该热电偶在接点温度为 T、T_n 和 T_n、T_0 时相应的热电势的代数和。即

$$E_{AB}(T, T_0) = E_{AB}(T, T_n) + E_{AB}(T_n, T_0) \tag{9-5}$$

这个定律可用于热电偶的串联，测量总温或平均温度，同时也是制作热电偶分度表的理论基础。

（3）标准电极定律。

导体 A 和 B 组成热电偶的回路电势等于导体 A、C 和 C、B 组成热电偶回路电势的代数和，即

$$E_{AB}(T, T_0) = E_{AC}(T, T_0) + E_{CB}(T, T_0) \tag{9-6}$$

标准电极定律是一个极为实用的定律。通常选用高纯铂丝作为标准热电极，只要测得各种金属电极与标准热电极组成热电偶的热电势，就可很方便地求出各种金属电极彼此任意组合时的热电势。

9.1.2 常用热电偶

热电偶通常分为标准化热电偶和非标准化热电偶。

1. 热电极的材料

由热电偶的工作原理可知,两种不同金属材料都可以形成热电偶。但是为了保证工程技术的可靠及足够的测量精度,一般来说,要求热电极材料具有热电性质稳定、不易氧化或腐蚀、电阻温度系数小、电导率高、测温时能产生较大的热电势等特点,并且要求其热电势随温度单值地线性或接近线性变化;同时还要求热电极材料的复制性好、机械强度高、制造工艺简单、价格便宜、能制成标准分度。需要指出的是,实际上没有一种材料能满足上述全部要求,因此在选用热电极材料时,要根据测温的具体条件来进行选择。

目前,常用热电极材料分为贵金属和普通金属两大类,贵金属热电极材料有铂铑合金和铂;普通金属热电极材料有铁、铜、康铜、考铜、镍铬合金、镍硅合金等,还有铱、钨、锌等耐高温材料,这些材料在国内外都已经标准化。不同热电极材料热电偶的温度测量范围不同,一般热电偶可用于 $0\sim1800℃$ 的温度测量。

2. 热电偶的结构

热电偶都有两个热电极,贵金属热电极直径大多为 $0.13\sim0.65mm$,普通金属热电极直径为 $0.5\sim3.2mm$。热电极长度根据具体情况而定。热电极的一个接点将两种或两种以上的热电极材料用各种方法可靠地连接在一起,通常可以采用铰接、焊接、镀层等方法。热电偶接点的几种结构如图9.3所示。热电偶两热电极之间通常用耐高温材料绝缘。

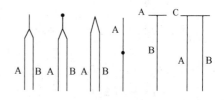

图9.3 热电偶接点的几种结构

热电偶的结构主要是根据检测对象和应用场合的特征进行设计的,常见的热电偶结构有普通结构、铠装结构、薄膜结构(片状、针状)等,如图9.4所示。

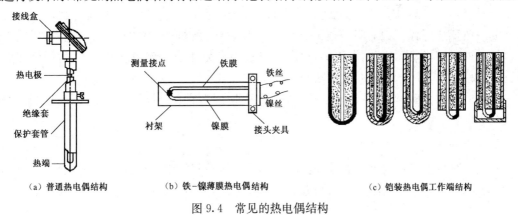

（a）普通热电偶结构　　　（b）铁-镍薄膜热电偶结构　　　（c）铠装热电偶工作端结构

图9.4 常见的热电偶结构

9.2 热 电 阻

电阻型温度传感器是利用导体或半导体材料的电阻对温度敏感的特性制成的温度传感器,主要有金属热电阻(简称热电阻)和半导体热电阻(简称热敏电阻)两大类。电阻型温度传感器主要用于 $-200\sim500℃$ 温度的测量。

9.2.1 热电阻的工作原理

用金属材料制成的温度敏感元件称为金属热电阻,简称热电阻,其利用物质在温度变化时本身电阻值也随着发生变化的特性来测量温度:当温度升高时,金属导体内部原子晶格的振动加剧,从而使金属导体内部的自由电子通过金属导体时的阻碍增大,宏观上表现为电阻值增大。纯金属是热电阻的主要制造材料。一般用于制作热电阻的材料应具有以下特性。

(1)电阻温度系数要大而且稳定,电阻值与温度之间应具有良好的线性关系。

(2)电阻率高,热容量小,反应速度快。

(3)材料的复现性和工艺性好,价格低。

(4)在测温范围内,化学、物理性能稳定。

满足以上要求的材料有铂、铜、镍和铁等,目前在工业中应用较广的是铂和铜,并已制成标准热电阻。

9.2.2 常用热电阻

1. 铂电阻

铂易于提纯,在氧化性介质中,甚至在高温下,其物理、化学性质都很稳定,是目前制造热电阻的最佳材料。

铂电阻的电阻值与温度之间的关系接近线性,在 $0 \sim 630.74\,℃$ 时可用下式表示

$$R_t = R_0(1 + \alpha t + \beta t^2) \tag{9-7}$$

在 $-190 \sim 0\,℃$ 时可用下式表示

$$R_t = R_0(1 + \alpha t + \beta t^2 + \gamma(t - 100)t^3) \tag{9-8}$$

式中,R_0、R_t——温度为 $0\,℃$ 及 $t\,℃$ 时铂电阻的电阻值;

t——任意温度;

α、β、γ——温度系数,由实验测得($\alpha = 3.96847 \times 10^{-3}\,℃^{-1}$;$\beta = -5.847 \times 10^{-7}\,℃^{-2}$;$\gamma = -4.22 \times 10^{-12}\,℃^{-4}$)。

由以上两式可知,热电阻在温度 t 时的电阻值与 $0\,℃$ 时的电阻值 R_0 有关。目前国内统一设计的一般工业用标准铂电阻阻值 R_0 有 $100\,\Omega$ 和 $500\,\Omega$ 两种,并将电阻值 R_t 与温度 t 的相应关系统一列成表格,称其为铂电阻的分度表,分度号分别用 pt100 和 pt500 表示,但应注意与我国过去使用的老产品的分度号相区分。

铂是一种贵金属,价格高,一般用于高精度工业测量,它在还原气体中易被侵蚀变脆,因此一定要加保护套管。

2. 铜电阻

在测量精度要求不高且测温范围比较小的情况下,可用铜代替铂制造热电阻。在 $-50 \sim 150\,℃$ 的温度范围内,铜电阻的阻值与温度为线性关系,电阻值与温度的函数表达式为

$$R_t = R_0(1 + \alpha t) \tag{9-9}$$

式中,$a = (4.25 \sim 4.28) \times 10^{-3}\,℃^{-1}$,为铜电阻温度系数;

R_0、R_t——温度为 $0\,℃$ 和 $t\,℃$ 时铜电阻的电阻值。

铜电阻的缺点是电阻率较低,体积较大,热惯性较大,在 $100\,℃$ 以上易被氧化,因此,只能用在低温及无侵蚀性的介质中。

我国设计的 R_0 有 $50\,\Omega$ 和 $100\,\Omega$ 两种,并制成相应分度表作为标准,供使用者查阅。

3. 其他热电阻

由于铂、铜电阻不适宜进行低温和超低温测量，近年来一些新的热电材料陆续被开发出来。铟电阻适宜在室温至 4.2K 温度范围内使用，但所用材料软，复现性差；锰电阻适宜在 2～63K 温度范围内使用，但脆性高，易损坏。

9.2.3　热电阻的结构和测量电路

热电阻的结构比较简单，一般将电阻丝双线绕在一绝缘骨架上，经过固定，然后根据不同的温度测量范围和不同的应用条件将温度计置入一保护管中。

热电阻的测量电路常采用精度较高的电桥电路。为消除与导线相连的电阻随环境温度变化造成的测量误差，测量电桥常采用三线式或四线式接法。

9.3　热敏电阻

热敏电阻是利用半导体的电阻值随温度变化这一特性制成的一种热敏元件，其分为正温度系数(PTC)、负温度系数(NTC)和临界温度(CTR)三类。热敏电阻灵敏度高，重复性好，使用方便，工艺简单，便于工业化生产，成本较低，应用广泛。PTC 热敏电阻以钛酸钡为主要制作材料，当温度超过某一温度值后，其阻值向正的方向急剧增加，主要用于电器设备的过热保护，发热源的定温控制，或者用作限流元件等。CTR 热敏电阻以氧化钒等为主要制作材料，在某个温度值上电阻值急剧变化，主要用作温度开关。在实际测温方面，多采用 NTC 热敏电阻。下面以 NTC 热敏电阻为例进行介绍。

9.3.1　热敏电阻的工作原理

NTC 热敏电阻的导电性能主要是由其内部的载流子(电子和空穴)密度和迁移率决定的，当温度升高时，外层电子在热激发下大量成为载流子，使载流子的密度大大增加，活动能力加强，从而导致电阻的阻值急剧下降。

图 9.5 为热敏电阻的阻值—温度特性曲线。显然，热敏电阻的阻值和温度的关系不是线性的，可由下面的经验公式表示

$$R_T = R_0 e^{B\left(\frac{1}{T}-\frac{1}{T_0}\right)} \qquad (9\text{-}10)$$

式中，R_T、R_0——温度为 T、T_0时的阻值；

　　　B——热敏电阻的材料常数；

　　　T——热力学温度；

　　　T_0——通常指 0℃或室温。

$$B = \frac{\ln\left(\frac{R_T}{R_0}\right)}{\left(\frac{1}{T}-\frac{1}{T_0}\right)} \qquad (9\text{-}11)$$

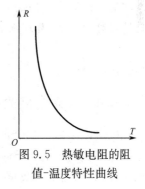

图 9.5　热敏电阻的阻值-温度特性曲线

9.3.2　热敏电阻的伏安特性

伏安特性是热敏电阻的重要特性之一。伏安特性表示在稳态情况下，加在热敏电阻两端的电压和通过其电流的关系，如图 9.6 所示。从图 9.6 中可以看出，当流过热敏电阻的电流很

小时,曲线呈直线状,此时热敏电阻的伏安特性符合欧姆定律;随着电流的增大,热敏电阻的温度明显增加(耗散功率增加),由于负温度系数的影响,热敏电阻的阻值减小,于是端电压的增加速度减慢,出现非线性;当电流继续增加时,热敏电阻自身温度上升更快,其阻值大幅度减小,减小速度超过电流增大速度,因此,出现电压随电流增大而降低的现象。

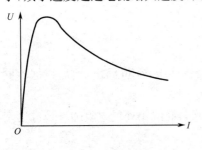

图 9.6　热敏电阻的伏安特性

了解热敏电阻的伏安特性有助于我们正确选择热敏电阻的正常工作范围。例如,用于测温、控温及补偿的热敏电阻应当工作在伏安特性曲线的线性区,也就是说,测量电流要小,这样就可以忽略电流增大引起的热敏电阻阻值的变化,而使热敏电阻的阻值的变化仅与环境温度(被测温度)有关。如果利用热敏电阻的耗散原理工作,如测量流量、真空、风速等,那么热敏电阻应当工作在伏安特性曲线的负阻区(非线性段)。

热敏电阻的使用温度范围一般是 $-100 \sim 350\,℃$,如果要求特别稳定,最高温度应在 $150\,℃$ 左右。热敏电阻虽然具有非线性特点,但利用温度系数很小的金属电阻与其串联或并联,可使热敏电阻阻值在一定范围内具有线性。

9.3.3　热敏电阻的主要参数

标称电阻值(R_{25}):环境温度为 $25\,℃$ 时的电阻值,又称冷电阻。

电阻温度系数(α_T):单位温度变化使热敏电阻的阻值变化的相对值,用下式表示

$$\alpha_T = \frac{1}{R_T}\frac{\mathrm{d}R_T}{\mathrm{d}T} = -\frac{B}{T^2} \tag{9-12}$$

α_T 决定了热敏电阻在全部工作范围内对温度的灵敏度,其随温度降低而迅速增大,即测温灵敏度高,约为热电阻测温灵敏度的 10 倍。

耗散常数(H):使热敏电阻的温度上升 $1\,℃$ 所需要的功率$(\mathrm{mW}/℃)$。耗散常数取决于热敏电阻的形状、封装形式及周围介质的种类。

当热敏电阻中有电流通过时,其温度随焦耳热增大上升,这时热敏电阻的发热温度 $T\,(\mathrm{K})$ 和环境温度 $T_0\,(\mathrm{K})$ 及功率 $P\,(\mathrm{W})$ 三者之间的关系为

$$P = UI = H(T - T_0) \tag{9-13}$$

式中,H——耗散常数。

9.3.4　热敏电阻的结构

热敏电阻是由某些金属氧化物(如氧化铜、氧化铝、氧化镍、氧化铼等)按一定比例混合研磨、成形、煅烧而成的半导体,并采用不同封装形式制成珠状、片状、杆状、垫圈状等各种形状的温敏元件,其引出线一般是银线。改变这些混合物的配比成分就可以改变热敏电阻的温度测量范围、阻值及温度系数。

9.3.5　热敏电阻的测量电路及应用

热敏电阻的测量电路有分压电路和电桥电路两种。

热敏电阻可以测温。如果热敏电阻用于测量辐射,则其成为热敏电阻红外探测器。热敏电阻红外探测器由铁、镁、钴、镍的氧化物混合压制成热敏电阻薄片,具有 -4% 的电阻温度系

数,辐射引起温度上升,电阻值下降,为了使入射辐射尽可能被热敏电阻薄片吸收,通常在它的表面加一层能百分之百地吸收入射辐射的黑色涂层。这个黑色涂层能将各种波长的入射辐射全部吸收,对各种波长辐射都有相同的响应率,因而热敏电阻红外探测器是一种无选择性探测器。

冷却水箱温度是汽车正常行驶必须要测量的参数,我们可以将 PTC 热敏电阻固定在铜质感温塞内,并将铜质感温塞插入冷却水箱内。汽车在运行时,冷却水的水温发生变化引起 PTC 热敏电阻阻值变化,导致仪表中的加热线圈的电流发生变化,指针就可指示不同的水温(电流刻度已换算为温度刻度)。利用 PTC 热敏电阻还可以自动控制冷却水箱温度,以防止水温超高。PTC 热敏电阻受电源波动影响极小,所以线路中不必加电压调整器。

9.4 热释电型温度传感器

热释电型温度传感器是利用热释电效应将热辐射转换为电量的元件。

当一些晶体受热时,在其两端会产生数量相等而符号相反的电荷,这种由温度变化引起的电极化现象称为热释电效应。能产生热释电效应的晶体称为热释电体,又称热电元件。

压电晶体中的极性晶体本身具有自发极化特性,其自发极化强度 P_s 是温度的函数,当温度高于居里温度 T_C 时,$P_s=0$(不同材料的 T_C 不同),在居里温度以下时,P_s 随温度升高而减小。在稳定状态下,由于热释电体内部产生自发极化,因此,在与自发极化强度方向垂直的晶体的两个表面上产生束缚电荷,束缚电荷密度等于自发极化强度 P_s。但在稳定状态下,这些束缚电荷被晶体外部的自由电荷(大气中的浮游电荷)中和而使晶体保持电中性。当环境温度变化时,自发极化强度随温度升高而下降,这种变化导致在垂直于自发极化强度方向的晶体外表面上束缚电荷发生变化,即晶体两端出现随温度变化的开路电压,如图 9.7 所示。

热释电型温度传感器常采用如图 9.8 所示的边电极和面电极两种结构。热释电体受到调制频率为 f 的辐射并吸收其能量,从而热释电体温度上升,自发极化强度及由此引起的束缚电荷密度均以频率 f 为周期进行变化。如果 $f>1/\tau$(τ 指外部的自由电荷与束缚电荷发生中和过程的平均时间。一般 τ 为数秒至数小时;而热释电体的自发极化的弛豫时间很短,约为 10^{-12} s),则热释电体内部自由电荷来不及中和面电荷,结果使热释电体在垂直自发极化强度方向的两侧出现开路交流电压,如果接上电阻,就会有电流通过,输出电压信号为

$$U_L = AR_L\left(\frac{\mathrm{d}P_s}{\mathrm{d}T}\right)\left(\frac{\mathrm{d}T}{\mathrm{d}t}\right) \tag{9-14}$$

式中,A——灵敏面(受光面)面积(cm^2);

R_L——负载电阻值(Ω);

$\dfrac{\mathrm{d}P_s}{\mathrm{d}T}$——材料的热释电系数($\times 10^{-8} c/\mathrm{cm}^2 \cdot$ K,c 为比热容)。

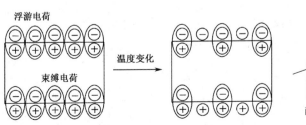

图 9.7 热释电体产生表面电荷示意图

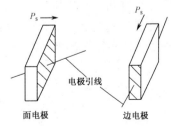

图 9.8 热释电传感器结构

式(9-14)表明,热释电型温度传感器的响应正比于温度变化率 dT/dt,而与入射辐射达到热平衡的时间无关。热释电型温度传感器多用于红外(热辐射)探测,它是一种交流或瞬时响应的元件,若热释电体的温度处于恒定状态,则检测不到输出,即热释电型温度传感器对稳定或不变的辐射不进行响应。

热释电型温度传感器为一电容性元件,其阻抗大于 $10^{10}\,\Omega$,因此传感器输出必须与高输入阻抗、低噪声的前置放大器相连。在实际使用中,通常第一级用场效应管,为了减小外界振动的影响,场效应管常与传感器组装在一起。热释电型温度传感器的原理电路及等效电路如图9.9所示。

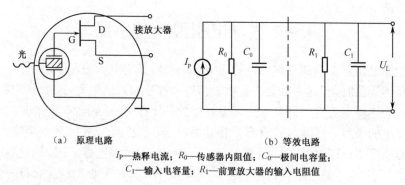

（a）原理电路　　　　　　　（b）等效电路

I_P—热释电流；R_0—传感器内阻值；C_0—极间电容量；
C_1—输入电容量；R_1—前置放大器的输入电阻值

图 9.9　热释电型温度传感器的原理电路及等效电路

热释电型温度传感器材料的选择标准是要求材料的热释电系数大,电阻率及其随温度的变化和热容量特别小,元件静电容量大。常用的热释电材料有 TGS、SBN、PZT 和 LiTaO$_3$ 等。TGS 发展较早且较成熟,但其居里温度低($T_C = 49℃$),为水溶液晶体,稳定性差。SBN 在大气中稳定,有较高的热释电系数,响应快($\tau < 1\text{ms}$),在光通信、雷达中得到广泛应用。LiTaO$_3$ 居里温度高,在 $-20 \sim 100℃$ 的环境温度范围内可获得一定的灵敏度;其响应时间可达 500ps,响应性能比光电三极管响应性能好。对于居里温度更高的热释电体,不存在热释电系数随温度变化的问题,但有可能受组合的场效应管的温度特性变化的限制。

热释电(红外)测温技术在新冠疫情防控中发挥了重要作用。疫情暴发初期,我国优秀民族企业高德红外对疫情快速响应,自主研发了全自动红外热成像测温系统,实现了人流密集场所精准、快速的群体体温监测。

思　考　题

9-1　什么是金属导体的热电效应?试说明热电偶的测温原理。

9-2　简述热电偶测温的基本定律。

9-3　简述热电偶冷端补偿的必要性。常用冷端补偿有几种方法?

9-4　简述热敏电阻按温度系数的分类及其主要用途。

第 10 章　光电式传感器

光电式传感器是利用光电元件把光信号转换成电信号的装置。光电式传感器在工作时，先将被测量的变化转换为光量的变化，然后通过光电元件把光量的变化转换为相应的电量变化，从而实现非电量的测量。光电式传感器可以用于检测直接引起光量变化的非电量，如光强、光照度、辐射、气体成分等；也可以用于检测能转换成光量变化的其他非电量，如零件直径、表面粗糙度、应变、位移、振动、速度、加速度，以及物体的形状、工作状态等。光电式传感器的核心（敏感元件）是光电元件，光电元件的基础是光电效应。

光电式传感器结构简单，响应速度快，可靠性较高，能实现参数的非接触测量，广泛地应用于各种工业自动化仪表中。

10.1　光电式传感器的工作原理及基本组成

光电式传感器可用来测量光量或测量已先行转换为光量的其他被测量，然后输出电信号。在测量光量时，光电元件是作为敏感元件使用的；在测量其他物理量时，光电元件作为变换元件使用。光电式传感器由光路及电路两大部分组成，光路实现被测信号对光信号的控制和调制，电路完成从光信号到电信号的转换。图 10.1(a)为测量光信号时的组成框图，图 10.1(b)是测量非光信号时的组成框图。

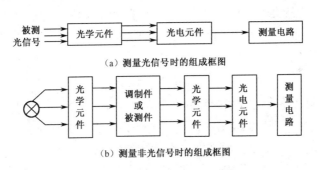

（a）测量光信号时的组成框图

（b）测量非光信号时的组成框图

图 10.1　光电式传感器的组成框图

若要完成光电测试则需要绘制一定形式的光路图，光路由光学元件组成。光学元件有透镜、滤光片、光阑、光楔、棱镜、反射镜、光通量调制器、光栅及光导纤维等。通过光学元件可实现光参数的选择、调制和处理。在测量其他物理量时，还需要配以光源和调制件。常用的光源有白炽灯、发光二极管和半导体激光器等，用于提供恒定的光照条件；调制件是用来将光源提供的光量转换成能与被测量对应变化的光量的元件，调制件的结构根据被测量及测量原理而定。

常用的光电元件有真空光电管、充气光电管、光电倍增管、光敏电阻、光电池、光电二极管及光电三极管等，它们的作用是检测照射其上的光通量。选用何种形式的光电元件取决于被测参数所需的灵敏度、响应速度、光源的特性及测量环境和条件等。

10.2　光电式传感器中的敏感元件

光电式传感器是以光为媒介,以光电效应为基础的传感器。当光照射在某些物体上时,光能量作用于被测物而释放出电子(称为光电子),这种现象称为光电效应。能产生光电效应的敏感材料称作光电材料。光电效应一般分为外光电效应和内光电效应。根据这些效应可以制作出相应的光电元件。

10.2.1　外光电效应型光电元件

在光线作用下,使电子逸出物体表面的现象称为外光电效应。

根据爱因斯坦的光子假设:光是一粒一粒运动着的粒子流,这些光粒子称为光子。每一个光子的能量为 $h\nu$[ν 是光波频率,h 为普朗克常数,$h = 6.63 \times 10^{-34}$(J·S)],不同频率的光子具有不同的能量。

在光电效应中,光子打在光电材料上,单个光子把它的全部能量交给光电材料中的自由电子,自由电子的能量增加了 $h\nu$,这些能量一部分用来克服金属中正离子对它的引力而做功,即逸出功 A,另一部分转换为电子的初动能 $mv^2/2$,按照能量守恒与转换定律有

$$h\nu = \frac{1}{2}mv^2 + A \tag{10-1}$$

式中,v——电子逸出的初速度;

m——电子的质量。

式(10-1)就是爱因斯坦的光电效应方程。由光子假设可得到如下结论。

(1) 只有当光子能量大于逸出功时,才有光电子发射出来,也才能产生光电效应。当光子能量小于逸出功时,不能产生光电效应。当光子的能量等于逸出功时,光子在此能量下的频率为 ν_0,根据式(10-1)有

$$h\nu_0 = A \tag{10-2}$$

式中,ν_0——光电材料产生光电效应的红限频率。

不同的物质具有不同的红限频率,能引起光电效应的光的频率 ν 必须大于红限频率 ν_0。如果入射光的频率低于 ν_0,不论光的强度多大,照射时间多长,都不会引起光电效应。所以说某一金属(或某一物质)产生光电效应时,有一定的光频阈值存在。

(2) 光电子初动能取决于光的频率。从光电效应方程可以看出,对于一定的物体,电子的逸出功是一定的,因此,光子的能量 $h\nu$ 越大,光电子的初动能 $mv^2/2$ 就越大。光电子的初动能和频率为线性关系,而和入射光的强度无关。

(3) 光的强度越大,单位时间内入射到金属上的光子数就越多,金属吸收光子后,从金属表面逸出的光电子数也越多,因此,光电流也就越大,即饱和光电流或光电子数与光的强度成正比。

(4) 一个光子的全部能量一次被一个电子吸收,无须积累能量的时间,所以光照射物体后,物体立刻有光电子发射,其时间响应不超过 10^{-9} s,即使入射光照度非常微弱,开始照射后,也几乎立即有光电子发出。

基于外光电效应原理工作的光电元件有光电管和光电倍增管。

1. 光电管及其基本特性

1）结构与工作原理

光电管有真空光电管和充气光电管，两者结构相似，如图 10.2 所示。真空光电管由一个阴极和一个阳极构成，并且密封在一只真空玻璃管内。阴极装在玻璃管内壁，其上涂有光电发射材料；阳极通常用金属丝制成矩形或圆形，置于玻璃管的中央。当光照射在阴极时，阳极可收集从阴极逸出的电子，在外电场作用下形成电流 I。

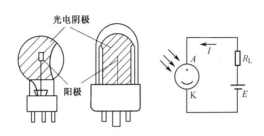

图 10.2　光电管的结构

充气光电管内充有少量的惰性气体（如氩气、氖气），当充气光电管的阴极被光照射后，光电子在飞向阳极的途中，与惰性气体的原子发生碰撞，使气体电离，因此增大了光电流，从而使光电管的灵敏度增加，但这会导致充气光电管的光电流与入射光强度不具有比例关系。因而充电光电管具有稳定性较差、惰性大、温度影响大、容易衰老等缺点。随着放大技术不断提高，对光电管的灵敏度要求也不再十分严格，同时真空光电管的灵敏度也在不断提高。在自动检测仪表中，由于要求温度影响小和灵敏度稳定，因此一般都采用真空光电管。

2）主要性能

光电元件的性能主要由伏安特性、光照特性、光谱特性、响应时间、峰值探测率和温度特性来描述。由于篇幅限制，本书仅对主要的特性进行简单叙述。

（1）光电管的伏安特性。

在一定光的照射下，光电元件的阴极所加电压与阳极所产生的电流的关系称为光电管的伏安特性。真空光电管和充气光电管的伏安特性曲线分别如图 10.3（a）和图 10.3（b）所示。光电管的伏安特性是应用光电式传感器参数的主要依据。

（2）光电管的光照特性。

当光电管的阳极和阴极之间所加电压一定时，光通量与光电流之间的关系称为光电管的光照特性。光电管的光照特性曲线如图 10.4 所示。曲线 1 表示氧铯阴极光电管的光照特性，光电流 I 与光通量为线性关系。曲线 2 表示锑铯阴极光电管的光照特性，光电流 I 与光通量为非线性关系。光照特性曲线的斜率（光电流与入射光光通量之比）称为光电管的灵敏度。

（3）光电管的光谱特性。

一般光电阴极材料不同的光电管具有不同的红限频率 ν_0，因此它们可用于不同的光谱范围。除此之外，即使照射在阴极上的入射光的频率高于红限频率 ν_0 且光照强度相同，但随着入射光频率的不同，阴极发射的光电子的数量也会不同，即同一光电管对不同频率的光的灵敏度不同，这就是光电管的光谱特性。所以，对于各种不同波长区域的光，应选用不同材料的光电阴极。

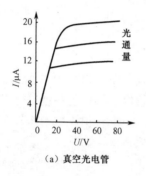
（a）真空光电管

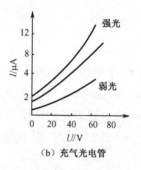
（b）充气光电管

图 10.3　真空光电管和充气光电管的伏安特性曲线

2. 光电倍增管及其基本特性

1）结构与工作原理

当入射光很微弱时，普通光电管产生的光电流很小，只有零点几微安，不容易探测，这时常用光电倍增管对电流进行放大。图 10.5 是光电倍增管的外形和工作原理图。

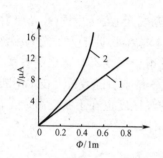

图 10.4　光电管的光照特性曲线

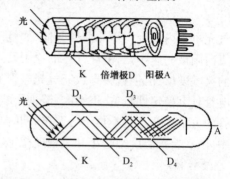

图 10.5　光电倍增管的外形和工作原理

光电倍增管由光阴极、倍增极（次阴极）及阳极三部分组成。光阴极是由半导体光电材料锑铯做成的。倍增极是在镍或钢-铍的衬底上涂上锑铯材料制成的。倍增极多的可达 30 级，通常为 12～14 级。阳极是用来收集电子的，输出的是电压脉冲。

光电倍增管除具有光阴极外，还有若干个倍增极。在使用时，在各个倍增极上均加上电压。光阴极电位最低，从倍增极开始，各个倍增极的电位依次升高，阳极电位最高。同时这些倍增极用次级发射材料制成，这种材料在具有一定能量的电子的轰击下，能够产生更多的次级电子。由于相邻两个倍增极之间有电位差，因此存在加速电场，可以对电子进行加速。从光阴极发出的光电子经过电场的加速后，打到第一个倍增极上，引起二次电子发射。每个电子能从第一个倍增极上打出 3～6 倍于电子数的次级电子，被打出来的次级电子经过电场的加速后，打在第二个倍增极上，电子数又增加 3～6 倍，如此不断倍增，阳极最后收集到的电子数将达到光阴极发射电子数的 $10^5 \sim 10^6$ 倍，即光电倍增管的放大倍数可达到几万到几百万倍。因此光电倍增管的灵敏度就比普通光电管的灵敏度高几万到几百万倍，在光照很微弱时，它也能产生很大的光电流。光电倍增管的这个特点，使它多用于微光测量。

2）主要参数

（1）倍增系数 M。

倍增系数 M 等于各倍增极的二次电子发射系数 δ_i 的乘积。如果 n 个倍增极的 δ_i 都一样，

则阳极电流 I 为

$$I = iM = i\delta_i^n \tag{10-3}$$

式中，I——光阴极的光电流；

i——初始光电流。

光电倍增管的电流放大倍数为

$$\beta = \frac{I}{i} = \delta_i^n \tag{10-4}$$

M 与所加电压有关，一般 M 为 $10^5 \sim 10^8$。如果电压有波动，则倍增系数也会波动，因此，M 具有一定的统计涨落。一般阳极和阴极之间的电压为 $1000 \sim 2500\mathrm{V}$。两个相邻的倍增极的电位差为 $50 \sim 100\mathrm{V}$。所加的电压越稳越好，这样可以减少 M 的统计涨落，从而减小测量误差。

（2）光阴极灵敏度和光电倍增管总灵敏度。

一个光子在光阴极上能够打出的平均电子数称为光阴极的灵敏度。入射一个光子在光阴极上，最后在阳极上能收集到的平均电子数称为光电倍增管的总灵敏度。

光电倍增管的实际放大倍数或灵敏度如图 10.6 所示。光电倍增管的最大灵敏度可达 $10\mathrm{A/lm}$（安培/流明），极间电压越高，灵敏度越高。但极间电压也不能太高，因为这样会使阳极电流不稳。另外，由于光电倍增管的灵敏度很高，所以不能受强光照射，否则易于损坏。

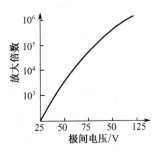

图 10.6 光电倍增管的实际放大倍数或灵敏度

（3）暗电流。

一般在使用光电倍增管时，必须把其放在暗室里避光使用，使其只对入射光起作用。但由于环境温度、热辐射和其他因素的影响，即使没有光信号输入，加上电压后阳极仍有少量电流输出，这种电流称为暗电流。暗电流主要是热电子发射引起的，它随温度增加而增加。暗电流通常可以用补偿电路加以消除。

（4）光电倍增管的光谱特性。

光电倍增管的光谱特性与相同材料的光电管的光谱特性很相似。

10.2.2　内光电效应型光电元件

内光电效应是指某些半导体材料在入射光能量的激发下产生电子-空穴对，致使半导体材料电性能改变的现象。内光电效应按其工作原理可分为两种：光电导效应，即半导体受到光照时引起电阻率发生变化，光线愈强，阻值愈低；光生伏特效应，即光照引起 PN 结两端产生电动势的效应。基于光电导效应的光电元件有光敏电阻；基于光生伏特效应的光电元件有光电池、光敏二极管、光敏三极管、光电位置敏感元件。

1. 光敏电阻

1）结构和原理

光敏电阻又称光导管，是利用光电导效应制成的。一般选用禁带宽度较宽的半导体材料来制作光敏电阻，常用的半导体材料有硫化镉、硫化铅、硫化铊、硫化铋、硒化镉、硒化铅、碲化铅等。在绝缘基底上沉积一层半导体薄膜，然后在薄膜面上蒸镀金或铟等金属，形成梳状电极,从而制成光敏电阻。光敏电阻如图 10.7 所示。光敏电阻的工作原理:当入射光照射到半导体上时,光子的能量如果大于禁带宽度 ΔE_g(见图 10.8),则电子受光子的激发由价带越过禁带跃迁移到导带,在价带中就留有空穴,在外加电压作用下,导带中的电子和价带中的空穴同时参与导电,即载流子数增多,从而使电阻率下降。当入射光的波长很长时,被吸收的光子还会改变导带中的电子迁移率,这也会使电阻率发生改变。因为光的照射会使半导体的电阻值发生变化,所以称为光敏电阻。

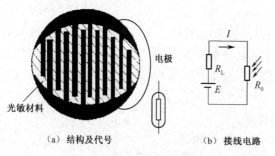

（a）结构及代号　　　（b）接线电路

图 10.7　光敏电阻

图 10.8　半导体能带图

如果把光敏电阻连接到外电路中,在外加电压的作用下,用光照射就能改变电路中电流的大小,图 10.7(b)为光敏电阻的接线电路。光敏电阻在受到光的照射时,内光电效应使其导电性能增强,电阻值 R_0 下降,所以流过负载电阻(阻值为 R_L)的电流(光线越强,电流越大)及其两端电压也随之变化。当光照停止时,光电效应消失,电阻值恢复原值,因而可将光信号转换为电信号。

并非一切纯半导体都能显示出光电特性。不具备这一特性的物质可以加入杂质使之产生光电效应。用于产生这种效应的物质由金属的硫化物、硒化物、碲化物等组成。

光敏电阻具有很高的灵敏度、很好的光谱特性、很长的使用寿命、高度的稳定性、很小的体积,以及简单的制造工艺,所以广泛地用于自动化技术中。光敏电阻的选用取决于它的特性,如暗电流、光电流、伏安特性、光照特性、光谱特性、频率特性、温度特性,以及灵敏度、时间常数和最佳工作电压等。

2）光敏电阻的特性

（1）暗电阻、亮电阻与光电流。

光敏电阻在未受到光照时的阻值称为暗电阻,此时流过光敏电阻的电流称为暗电流;在受到光照时的阻值称为亮电阻,此时流过光敏电阻的电流称为亮电流;亮电流与暗电流之差称为光电流。

一般暗电阻越大,亮电阻越小,光敏电阻的灵敏度越高。光敏电阻的暗电阻一般在兆欧数量级,亮电阻在几千欧以下。暗电阻与亮电阻之比一般为 $10^2 \sim 10^6$,这个数值是相当可观的。

（2）光敏电阻的伏安特性。

一般光敏电阻(硫化铅、硫化铊)的伏安特性曲线如图 10.9 所示。由图 10.9 可知,所加的电压越高,光电流越大,而且没有饱和现象。在给定电压时,光电流的数值将随光照强度增大而增大。

（3）光敏电阻的光照特性。

光敏电阻的光照特性用于描述光电流 I 和光照强度的关系,绝大多数光敏电阻光照特性曲线是非线性的,如图 10.10 所示。不同光敏电阻的光照特性是不相同的。光敏电阻一般用作开关式的光电转换元件而不宜用作线性测量元件。

（4）光敏电阻的光谱特性。

光敏电阻的光谱特性曲线如图 10.11 所示。从图 10.11 中可以看出,硫化镉的峰值在可见光区域,而硫化铊的峰值在红外区域。因此在选用光敏电阻时,把元件和光源的种类结合起来考虑才能获得满意的结果。

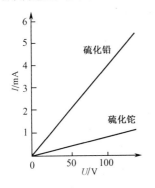

图 10.9 一般光敏电阻(硫化铅、硫化铊) 的伏安特性曲线

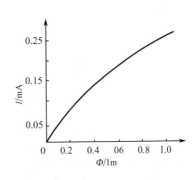

图 10.10 光敏电阻的光照特性曲线

(5) 光敏电阻的响应时间和频率特性。

实验证明,光敏电阻的光电流不能随着光照量的改变而立即改变,即光敏电阻产生的光电流有一定的惰性,这个惰性通常用响应时间 t 来描述。响应时间为光敏电阻自停止光照起到电流下降为原来的 63% 所需要的时间,因此,响应时间越小,响应越迅速。但大多数光敏电阻的响应时间都较大,这是它的缺点之一。

图 10.12 为光敏电阻的频率特性曲线。硫化铅的使用频率范围最大,其他材料的使用频率范围都较差。目前正在通过改进生产工艺的方式来改善各种光敏电阻的频率特性。

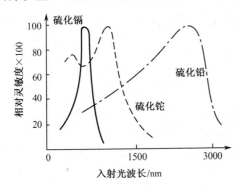

图 10.11 光敏电阻的光谱特性曲线

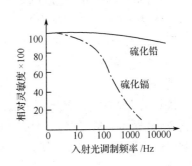

图 10.12 光敏电阻的频率特性曲线

2. 光敏二极管和光敏三极管

1) 结构和原理

光敏二极管、光敏三极管几乎全用锗或硅材料做成。由于硅光敏晶体管比锗光敏晶体管无论在性能上还是制造工艺上都更为优越,所以目前硅光敏晶体管的发展与应用更为广泛。

光敏二极管是一种 PN 结型半导体元件,其结构和基本使用电路如图 10.13 所示。光敏二极管在没有光照射时,反向暗电阻很大,反向暗电流很小。当光照射之后,光子在半导体内被吸收,使 P 型区中的电子数增多,也使 N 型区中的空穴增多,即产生新的自由载流子。这些载流子在结电场的作用下,空穴向 P 型区移动,电子向 N 型区移动,这个过程对外电路来说,就是形成电流的过程,形成电流方向与反向电流一致。如果入射光的照度变动,则电子和空穴的浓度也会相应地变动,通过外电路的电流也随之变化,这样就把光信号变成了电信号。由于无光照时的反偏电流很小,一般为纳安数量级,因此光照时的反向电流基本上与光强成正比。

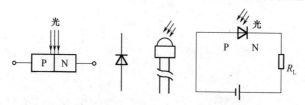

图 10.13　光敏二极管的结构和基本使用电路

光敏三极管的结构与普通三极管的结构很相似,也分为 NPN 和 PNP 两种类型,只是它的发射极的一边面积很大,以扩大光的照射面积,且其基极往往不接引线。光敏三极管是兼有光敏二极管特性的元件,它在把光信号变为电信号的同时将信号电流放大。图 10.14 为光敏三极管的结构和基本使用电路。

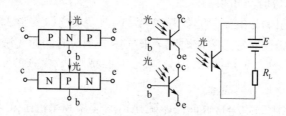

图 10.14　光敏三极管的结构和基本使用电路

采用 N 型单晶和硼扩散工艺的光敏二极管称为 P^+n 结构。采用 P 型单晶和磷扩散工艺的光敏二极管称为 n^+P 结构。国内半导体元件命名规定,硅 P^+n 结构为 2CU 型;n^+P 结构为 2DU 型;硅 nPn 结构为 3DU 型。

2) 光敏晶体管的特性

(1) 光谱特性。

光敏晶体管的光谱特性是光电流随入射光的波长变化而变化的特性。光敏晶体管的光谱特性曲线如图 10.15 所示。从图 10.15 中可以看出,硅光敏晶体管适用于 0.4～1.1μm 波长,灵敏度较高的响应波长为 0.8～0.9μm;锗光敏晶体管适用于 0.6～1.8μm 的波长,灵敏度较高的响应波长为 1.4～1.5μm。

由于锗光敏晶体管的暗电流比硅光敏晶体管的暗电流大,故在可见光作为光源时,采用硅光敏晶体管;但是,在对红外光源进行探测时,使用锗光敏晶体管较为合适。

(2) 伏安特性。

伏安特性是指光敏晶体管在光强一定的条件下,光电流与外加电压具有一定关系。光敏晶体管的伏安特性曲线如图 10.16 所示。

(3) 光照特性。

光敏晶体管的光照特性曲线如图 10.17 所示,它给出了光敏晶体管的输出电流 I_o 和照度 E 之间的关系。从图 10.17 中可以看出,输出电流与照度近似为线性关系。

(4) 频率特性。

光敏晶体管的频率特性是指光电流与光强变化频率具有一定关系。光敏二极管的频率特性是很好的,其响应时间可以达到$10^{-7}\sim10^{-8}$s,因此它适用于测量快速变化的光信号。光敏三极管由于存在发射结电容和基区渡越时间(发射极的载流子通过基区所需的时间),所以,光敏三极管的频率响应比光敏二极管的频率响应差,而且与光敏二极管一样,负载电阻值越大,高频响应越差。图10.18给出了硅光敏晶体管的频率特性曲线。

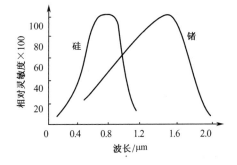

图 10.15　光敏晶体管的光谱特性曲线

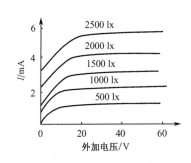

图 10.16　光敏晶体管的伏安特性曲线

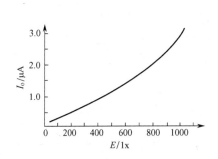

图 10.17　光敏晶体管的光照特性曲线

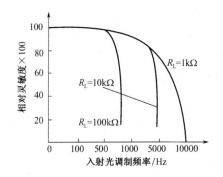

图 10.18　硅光敏晶体管的频率特性曲线

综上所述,可以把光敏二极管和光敏三极管的主要差别归纳如下。

① 光电流。光敏二极管的光电流一般只有几微安到几百微安,而光敏三极管的光电流一般都在几毫安以上,至少也有几百微安,两者相差十倍至百倍。光敏二极管与光敏三极管的暗电流则相差不大,一般都不超过$1\mu A$。

② 响应时间。光敏二极管的响应时间为100ns以下,光敏三极管的响应时间为$5\sim10\mu s$。因此,当工作频率较高时,应选用光敏二极管;只有在工作频率较低时,才选用光敏三极管。

③ 输出特性。光敏二极管有很好的线性特性,而光敏三极管的线性特性较差。

3. 光电池

光电池实质上就是电压源,它是一种直接将光能转换成电能的光电元件。

光电池的种类很多,常见的有硅光电池和硒光电池,但较被人们重视的是硅光电池。这是因为硅光电池的性能稳定,光谱范围宽,频率特性好,转换效率高,能耐高温辐射等。硅光电池不仅广泛应用于人造卫星和宇宙飞船,还广泛应用于自动检测和其他测试系统。由于硒光电池的光谱峰值处于人眼的视觉范围内,所以也常用在很多分析仪器、测量仪表中。

在一块 N 型硅片上,用扩散的方法掺入一些 P 型杂质形成 PN 结,从而制成硅光电池,如图 10.19 所示。

当入射光照射在 PN 结上时,若光子能量$h\nu$大于半导体材料的禁带宽度E,则在 PN 结内产生电子-空穴对,在内电场的作用下,空穴移向 P 型区,电子移向 N 型区,使 P 型区带正电,N 型区带负电,从而 PN 结产生电动势。

在铝片上涂硒,再用溅射的工艺,在硒层上形成一层半透明的氧化镉,在氧化镉正反两面喷涂低融合金作为电极,从而制成硒光电池,如图 10.20 所示。在光线照射下,镉材料带负电,硒材料带正电,形成光电流或电动势。

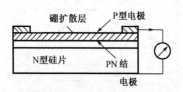

图 10.19　硅光电池结构示意图

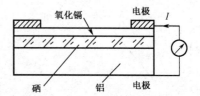

图 10.20　硒光电池结构示意图

硅光电池和硒光电池的各种特性这里就不一一介绍了。图 10.21~图 10.24 分别给出了光电池的光谱特性、光照特性、频率特性及温度特性曲线,根据这些特性曲线,就可以清楚地了解硅光电池和硒光电池的各种性能。

这里需要说明的是,光电池的短路电流是指外接负载电阻阻值相比光电池内阻阻值很小时的光电流。而光电池的内阻阻值是随着光照强度的增加而减小的,所以在不同光照强度下可用不同的负载电阻来近似满足短路条件。

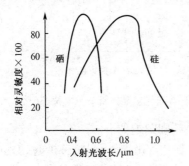

图 10.21　光电池的光谱特性曲线

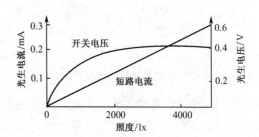

图 10.22　光电池的光照特性曲线

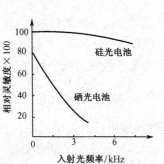

图10.23　光电池的频率特性曲线

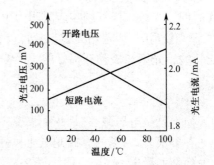

图 10.24　光电池的温度特性曲线

4. 光电位置敏感元件

光电位置敏感元件(Position Sensitive Detector)简称 PSD,它能连续准确地给出入射光点在感光面上的位置,将感光面上入射光点位置的变化转换为输出光电流的变化。PSD 是具有横向光电效应的光电二极管(PIN 或 PN 型)。PSD 分为一维 PSD 和二维 PSD,可分别确定光点的一维位置坐标和二维位置坐标。

1) PSD 的工作原理

PSD 横向光电效应如图 10.25 所示。PSD 的 PN 结是由重掺杂的 P$^+$ 型半导体和轻掺杂的 N 型半导体构成的,与一般的 PN 结一样,PSD 的 PN 结中也存在载流子扩散现象,会在结区建立一个与结面垂直的由 N 指向 P$^+$ 的自建内电场。但由于 P$^+$ 为重掺杂,载流子密度大,故 P$^+$ 区的电导率比 N 区的电导率高。因此当入射光照射 A 点时,光生载流电子和空穴集中在 A 点附近的结区,在自建内电场作用下,空穴进入 P$^+$ 区并很快扩散到整个 P$^+$ 区,成为 P$^+$ 近位等电位区;而在 A 点附近 N 区的电子的电导率低不易扩散,仍集中在 A 点附近,具有高的负电位,因此形成一个平行于结面的横向电场,这种现象常称为横向光电效应。

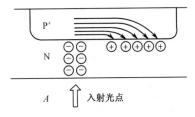

图 10.25　PSD 横向光电效应

PSD 不是简单的 P$^+$N 结,而是做成 P$^+$IN 结构,具有与一般 PIN 光电二极管类似的优点,即由于 I 区较厚而具有更高的光电转换效率、灵敏度和更快的响应速度。PSD 的工作原理仍基于横向光电效应,如图 10.26 所示。P$^+$ 层为感光面,两边各有一信号电极,中间为 I 层,底层的公共电极是用来加反偏电压的。当入射光照射到感光面上某点时,由于存在平行于结面的横向电场,因此光生载流子形成向两端信号电极流动的电流 I_1 和 I_2,它们之和等于总电流 I_0。如果 PSD 面电阻是均匀的,且其阻值 R_1 和 R_2 远大于负载电阻阻值 R_L,则 R_1 和 R_2 的值仅取决于光电的位置,即

$$\frac{I_1}{I_2} = \frac{R_2}{R_1} = \frac{L-x}{L+x} \tag{10-5}$$

式中,L——PSD 中点到信号电极的距离;

x——入射光点距 PSD 中点的距离。

将 $I_0 = I_1 + I_2$ 与式(10-5)联立得

$$I_1 = I_0 \frac{L-x}{2L} \tag{10-6}$$

$$I_2 = I_0 \frac{L+x}{2L} \tag{10-7}$$

由式(10-6)和式(10-7)可以看出,当入射光点位置一定时,PSD 单个信号电极输出电流与入射光强度成正比;而当入射光强度不变时,单个信号电极的输出电流与入射光点距 PSD 中心的距离 x 为线性关系,若将两个信号电极的输出电流检出后进行如下处理,即

$$P_x = \frac{I_2 - I_1}{I_2 + I_1} = \frac{x}{L} \tag{10-8}$$

则得到一个很有用的结果,即 P_x 只与光点位置有关,而和入射光强度无关。

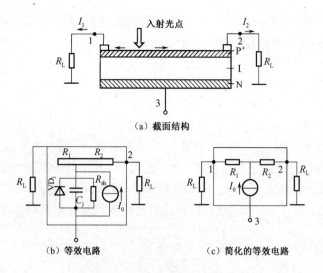

（a）截面结构

（b）等效电路   （c）简化的等效电路

图 10.26　PSD 的结构及工作原理

2）PSD 的结构与特性

（1）一维 PSD 的结构。

一维 PSD 的结构及等效电路如图 10.27 所示,其中 VD_j 为理想的二极管,C_j 为结电容,R_{sh} 为并联电阻,R_p 为感光面（P^+ 层）的等效电阻。一维 PSD 的输出与入射光点位置的关系如图 10.28 所示,其中 X_1、X_2 分别表示信号电极的输出信号（光电流）。

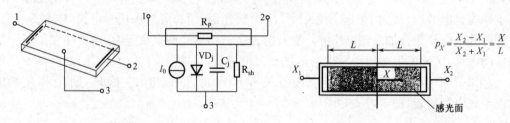

图 10.27　一维 PSD 的结构及等效电路

图 10.28　一维 PSD 输出与
入射光点位置的关系

（2）二维 PSD 的结构。

二维 PSD 用于测定入射光点的二维坐标,即在一方形结构 PSD 上有两对互相垂直的输出电极。由于电极的引出方法不同,二维 PSD 可分为由同一面引出两对电极的表面分流型二维 PSD 和由上下两面分别引出一对电极的两面分流型二维 PSD,它们的结构及等效电路如图 10.29 和图 10.30 所示。

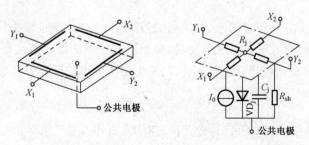

图 10.29　表面分流型二维 PSD 的结构及等效电路

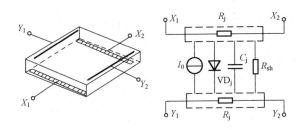

图 10.30　两面分流型二维 PSD 的结构及等效电路

在图 10.29 和 10.30 中，X_1、X_2、Y_1、Y_2 分别为各电极的输出信号（光电流），X、Y 为入射光点的位置坐标，表面分流型二维 PSD 暗电流小，但位置输出非线性误差大；两面分流型二维 PSD 线性好，但暗电流大，且由于无法引出公共电极而较难加上反偏电压。

表面分流型和两面分流型二维 PSD 的输出与入射光点位置的关系如图 10.31 所示，其关系式为

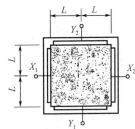

$$P_X = \frac{X_2 - X_1}{X_1 + X_2} = \frac{X}{L} \tag{10-9}$$

$$P_Y = \frac{Y_2 - Y_1}{Y_1 + Y_2} = \frac{Y}{L} \tag{10-10}$$

（3）PSD 的特性。

图 10.31　表面分流型和两面分流型二维 PSD 的输出与入射光点位置的关系

PSD 与 CCD 都可以用于光点位置的探测，但在许多情况下，PSD 更适合作为专用的位置探测器，其具有如下突出的特点。

① 入射光强度和光斑大小对位置探测影响小。如前所述，PSD 的位置探测输出信号和入射光强度、光斑尺寸大小都无关。入射光强度增大有利于提高信噪比，从而有利于提高位置分辨率。但入射光强度不能太大，否则会引起元件的饱和。PSD 的位置输出只与入射光点的"重心"位置有关，而与光点尺寸大小无关，这一显著优势为使用带来很大方便。但应注意当光点接近感光面边缘时，部分光落在感光面外，就会产生误差，光点越靠近感光面边缘，误差就越大。为了减小边缘效应，应尽量将光斑缩小且最好使用感光面中央部分。

② 反偏压对 PSD 的影响。反偏压有利于提高感光灵敏度和动态响应，但会使暗电流有所增加。

③ 背景光强度影响。背景光强度变化会影响位置输出误差。消除背景光影响的方法有两种，即光学法和电学法。光学法是在 PSD 感光面上加上一透过波长与信号光源匹配的干涉滤光片，滤去大部分的背景光。电学法可以先检测出信号光源熄灭时的光强度值，然后点亮光源，将检测出的输出信号减去背景光的成分；或者采用调制脉冲光作为光源，对输出信号进行锁相放大，用同步检波的办法滤去背景光的成分。

④ 环境温度的影响。当环境温度上升时，暗电流将增大。实验表明，温度上升 1℃，暗电流增大 1.15 倍。除可采用温度补偿方法外，还可采用光源调制、锁相放大解调的方法消除暗电流的影响。

10.3 光电式传感器的类型及设计

10.3.1 光电式传感器的类型

光电式传感器按其输入量的性质可分为模拟式光电传感器和开关式(脉冲式)光电传感器两大类。

1. 模拟式光电传感器

模拟式光电传感器基于光电元件的光电特性,其光通量是随被测量变化而变化的,光电流称为被测量的函数,故又称函数运用状态光电传感器。模拟式光电传感器要求光电元件的光照特性为单值线性,而且光源的光照均匀恒定,属于这一类的光电式传感器有如图 10.32 所示的几种。

(1) 吸收式光电传感器。

吸收式光电传感器利用光源发出一光通量恒定的光,并使之穿过被测对象,其中部分光被吸收,而其余的光则到达光电元件,转变为电信号输出,如图 10.32(a)所示。根据被测对象吸收光通量的多少或对其谱线进行选择来确定被测对象的特性,此时,光电元件上输出的光电流是被测对象所吸收光通量的函数。这类传感器可用来测量液体、气体和固体的透明度和混浊度等参数。

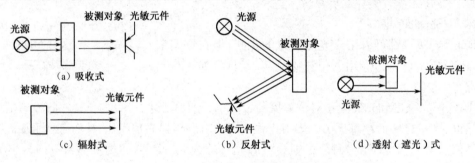

图 10.32 模拟式光电传感器的类型

(2) 反射式光电传感器。

反射式光电传感器将恒定光源发出的光投射到被测对象上,被测对象把部分光通量反射到光电元件上,由光电元件接收其反射光通量,如图 10.32(b)所示。反射光通量的变化反映出被测对象的特性。例如,光通量变化的大小可以反映被测对象的表面光洁度;光通量的变化频率可以反映被测对象的转速。

(3) 辐射式光电传感器。

辐射式光电传感器的光源本身就是被测对象,即被测对象是一辐射源。辐射式光电传感器的光源可以直接照射在光电元件上,也可以经过一定的光路后作用在光电元件上,光电元件接收辐射能的强弱变化,如图 10.32(c)所示。光通量的强弱与被测参量(如温度)的高低有关。

(4) 透射(遮光)式光电传感器。

透射(遮光)式光电传感器将被测对象置于恒定光源与光电元件之间,光源发出的光通量被被测对象遮去一部分,使作用在光电元件上的光通量减弱,减弱的程度与被测对象在光学通路中的位置有关,如图 10.32(d)所示。利用这一原理可以测量长度、厚度、线位移、角位移、角速度等。

(5) 时差测距。

恒定光源发出的光透射于目标物,然后反射至光电元件,根据发射与接收之间的时间差测出距离,这种方式的特例为光电测距仪。

2. 开关式(脉冲式)光电传感器

开关式(脉冲式)光电传感器在其光电元件受光照或无光照时的输出仅有两种稳定状态,也就是"通""断"的开关状态,这种状态也称光电元件的开关运用状态。这类传感器要求光电元件灵敏度高,而对光电特性的线性要求不高,主要用于零件或产品的自动计数、光控开关、电子计算机的光电输入设备、光电编码器及光电报警装置等方面。

10.3.2 光电式传感器的设计计算

光电式传感器的设计计算应考虑光和电两方面。

1. 光通量的计算

设光源为一点光源,则光通量是均匀地向所有方向辐射的。单色光源波长为 λ 的辐射光通量 Φ_λ 可由下式决定

$$\Phi_\lambda = 4\pi I_\lambda \tag{10-11}$$

式中,I_λ——波长为 λ 的光源的发光强度。

光电式传感器除了光源和光电元件外,在光路中为了使光线聚焦、平行、改变方向或调制光通量等,还采用了透镜、棱镜及其他光学元件,因此应考虑投射于它们的光通量及由此引起的损耗。光学元件(如透镜)表面所接收的光通量 Φ'_λ 仅是 Φ_λ 的一部分,即

$$\Phi'_\lambda = \Omega I_\lambda \tag{10-12}$$

式中,Ω——光学元件与点光源之间形成的立体角。

在点光源向各方向均匀辐射时,光通量与穿过光学元件的面积成正比,即

$$\frac{\Phi'_\lambda}{\Phi_\lambda} = \frac{A}{4\pi R^2} \tag{10-13}$$

式中,A——点光学元件的面积;

R——点光源与光学元件的距离,即对应球面($4\pi R^2$)的半径。

由光学元件表面的反射引起的光通量损耗为

$$\Delta\Phi'_\lambda = \Phi'_\lambda \rho \tag{10-14}$$

式中,ρ——光谱反射系数。

若考虑光学元件的吸收,则透过光学元件后的光通量为

$$\Phi''_\lambda = \Phi'_\lambda (1-\rho) e^{-kl} = \Phi'_\lambda (1-\rho) \tau^l \tag{10-15}$$

式中,τ——光谱透射比(透明系数),即单位光通量在光学元件中经过单位长度后所透过的光通量;

l——光学元件内光路径的长度;

k——比例系数。

总之,要按上述原则将光路中各元件的各种损耗逐一算出,以求出能投射到光电元件上的光通量。

2. 光电流的计算

设光电元件能接收到的单色光源的光通量为 Φ'''_λ,光谱灵敏度为 S_λ,则光电流为

$$I_\lambda = S_\lambda \Phi''_\lambda \tag{10-16}$$

若光源能发出各种波长的辐射线,则各种波长的辐射线都要产生光电流,其光电流或积分电流为

$$I = \int_{\lambda_1}^{\lambda_2} S_\lambda \Phi'''_\lambda \, d\lambda \tag{10-17}$$

式中,λ_1、λ_2——光的波长,一般由光电元件的光谱灵敏度范围决定。

若用 S 表示积分灵敏度,Φ 表示各种波长的总光通量,则光电流 I 亦可表示为

$$I = S\Phi \tag{10-18}$$

3. 电路的分析和计算

光电元件与晶体管的伏安特性的比较如图10.33所示。从图10.33中不难看出,两者的伏安特性很相似,其差别仅在于:光电元件的光电流由光通量 Φ 或照度 E 控制,而晶体管的集电极电流 I_c 由基极电流 I_b 控制,因此,光电元件可仿效晶体管放大器的理论进行分析和计算。也就是说,如果用输入光通量 Φ 或照度 E 代替晶体管的输入电流 I_b,用光电元件的灵敏度 S 代替晶体管的电流放大系数 β,就可完全按晶体管放大器的理论分析和计算方法对光电元件进行分析和计算。

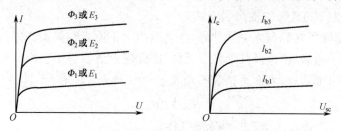

图 10.33　光电元件与晶体管的伏安特性的比较

10.4　光电式传感器的应用

光电式传感器在检测与控制中应用较广,以下是几种光电式传感器的典型应用实例。

1. 光电式边缘位置传感器

光电式边缘位置传感器由白炽灯光源、光学系统和光电元件(硅光敏三极管)组成,其原理图如图10.34所示。光源1发出的光线经过双凸透镜2汇聚,然后又经半透膜反射镜3反射,使光路折转90°,经平凸透镜4汇聚后呈平行光束。平行光束由带钢5遮挡一部分,另外一部分射到角矩阵反射镜6上,在被反射后又经平凸透镜4,半透膜反射镜3和双凸透镜7汇聚光于光敏电阻8上。光电式边缘位置传感器用来检测带材在加工时偏离正确位置的距离及方向,主要用于印染、送纸、胶片、磁带的生产过程,对提高生产线运行速度起到了很好的作用。

2. 光电磁探测器

光电磁(PEM)效应如图10.35所示,将半导体材料置于磁场中,能量足够的光子垂直入

射到半导体上,通过本征吸收而产生电子-空穴对。在半导体材料的吸收作用下,光强度随着进入材料的深度指数下降,所以在半导体样品内形成光生载流子浓度梯度,于是光生载流子将从浓度大的表面向浓度小的体内扩散,在扩散过程中光生载流子切割磁力线。由于带相反电荷的电子和空穴向相同的方向运动,同时在磁场产生的洛伦兹力的作用下,电子和空穴分别向样品的两端偏转,因此在半导体样品两端产生累积电荷,从而建立起一个电场,这就是光电磁效应。

光电磁探测器由本征半导体薄片和稀土永久磁铁组成,它不需要电偏置。这类探测器不需要制冷,响应时间可达 7μm,主要特点是响应时间很小,可小于 1ns。由于光电磁探测器的探测率比光导和光伏型探测器的探测率低得多,所以一般很少使用。

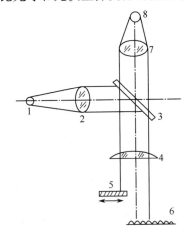 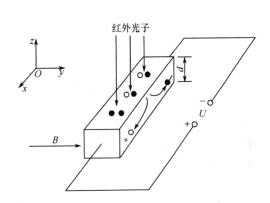

图 10.34　光电式边缘位置传感器原理图　　　　图 10.35　光电磁(PEM)效应

3. 光电式数字转速表

光电式数字转速表工作原理如图 10.36 所示。电动机转轴上涂了黑白两种颜色,当电动机转动时,反光与不反光交替出现,光电元件间断地接收反射光信号,输出电脉冲,电脉冲经放大整形电路转换成方波信号,由数字频率计测得电动机的转速。

4. 光电式液位传感器

光电式液位传感器是利用光的全反射原理实现液位控制的。如图 10.37 所示,发光二极管作为发射光源,当液位传感器的直角三棱镜与空气接触时,光的入射角大于临界角,光在棱镜内发生全反射,大部分光被光敏二极管接收,此时液位传感器的输出便保持在高电平状态;当液体的液位到达传感器的感光面时,光线则发生折射,光敏二极管接收的光强度明显减弱,传感器输出状态从高电平变为低电平,由此实现液位的检测。

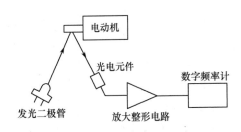 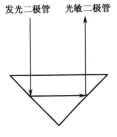

图 10.36　光电式数字转速表工作原理　　　　图 10.37　光电式液位传感器

思 考 题

10-1　什么是外光电效应与内光电效应？基于这两种效应的光电元件分别有哪些？

10-2　简述光电式传感器的工作原理。

10-3　简述光电管的工作原理及它的特性。

10-4　简述光敏电阻的工作原理及它的特性。

10-5　试列举几种光电式传感器，并说出它们的工作原理。

第 11 章　固态图像传感器

固态图像传感器是指在一块半导体衬底上生成若干个光敏单元与移位寄存器,构成一体的集成光电元件。固态图像传感器的功能是把按空间分布的光强信息转换为按时序输出的电信号,电信号经适当处理,可再现入射的光辐射图像。

图像传感器又称成像元件或摄像元件,可探测可见光、紫外光、X 射线、红外光、微光和电子轰击等,是现代获取视觉信息的一种基础元件,广泛应用于图像识别和传送。

固态图像传感器主要有五种类型:电荷耦合图像传感器 CCD(Charge Coupled Device)、电荷注入图像传感器 CID(Charge Injection Device)、MOS 型图像传感器、电荷引发图像传感器 CPD(Charge Priming Device)和叠层型图像传感器。其中 CCD 应用最为普遍,本章将着重介绍这类传感器。

11.1　电荷耦合图像传感器

电荷耦合图像传感器简称 CCD,是在 MOS 结构电荷存储器的基础上发展起来的。CCD 的概念于 1970 年由美国贝尔实验室的 W. S. Boyle 和 G. E. Smith 最早提出,不久便有各种实用的 CCD 被研制出来。由于 CCD 具有光电转换、信息存储和延时等功能,而且噪声低、功耗小,所以广泛应用于广播电视、可视电话、摄像机等方面,并在自动检测和控制领域也显示出广阔的应用前景。

11.1.1　CCD 的基本工作原理

CCD 是一种将光信号变为电荷包,并以电荷包的形式存储和传递信息的半导体表面元件,不同于其他大多数元件,CCD 是以电流或电压为信号的。因此,CCD 工作过程中的主要问题是信号电荷的产生、存储、传输和检测的问题。

CCD 按电荷转移信道划分为两种基本类型:一种是电荷包存储在半导体与绝缘体之间的界面,并沿界面传输,这类元件称为表面沟道 CCD(简称 SCCD);另一种是电荷包存储在距半导体表面有一定深度的半导体体内,并在半导体体内沿一定方向传输,这类元件称为体沟道或埋沟道 CCD(简称 BCCD)。下面以 SCCD 为主来讨论 CCD 的基本工作原理。

1. CCD 的 MOS 结构及电荷存储原理

(1) 结构。

MOS 是 Metal-Oxide-Semiconductor(金属-氧化物-半导体)的缩写。MOS 电容结构如图 11.1 所示。在制备 MOS 电容时,先在 P 型(或 N 型)硅衬底上生成一层 SiO_2,再在其上沉积一层

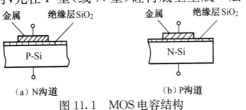

（a）N 沟道　　　　　　　　（b）P 沟道

图 11.1　MOS 电容结构

金属作为栅极,在半导体上制作电极,它具有一般电容所不具有的耦合电荷的能力。MOS电容不加电压时,半导体的能带结构[见图11.2(a)]从界面层到内部能带都是一样的,即平带条件。对于P型半导体,若在金属-半导体间加正电压U_C(也称栅极电压,N型半导体则加负偏压),空穴受排斥离开表面而留下受主杂质离子,使半导体表面层形成带负电荷的耗尽层(无载流子的本征层),如图11.2(b)所示。当栅极电压U_C增大超过某特征值U_{th}(阈值)时,能带进一步向下弯曲,以至半导体表面处的费米能级高于禁带中央能级,半导体表面聚集电子浓度大大增加,形成反型层,如图11.2(c)所示。把U_{th}称为MOS电容的开启电压(或阈值电压)。由于电子大量集聚在电极下的半导体处,并具有较低的势能,可形象地说半导体表面形成对电子的势阱,能容纳聚集电荷,如图11.3所示。势阱具有存储电荷的功能,每一个加正电压的电极下就是一个势阱。势阱的深度取决于所加正电压的大小,势阱的宽度取决于金属电极的宽度。

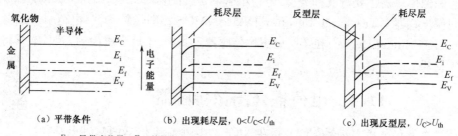

（a）平带条件　　　　（b）出现耗尽层,$0<U_C<U_{th}$　　　　（c）出现反型层,$U_C>U_{th}$

E_C—导带底能量; E_i—禁带中央能级; E_f—费米能级; E_V—价带顶能量

图11.2　MOS电容能带图

CCD中的信号电荷可以通过光注入和电注入两种方式得到。CCD用作图像传感器时,接收的是光信号,即光注入。光注入方式又可分为正面照射式和背面照射式。图11.4为背面照射式注入示意图,如果采用透明电极,也可用正面照射式注入方法。当光照射半导体时,如果光子的能量大于半导体禁带宽度,则光子被吸收产生电子-空穴对,当CCD的电极加有栅极电压时,光照产生的电子收集在电极下的势阱中,而空穴则迁往衬底。收集在势阱中的电荷包大小与入射光信号强弱成正比,电荷包可以使光信号转换为电信号。

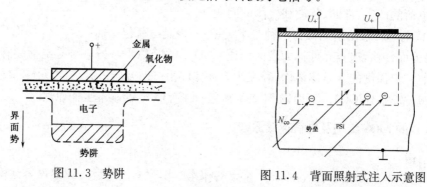

图11.3　势阱　　　　　　　　　图11.4　背面照射式注入示意图

当CCD用作信号处理或存储元件时,信号电荷采用电注入方式得到,即CCD通过输入结构对信号电压或电流进行采样,并将其转换为信号电荷。常用的输入结构为二极管或几个控制输入栅。

（2）电荷存储原理。

当一束光照射到MOS电容上时(以P型硅为例),在光子的作用下,衬底中处于价带的电子将吸收光子的能量产生电子跃迁,形成光生电子和空穴,光生电子在外加电场的作用下,将存储在电极形成的势阱中,同时产生的空穴则被电场排斥出耗尽层。显然,势阱容纳的电荷量与该处照射光的强度成正比。MOS光敏单元也称像素或像点,不同的MOS光敏单元在空间上、电气上彼此独立,众多的MOS光敏单元一起工作,即把一幅明暗起伏的图像转换成一幅与光照强度相对应的光生电荷图像。

当没有光照射时,势阱则聚集热效应电子,这种由热运动而产生的载流子便是暗电流。热电子聚集速度是非常缓慢的。

2. 电荷转移工作原理

为了实现信号电荷的读出,首先需要将各势阱中的信号电荷转移到移位寄存器中。移位寄存器也是MOS结构的,其MOS电容的排列足够紧密,以使相邻MOS电容的势阱相互连通,即相互耦合(通常相邻MOS电容电极间隙小于$3\mu m$,目前工艺上可做到小于$0.2\mu m$),通过控制相邻MOS电容栅极电压高低来调节势阱深浅,就可使信号电荷由势阱浅处流向势阱深处,实现信号电荷的转移。移位寄存器的MOS结构比感光区的MOS结构多了一个遮光层,用来防止外来光线的干扰。

为实现信号电荷的定向转移,需要在MOS电容阵列上施加满足一定相位要求的驱动时钟脉冲电压,通常CCD有二相、三相、四相等几种脉冲结构。二相脉冲的相位差为$180°$,三相脉冲及四相脉冲的相位差分别为$120°$及$90°$。下面以三相控制方式为例介绍移位寄存器控制电荷定向转移的过程。CCD电荷转移工作原理如图11.5所示,图中表面电势增加方向向下,虚线代表表面电势大小。在$t=t_1$时,ϕ_1处于高电平,而ϕ_2、ϕ_3处于低电平,ϕ_1电极上的栅极电压大于开启电压,故在ϕ_1电极下形成势阱,如果有光照形成外来信号电荷注入,则电荷将聚集在ϕ_1电极下。当$t=t_2$时,ϕ_1、ϕ_2同时为高电平,ϕ_3为低电平,故ϕ_1、ϕ_2电极下都形成势阱,由于ϕ_1、ϕ_2电极靠得很近,所以两电极下的势阱连通,使电荷从ϕ_1电极下的势阱耦合到ϕ_2电极下的势阱。当$t=t_3$时,ϕ_1上的栅极电压小于ϕ_2上的栅极电压,故ϕ_1电极下的势阱变浅,电荷更多地通向ϕ_2电极下的势阱。当$t=t_4$时,ϕ_1、ϕ_3都为低电平,只有ϕ_2处于高电平,故电荷全部聚集到ϕ_2电极下的势阱,于是实现了电荷从电极ϕ_1下的势阱到ϕ_2下的势阱的转移。经过这样的过程,当$t=t_5$时,电荷又耦合到ϕ_3电极下的势阱。当$t=t_6$时,电荷就转移到下一位的ϕ_1电极下的势阱。如此下去,在CCD时钟脉冲控制下,电荷就从一个势阱转向下一个势阱,直到输出。

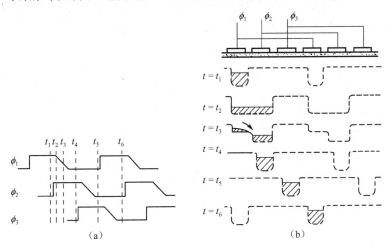

图11.5 CCD电荷转移工作原理

CCD电荷转移的沟道有 N 沟道和 P 沟道两种。N 沟道的信号电荷为电子,P 沟道的信号电荷为空穴。N 沟道的时钟脉冲为正极性,P 沟道的时钟脉冲为负极性,由于空穴的迁移率低,所以 P 沟道 CCD 采用较少。

3. 电荷的检测(输出方法)

CCD 输出电路结构有多种形式,信号电荷的输出方法主要有电流输出法和电压输出法两种。电压输出法有浮置扩散放大器和浮置栅放大器等输出方法,通常采用的是浮置栅放大器输出法,CCD 输出电路结构与输出信号波形如图 11.6 所示。CCD 输出电路通常由输出光栅、输出反偏二极管 VD、复位管 T_1 和输出放大器 T_2 组成,这些元件均集成在 CCD 芯片上。

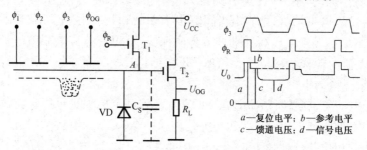

图 11.6　CCD 输出电路结构与输出信号波形

信号电荷在外加驱动脉冲的作用下,在 CCD 移位寄存器中按顺序传送到输出级。当信号电荷进入最后一个势阱(ϕ_3电极下面)中时,复位脉冲 ϕ_R 为正,复位管 T_1 导通,输出反偏二极管 VD 处于很强的反向偏置之下,结电容 C_S 被充电至一个固定的直流电平 U_{CC} 上,于是输出放大器 T_2 的输出电平 U_{OG} 被复位至一个固定的且略低于 U_{CC} 的正电平上,此电平称为复位电平。当 ϕ_R 正脉冲结束后,T_1 截止,T_1 存在一定的漏电流,该漏电流会在 T_1 上产生一个小的管压降,使输出电压有一个下跳,其下跳值称为馈通电压。当 ϕ_R 为正时,ϕ_3 也处于高电位,信号电荷被转移到 ϕ_3 电极下的势阱中。由于输出光栅电压 ϕ_{OG} 是比 ϕ_3 低的正电压,因此,信号电荷仍然被保存在 ϕ_3 电极下的势阱中。但随着 ϕ_R 正脉冲结束并低于 ϕ_{OG} 时,信号电荷进入结电容 C_S,之后信号电荷被送到 A 点的电容上,立即使 A 点电位下降到一个与信号电荷量成正比的电位上,即信号电荷越多,A 点电位下降越多。与此对应,T_2 输出电平 U_{OG} 也跟随下降,其下降幅度才是真正的信号电压,CCD 输出信号波形如图 11.6 中的 b 点所示。每检测一个信号电荷包,在输出端就得到一个负脉冲,其幅度正比于信号电荷包的大小。不同信号电荷包的大小转换为信号对脉冲幅度的调制,即 CCD 输出调幅信号脉冲列。

以上分析说明,CCD 输出信号具有以下几个特点。

(1)每个像元输出的信号浮置在一个正的直流电平(约为 7~8V)上,信号电平在几十至几百 mV 范围内变化,呈单极性负向变化。

(2)输出信号随时间轴按离散形式出现,每个信号电荷包对应一个像元,中间由复位电平隔离,要准确检测出像元信号,必须清除复位脉冲干扰。

(3)输出信号 U_S 与 CCD 输出的电荷量 Q 成正比,与输出结电容的电容值 C_S 成反比,即

$$U_S = \frac{Q}{C_S} \tag{11-1}$$

故输出放大器输出信号电压为

$$U_{OS} = GU_S \tag{11-2}$$

式中,G——输出放大器的增益。

(4) 禁止 CCD 输出端对地短路。

综上所述,CCD 既具有光电转换功能,又具有信号电荷的存储、转移和检测功能,它能把一幅空间域分布的光学图像变换成一列按时间域分布的离散的电信号图像。

11.1.2 线阵 CCD 与面阵 CCD

CCD 按结构可以分为线阵 CCD 和面阵 CCD。线阵 CCD 目前主要用于产品外部尺寸非接触检测、产品表面质量评定、传真和光学文字识别等方面;面阵 CCD 主要应用于摄像领域。目前,在绝大多数领域,面阵 CCD 已取代了普通的光导摄像管。

1. 线阵 CCD

线阵 CCD 由光敏区、转移光栅、模拟移位寄存器、偏置电荷电路、输出栅和信号读出(检测)电路等几部分组成,有单沟道和双沟道两种基本形式。图 11.7 为具有 N 个 MOS 光敏单元的单沟道线阵 CCD 结构。

光敏区由 N 个 MOS 光敏单元排成一列,MOS 电容的衬底电极为半导体 P 型单晶硅,硅表面的相邻 MOS 光敏单元用沟道阻隔开,以保证 N 个 MOS 电容互相独立。用透明的低阻多晶硅薄条作为 N 个 MOS 电容的共同电极,称为光栅(电压为 ϕ_P,与光栅电压 ϕ_P 一样)。转移光栅(电压为 ϕ_t)做成长条结构,位于敏感光栅和 CCD 模拟移位

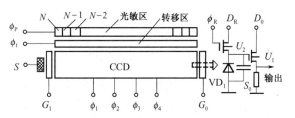

图 11.7 具有 N 个 MOS 光敏单元的
单沟道线阵 CCD 结构

寄存器之间,用来控制 MOS 光敏单元势阱中的信号电荷向 CCD 模拟移位寄存器中转移。N 位 CCD 模拟移位寄存器与 N 个 MOS 光敏单元一一对应。

当转移光栅关闭时,MOS 光敏单元势阱收集光信号电荷,经过一定的积分时间,形成与空间分布的光强信号对应的信号电荷图像。积分周期结束时,转移光栅打开,各 MOS 光敏单元收集的信号电荷并行地转移到 CCD 模拟移位寄存器的相应单元。转移光栅关闭后,MOS 光敏单元开始对下一行图像信号进行积分。已转移到 CCD 模拟移位寄存器的上一行信号电荷通过 CCD 模拟移位寄存器串行输出,如此重复上述过程,一般信号转移时间远小于摄像时间(光积分时间)。

线阵 CCD 可以直接接收一维光信号,而不能直接将二维图像转换为一维的电信号输出,为了得到整个二维图像的输出,就必须用扫描的方法来实现。

2. 面阵 CCD

面阵 CCD 的 MOS 光敏单元呈二维矩阵排列,能检测二维平面图像。面阵 CCD 按传输方式可分为行传输、帧传输和行间传输三种类型。

行传输(LT)面阵 CCD 的结构如图 11.8(a)所示,行传输面阵 CCD 由行选址电路、感光区、输出寄存器(普通结构的 CCD)组成。当感光区光积分结束后,由行选址电路一行一行地将信号电荷通过输出寄存器转移到输出端。行传输面阵 CCD 的缺点是需要行选址电路,结构较复杂,并且在电荷转移过程中存在光积分,会产生拖影,故采用较少。

帧传输(FT)面阵 CCD 的结构如图 11.8(b)所示,帧传输面阵 CCD 由感光区、暂存区、输出寄存器组成。在感光区完成光积分后,信号电荷迅速转移到暂存区,然后从暂存区一行一行地将信号电荷通过输出寄存器转移到输出端。由于帧传输结构时钟电路简单,因此帧传输拖影问题比行传输(LT)拖影问题小。

行间传输(ILT)面阵 CCD 的结构如图 11.8(c)所示,其特点是感光列和暂存列相间排列。在感光列结束光积分后,将每列信号电荷移入相邻的暂存列中,然后进行下一帧图像的光积分,同时将暂存列中的信号电荷逐行通过输出寄存器转移到输出端。行间传输结构的优点是不存在拖影问题,但这种结构不适宜光从背面照射。

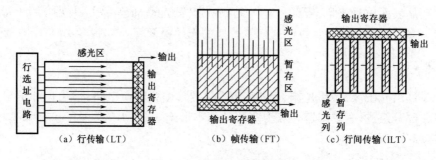

图 11.8　面阵 CCD 的结构

11.1.3　CCD 的特性参数

CCD 的特性参数包括灵敏度、分辨率、信噪比、光谱响应、动态范围、暗电流等,CCD 性能的优劣可由上述参数来衡量。

1. 光电转换特性

CCD 的光电转换特性曲线如图 11.9 所示。图 11.9 中的 x 轴表示曝光量,y 轴表示输出信号幅值,Q_{SAT} 表示饱和输出电荷量,Q_{DARK} 表示暗电荷输出量,E_S 表示饱和曝光量。

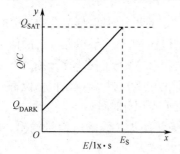

图 11.9　CCD 的光电转换特性曲线

由图 11.9 可知,输出电荷与曝光量之间存在一线性工作区域,在曝光量不饱和时,输出电荷量正比于曝光量 E,当曝光量达到饱和曝光量 E_S 后,输出电荷量达到饱和值 Q_{SAT},并不再随曝光量增加而增加。曝光量等于光强度乘以积分时间,即

$$E = H T_{int} \qquad (11-3)$$

式中,H——光强度;

T_{int}——积分时间,即起始脉冲的周期。

暗电荷输出为无光照射时 CCD 的输出电荷。功能良好的 CCD 应具有低的暗电荷输出。

2. 灵敏度和灵敏度不均匀性

CCD 的灵敏度(或称量子效率)标志着其光敏区的光电转换效率,用在一定光谱范围内单位曝光量下 CCD 输出的电流或电压表示。实际上,如图 11.9 所示的 CCD 光电转换特性曲线的斜率就是 CCD 的灵敏度,即

$$S = Q_{SAT}/E_S \qquad (11-4)$$

在理想情况下,当 CCD 受均匀光照时,输出信号幅度完全一样。实际上,由于半导体材料不均匀并存在工艺条件因素的影响,在均匀光照下,CCD 的输出幅度会出现不均匀现象,通常用 NU 表示其不均匀性,定义为

$$NU = \pm \frac{输出最大值 - 输出最小值}{输出最大值 + 输出最小值} \times 100\% \qquad (11\text{-}5)$$

显然,CCD 在工作时,其工作点应在光电转换特性曲线的线性区域内(可通过调整光强度或积分时间来控制)且工作点接近饱和点,但最大光强度又不进入饱和区,这样 NU 值减小,均匀性增加,提高了光电转换精度。

3. 光谱响应特性

CCD 对不同波长光的响应度是不同的。光谱响应特性表示 CCD 对各种单色光的相对响应能力,其中响应度最大的波长称为峰值响应波长。通常把响应度等于 50% 峰值响应对应的波长范围称为波长响应范围。图 11.10 给出了 CCD 光谱响应特性曲线。CCD 的光谱响应范围基本上是由使用的材料性质决定的,但也与 CCD 的光电元件结构和所选用的电极材

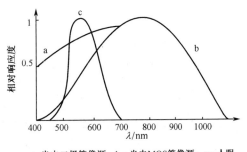

a—光电二极管像源;b—光电 MOS 管像源;c—人眼

图 11.10　CCD 光谱响应特性曲线

料有密切关系。目前,大多数 CCD 的光谱响应范围为 400～1100nm。

4. 暗电流特性和动态范围

CCD 在既无光注入又无电注入的情况下的输出信号称为暗信号,暗信号是由暗电流引起的。产生暗电流的原因在于半导体的热激发,主要包括 3 部分:耗尽层产生复合中心的热激发;耗尽层边缘的少数载流子的热扩散;界面上产生中心的热激发。其中,耗尽层产生复合中心的热激发的影响是主要的,所以暗电流受温度的强烈影响且与积分时间成正比。

暗信号每时每刻地加入信号电荷包中,与图像信号电荷一起积分,形成暗信号图像(称为固定图像噪声),叠加到光信号图像上,降低图像的分辨率。

另外,暗电流的存在会占据 CCD 势阱的容量,缩小 CCD 的动态范围。为了减小暗电流的影响,应当尽量缩短信号电荷的积分时间和转移时间。

CCD 的动态范围 DR 是指饱和输出信号与暗信号的比值。

5. 分辨率

分辨率是用来表示能够分辨图像中明暗细节的能力,通常有极限分辨率和调制传递函数两种不同的表示方式。

极限分辨率是指人眼能够分辨的最细线条数,通常用每毫米线对数来表示(LP/mm)。

用人眼分辨的方法具有很大的主观性,为了客观地表示 CCD 的分辨率,一般用调制传递函数 MTF(Modulation Transfer Function)来表示。

一黑一白线条为一"线对",透过对应光的亮度为一明一暗,构成调制信号的一个周期。每毫米长度上所包含的线对数称为空间频率,单位是 LP/mm。

设调幅波信号的最大值为 A_{max},最小值为 A_{min},平均值为 A_0,振幅为 A_m,如图 11.11 所

示,调制度定义为

$$M = (A_{\max} - A_{\min})/(A_{\max} + A_{\min}) \tag{11-6}$$

调幅波信号通过 CCD 传递输出后,通常调制度要减小。一般来说,调制度随空间频率增加而减小。

MTF 定义为:在各个空间频率下,CCD 的输出信号的调制度 $M_{\mathrm{out}}(v)$ 与输入信号的调制度 $M_{\mathrm{in}}(v)$ 的比值,即

$$\mathrm{MTF}(v) = M_{\mathrm{out}}(v)/M_{\mathrm{in}}(v) \tag{11-7}$$

式中,v——空间频率。

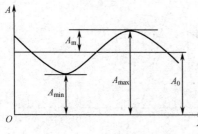

图 11.11　调制度的定义

MTF 能够客观地反映 CCD 对不同频率的目标成像的清晰程度。随着空间频率的增加,MTF 减小。当 MTF 减小到某一值时,图像就不能够清晰分辨,该值对应的空间频率为 CCD 能分辨的最高空间频率。

实际上,调制传递函数不仅与空间频率有关,还受入射光波长的影响。当空间频率一定时,入射光波长增加,MTF 下降。

6. 转移效率和工作频率

(1) 转移效率。

CCD 中的信号电荷从一个势阱转移到另一个势阱时的转移效率定义为

$$\eta = \frac{Q_1}{Q_0} \tag{11-8}$$

式中,Q_1——转移一次后的电荷量;

Q_0——原始电荷量。

同样可定义转移损耗为

$$\varepsilon = 1 - \eta \tag{11-9}$$

当信号电荷进行 N 次转移时,总效率为

$$\frac{Q_N}{Q_0} = \eta^N = (1-\varepsilon)^N \tag{11-10}$$

由于 CCD 中的信号电荷要进行成百上千次转移,因此,要求转移效率必须达到 99.99%～99.999%。

(2) 工作频率。

CCD 的下限工作频率主要受暗电流限制。为了避免热生少数载流子对注入电荷或光生电荷的影响,电荷从一个电极转移到另一个电极所用的时间必须小于载流子的寿命 τ。对于三相 CCD,转移时间为

$$t = \frac{T}{3} = \frac{1}{3f} < \tau \quad \text{即} \quad f > \frac{1}{3\tau} \tag{11-11}$$

CCD 的上限工作频率主要受电荷转移快慢限制。电荷在 CCD 相邻像元之间移动所需要的平均时间称为转移时间。为了使电荷有效转移,三相 CCD 的转移时间应为

$$t \leqslant \frac{T}{3} = \frac{1}{3f} \quad \text{即} \quad f \leqslant \frac{1}{3t} \tag{11-12}$$

7. CCD 的噪声

CCD 的噪声可归纳为三类:散粒噪声、暗电流噪声和转移噪声。

(1) 散粒噪声。

光注入光敏区产生信号电荷的过程可以看作独立、均匀、连续发生的随机过程。单位时间内光产生的信号电荷数并非绝对不变的,而是在一个平均值上进行微小波动,这一微小波动便形成散粒噪声,又称白噪声。散粒噪声的一个重要性质是与频率无关,在很宽的范围内都有均匀的功率分布。由于散粒噪声功率等于信号幅度,故散粒噪声不会限制 CCD 的动态范围,但是它决定了 CCD 的噪声极限值,特别是当 CCD 在低照度、低反差下应用时,如果采用了一切可能的措施降低各种噪声,散粒噪声便成为主要的噪声源。

(2) 暗电流噪声。

暗电流噪声可以分为两部分:其一由耗尽层热激发产生,可用泊松分布描述;其二是复合中心非均匀分布产生,特别是在某些单元位置上形成暗电流尖峰。CCD 在工作时,各个信号电荷包的积分地点不同,读出路径也不同,这些暗电流尖峰对各个信号电荷包贡献的电荷量不等,于是形成很大的背景起伏,这就是常见的固定图像噪声的起因。

(3) 转移噪声。

转移噪声产生的主要原因有:转移损失、界面态俘获和体态俘获。输出结构采用浮置栅放大器时,转移噪声最小。

11.2 其他类型的图像传感器

11.2.1 电荷注入图像传感器

电荷注入图像传感器 CID 与 CCD 一样,也用势阱存储少数载流子,但其中的电荷转移只在两个单元之间进行。一对单元间电荷转移是双向的,但各对单元之间是互相隔绝的。图 11.12 给出了任一对单元间电荷存储的四种可能情况。每对单元左边对应的是列电极,右边对应的是行电极,U_C、U_R 分别表示列电极和行电极上作用的电压。在未选中单元对时,行与列电极上均作用有电压 U_C 和 U_R,设 $U_R > U_C$,因此,电荷存储在 U_R 电极下的势阱中,这种状态称为非选址状态。当单元对存储在注入列时,$U_C = 0$,$U_R \neq 0$,电荷存储在 U_R 电极下的势阱中,这种状态称为积蓄状态。当选中行单元对时,$U_R = 0$,$U_C \neq 0$,电荷流向 U_C 电极下的势阱中,与此同时读出信号,这种状态称为行读出的准备状态。当 U_C 和 U_R 都为零时,耗尽区消逝,存储的少数载流子与多数载流子复合,这就是电荷注入过程,即注入状态。

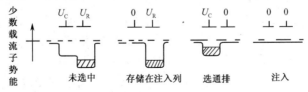

图 11.12 任一对单元间电荷存储的四种可能情况

3×3 的 CID 如图 11.13 所示。在开始扫描时,全部行单元(右边单元)均加上电压 U_R,各列单元通过复位开关加入电压 U_C;此时,由于入射景物光强度分布不同,在各对单元的 U_R 电极下,将积累浓度不同的电荷,或者形成深度不同的势阱,这个阶段相当于电图像形成阶段。为了读出图像,垂直扫描发生器逐行将各行的单元电压 U_R 置为零。例如,当第一行上的行单元电压全部置为零后,该行上全部行单元电极下的电荷便转移到与之对应的列单元电极下,此时,水平扫描发生器依次接通各水平扫描开关 S_1、S_2、S_3,便可把该行电图像信号读出。每行

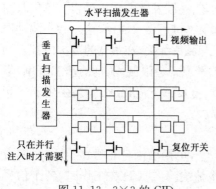

图 11.13 3×3 的 CID

扫描结束时,通过复位开关使 $U_c=0$,此时,刚才扫描过的行上的全部信号电荷同时注入衬底。

由于 CID 中存储的电荷只在两电极下往返转移,因此不存在 CCD 在多次转移后的电荷包退化现象;同样,由于 CID 没有要迈过的势垒,所以也不会出现 CCD 阵列中可能产生的图像混淆。因为 CID 属于 x-y 选址方式的图像传感器,所以它还允许随机选址。另外 CID 的暗电流和噪声也较小,有良好的抗晕性能。所有这些特性,使 CID 有可能成为 CCD 的有力竞争产品。此外,CID 的这些特性对于制造红外图像传感器也十分有意义。

11.2.2 MOS 型图像传感器

MOS 型图像传感器是早期开发的一类元件,近年来随着制造工艺技术的进步和固定图像噪声消除技术的改进,该传感器得到了进一步发展,且已成为 CCD 的又一有力竞争产品。

MOS 型图像传感器由水平移位寄存器、垂直移位寄存器、MOS 晶体管及光敏三极管像素阵列组成。各 MOS 晶体管在水平和垂直扫描电路中起开关的作用。水平和垂直移位寄存器的作用是对像素矩阵进行 x-y 选址。光入射到光敏三极管上,产生电子-空穴对。当移位寄存器按行和列扫描时,相当于逐一对每个选通的像素的光敏三极管加上偏电压,于是与入射光强度成比例的电流便经信号线输出。

11.2.3 电荷引发图像传感器

CCD 的优点是在同片内带有输出电容量小、灵敏度高的放大器,容易实现低噪声。虽然有效受光面积占芯片面积的比例(简称开口率)较小,但 CCD 仍能在低照度下获得较高的灵敏度。CCD 的缺点是垂直扫描部分采用了埋沟道 CCD(BCCD),尽管传输效率较高,但最大转移电荷量较小;由于 BCCD 常处于耗尽状态,结构上容易产生垂直拖影;光敏二极管的过剩电荷流入 BCCD,易造成纵向光晕;此外,暗电流的不均匀性还使固定图像噪声较大,使其动态范围不能很大;由于光电转换部分的耗尽区较大,因此难以得到无缺陷的 CCD 等。总之,CCD 的垂直转移和光电转换部分不够理想。

MOS 型图像传感器的优缺点刚好和 CCD 的优缺点相反。MOS 型图像传感器开口率较大,能得到很大的信号电荷量。由于光电转换部分的耗尽区小,容易得到无缺陷的 MOS 型图像传感器。此外,从结构上讲,MOS 型图像传感器不易产生光晕效应(光电元件发生饱和时,景物发生弥散现象呈现出亮斑,称为光晕或晕像)。MOS 型图像传感器的缺点是,由水平扫描部分 MOS 开关的不一致性引起的固定图像噪声和视频传输线电容造成的噪声,会使信噪比及动态范围受到明显限制。总之,MOS 型图像传感器的水平扫描部分不佳,但垂直扫描和光电转换部分是比较好的。

电荷引发图像传感器 CPD 又称诱出传送方式固体图像传感器,兼具 MOS 型图像传感器

与 CCD 两者的优点,并克服了它们的缺点,即光电转换部分采用 MOS 型图像传感器方案,而水平扫描部分采用 CCD 方案,从而得到更好的性能。图 11.14 给出了 CPD 的基本结构。光电转换部分由光电二极管、垂直 MOS 开关的垂直移位线组成;水平扫描时信号的读出由水平移位寄存器 BC-CD 与浮置扩散放大器 FDA 完成。虚线所围的部分为 CPD 体内信道 CPD,它由两个输送栅 T_{G1} 和 T_{G2}、积累电荷用的电容 C_N 及为 C_N 提供一定电压的栅 T_G 组成。

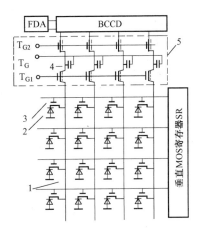

图 11.14 CPD 的基本结构

CPD 的工作过程简述如下。光电二极管先积累信号电荷 Q_S,然后垂直 MOS 开关 3 开启,Q_S 转移到垂直移位线 1 上,此后垂直 MOS 开关关闭,光电二极管重新积累信号电荷 Q_P,接着 T_{G1} 栅加上偏电压,偏置电荷进入垂直移位线 1 和 Q_S 混合。T_G 加上偏电压,垂直移位线 1 上的混合电荷(Q_S+Q_P)转移到电容 C_N 中。T_{G2} 加上偏电压,(Q_S+Q_P)全部转移到 C_N 中,然后,T_{G1} 偏电压消失,T_{G1} 下的势阱恢复。T_G 上的偏电压消失,C_N 电位下降,信号电荷"溢出"到 BCCD 中。最后,T_{G2} 上的偏电压消失,恢复起始状态,完成一个周期的信号电荷转移。

由于 CPD 吸收了 MOS 型图像传感器和 CCD 的优点,并在结构中采用了若干抑制噪声的措施,因此具有杂波抑制好、最大饱和电量大、信噪比高、动态范围大及输出电容量小等优良特性。CPD 的缺点是结构比较复杂。

11.2.4 叠层型图像传感器

上述三种固态图像传感器的光电转换、电荷存储、扫描读出等功能都是由硅材料完成的,但是这些功能都有其自身的要求,一种材料往往不能兼顾,因此,便提出了用叠层结构满足不同要求的设想。叠层型图像传感器设计的基本思想是,光电转换和扫描部分分别用不同的材料制成。一般情况下,光电转换部分采用灵敏度高的光导膜制作,扫描部分仍采用 CCD 或 MOS 型图像传感器相同的材料制作,这种结构通常称为硅扫描器上光电导层结构(PLOSS)。这种结构不仅利用了横向结构,也利用了纵向结构,可以称之为立体化的集成电路。这种叠层结构具有如下优点。

(1) 灵敏度高。一方面是因为选择了高灵敏度材料的光导膜,另一方面是因为开口率由单层结构的 30%～40% 提高到 50%～70%。

(2) 可自由地选择感光面的光谱特性,以适应不同应用的要求。

(3) 可以防止各种不需要的信号混入扫描电路,因此提高了信噪比。

(4) 像元位置与形状设计自由度较大,这有利于制作单片彩色图像传感器。

11.3 固态图像传感器的应用

固体图像传感器主要应用于以下几方面。

(1) 计量检测仪器。工业生产产品的尺寸、位置、表面缺陷的非接触在线检测、距离测定等。

(2) 光学信息处理。光学文字识别、标记识别、图形识别、传真、摄像等。

(3) 生产过程自动化。自动工作机械、自动售货机、自动搬运机、监视装置等。

（4）军事应用。导航、跟踪、侦查（带摄像机的无人驾驶飞机、卫星侦查）。

下面介绍一些典型应用实例。

1. 尺寸自动检测

对于尺寸较小的物体目标（2～30mm），可以采用平行光成像法。平行光成像系统示意图如图 11.15 所示。

当一束平行光透过待测目标投射到 CCD 上时，目标所形成的阴影将同时投射到 CCD 上，倘若平行光准直度理想，阴影的尺寸就代表了待测目标的尺寸，因此只要采样计数系统计算出阴影部分像元个数（输出脉冲个数），像元（脉冲）的个数与像元尺寸的乘积就代表了目标的尺寸。

不难看出，此种检测方法的精度取决于平行光的准直度和 CCD 像元尺寸。当然，平行光源要做得十分理想是有一定难度的，且随准直度的提高，成本增加，光源的体积也要加大。在实际应用中，常常通过计算机处理，对测量值进行修正，以使测量结果更接近实际值，这在一定程度上降低了对光源的苛求。

对于较大尺寸物体目标的测量，可采用光学成像法。在前面或背面光照射下，被测物经透镜在 CCD 上成像，像元尺寸与被测目标尺寸成正比。设 T 为像元尺寸，K 为比例系数，则被测目标尺寸 S 可用下式表示

$$S = KT \tag{11-13}$$

式中，K——每个像元所代表的物方尺寸，它与光学系统的放大倍率、CCD 工作频率和像元尺寸等因素有关；

T——对应于像元尺寸的脉宽，当以像元时钟对 T 的宽度进行计数时，其计数值表示像元尺寸所占的像元数，因而可得

$$T = NT_0 \tag{11-14}$$

式中，N——计数脉冲，即像元个数；

T_0——像元时钟周期，当知道 N 和 T_0 时，可求得 T，代入式（11-13）即可得到被测目标尺寸，K 的大小可通过系统标定测得。

成像法适用于冶金线材直径或机械产品在线尺寸检测。为了保证测量精度，通常采用背面光照射方式。对于自发光被测物（如热轧钢管），常用窄带滤光片滤除钢管的可见光和红外光，并选用较短波长的光源进行照明，以适应 CCD 光谱响应特性的要求。背面光照射方式消除了因被测目标辐射变化对测量精度的影响。由于 CCD 输出信号是以脉冲计数表示的，其测量精度与边缘信号检测精度有关，而对光源的稳定性要求不高，当光源的光强度在 20% 范围内变化时，对测量结果没有明显影响。图 11.16 给出了光学成像法测量系统的组成原理框图。

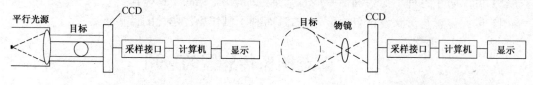

图 11.15　平行光成像系统示意图　　　图 11.16　光学成像法测量系统的组成原理框图

为了对目标像元的宽度进行计数，必须先检测两个边缘信号（可采用二值化或微分法实现），计数脉冲通过采样接口送入计算机处理。计算机主要完成以下功能。

（1）高速数据的采集与控制。

（2）数据的处理与判别，包括被测目标尺寸计算与校正、温度校正、偏差运算、极限判定与报警、时间计数等。

（3）数据存储显示、打印与信号提取及反馈。

2. 文字和图像识别

利用线阵 CCD 的自扫描特性，可以实现文字和图像识别，从而组成一个功能很强的扫描/识别系统。图 11.17 给出了邮政编码的识别系统。

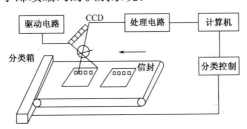

图 11.17 邮政编码的识别系统

写有邮政编码的信封放在传送带上，CCD 像元排列方向与信封运动方向垂直；一个光学镜头把编码数字聚焦在 CCD 上，当信封移动时，CCD 即以逐行扫描方式依次读出编码数字，经细化处理后与计算机中存储的各数字特征点进行比较，最后识别出编码数字；根据识别出的编码数字，计算机控制一个分类机构，把信封送入相应的分类箱中。类似的系统可用于货币识别和分类、商品条码识别等，此外还可用于汉字输入系统，把印刷汉字或手写字直接输入计算机进行处理，从而省去人工编码和人工输入所需的大量工作。

3. 射线成像检测

图 11.18 给出了 X 射线成像检测系统。射线经过被测试件后直接由射线-可见光转换屏转换，而后由 CCD 相机获取转换后的图像，经数字图像处理系统处理后，转换为数字图像进行分析和识别，从而完成被测试件缺陷的射线实时检测。

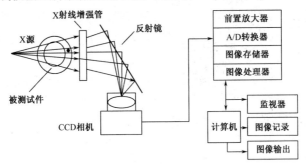

图 11.18 X 射线成像检测系统

思 考 题

11-1 电荷耦合图像传感器有哪几种，各由哪几部分组成？

11-2 如何实现 CCD 信号电荷的三相定向移动？试画出定向转移图。

第12章 磁传感器

目前,磁传感器的种类繁多,按其机理、作用原理可分为电磁感应式、半导体 PN 结磁敏特性式、洛伦兹力和霍尔效应式、磁致伸缩效应式、韦根德效应式等;按其材料可分为金属材料、半导体材料、磁性材料等;按其结构可分为丝形结构、体形结构、薄膜结构等。本章主要介绍霍尔传感器、磁敏二极管、磁敏三极管、磁通门磁力计、磁阻传感器、韦根德传感器和 Z-元件。

12.1 霍尔传感器

在磁场力作用下,金属或通电半导体中会产生霍尔效应,其输出电压与磁场强度成正比。基于霍尔效应的霍尔传感器可以用于测量多种物理量,在汽车、工业、计算机等行业中得到广泛应用,如齿轮速度检测、运动与接近检测及电流检测等。

12.1.1 霍尔传感器的原理

1. 霍尔效应

图 12.1 为霍尔效应原理图。在与磁场垂直的半导体薄片上通以电流 I,假设载流子为电子(N 型半导体材料),它沿与电流 I 相反的方向运动,在洛伦兹力 f_L 的作用下,电子向一侧偏转(图 12.1 中 f_L 所指方向),并使该侧形成电子的积累,而另一侧形成正电荷积累,于是元件的横向便形成了电场。该电场阻止电子继续向侧面偏移,当电子所受到的电场力 f_E 与洛伦兹力 f_L 相等时,电子的积累达到动态平衡。这时在两横端面之间建立的电场称为霍尔电场 E_H,相应的电动势称为霍尔电动势 U_H。

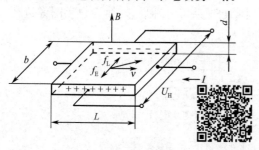

图 12.1 霍尔效应原理图　霍尔效应

设电子以相同的速度 v 按如图 12.1 所示方向运动,处于磁感应强度为 B 的磁场下,设正电荷所受洛伦兹力方向为正,则电子受到的洛伦兹力可表示为

$$f_L = -evB \tag{12-1}$$

式中,v——半导体中的电子运动速度;

$\quad B$——磁场的磁感应强度;

$\quad e$——电子电量。

与此同时,霍尔电场作用于电子的电场力 f_E 可表示为

$$f_E = (-e)(-E_H) = e\frac{U_H}{b} \tag{12-2}$$

式中,$-E_H$——电场方向与所规定的正方向相反;

$\quad b$——霍尔元件的宽度。

当电子的积累达到动态平衡时,二力代数和为零,即 $f_L + f_E = 0$,于是得

$$vB = \frac{U_H}{b} \tag{12-3}$$

又因为

$$j = -nev$$

式中，j——电流密度；

n——单位体积中的电子数，负号表示电子运动方向与电流方向相反。

于是电流强度 I 可表示为

$$I = -nevbd$$

$$v = -I/nebd \tag{12-4}$$

式中，d——霍尔元件的厚度。

将式(12-3)代入式(12-4)得

$$U_H = -IB/ned \tag{12-5}$$

若霍尔元件采用 P 型半导体材料，则可推导出

$$U_H = IB/ped \tag{12-6}$$

式中，p——单位体积中的空穴数。

由式(12-5)和式(12-6)可知，由供给霍尔电动势的正负电荷可以判断霍尔元件材料的类型。

2. 霍尔系数和灵敏度

设 $k_H = 1/ne$，则式(12-5)可写成

$$U_H = -k_H IB/d \tag{12-7}$$

式中，k_H——霍尔系数，其大小反映了霍尔效应的强弱。

由电阻率公式 $\rho = 1/ne\mu$ 得

$$k_H = \rho\mu \tag{12-8}$$

式中，ρ——霍尔元件材料的电阻率；

μ——载流子的迁移率，即单位电场作用下载流子的运动速度。

一般电子的迁移率大于空穴的迁移率，因此在制作霍尔元件时多采用 N 型半导体材料。

若设

$$K_H = k_H/d = -1/ned \tag{12-9}$$

将式(12-9)代入式(12-7)，则有

$$U_H = K_H IB \tag{12-10}$$

K_H 称为霍尔元件灵敏度，它表示霍尔元件在单位磁感应强度和单位控制电流作用下霍尔电动势的大小，其单位是(mV/mA·T)。由式(12-10)可得如下结论。

(1) 由于金属的电子浓度高，所以它的霍尔系数和灵敏度都很小，因此不适宜用于制作霍尔元件。

(2) 霍尔元件的厚度 d 越小，灵敏度越高，因而制作霍尔元件时可采取减小 d 的方法来增加其灵敏度。但不是 d 越小越好，d 过小会导致霍尔元件的输入和输出电阻增加，锗元件的厚度更不能做得很小。

12.1.2 霍尔元件的特性

1. 霍尔元件材料及结构

用于制造霍尔元件的材料一般为 N 型锗(Ge)、锑化铟(InSb)、砷化铟(InAs)等半导体材料。锑化铟元件的霍尔输出电动势较大,但受温度影响也大;锗元件的霍尔输出电动势虽小,但它的温度性能和线性性能比较好;而采用砷化镓材料做霍尔元件受到普遍重视。

霍尔元件结构比较简单,它由霍尔片、引线和壳体组成,如图 12.2 所示。霍尔片是一块矩形半导体薄片。在短边的两个端面上焊出两根控制电流端引线 A、B(也称电流电极,用来控制电流),在长边的两个端面中点用点焊形式焊出两根霍尔电动势输出引线 C、D(也称霍尔电极,用来引出和测量霍尔电动势),焊点要求接触电阻值小。霍尔片一般用非磁性金属、陶瓷或环氧树脂封装。

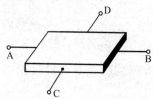

除了上述的矩形结构,霍尔片还有方形结构和对称十字形结构。后面两种结构的电流电极和霍尔电极可以互换使用,因为它们是对称结构。

图 12.2　霍尔元件示意图

2. 霍尔元件的特性参数

(1) 乘积灵敏度 K_H。

由 $K_H = k_H/d = -1/ned$ 可知,K_H 是指 I 为单位电流,B 为单位磁感应强度、霍尔电极为开路($R = \infty$)时的霍尔电动势。

(2) 额定控制电流 I_{CM}。

霍尔元件会因通电流而发热。使空气中的霍尔元件产生允许温升 ΔT 的控制电流称为额定控制电流 I_{CM}。当 $I > I_{CM}$ 时,霍尔元件温升将大于允许的温升,霍尔元件特性将变坏。

$$I_{CM} = b\sqrt{2\alpha_s d\Delta T/\rho} \tag{12-11}$$

式中,α_s——霍尔元件的散热系数;

ρ——霍尔元件工作区的电阻率。

一般 I_{CM} 为几毫安到几百毫安,与霍尔元件所用材料和霍尔元件尺寸有关。

(3) 磁灵敏度 K_B。

当控制电流为 I_{CM} 时,单位磁感应强度产生的开路霍尔电动势为 U_{Hm}。由 $U_H = K_H IB$ 和 $I_{CM} = b\sqrt{2\alpha_s d\Delta T/\rho}$ 可得,I_{CM} 对应的开路霍尔电动势为

$$U_{Hm} = \mu\rho^{1/2}b(2\alpha_s\Delta T/d)^{1/2}B \tag{12-12}$$

所以

$$K_B = U_{Hm}/B = \mu\rho^{1/2}b(2\alpha_s\Delta T/d)^{1/2} \tag{12-13}$$

K_B 单位为 V/T,μ 为半导体中载流子的迁移率。可见,选用乘积 $\mu\rho^{1/2}$ 和允许温升大的半导体材料,就可以得到较大的磁灵敏度,这也是 N 型砷化镓霍尔元件磁灵敏度较高的原因。

(4) 输入电阻 R_i 和输出电阻 R_o。

R_i 为霍尔元件两个电流电极之间的电阻,R_o 为两个霍尔电极之间的电阻。

(5) 不等位电动势 U_0 和不等位电阻(阻值为 r_0)。

若霍尔元件在额定控制电流下,当无外加磁场时,两个霍尔电极之间的开路电动势差称为

不等位电动势 U_0。一般来说,在 $B=0$ 时,应有 $U_H=0$,但是在工艺制备上,使两个霍尔电极的位置精确对准很难,以至在 $B=0$ 时,两个电极并不在同一等电位面上,从而出现电位差 U_0,显然这并不是磁场产生的霍尔电动势。在 $B\neq0$ 时,U_0 将叠加在 U_H 上,使 U_H 的示值出现误差。因此 U_0 越小越好,一般要求 $U_0<1\text{mV}$。U_0 的极性与控制电流的方向有关。

不等位电阻阻值定义为 $r_0=U_0/I_{CM}$,即两个霍尔电极之间沿控制电流的方向的电阻值。r_0 越小越好。

(6) 寄生直流电动势 U_{OD}。

当不加外加磁场时,霍尔元件通以交流控制电流,这时霍尔元件输出端除出现交流不等位电动势以外,如果还有直流电动势,则将此直流电动势称为寄生直流电动势 U_{OD}。

产生交流不等位电动势的原因与产生直流不等位电动势的原因相同。产生 U_{OD} 的主要原因是霍尔元件本身的四个电极没有形成欧姆接触(非整流接触),有直流效应。

(7) 磁非线性度 NL。

由 $\dot{U}_H=K_H IB$ 可知,在一定控制电流下,该关系式具有近似性,考虑到结构设计和工艺制备方面的原因,实际上对线性有一定程度的偏离。磁非线性度定义为

$$\text{NL}=\frac{U_H(B)-U'_H(B)}{U_H(B)}\times100\% \tag{12-14}$$

式中,$U_H(B)$ 和 $U'_H(B)$ 分别为在一定磁场 B 作用下,霍尔电动势的测量值和按公式 $U_H=K_H IB$ 计算的计算值。一般 NL 为 10^{-3} 数量级。NL 越小越好。

(8) 霍尔电动势温度系数 α。

在一定磁感应强度和控制电流下,温度每变化 1℃ 时的霍尔电动势的相对变化率称为霍尔电动势温度系数 α。砷化镓霍尔元件的 α 为 $10^{-5}/℃$ 数量级,锗、硅霍尔元件的 α 为 $10^{-4}/℃$ 数量级。α 有正负之分,α 为负值表示霍尔元件的 U_H 随温度升高而下降。α 越小越好。

(9) 内阻温度系数 β。

霍尔元件内阻阻值 R_i 和 R_o 随温度变化而变化,其变化率即内阻温度系数,约为 $10^{-3}/℃$ 数量级。β 越小越好。

(10) 工作温度范围。

锑化铟的正常工作温度范围为 $0\sim+40℃$,锗的正常工作范围为 $-40\sim+75℃$,硅的正常工作范围为 $-60\sim+150℃$,砷化镓的正常工作范围为 $-60\sim+200℃$。

3. 霍尔电压的基本特性

由 $U_H=K_H IB$ 可知,霍尔电压的基本特性如下。

(1) 在一定的工作电流 I_H 下,霍尔电压 U_H 与外磁场磁感应强度 B 成正比,这就是霍尔效应检测磁场的原理。

$$B=\frac{U_H}{K_H I_H} \tag{12-15}$$

(2) 在一定的外磁场作用下,霍尔电压 U_H 与通过霍尔元件的电流强度 I_H(工作电流)成正比,这就是霍尔效应检测电流的原理。

$$I_H=\frac{U_H}{K_H B} \tag{12-16}$$

12.1.3 测量电路

1. 霍尔元件的基本测量电路

霍尔元件的基本测量电路如图 12.3 所示。控制电流由电源 E 供给；R 为调整电阻，用于保证霍尔元件得到所需的控制电流。霍尔输出端所接负载 R_L 可以是一般电阻，也可以是放大器输入电阻或表头内阻等。

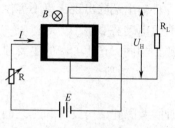

图 12.3 霍尔元件的基本测量电路

由 $U_H = K_H I B$ 可知，当 I 为直流、B 为直流磁场时，U_H 为直流信号；当 I 为直流，B 为交变磁场时，或者 I 为交流，B 为直流磁场时，U_H 为交流信号。

2. 误差分析及其补偿方法

（1）霍尔元件几何尺寸及电极焊点的大小对性能的影响。

在霍尔电动势的表达式中，是将霍尔片的长度 L 看作无限大来考虑的。实际上，霍尔片具有一定的长宽比 L/b，存在霍尔电场被控制电流极短路的影响，因此应在霍尔电动势的表达式中增加一项与霍尔元件几何尺寸有关的系数。这样式(12-10)可改写为

$$U_H = K_H I B f_H \qquad (12\text{-}17)$$

式中，f_H——霍尔元件的形状系数。

霍尔元件的形状系数与长宽比的关系如图 12.4 所示，由图 12.4 可知，当 $(L/b) > 2$ 时，形状系数 f_H 接近 1。因此为了提高霍尔元件的灵敏度，可适当增大 L/b 的值，但是在实际设计时取长宽比为 2 已经足够了，因为 L/b 过大会使输入功耗增加，降低已有的效率。

霍尔电极的尺寸大小对 U_H 的输出也存在一定的影响，如图 12.5 所示。按理想条件的要求，控制电流极与霍尔元件有良好的面接触，而霍尔电极与霍尔元件为点接触。实际上，霍尔电极有一定的宽度 l，它对霍尔元件的灵敏度和线性度有较大影响。研究表明，当 $(l/L) < 0.1$ 时，霍尔电极宽度的影响可忽略不计。

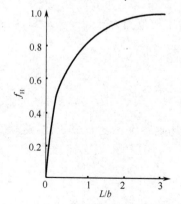

图 12.4 霍尔元件的形状系数与长宽比的关系　　图 12.5 霍尔电极的尺寸大小对 U_H 的输出影响

（2）不等位电动势 U_0 及其补偿。

不等位电动势是产生零位误差的主要原因。由于在制作霍尔元件时，无法保证将霍尔电

极精准地焊在同一等位面上,如图 12.6 所示。因此当控制电流 I 流过霍尔元件时,即使磁感应强度等于零,霍尔电极上仍有电动势存在,该电动势称为不等位电动势 U_0。在分析不等位电动势时,可以把霍尔元件等效为一个电桥,如图 12.7 所示。电桥的四个桥臂电阻阻值分别为 r_1、r_2、r_3 和 r_4。若两个霍尔电极在同一等位面上且此时 $r_1 = r_2 = r_3 = r_4$,则电桥平衡,输出电压 U_0 等于零。当霍尔电极不在同一等位面上时,因 r_3 增大而 r_4 减小,则电桥的平衡被破坏,使输出电压 U_0 不等于零,此时恢复电桥平衡的办法是减小 r_2 或 r_3。如果经测试确定了霍尔电极偏离等位面的方向,则可以采用机械修磨或化学腐蚀的方法来减小不等位电动势,以达到补偿不等位电动势的目的。

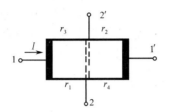
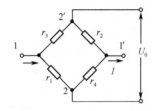

图 12.6　不等位电动势示意图　　　图 12.7　霍尔元件等效电路

在一般情况下,采用补偿线路进行不等位电动势补偿是一种行之有效的方法。不等位电动势的几种补偿线路如图 12.8所示。

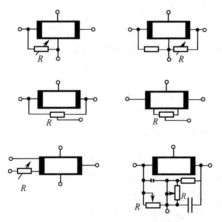

图 12.8　不等位电动势的几种补偿线路

(3) 寄生直流电动势。

除控制电流极和霍尔电极的欧姆电阻接触不良出现整流效应外,霍尔电极的焊点大小不同导致两焊点的热容量不同而产生的温差效应,也是形成寄生直流电动势的一个原因。

寄生直流电动势很容易导致输出产生漂移,为了减少漂移的影响,在制作和安装霍尔元件时,应尽量改善霍尔电极的欧姆电阻接触性能和霍尔元件的散热条件。

(4) 感应电动势。

霍尔元件在交变磁场中工作时,若霍尔电极的引线布局不合理,即使不加控制电流,输出回路中也会产生附加感应电动势,其大小不仅正比于磁场的变化频率和磁感应强度的幅值,并且与霍尔电极引线所构成的感应面积成正比,如图 12.9(a)所示。为了减小附加感应电动势,除合理布线外,还可以在磁路气隙中安置一个辅助霍尔元件,如图 12.9(b)所示,如果两个霍尔元件的特性相同,可以取得显著的补偿效果。

(5) 温度误差及其补偿。

霍尔元件与一般半导体元件一样,对温度变化十分敏感。这是由于半导体材料的电阻率、迁移率和载流子浓度等随温度变化的缘故。因此,霍尔元件的性能参数(如内阻阻值、霍尔电动势等)都将随温度变化。为了减小霍尔元件的温度误差,除选用温度系数小的元件(如砷化铟)或采用恒温措施外,还可采用恒流源供电,这样可以减小霍尔元件内阻阻值随温度变化而引起的控制电流的变化。但是采用恒流源供电不能完全解决霍尔电动势的稳定问题,因此还应采用其他补偿方法。图 12.10 是一种行之有效的温度补偿线路,在控制电流极上并联一个适当的补偿电阻(阻值为 r_0),当温度升高时,霍尔元件的内阻阻值迅速增加,使通过霍尔元件的电流减小,而通过补偿电阻的电流增加,利用霍尔元件内阻的温度特性和补偿电阻,可自动调节霍尔元件的电流大小,从而起到补偿作用。

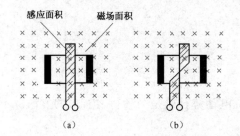 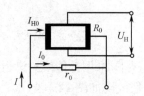

图 12.9　感应电动势及其补偿　　　　图 12.10　一种行之有效的温度补偿线路

补偿电阻阻值 r_0 的选择:设在某一基准温度 T_0 时,有

$$I = I_{H0} + I_0 \tag{12-18}$$

$$I_{H0}R_0 = I_0 r_0 \tag{12-19}$$

式中,I——恒流源输出电流;

　　I_{H0}——温度为 T_0 时,霍尔元件的控制电流;

　　I_0——温度为 T_0 时,补偿电阻中通过的电流;

　　R_0——温度为 T_0 时,霍尔元件的内阻阻值;

　　r_0——温度为 T_0 时,补偿电阻的阻值。

将式(12-18)代入式(12-19),整理后得

$$I_{H0} = \frac{r_0}{R_0 + r_0} I \tag{12-20}$$

当温度上升至 T 时,同理可得

$$I_H = \frac{r}{R + r} I \tag{12-21}$$

式中,R——温度为 T 时,霍尔元件的内阻阻值[$R = R_0(1+\beta t)$];

　　β——霍尔元件的内阻温度系数;

　　t——相对基准温度的温差($t = T - T_0$);

　　r——温度为 T 时,补偿电阻的阻值[$r = r_0(1+\delta t)$,δ 是补偿电阻的温度系数]。

当温度为 T_0 时,霍尔电动势为

$$U_{H0} = K_{H0} I_{H0} B \tag{12-22}$$

式中,K_{H0}——温度为 T 时,霍尔元件的灵敏度。

当温度为 T 时,霍尔电动势为

$$U_H = K_H I_H B = K_{H0}(1+\alpha t)I_H B \tag{12-23}$$

式中,K_H——温度为 T 时,霍尔元件的灵敏度;

α——霍尔电动势灵敏度的温度系数。

设补偿后输出霍尔电动势不随温度变化,则应满足条件

$$U_H = U_{H0} \tag{12-24}$$

即

$$K_{H0} = (1+\alpha t)I_H B = K_{H0} I_{H0} B \tag{12-25}$$

将式(12-20)和式(12-21)代入式(12-25),整理后得

$$(1+\alpha t)(1+\delta t) = 1 + \frac{R_0\beta + r_0\delta}{R_0 + r_0}t \tag{12-26}$$

将式(12-26)展开,略去 $\alpha\delta t^2$ 项(温度 $t < 100\,℃$ 时此项可以忽略),则有

$$r_0\alpha = R_0(\beta - \alpha - \delta) \tag{12-27}$$

即

$$r_0 = \frac{\beta - \alpha - \delta}{\alpha}R_0 \tag{12-28}$$

由于霍尔电动势灵敏度温度系数 α 和补偿电阻的温度系数 δ 比霍尔元件内阻温度系数 β 小得多,即 $\alpha < \beta$,$\delta < \beta$,于是式(12-28)可以简化为

$$r_0 = \frac{\beta}{\alpha}R_0 \tag{12-29}$$

式(12-29)说明,当霍尔元件的 α、β 及内阻阻值 R_0 确定后,补偿电阻阻值 r_0 便可求出。当霍尔元件选定后,其 α 和 β 值可以从霍尔元件参数表中查出,而霍尔元件内阻阻值 R_0 则可由测量得到。

实验表明,补偿后的霍尔电动势受温度的影响极小,而且对霍尔元件的其他性能无影响,只是输出电压稍有下降。这是由于通过霍尔元件的控制电流被补偿电阻分流的缘故。只要适当增大恒流源输出电流,使通过霍尔元件的控制电流达到额定值,输出电压就可保持原来的数值。

此外,还可以采用热敏电阻进行温度补偿,图 12.11 为锑化铟霍尔元件采用热敏电阻进行温度补偿的原理图,读者可自行分析。

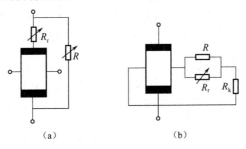

(a)　　　　　　　　　　(b)

图12.11　锑化铟霍尔元件采用热敏电阻进行温度补偿的原理图

12.1.4　霍尔集成传感器

霍尔效应建立了 U_H、I 和 B 的关系,霍尔元件本身就是一种磁电式传感器。霍尔元件产

生的电压U_H通常很小,应加以放大。用集成电路技术可以将霍尔元件、放大器、温度补偿电路、稳压电源等集成于一个芯片上,构成霍尔集成传感器(也称霍尔集成电路)。霍尔集成传感器按其输出信号的形式可分为线性型和开关型两种类型。

1. 霍尔开关集成传感器

霍尔开关集成传感器是以硅为材料,利用硅平面工艺技术制造的,其内部结构如图12.12所示。霍尔开关集成传感器由稳压电路、霍尔元件、放大器、整形电路、输出电路组成。稳压电路可使霍尔开关集成传感器在较宽的电源电压范围内工作,开路输出可使传感器方便地与各种逻辑电路相接。

当有磁场作用在霍尔开关集成传感器上时,根据霍尔效应,霍尔元件输出霍尔电压U_H,该电压经放大器放大后,送至整形电路。当放大后的U_H大于阈值(u_{th})电压时,施密特整形电路翻转,输出高电平;使半导体三极管VT导通。当磁场减弱时,霍尔元件的输出电压U_H很小,经放大器放大后其值也小于整形电路的阈值电压,整形电路由导通状态翻转为截止状态,输出低电平,使半导体三极管截止。这就是霍尔开关集成传感器的工作原理。

霍尔开关集成传感器的输出特性曲线如图12.13所示。由图12.13可知,霍尔开关集成传感器的工作特性有一定的磁滞B_H,这对开关动作的可靠性非常有利,传感器相当于双门限开关电路。图12.13中的B_{OP}为工作点"开"的磁感应强度,B_{RP}为工作点"关"的磁感应强度。当外加磁感应强度高于B_{OP}时,输出电平由高变低,传感器处于开状态;当外加磁感应强度低于B_{RP}时,输出电平由低变高,传感器处于关状态。

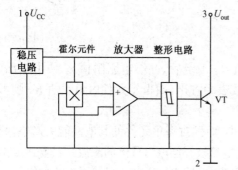
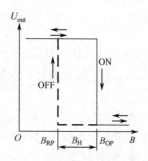

图12.12 霍尔开关集成传感器的内部结构　　图12.13 霍尔开关集成传感器的输出特性曲线

表12.1列出了霍尔开关集成传感器的技术参数。表12.1中的UGN-3075是一种双稳态型集成传感器,又称锁键型传感器,当外加磁感应强度超过工作点的磁感应强度时,其输出为导通状态;当外加磁场撤销后,输出仍保持不变,必须施加反向磁场并使反向磁场强度超过释放点的磁感应强度,才能使其关断。

表12.1　霍尔开关集成传感器的技术参数

型　号	UGN-3020	UGN-3030	UGN-3075
工作电压U_{CC}(V)	4.5～25	4.5～25	4.5～25
磁感应强度B(T)	不限	不限	不限
输出截止电压U_O(V)	≤25	≤25	≤25
输出导通电流I_{OL}(mA)	≤25	≤25	≤50
工作温度 TA(℃)	0～70	−20～85	−20～85
储存温度 TS(℃)	−60～150	−60～150	−60～150

型 号	UGN-3020	UGN-3030	UGN-3075
工作点 B_{OP}(T)	0.022~0.035	0.016~0.025	0.005~0.025
释放点 B_{RP}(T)	0.005~0.0165	−0.025~−0.011	−0.025~−0.005
磁滞 B_H(T)	0.002~0.0055	0.002~0.005	0.01~0.02
输出低电平 U_{OL}(V)	<0.04	<0.04	<0.04
输出漏电流 I_{OH}(mA)	<2.0	<1.0	<1.0
电源电流 I_{OC}(mA)	5~9	2.5~5	3~7
上升时间 t_r(ns)	15	100	100
下降时间 t_f(ns)	100	500	200

2. 霍尔线性集成传感器

霍尔线性集成传感器的输出电压与外加磁场强度为线性关系。霍尔线性集成传感器有单端输出和双端输出两种,如图 12.14 所示。单端输出的霍尔线性集成传感器是一个三端元件,它的输出电压对外加磁场的微小变化能进行线性响应。双端输出的霍尔线性集成传感器是一个双列直插 8 脚塑封元件,可提供差动射极跟随输出,还可提供输出失调调零。

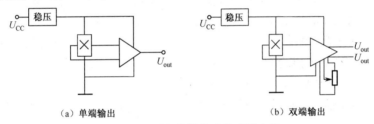

（a）单端输出　　　　　　（b）双端输出

图 12.14　霍尔线性集成传感器电路

常用霍尔线性集成传感器的技术参数如表 12.2 所示。

表 12.2　常用霍尔线性集成传感器的技术参数

型 号	电源电压 (V)	输出电压 U_O	灵敏度 I_{OL} (mV/mA·T)	带宽(kHz)	工作温度 (℃)	可互换的 国外同类产品
SL3501T	8~12	2.5~5	3500~7000	25	0~70	UGN-3501T
SL3501M	8~16	3.6	700~1400	25	0~70	UGN-3501M

12.1.5　霍尔传感器的应用

霍尔元件结构简单,形小体轻,无接触点,频带宽,动态特性好,寿命长,因而得到了广泛的应用。根据霍尔电动势的表达式,霍尔传感器可以用于以下几个方面。

当控制电流不变时,使霍尔传感器处于非均匀磁场中,霍尔传感器的输出正比于磁感应强度。因此,对于凡能转换为磁感应强度的量,霍尔传感器都能对其进行测量,如可以进行磁场、位移、角度、转速、加速度等的测量。

当磁场不变时,霍尔传感器的输出电压正比于控制电流。因此对于凡能转换成电流变化的各量,霍尔传感器均能对其进行测量。

霍尔传感器输出值正比于磁感应强度和控制电流之积。因此霍尔传感器可以用于乘法、功率等方面的计算。

1. 转速测量

当磁感应强度 B 与基片的法线方向之间的夹角为 θ 时($\theta \neq \pi/2$),可得

$$U_{\mathrm{H}} = \frac{k_{\mathrm{H}}}{d} BI\cos\theta$$

或

$$U_{\mathrm{H}} = K_{\mathrm{H}} BI\cos\theta \tag{12-30}$$

由式(12-30)可知,当 θ 变化时,将引起霍尔电动势 U_{H} 的改变。利用这一原理可以制成霍尔方位传感器、霍尔转速传感器。霍尔元件在恒定电流作用下,当它感受的磁场强度发生变化时,其输出的霍尔电动势 U_{H} 也会发生变化。霍尔转速传感器就是根据这个原理制作的,如图 12.15 所示。

如图 12.15 所示,将一个非磁性圆盘固定在被测转速轴上,圆盘的边上等距离嵌装一些永磁铁氧体,相邻两铁氧体的极性相反。由磁导体和置于磁导体间隙中的霍尔元件组成测量头,如图 12.15(a)右上角所示;测量头两端的距离与圆盘上两相邻铁氧体之间的距离相等。磁导体尽可能安装在铁氧体边上,当圆盘转动时,霍尔元件输出正负交变的周期电动势。

如图 12.15(b)所示,在被测转速轴上安装一个齿轮状的磁导体,对着齿轮,固定着一个马蹄形的永久磁铁,霍尔元件粘贴在该磁铁磁极的端面上。当被测转速轴旋转时,带动齿轮状磁导体转动,于是霍尔元件磁路中的磁阻发生周期性变化,该变化周期是被测转速轴转速的函数。磁阻的变化使霍尔元件感受的磁场强度发生变化,从而输出一列频率与转速成比例的单向电压脉冲。

以上两种霍尔转速传感器配以适当电路即可构成数字式或模拟式非接触式转速表。这两种转速表对被测转速轴影响小,输出信号的幅值又与转速无关,因此测量精度高。

2. 微位移测量

此外,在非电量测量技术领域中,利用霍尔元件可制成位移、压力、流量等传感器。图 12.16(a)是霍尔位移传感器的磁路结构示意图。在极性相反、磁场强度相同的两个磁钢气隙中放置一块霍尔片,当控制电流恒定不变时,磁场在一定范围内沿 x 方向的变化率 $\mathrm{d}B/\mathrm{d}x$ 为一个常数,如图 12.16(b)所示。

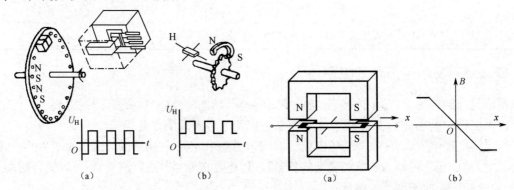

图 12.15　霍尔转速传感器原理图　　　图 12.16　霍尔位移传感器的磁路结构示意图

当霍尔片沿 x 方向移动时,霍尔电动势的变化为

$$\frac{\mathrm{d}U_{\mathrm{H}}}{\mathrm{d}x} = K_{\mathrm{H}} I \frac{\mathrm{d}B}{\mathrm{d}x} = K \tag{12-31}$$

式中,K——霍尔位移传感器输出灵敏度。

将式(12-31)积分,得

$$U_H = Kx \tag{12-32}$$

由式(12-32)可知,霍尔电动势与位移量 x 为线性关系,即当 $x=0$ 时,$U_H=0$,这是由于在此位置的霍尔片同时受到方向相反、大小相等的磁通作用。霍尔电动势的极性反映了霍尔片位移的方向。实践证明,磁场变化率越大,灵敏度越高;磁场变化率越小,线性度越好。基于霍尔效应制成的霍尔位移传感器一般可用于测量 $1\sim 2$mm 的小位移,其特点是惯性小,响应速度快。

3. 压力测量

图 12.17 是霍尔压力传感器的结构示意图。作为压力敏感元件的弹簧管,其一端固定,另一端安装霍尔元件。当被测压力增加时,弹簧管伸长,使处于恒定磁场中的霍尔元件产生相应位移,霍尔元件的输出即可反映被测压力的大小。

随着硅集成电路工艺的日臻完善,目前已研制出霍尔线性集成传感器及霍尔开关集成传感器。这两种新型霍尔传感器具有许多优点:灵敏度高,输出霍尔电动势大,在一般磁场作用下可得到几伏特霍尔电动势;对霍尔元件表面进行钝化处理后,其可靠性及温度稳定性大大提高;尺寸较小,开发应用更加灵活方便。

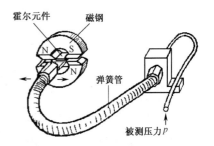

图 12.17 霍尔压力传感器的
结构示意图

12.2 磁敏二极管和磁敏三极管

磁敏二极管和磁敏三极管是继霍尔元件和磁敏电阻之后发展起来的新型磁电转换元件,具有磁灵敏度高(比霍尔元件的磁灵敏度高数百甚至数千倍),能识别磁场的极性,具有体积小、电路简单等特点,在检测、控制等方面得到了广泛应用。

12.2.1 磁敏二极管和磁敏三极管的结构原理

1. 磁敏二极管的结构原理

下面以我国研制的 2ACM-1A 为例说明磁敏二极管的结构原理。磁敏二极管的结构与电路符号如图 12.18 所示。磁敏二极管的结极是 P$^+$-i-N$^+$ 型的。在本征导电高纯度锗的两端,用合金法制成 P$^+$ 区和 N$^+$ 区,并在本征区——i 区的一个侧面上设置高复合区——r 区,而与 r 区相对的另一侧面保持为光滑无复合表面,这样就构成了磁敏二极管的管芯。

下面结合图 12.19 进行简要说明。当磁敏二极管外加正偏电压时,即 P$^+$ 区接电源正极,N$^+$ 区接电源负极,将会有大量的空穴从 P$^+$ 区注入 i 区,同时会有大量的电子从 N$^+$ 区注入 i 区,如图 12.19(a)所示。如果将这样的磁敏二极管置于磁场中,注入 i 区的电子和空穴都要受到洛伦兹力的作用而向同一个方向偏转。如图 12.19(b)所示,当受到外界磁场 H_+ 作用时,电子和空穴受洛伦兹力向 r 区偏移。由于电子和空穴在 r 区复合速度很快,因此进入 r 区的电子和空穴很快就被复合掉,因而 i 区的载流子密度减小,电流减

167

小,电阻值增加。i区电阻值增加,外加正偏电压分配在i区电压增加,那么加在P_i^+结、N_i^+结上的电压则相应减小,结电压减小进而使载流子注入量减少,以致i区电阻值进一步增加,一直到某一稳定状态。

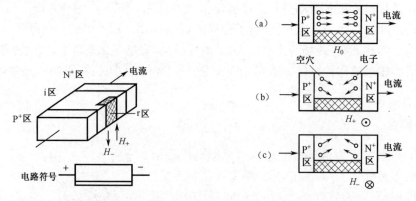

图 12.18　磁敏二极管的结构与电路符号　　　　图 12.19　磁敏二极管的工作原理

　　如图 12.19(c)所示,当受到反向磁场 H_- 作用时,电子和空穴向r区对面的光滑无复合表面移动,电子和空穴的复合率减小,同时载流子继续注入i区,i区载流子密度增加,电流增大,电阻值减小。结果正向偏电压分配在i区的压降减小,而加在P_i^+结和N_i^+结上的电压相应增加,进而促使更多的载流子向i区注入,从而使i区电阻值持续减小,即磁敏二极管电阻值持续减小,直到进入某一稳定状态。

　　由上述内容可知,随着磁场大小和方向的变化,磁敏二极管产生正负输出电压的变化,特别是在较弱的磁场作用下,可获得较大的输出电压变化。r区和其对面的光滑无复合表面复合能力之差越大,磁敏二极管的灵敏度就越高。

　　当磁敏二极管反向偏置时,其中仅流过微小的电流,几乎与磁场无关。磁敏二极管两端电压不会因受到磁场作用而有任何改变。

2. 磁敏三极管的结构原理

　　NPN 型磁敏三极管在弱 P 型近本征半导体上用合金法或扩散法形成三个极,即发射极、基极和集电极;在长基区的侧面制成一个复合速率很高的高复合区,即 r 区。长基区分为输运基区和复合基区。NPN 型磁敏三极管的结构与电路符号如图 12.20 所示。

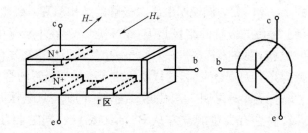

图 12.20　NPN 型磁敏三极管的结构与电路符号

　　结合图 12.21 分析磁敏三极管的工作原理。如图 12.21(a)所示,当不受磁场作用时,由于磁敏三极管长基区宽度大于载流子有效扩散长度,因注入载流子除少部分输入集电极 c 外,大部分通过 e-i-b 形成基极电流。显而易见,基极电流大于集电极电流,所以电流放大系数 $\beta = I_c/I_b < 1$。如图 12.21(b)所示,当受到磁场 H_+ 作用时,在洛伦兹力作用下,载流子向发射极一侧偏转,从而使集电极电流明显下降。如图 12.21(c)所示,当受到磁场 H_- 作用时,载流子在洛伦兹力作用下,向集电极一侧偏转,使集电极电流增大。

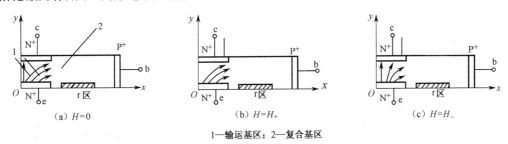

1—输运基区;2—复合基区

图 12.21　磁敏三极管工作原理示意图

12.2.2　磁敏二极管和磁敏三极管的技术参数

磁敏二极管的技术参数如表 12.3 所示。

表 12.3　磁敏二极管的技术参数

技 术 参 数	参 数 值
零磁场阻值 R_0(Ω)	200～400
磁阻比 R_B/R_0(当磁感应强度为 0.3T 时)	1.5～3
额定工作电流(mA)	5
最大工作电流(mA)	10
平均失效率	$<1 \times 10^{-5}$/h
电阻温度系数	-0.8%/℃

磁敏三极管的技术参数如表 12.4 所示。

表 12.4　磁敏三极管的技术参数

技 术 参 数	参 数 值
零磁场阻值 R_0(Ω)	$2 \times (20～50)$
磁阻比 R_B/R_0(当磁感应强度为 0.3T 时)	1.5～3
额定工作电流(mA)	5
最大工作电流(mA)	10
平均失效率 λ	$<1 \times 10^{-5}$/h
电阻温度系数 α	-0.8%/℃

12.2.3　典型补偿电路

1. 磁敏二极管温度补偿及提高磁灵敏度的措施

由于磁敏二极管受温度影响较大,因此为避免测试及其应用中产生较大误差,应进行温度补偿,常用温度补偿电路如图 12.22 所示。

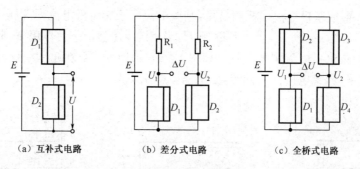

（a）互补式电路　　　　（b）差分式电路　　　　（c）全桥式电路

图 12.22　常用温度补偿电路

（1）互补式电路。

采用互补式电路可补偿磁敏二极管的温度漂移,如图 12.22(a)所示。选用特性相近的两只管子,按照磁极性相反的方向组合,即管子磁敏感面相对或相背重叠放置;或者选用磁敏对管(两只磁敏二极管管芯在一个基片上),将两只管串接在电路中就构成了互补式电路。互补式电路在无磁场作用时的输出电压 U_M 取决于两只管子的电阻的分压比关系;当温度变化时,两只管子的等效电阻值都改变,若它们的特性完全一样,则分压比关系不变,因而输出电压 U_M 不随温度变化,这就是温漂补偿原理。采用互补式电路除了可以进行温度补偿,还能够提高磁灵敏度。

（2）差分式电路。

差分式电路如图 12.22(b)所示,该电路同样可起到温度补偿并提高磁灵敏度的作用,其输出电压为

$$\Delta U = \Delta U_{1+} + \Delta U_{2-}$$

如果输出电压不对称,则可适当调整电阻 R_1 和 R_2,输出特性即可改善。

（3）全桥式电路。

全桥式电路如图 12.22(c)所示,该电路由两个磁极性相反的互补式电路组成。和互补式电路一样,全桥式电路的工作点只能选在小电流区且不能使用有负电阻特性的管子。全桥式电路具有较高的磁灵敏度。在给定的磁场中(如 $B = 0.1\text{T}$),全桥式电路的输出电压为

$$\Delta U = 2(\Delta U_{1+} + \Delta U_{2-})$$

全桥式电路对元件要求比较高,要求四个管子特性完全一致,这就给使用带来一定的困难。全桥式电路适用于对磁灵敏度要求比较高的场合。

2. 磁敏三极管温度补偿及提高灵敏度的措施

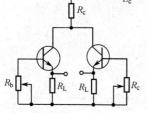

图 12.23　差分式补偿电路

用两只特性一致、磁极性相反的磁敏三极管可以组成差分式补偿电路,如图 12.23 所示,该电路还可以提高磁灵敏度。差分式补偿电路的输出电压的磁灵敏度可以为磁敏管正负向磁灵敏度之和。

12.2.4　磁敏二极管和磁敏三极管的应用

由于磁敏管具有较高的磁灵敏度,体积和功耗都很小,能识别磁极性等优点,所以其作为新型半导体敏感元件有着广泛的应用前景。

1. 测量较弱磁场

由于在较弱的磁场下[$-1\sim+1$(kGs)]，磁敏管输出与磁场强度基本成正比，因此磁敏管可以做成磁场探测仪，如高斯仪、漏磁测量仪、地磁测量仪等。用磁敏管做成的磁场探测仪可测量 10^{-3}Gs 左右的弱磁场。

2. 测量电流

利用磁敏管可以采用非接触式测量方法测量导线中的电流。由于通电导线周围有磁场，而磁场的强弱取决于通电导线中电流的大小，因此用磁敏管检测磁场即可确定电流大小。已有用磁敏管制成的既安全又省电的电流表。

3. 测量转速

如果旋转轴设置有径向磁场(可对旋转轴径向充磁或径向装上磁铁)，那么当旋转轴旋转时，在旋转轴附近会产生一个交变磁场。这样当装有磁敏管的探头靠近旋转轴附近时便能将交变磁场转换成交变电压，该交变电压经放大整形后输入频率计或其他记录仪，即能测量旋转轴的转速。磁敏二极管转速传感器如图 12.24 所示，该转速传感器可测转速高达数万转每分钟。

利用磁敏管可制成无电刷直流电动机，如图 12.25 所示。无电刷直流电动机的转子是用永久磁铁制成的。当接通电源时，转子转动，磁敏二极管输出一个信号电压用于控制开关电路，开关电路导通，定子线圈加入直流电流；定子上产生一个磁场，在磁力作用下进一步促使转子旋转，这样电动机就工作起来。无电刷直流电动机具有寿命长，可靠性高，抗干扰强和转速高等特点。

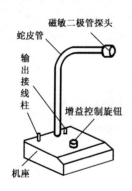

图 12.24　磁敏二极管转速传感器

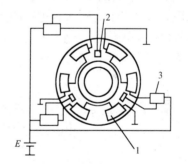

1—定子线圈；2—磁敏二极管；3—开关电路

图 12.25　无电刷直流电动机原理图

4. 磁敏二极管漏磁探伤

利用磁敏二极管可以检测弱磁场的变化这一特性，可制成漏磁探伤仪，其原理框图如图 12.26 所示。被测件为一根钢棒，钢棒被磁化部分与铁芯构成闭合磁路，由激励线圈感应的磁通 ϕ 通过钢棒局部表面。若钢棒没有缺陷存在，则探头附近没有泄漏磁通，探头没有信号输出；如果钢棒有局部缺陷，那么缺陷处的泄漏磁通将作用于探头，使探头产生输出信号。在探伤的过程中，钢棒进行回转运动，探头和带铁芯的激励线圈沿钢棒轴向运动，这样就可以快速地检测钢棒的全部表面。图 12.27 是漏磁探伤仪的探头结构及原理框图。

除了上述的应用,还可利用磁敏管进行位移、物位、振动、压力、流量和风速等参数的测量。可见磁敏管具有广泛的应用领域。

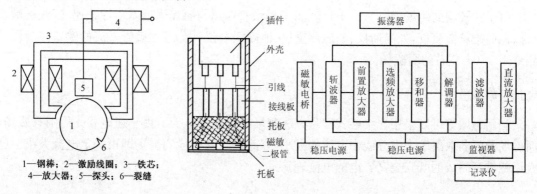

1—钢棒;2—激励线圈;3—铁芯;
4—放大器;5—探头;6—裂缝

图12.26 漏磁探伤仪的原理框图　　　图12.27 漏磁探伤仪的探头结构及原理框图

12.3 磁通门磁力计

磁通门磁力计也称磁饱和磁力计,是利用铁磁体磁化时在饱和区的非线性来测量磁场的装置。

12.3.1 磁通门磁力计结构与工作原理

1. 磁通门磁力计工作原理

磁通门磁力计测量磁场的过程实际上是一个调制与解调的过程。磁物理量不能被直接测量,只能采取间接测量的方式对其进行测量。将测量信号转化为电信号进行处理是常用的方法,因此将被测的磁场信号转化为电信号,提取此电信号中反映磁场大小的电信号并测量其幅值,就能得到相对应的磁场信号。磁通门磁力计测量原理如图12.28所示。

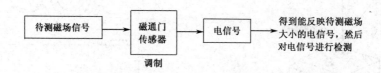

图 12.28 磁通门磁力计测量原理

一般来说,磁通门磁力计由磁通门传感器(探头)、激励电路和检测电路组成,其中磁通门传感器由高导磁铁芯、激励(初级)线圈和感应(次级)线圈组成。磁通门磁力计的结构图如图12.29所示。

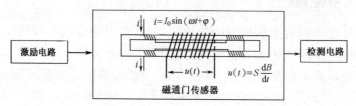

图 12.29 磁通门磁力计的结构图

磁通门传感器由高导磁铁芯外绕激励线圈、感应线圈组成。一般使用的高导磁铁芯材料具有矫顽力(H_c)小、磁导率(μ)高的特点。这样在外加磁场 H_0 有微小变化时,铁芯中的磁感应强度 B 有显著变化,在感应线圈中可以产生明显的电动势。

图 12.30 是高导磁铁芯材料的磁化曲线简图。高导磁铁芯材料的磁导率 $\mu = \dfrac{B}{H}$ 是 H 的函数,当铁芯达到磁化饱和时,μ 发生显著变化。磁通门磁力计正是基于高导磁铁芯材料磁化时的非线性特性来实现测量磁场的目的的。

2. 磁通门磁力计结构

磁通门磁力计主要由磁通门传感器(探头)、激励电路、检测电路三部分组成。

磁通门传感器主要包括高导磁铁芯、支撑铁芯的骨架、外面的绕线筒,以及激励、感应线圈,如图 12.31 所示。

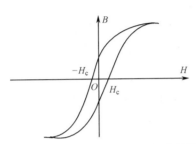 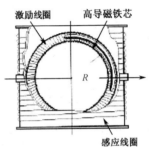

图 12.30　高导磁铁芯材料的磁化曲线简图　　图 12.31　磁通门传感器结构

磁通门传感器的分类如图 12.32 所示。磁通门传感器按激励方式分为水平方式、垂直方式和水平-垂直混合方式三种。一般而言,水平方式磁通门传感器拥有更好的噪声参数。磁通门传感器按铁芯外形分为跑道形和环形两种。

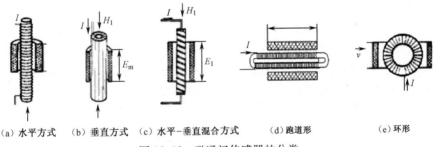

（a）水平方式　（b）垂直方式　（c）水平-垂直混合方式　（d）跑道形　（e）环形

图 12.32　磁通门传感器的分类

环形铁芯的主要特点是,铁芯有很好的结构平衡性和对称性,这种几何形状的铁芯能获得较低的噪声,但其退磁比跑道形铁芯的退磁大,所以灵敏度较低。跑道形铁芯的灵敏度较高,而且对垂直场的感应低,但在结构平衡性和对称性等几项性能上不如环形铁芯。环形是一种较好的结构形式,主要体现如下方面。

（1）它在形状上拥有更好的对称性。

（2）铁芯可能的拉伸应力被均匀分配性。

12.3.2　典型测量电路

磁通门电路主要包含两部分:激励部分和检测部分。

磁通门信号典型的检测方法是二次谐波法,其检测原理框图如图 12.33 所示。磁通门信号检测电路主要包括激励电路、倍频电路、滤波电路、相敏检波和放大电路。

二次谐波法的磁通门信号检测电路具有如下主要功能。

(1)提高前置放大器输入端信噪比,以使前置放大器能够承受噪声并保持信号放大的准确性。考虑到磁通门信号检测传感器输出阻抗以电感为主,许多磁通门信号检测电路在前置放大器前面设置并联电容,以构成 RLC 谐振电路。

(2)将磁通门传感器信号放大,以便进行各种技术处理。由于磁通门信号微弱,不宜直接进行滤波处理,所以要设置前置放大器。

(3)滤除噪声。由于噪声与磁通门传感器的测量值 H_o 无关,所以不允许在电路最终输出中残留其影响。

(4)具有相敏特性,使输出信号能表征磁场的极性。磁通门信号检测电路几乎都设置了相敏解调电路。

(5)提供平稳的模拟信号。

另外,磁通门信号检测电路还应该具有一些必要的功能:改善磁通门系统的动态性能;提高磁通门系统的分辨率;提高磁通门系统的测量上限;提高磁通门系统的精度。

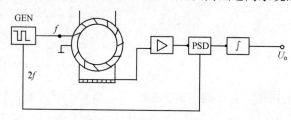

图 12.33　二次谐波法检测原理框图

12.3.3　磁通门磁力计的应用

磁通门磁力计在磁场测量方面,除可以对地球磁场、空间磁场等进行磁场强度测量外,还可以用来检测铁磁体的存在、强弱、分布及变异等。同时,磁通门磁力计在工程监测时,不但可以直接测量磁场强度的差值和梯度,还可以消除背景磁场。磁通门磁力计除可以测量磁场外,在许多领域都有广阔的应用前景。期望磁通门磁力计技术能在更多的实践中得到应用。

12.4　磁阻传感器

磁敏电阻效应是指某些材料的电阻值受磁场的影响而改变的现象,简称磁阻效应。磁阻传感器主要用来检测磁场的存在、强弱、方向和变化等。

12.4.1　磁阻效应

1.磁阻效应原理

当半导体片受到与电流方向垂直的磁场作用时,不但产生霍尔效应,还会出现电流密度下降和电阻率增大的现象。将外加磁场使电阻阻值发生变化的现象称为磁阻效应。一般从原理上可以把磁阻效应分为物理磁阻效应和几何磁阻效应。

（1）物理磁阻效应。

当通有电流的霍尔片放在与其平面垂直的磁场中经过一定时间后就会产生霍尔电场，且$qE_H=q\bar{v}B$（其中速度$\bar{v}$为平均速度）。在洛伦兹力和霍尔电场的共同作用下，只有载流子的速度刚好使其受到的洛伦兹力与霍尔电场力相同时，载流子（速度为$\bar{v}$）的运动方向才不发生偏转。载流子运动方向发生变化的直接结果是x方向（未加磁场之前的电流方向）的电流密度减小，电阻率增大，这种现象称为物理磁阻效应。速度大于$\bar{v}$的载流子会向下偏转；反之亦然，如图 12.34 中的直线 2 和直线 3 的方向。图 12.34 中圆弧变化原因是微观散射作用使电子加速到一定速度后又减小，再加速后再减小。因为外磁场方向与外电场方向（x方向）是相互垂直的，所以这种现象又称横向磁阻效应。

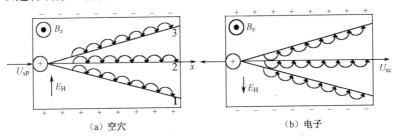

（a）空穴　　　　　　　　　　　（b）电子

图 12.34　载流子偏转示意图

通常将磁场引起的电阻值变化称为磁阻，用电阻率的相对改变描述其变化情况。设无磁场时材料的电阻率为ρ_0，加磁场B_z时的电阻率为ρ_B，则磁阻的变化为$\dfrac{\rho_B-\rho_0}{\rho_0}=\dfrac{\Delta\rho}{\rho_0}$。若用电导率表示，$\sigma_B$为加磁场$B_z$时材料的电导率，$\sigma_0$为无磁场时的电导率，则有

$$\frac{\Delta\rho}{\rho_0}=\frac{1-\sigma_B-1/\sigma_0}{1/\sigma_0}=-\frac{\sigma_B-\sigma_0}{\sigma_B}\approx-\frac{\sigma_B-\sigma_0}{\sigma_0}=-\frac{\Delta\sigma}{\sigma_0} \tag{12-33}$$

当磁场强度不大，即$\mu_H B_z\ll1$（μ_H为霍尔迁移率）时，由半导体理论和统计物理学计算知

$$\frac{\Delta\rho}{\rho_0}=-\frac{\Delta\sigma}{\sigma_0}=\xi R_{H0}^2\sigma_0 B_z^2 \tag{12-34}$$

式中，R_{H0}——弱磁场霍尔系数；

$\quad\sigma_0$——零磁场电导率；

$\quad\xi$——横向磁阻系数。

$$\xi=\frac{(\tau^3v^2)(\tau v^2)}{\tau^2 v^2}-1$$

式中，τ——弛豫时间；

$\quad v$——电子的运动速度。

对于非半导体，长声学波散射时的$\xi=0.275$；电离杂质散射时的$\xi=0.57$，实际中的ξ可以测量出来。则磁阻比为

$$\frac{R_B}{R_0}=\frac{\rho_B}{\rho_0}=1+\xi\mu_H^2 B_z^2 \tag{12-35}$$

式（12-35）表明，在弱磁场下，随着磁场强度的增加，磁阻按平方增加。

当磁场增强到较强时，$\Delta\rho/\rho_0$近似正比于B_z，磁阻也近似正比于B_z，即磁场增加，磁阻线性增加。当磁场进一步增强，达到$\mu_H B_z\gg1$时，电阻率饱和，磁阻也达到最大值。令ρ_∞代表强磁场时的电阻率，此后磁阻比ρ_∞/ρ_0为常数。对于声学波散射，ρ_∞/ρ_0为 1.13；对于电离杂质散射，ρ_∞/ρ_0为 3.4。

当两种载流子均须计入时,即使不计载流子速度的统计分布,也会产生横向磁阻效应,如图 12.35 所示。当 $B_z=0$ 时,$\boldsymbol{J}=\boldsymbol{J}_n+\boldsymbol{J}_p$;当加以如图 12.35 所示的磁场 B_z 时,电子和空穴沿 y 方向电流均不为零,由统计规律知 $\boldsymbol{J}_n$ 和 $\boldsymbol{J}_p$ 向相反方向偏转,但合成电流 $\boldsymbol{J}$ 仍沿外加电场方向,因而总的合成电流减小,相当于电导率减小,电阻率增大。

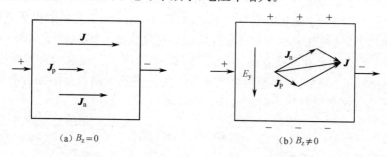

(a) $B_z=0$ 　　　　　　　　　　　　(b) $B_z \neq 0$

图 12.35　两种载流子的运动

(2)几何磁阻效应。

在相同磁场作用下,由于半导体片几何形状的不同而出现电阻值变化不同的现象称为几何磁阻效应。产生几何磁阻效应的原因是半导体片内部电流分布受外磁场作用而发生变化。

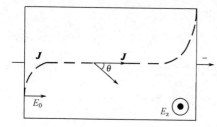

图 12.36　J 与 E 的方向关系

从图 12.36 中可以看到,在长方形半导体片的电流端,霍尔电场 E_H 受到电流电极短路作用而减弱,电子运动受到洛伦兹力的影响而发生偏斜,则此处的电流方向发生偏斜;在半导体片中间部分,霍尔电场 E_H 不受电流电极短路作用的影响,电子运动受霍尔电场 E_H 作用及洛伦兹力作用达到平衡,运动方向不发生变化。但电场 E 因受霍尔电场 E_H 作用而发生偏斜,它与电流方向夹角也是霍尔角 θ。这样,当半导体片长度减小,不受影响的区域变小,霍尔电场 E_H 受电流电极短路作用更为显著,几何磁阻效应也更为显著。

2. 各向异性磁阻效应

各向异性磁阻效应(AMR)指在铁磁金属或合金中,磁场平行电流和垂直电流方向电阻率发生变化的效应。

各向异性磁阻传感器的基本单元是用一种长而薄的坡莫(Ni-Fe)合金并用半导体工艺沉积在硅衬底上制成的,沉积时,薄膜以条带的形式排布,形成一个平面的线阵以增加磁阻感知磁场的面积。外加磁场使磁阻内部的磁场指向发生变化,进而磁场与电流的夹角 θ 发生变化,就表现为磁阻电阻阻各向异性的变化。各向异性磁阻效应服从式

$$R(\theta)=R_\perp \sin^2\theta+R_{//}\cos^2\theta \tag{12-36}$$

式中,$R_\perp$——电流方向与磁化方向垂直时的电阻值;

$R_{//}$——电流方向与磁化方向平行时的电阻值。

从图 12.37 中可以清楚地看到,当电流方向与磁化方向平行时,各向异性磁阻传感器最敏感。而一般磁阻传感器都工作于图 12.37 中 45°线性区附近,这样可以实现输出的线性特性。

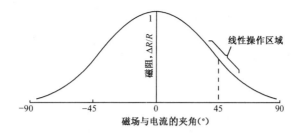

图 12.37   磁阻灵敏度随磁场与电流夹角变化关系曲线

3. 巨磁电阻效应

巨磁电阻的磁阻特别大,一般材料的磁阻通常小于1‰,而巨磁电阻的磁阻可达百分之几十,甚至更高,提高了一到两个数量级。相关因素的微小变化即可使巨磁电阻的阻值发生大的改变,从而能够用来探测微弱的信息。另外,技术上应用的磁阻材料很多情况下要求它的磁阻具有各向异性,即材料和它在磁场中的磁化方向有关。换言之,材料被磁化后,其电阻值随材料的取向不同而不同,磁阻是材料的磁化方向与其中电流方向取向的函数。巨磁电阻的电阻率也和材料磁化方向的相对取向有关,但是电阻率随取向的变化和上述规律不同。例如,对于至少由3层膜构成的一类巨磁电阻材料,两层铁磁膜被薄的导体中间层隔开,此3层薄膜结构的材料在外磁场中的电阻率随两铁磁膜磁化方向间的夹角 ϕ 的变化而变化,并且满足

$$\rho(\phi) = \rho(0°) + [\rho(90°) - \rho(0°)] \times \frac{1 - \cos\phi}{2} \tag{12-37}$$

据此,巨磁电阻的磁阻可以在更大的角度范围内随角度的变化接近线性变化。

12.4.2   磁阻元件

1. 常用磁阻元件

常选用锑化铟、砷化铟等高迁移率的材料来制作磁阻元件。磁阻元件常制成栅格状,即在长方形锑化铟样品上,有规则地铺设与电流方向垂直的金属电板,将样品分成许多小区域,每个小区域宽度比长度大得多,相当于许多长宽比很小的电阻串联。这种方法可增大阻值并提高灵敏度。

常用的磁阻元件有半导体磁阻元件和强磁磁阻元件。磁阻元件内部可以制作成半桥或全桥等多种形式。

2. 磁阻元件的主要特性

(1) 灵敏度特性。

磁阻元件的灵敏度特性是用一定磁场强度下的电阻值变化率来表示的,即磁场-电阻特性的斜率,常用 K 表示,单位为 mV/mA.kG,即 Ω. Kg。在运算时,灵敏度常用 R_B/R_0 求得,R_0 表示在无磁场情况下,磁阻元件的电阻值;R_B 表示在施加 0.3T 磁感应强度时,磁阻元件的电阻值,在这种情况下,一般磁阻元件的灵敏度大于 2.7。

(2) 磁场-电阻特性。

磁阻元件的电阻值与磁场的极性无关,它只随磁场强度的增加而增加。在 0.1T 以下的弱磁场中,磁场-电阻特性曲线呈现平方特性,而超过 0.1T 后呈现线性变化,如图 12.38 所示。

图 12.39 是强磁磁阻元件的磁场-电阻特性曲线。从图 12.39 中可以看出,随着磁场的增

加,电阻值减少,并且在磁通密度为数十高斯到数百高斯时,电阻值饱和。一般电阻值变化百分之几。

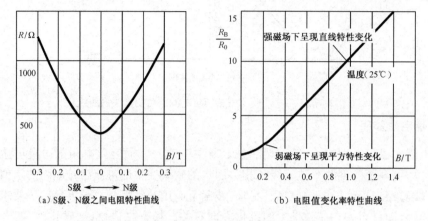

(a) S级、N级之间电阻特性曲线　　　　　(b) 电阻值变化率特性曲线

图 12.38　磁阻元件的磁场-电阻特性曲线

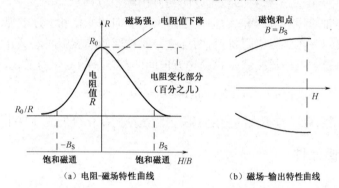

(a) 电阻-磁场特性曲线　　　　　(b) 磁场-输出特性曲线

图 12.39　强磁磁阻元件的磁场-电阻特性曲线

(3) 电阻-温度特性。

半导体磁阻元件的温度特性不好,因此,在应用时,一般都要设计温度补偿电路。强磁磁阻元件常用恒压方式来获得良好的温度特性。

12.4.3　典型电路

将 4 个磁敏电阻连接成惠斯通电桥的形式,设磁场 H 与 R_A 夹角为 θ,则 H 与 R_B 夹角为 $(90°-\theta)$,如图 12.40 所示。

$$R_A(\theta)=R_C(\theta)-R_\perp \sin^2\theta+R_{//}\cos^2\theta \tag{12-38}$$

$$R_B(\theta)=R_D(\theta)-R_\perp \cos^2\theta+R_{//}\sin^2\theta \tag{12-39}$$

输出电压为

$$U_{out}=\frac{U_{bridge}}{R_A+R_B}-\frac{U_{bridge}}{R_C+R_D}=\frac{U_{bridge}(R_B-R_C)}{R_\perp+R_{//}}$$

$$=U_{bridge}\frac{(R_\perp-R_{//})\cos2\theta}{R_\perp+R_{//}} \tag{12-40}$$

可见,由被测磁场引起的 θ 的变化可以转化为输出电压的变化而表现出来,这样就将磁信号转变成了电信号。

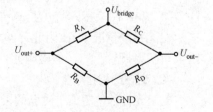

图 12.40　磁阻传感器等效电路

12.4.4 应用

磁阻元件主要用于检测磁场,制作无接触电位器、磁卡识别传感器、无接触开关等。

1. 各向异性磁阻传感器的应用

由于各向异性磁阻传感器具有优良特性,因此人们将它广泛用于技术领域,如磁罗盘、电流测量、流动检测、转速检测、阀位控制、点火定时、机器人控制、阀门位置检测、周期和时间测量、位移和力的测量、直线或旋转运动和位置检测,以及磁场分布的测量和铁磁材料磁滞回线的测量等领域。表 12.5 和表 12.6 给出了各向异性磁阻传感器的特点、说明与主要应用领域。

表 12.5   各向异性磁阻传感器的特点及说明

特 点	说 明
高灵敏度	允许其工作距离较大
低电阻值	对电干扰不灵敏
工作温度高	可在 150℃下连续工作,在 175℃下峰值工作
工作频带宽	从直流到几兆赫兹
采用了金属薄膜技术	长时间工作稳定性好
对机械应力不敏感	可在较恶劣的环境下工作
小尺寸	可做到微米尺寸,有利于集成化

表 12.6   各向异性磁阻传感器的主要应用领域及说明

主要应用领域	说 明
交通控制	探测交通工具
低成本导航	精度约为 1°的简单指南系统,适合机动应用
远距离金属目标探测	地磁场作用下的扰动测量探测金属目标,如军用机车
运动检测	测量运动物体的位置相对于地磁场的变化
电流检测	如地漏开关
磁场检测	范围为 10A/m～10kA/m
直流电流测量	电动机启动电流
角度或位置测量	感应加速脚踏板和活塞位置,工业自动控制系统的位置传感,力/加速度/压力测量等
标记测量与计数	汽车 ABS 系统车轮传感器,转速计数器,流量计等
磁记录	磁头,磁卡

HMC1002 就是一种各向异性磁阻传感器,采用 SOIC 封装,体积小,质量轻,将输出引脚接精密仪器放大器后,可用于二维磁场测量。HMC1002 与一维传感器相结合还可以测量磁场在空间中的分布。图 12.41 是 HMC1002 芯片实物图。

HMC1002 可测磁场范围宽,达 $\pm 6 \times 10^{-4}$ T;测量灵敏度高,达 3mV/ ($V \times 10^{-4}$ T),最低可测量 30×10^{-4} T 的磁场;低温漂,在内部集成的复位电路的作用下,在 $-40 \sim 125℃$ 范围内,温漂只有 $\pm 0.001\%/℃$;低噪声,在电桥电压为 5 V 时,待测磁场在 1 Hz 附近,噪声为 29 nV/Hz;低延

图 12.41   HMC1002 芯片实物图

迟,在±(2×10⁻⁴) T 的范围内进行扫描,延迟只有 0.05 ％FS,可用于高频场测量。

HMC1002 在识别检测方面的应用原理:对于一些已知物体周围的磁场,通过数据采集卡收集磁场数据并将其储存到计算机中,建立物体磁场的数据库;对于一个未知物体,通过测量其周围的磁场,将测量结果与数据库内数据进行相关性检测,可以在一定程度上判别物体是否为数据库所记物体。HMC1002 实现了二维平面图形的相关检测,实验中将三角形、圆形、矩形、抛物线及一些不规则图形产生的理论磁场值存入计算机,把实测的圆形的磁场值与数据区数值进行相关性检验,根据相关系数公式

$$r = \frac{\sum_{i=0}^{n} x(i)y(i)}{\sqrt{\sum_{i=0}^{n} x(i)^2 \sum_{i=0}^{n} y(i)^2}} \tag{12-41}$$

可以很好地鉴别出圆形,相关识别应用电路如图 12.42 所示。

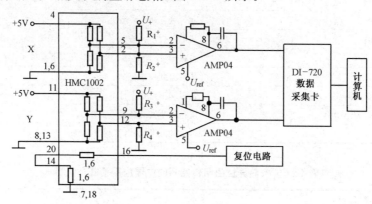

图 12.42　相关识别应用电路

HMC1002 通过测量磁场的强弱,还可以进行位置、距离的判别。利用磁阻来获取磁场信息有非接触、成本低、体积小、隐蔽性好的优点,也可方便地实现与计算机的接口互连。

2. 巨磁电阻传感器的应用

(1) 巨磁电阻磁场传感器。

巨磁(GMR)材料最初是作为计算机硬盘的读出磁头的磁场传感器的制作材料而获得商业化应用的。图 12.43 是巨磁读出磁头的简单模型。当记录媒质上的剩余磁场作用于巨磁读出磁头时,自旋阀多层膜的自由层磁化强度方向发生变化,从而引起磁头电阻值的变化。巨磁读出磁头电阻值的变化通过磁头的电流反映出来。

图 12.44 是自旋阀型巨磁电阻传感器的原理示意图。自由层和铁磁层被非磁性金属层(隔离层)隔开,通过反铁磁层的交换耦合,铁磁层的磁矩被钉扎在 Y 轴方向,自由层磁矩随信号场变化而翻转。

自旋阀型巨磁电阻传感器总的电阻值变化可表示为

$$\Delta R \propto \cos(\theta_1 - \theta_2)$$
$$\Delta R \propto \sin\theta_1$$

如果自由层的单轴各向异性按磁化轴横向信号场取向时,则有 $\sin\theta_1 \propto H$,而 $\Delta R \propto \sin\theta_1$,所以有 $\Delta R \propto H$,即电阻值的变化与磁场强度为线性响应。

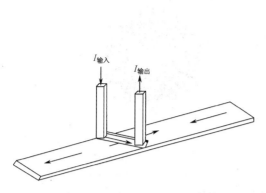

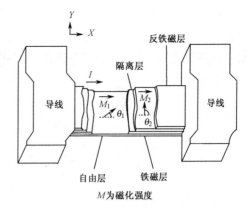

图 12.43 巨磁读出磁头的简单模型　　图 12.44　自旋阀型巨磁电阻传感器的原理示意图

（2）巨磁电阻电流传感器。

在利用巨磁电阻电流传感器测量电流时,基本测量原理和磁场电流传感器测量电流的基本测量原理相同,通常先测量磁场的大小,然后进行相应的变换,这样才能够获取电流的数值。巨磁电阻电流传感器普遍采用惠斯通桥式结构进行传感头的设计,如图 12.45 所示。

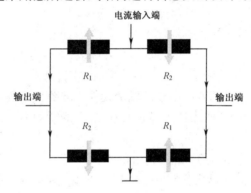

图 12.45　惠斯通桥式结构的基本原理

在惠斯通桥式结构中,对应桥臂的巨磁电阻敏感方向相同,这样设计的目的是增加传感器输出信号的灵敏度。在传感器的设计中,将其中的一对桥臂电阻用软磁材料进行屏蔽,该软磁材料对另外的桥臂电阻则起到磁通汇聚的作用,这样的设计使得传感器在 ± 15192 kA/ m（200oe）的磁场变化范围内具有 0.99993 的线性度。

（3）巨磁电阻位移传感器。

巨磁电阻位移传感器的测量原理如图 12.46 所示。当巨磁电阻位移传感器在位置 A、B 之间滑动时,其输出会呈线性变化,通过相应的转换即可得到位移的变化。目前这种传感器的灵敏度已经可以达到 $1\mu m$ 以下。

另外的测量方案就是在移动物体上放置永磁体,而将巨磁电阻位移传感器固定。

（4）巨磁电阻角度和角速度传感器

巨磁电阻角度和角速度传感器原理图如图 12.47 所示。在图 12.47 中,当齿轮转动时,靠近齿轮的永磁体磁场分布会发生变化,放置的巨磁电阻传感器将有周期性信号输出。通过对信号进行分析处理即可得到角速度,也可得知任意时刻相对于基准点的角度。另外,可以将永磁体固定在齿轮上,得到输出信号特点与如图 12.47 所示的输出信号特点相同。

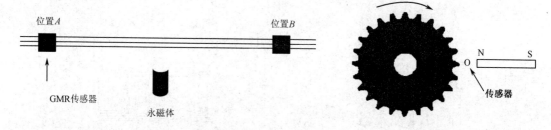

图 12.46 巨磁电阻位移传感器的测量原理

图 12.47 巨磁电阻角度和
角速度传感器原理图

巨磁电阻传感器具有体积小,抗恶劣环境,灵敏度高等优点,因此在很多领域都有了成功的尝试,应用前景广阔。

12.5 其他类型的磁传感器

12.5.1 韦根德传感器

1. 韦根德效应

韦根德传感器是根据韦根德效应制成的磁敏元件。坡莫合金等强磁性金属合金丝经过特殊加工后,可以使丝内外层的矫顽力产生显著差别:外层的矫顽力比内层的矫顽力大一个数量级。这种金属丝就是韦根德丝。

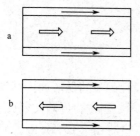

由于韦根德丝的内外层矫顽力差别较大,因此它具有两种稳定的磁化状态:内外层被同方向磁化;内外层被反方向磁化,如图 12.48 所示。利用适当的外磁场,可使韦根德丝内层的磁化状态突然反转,从状态 a 突然变为状态 b,或从状态 b 突然变为状态 a,这种在外磁场作用下发生状态反转的效应称为韦根德效应。

图 12.48 韦根德效应

2. 韦根德传感器的结构

韦根德传感器由三部分组成:韦根德丝;检测线圈,缠绕在韦根德丝上或放置在韦根德丝附近;磁铁。韦根德传感器结构如图 12.49 所示。

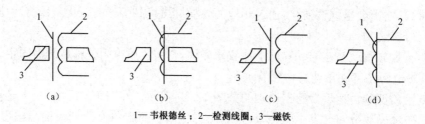

（a）   （b）   （c）   （d）

1—韦根德丝;2—检测线圈;3—磁铁

图 12.49 韦根德传感器结构

3. 工作方式

根据韦根德丝外部磁场引入的方式不同,韦根德传感器有两种驱动方式:非对称驱动方式和对称驱动方式。在非对称驱动方式中,先把韦根德传感器置于一种名为渗透磁场的强磁场中,此时韦根德丝的外壳和内芯按同一方向极化,如图12.50(a)所示;再把韦根德传感器置于一种名为复位磁场的弱磁场中,此时韦根德丝内芯的极性反向,而外壳的极性不变,如图12.50(b)所示;然后把韦根德传感器置于渗透磁场中,韦根德丝内芯与外壳的极性又恢复至如图12.50(a)所示的情况;韦根德丝中磁场的变化使检测线圈中一个周期内产生单一方向的电压脉冲,如图12.50(c)所示。

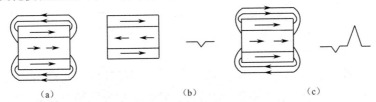

图 12.50 非对称驱动方式

在对称驱动方式中,采用两块磁场强度大小相等但极性相反的磁铁,先用一块磁铁对韦根德丝的外壳和内芯按同一方向进行渗透,如图12.51(a)所示;再将韦根德丝切换到另一块磁铁,在这一过程中,韦根德丝线芯的极性首先改变,如图12.51(b)所示,然后外壳的极性发生改变,由此,检测线圈中产生一个方向的电压脉冲输出,如图12.51(c)所示;接着,将韦根德丝转回第一块磁铁,韦根德丝内芯的极性首先改变为起始的极性,如图12.51(d)所示,外壳的极性随后也改变为起始的极性,检测线圈在这一过程中产生相反方向的电压脉冲输出,如图12.51(e)所示。

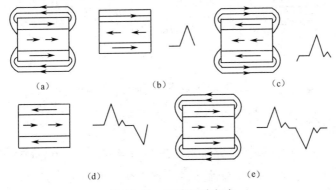

图 12.51 对称驱动方式

4. 影响输出电压脉冲的因素

对称驱动方式可产生大小相等、方向相反的电压脉冲,但是这些脉冲的幅值要比非对称驱动产生的脉冲幅值低。韦根德传感器产生的电压脉冲受下列几个因素的影响。

(1)脉冲宽度由检测线圈内的电磁场转换速度决定,而电磁场转换速度受检测线圈中流过电流的影响。因此,脉冲宽度随负载电流的增加而增加。

(2)电压脉冲受韦根德丝和检测线圈之间距离的影响,距离过大,脉冲的幅值将显著减小。因此,缠绕在韦根德丝上的检测线圈层数不宜太多。

(3)将几根韦根德丝并联在一起,使切换的磁场与单根时切换的磁场相同,这样输出电压脉冲的幅值将会增加。

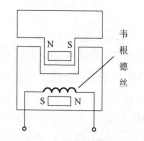

图 12.52 用韦根德丝制成的
韦根德触觉传感器

5. 应用

（1）韦根德触觉传感器。

图 12.52 是用韦根德丝制成的韦根德触觉传感器。韦根德丝上绕有探测线圈，其下方为一个可使韦根德丝磁化的永久磁铁。当上面的键向下移动至与下面部分接触时，上面的永久磁铁更接近韦根德丝，但其极性与下面的永久磁铁极性相反，这就使得韦根德丝内层的磁化方向反转，探测线圈输出一个尖脉冲。韦根德丝一般长约几厘米，直径约为 0.3mm，磁敏元件线圈匝数为 1000～2000 匝，输出脉冲电压为几伏特数量级，脉冲宽度约为 20μs。

（2）在椭圆齿轮流量计中的应用。

椭圆齿轮流量计是总量测量仪表，在流量计中，转子每转一周所排出的流量是定值。因此，测出转子的转数就可以计算出流量。椭圆齿轮流量计的发信装置就是直接或间接用来测量转子转数的装置。由韦根德传感器构成的无源发信装置原理结构如图 12.53 中虚线部分。当铁磁体转到韦根德组件下方时，磁场变化引起检测线圈中磁通量变化，在检测线圈中产生较大的电压脉冲输出，脉冲的频率正比于流体的流量。此脉冲信号经过放大、整形、计数处理后由指针式或数字式仪表显示流量的值。

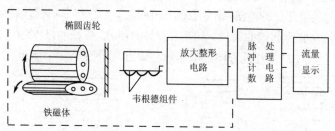

图 12.53 在椭圆齿轮流量计中的应用

12.5.2 Z-元件

1983 年，苏联科学院控制科学研究所常年研制传感器的 V. ZOTOV 教授在做实验时突然发现了一个现象：在一个原本输出直流信号的输出端却测出了大幅值振荡波形。他最初以为机器出现了故障或存在干扰信号，后经过仔细分析确认这是一项新的发现，经过测试，这批元件大部分都具有这种特性。为复制出更多具有这种特性的元件，在经历了无数次失败后，研发人员于 1985 年终于在物理原理、半导体理论上有了新的突破，掌握了后来被称为 Z-元件的工作机理，并能批量试制 Z-元件。

1. Z-元件的基本特性

Z-元件是一种 N 区被重掺杂补偿的特殊 PN 结，是一种两端子敏感元件，它具有较高的输出灵敏度。

Z-元件的半导体结构如图 12.54(a)所示。Z-元件的企业标准电路符号如图 12.54(b)所示，图中加号"＋"表示 PN 结 P 区，即在正偏使用时接电源正极。图 12.54(c)为正向伏安特性曲线，该特性曲线可分成三个工作区：M_1 高阻区，M_2 负阻区，M_3 低阻区。以下四个特征参数可用于描述正向伏安特性。

U_{th}：阈值电压，表示 Z-元件结压降的最大值，用户可在 3～100V 选择。

I_{th}：阈值电流，对应于 U_{th} 的电流，通常为 0.3～3.0mA。

U_f：导通电压，表示 Z-元件从 M_1 区跳变到 M_3 区后所对应的结电压。

I_f：导通电流，对应于 U_f 的电流。

M_1 区动态电阻值很大，M_3 区动态电阻值很小（接近零），从 M_1 区到 M_3 区的转换时间很短（微秒级）。与其他具有"S"型特性的半导体元件相比，Z-元件的"S"型特性十分优异，为在形态上加以区别，称 Z-元件的"S"型特性为"L"型特性。

Z-元件具有两个稳定的工作状态：高阻状态和低阻状态，工作的初始状态可按需要设定。若静态工作点设定在 M_1 区，则 Z-元件处于稳定的高阻状态，作为开关元件在电路中相当于"阻断"；若静态工作点设定在 M_3 区，则 Z-元件处于稳定的低阻状态，作为开关元件在电路中相当于"导通"。

在正向伏安特性曲线上，P 点是一个特别值得关注的点，称为阈值点，其坐标为 $P(U_{th}, I_{th})$。P 点对外部激励（如温、磁、光、力等）十分敏感，其灵敏度比正向伏安特性曲线上其他诸点的灵敏度要高许多。利用这一性质，可通过电压控制，使工作点逼近阈值点，Z-元件可从高阻状态迅速通过负阻区跳变到低阻状态；或者通过外部激励控制，使阈值点逼近工作点，Z-元件可从低阻状态迅速通过负阻区跳变到高阻状态。在上述两种情况下，只要满足状态转换条件，都将引起 Z-元件工作状态的快速转换，从而产生开关量输出。

Z-元件的反向伏安特性曲线如图 12.54(d)所示。Z-元件的反向击穿电压很高（约为 200～300V），反向电流很小（约为十几微安到几十微安）。以温敏 Z-元件为例，在常用反向电压范围内，如 $U_R<36V$，其反向线性特性良好，而且工作温度越低，其线性度越好。当电源电压不变时，随温度升高，反向电流增加，Z-元件具有正温度系数。

Z-元件的反向应用具有低功耗特点，利用这一特点可开发低功耗温度传感器，或者其他低功耗电子产品。

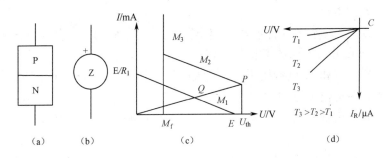

图 12.54　电路符号与伏安特性曲线

2. 基本应用电路

（1）Z-元件的基本应用电路。

Z-元件的基本应用电路如图 12.55 所示，其中负载电阻 R_L 用于限制工作电流，并获取输出信号。

图 12.55(a)为开关量输出电路，通过＋E 和 R_L 设定工作点 Q。若工作点选择在 M_1 区，则 Z-元件处于小电流工作状态，输出电压为低电平。以温敏 Z-元件为例，当温度升高时，U_{th}

对温度具有很高的灵敏度,伏安特性曲线向左上方推移,使 U_{th} 减小,当温敏 Z-元件上的电压 $U_Z \geqslant U_{th}$ 时,温敏 Z-元件将从 M_1 区跳变到 M_3 区,处于大电流工作状态,输出电压为高电平。此时 U_0 的跳幅值可达到电源电压 $+E$ 的 $40\% \sim 50\%$。

(2)模拟量输出电路。

模拟量输出电路如图 12.55(b)所示。这里的温敏 Z-元件是通过负载电阻 R_L 反向连接的,称为反向应用。如图 12.54(c)所示,温敏 Z-元件的反向伏安特性曲线是一条由坐标原点出发的斜率很小的近似直线,这表明温敏 Z-元件反向使用时具有很高的内阻值。当温度上升时,温敏 Z-元件的反向电流增加;当温度降低时,反向电流减小,这样在负载电阻 R_L 上就可得到模拟量输出。温敏 Z-元件反向应用具有较高的线性度和温度灵敏度。

(3)脉冲频率输出电路。

脉冲频率输出电路如图 12.55(c)所示,Z-元件与电容 C 并联。由于 Z-元件具有负阻效应,当并联电容后,构成 RC 振荡回路,因此在输出端可得到随温度变化的脉冲频率信号输出。脉冲频率信号的大小与 $+E$、R_L、C 均有关,也与 Z-元件的 U_{th} 有关。

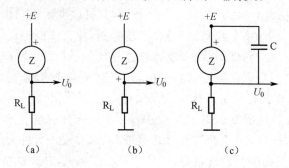

图 12.55　Z-元件的基本应用电路

3. Z-元件的主要优点

Z-元件的主要优点如下。

(1)测量参数广泛。在 Z-元件系列中,不同 Z-元件对不同的工业参数敏感,同一检测电路选用不同的 Z-元件可测量不同的工业参数。

(2)无须前置放大和 A/D 转换便可输出大幅值的脉冲频率信号,可与计算机直接通信。

(3)大幅值数字量输出,抗干扰能力强。

(4)由敏感元件构成传感器仅需要一个电阻(或附加一个辅助电容),传感器电路结构简单。

(5)尺寸小,质量轻(典型芯片尺寸为 1mm×1mm×0.3 mm),无外壳封装,热容小,特性灵敏,便于安装和结构再加工,也可有多种封装结构以适应用户的不同需求。

(6)低功耗(正向电流为 $1 \sim 2mA$,反向电流为 $10 \sim 20\mu A$),可在低电压下工作($E = 3 \sim 5V$),特别适于便携式和本质安全型仪表的开发。

(7)能实现无接触式测量。

(8)Z-元件具有三种工作方式,调整生产工艺参数和选择不同的静态工作点可分别得到模拟量信号、开关量信号或脉冲频率信号输出。与传统模拟传感器相比,Z-元件的模拟量信号输出在输出幅值和动态灵敏度上要高出许多倍,而开关量信号输出和脉冲频率信号输出对研制新一代数字传感器和各种三端元件有重要意义。

4. Z-元件的应用

目前大批量生产工艺较成熟的是对磁场强度敏感的 Z-元件。事实上,很多物理量的测量是可以经由对磁场的测量来间接实现的。下面提供几种物理量的测量以引发更多的 Z-元件应用电路设计。在图 12.56 中,M 代表永久磁铁,Z 代表磁敏感 Z-元件。

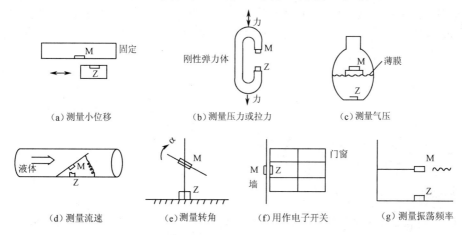

(a) 测量小位移   (b) 测量压力或拉力   (c) 测量气压

(d) 测量流速   (e) 测量转角   (f) 用作电子开关   (g) 测量振荡频率

图 12.56　Z-元件的应用

Z-元件不需要前置放大器和 A/D 转换器便可通过与 Z-元件之间的微小距离来间接测量更多的物理量而直接输出大幅值数字信号;可以实现无接触式测量,且体积小,功耗低,抗噪声能力强,并且利用相关工艺可生产出直接测量磁场强度、温度、压力、光线强弱、湿度及 α 射线、β 射线、γ 射线等各种物理量的 Z-元件;也可以通过改变永久磁铁与 Z-元件之间的微小距离来间接测量更多的物理量。因此,Z-元件具有很好的应用前景。

思　考　题

12-1　霍尔元件的不等位电动势的概念是什么? 温度补偿的方法有哪几种?

12-2　一个霍尔元件在一定的电流控制下,其霍尔电动势与哪些因素有关? 为什么半导体材料的霍尔效应得到了广泛使用?

第 13 章 射线及微波检测传感器

核辐射、红外、超声波、微波等新兴检测技术近年来获得飞速发展,并在工农业生产、科学研究、国防、生物医学、空间技术等领域得到越来越多的应用。本章介绍这些新兴检测技术中实现非电量测量的基本原理和应用实例。

13.1 核辐射传感器

13.1.1 核辐射检测的物理基础

1. 同位素

原子序数相同,原子质量数不同的元素称为同位素。不需要外因,某些同位素的原子核会发生自动衰变,并在衰变中放出射线,这类同位素称为放射性同位素,其衰减规律为

$$a = a_0 e^{-\lambda t} \tag{13-1}$$

式中,a_0——初始时原子核数;

$\quad a$ ——经过时间 t 后的原子核数;

$\quad \lambda$ ——衰变常数(不同放射性同位素具有不同的衰变常数)。

式(13-1)表明放射性同位素的原子核数按指数规律随时间减少,其衰变速度通常用半衰期来表示。半衰期是指放射性同位素的原子核数衰变到其初始原子核数一半时所需的时间,一般将它作为该放射性同位素的寿命。

2. 核辐射

放射性同位素在衰变过程中辐射出带有一定能量的粒子或射线,这种现象称为核辐射。核辐射包括 α、β、γ 三种射线。其中 α 射线由带正电的 α 粒子(氦原子核)组成;β 射线由带有一定能量的电子组成;γ 射线由光子组成。

放射性的强弱称为放射性强度,用单位时间内发生衰变的次数来表示。放射性强度也是按指数规律随时间而减小的,即

$$I = I_0 e^{-\lambda t} \tag{13-2}$$

式中,I_0——初始时放射性强度;

$\quad I$——经过时间 t 后的放射性强度。

放射性强度的单位是居里 Ci。1Ci 等于放射源每秒钟发生 3.7×10^{10} 次核衰变。在检测仪表中,居里单位太大,所以经常使用的单位是毫居里(mCi)。

3. 核辐射与物质间的相互作用

(1)电离作用。

具有一定能量的带电粒子在穿过物质时,在它们经过的路程上形成许多离子对,称为电离

作用。电离作用是带电粒子与物质相互作用的主要形式。在3种粒子当中,α粒子能量大,电离作用最强,但射程较短(射程是指带电粒子在物质中穿行时,在能量耗尽停止运动前所经过的直线距离);β粒子质量小,电离能力比同等能量的α粒子的电离能力要弱;γ粒子没有直接电离的作用。

(2) 核辐射的散射与吸收。

α射线、β射线、γ射线在穿过物质时,在电磁场作用下,原子中的电子会产生共振。振动的电子形成电磁波源,使粒子和射线的能量被吸收而衰减。在3种射线当中,α射线的穿透能力最弱,β射线穿透能力次之,γ射线的穿透能力最强。但β射线在穿行时容易改变运动方向而产生散射现象,当产生反向散射时即形成反射。核辐射与物质间的相互作用是进行核辐射检测的物理基础。利用电离、吸收和反射作用并结合α射线、β射线和γ射线的特点可以完成多种基础工作。例如,利用α射线实现气体分析、气体压力和流量的测量;利用β射线进行带材厚度、密度、覆盖层厚度等的检测;利用γ射线完成材料缺陷、物位、密度等的检测与大厚度的测量等。

13.1.2 核辐射传感器的类型

1. 电离室放射线传感器

电离室放射线传感器示意图如图13.1所示。电离室两侧设有两块平行极板,对其加上极化电压使两平行极板间形成电场。当有粒子或射线射向两平行极板间时,其中的空气分子被电离成正、负离子。带电离子在电场作用下形成电离电流,并在外接电阻R上形成压降。测量此压降值可得核辐射的强度。电离室放射线传感器主要用于探测α粒子、β粒子,具有坚固、稳定、成本低、寿命长等优点,但输出电流很小。

2. 气体放电计数管

气体放电计数管示意图如图13.2所示。计数管的阴极为金属筒或涂有导电层的玻璃圆筒,阳极为圆筒中心的钨丝或铂丝。圆筒与金属丝之间用绝缘体隔开,它们之间加有电压。当核辐射进入计数管后,管内气体被电离。当负离子在电场作用下加速向阳极运动时,由于碰撞气体分子产生次极电子,次极电子又碰撞气体分子,产生新的次极电子。这样,次极电子迅速倍增,发生"雪崩"现象,使阳极放电。阳极放电后,"雪崩"产生的电子都被中和,阳极被许多正离子包围。这些正离子称为正离子鞘(空间电荷层)。正离子鞘使阳极附近的电场下降,直到不再产生离子增殖,原始的放大过程结束。在电场的作用下,正离子鞘向阴极移动,在串联的负载电阻上产生电压脉冲,其大小取决于正离子鞘的总电荷,与初始电离程度无关。当正离子鞘到达阴极时得到一定的动能,能从阴极打出次极电子。由于此时阳极附近的电场已恢复,次极电子能再一次产生正离子鞘和电压脉冲,从而连续放电。若在计数管内加入少量有机分子蒸气或卤族气体,则可以避免正离子鞘在阴极产生次极电子,使放电自动停止。

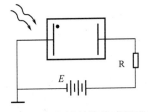

图13.1 电离室放射线传感器示意图

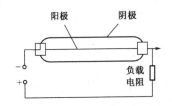

图13.2 气体放电计数管示意图

气体放电计数管常用于探测 β 粒子和 γ 射线。

3. 闪烁计数器

物质受放射线的作用而被激发,在由激发态跃迁到基态过程中,发射出脉冲状的光,这种现象称为闪烁现象,能产生这种现象的物质称为闪烁晶体。闪烁晶体分为有机和无机两大类,同时又有固体、液体和气体等形态。有机闪烁晶体的特点是发光时间常数小,只有与分辨率高的光电倍增管配合才能获得 10^{-10} s 的分辨时间,并且容易制成较大的体积,常用于探测 β 粒子。无机闪烁晶体的特点是对入射粒子的阻止本领大,发光效率高,

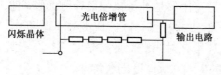

图 13.3　闪烁计数器的组成

有很高的探测效率,常用于探测 γ 射线。闪烁计数器的组成如图 13.3 所示。当核辐射进入闪烁晶体时,晶体原子受激发光,透过晶体照射到光电倍增管的光阴极上,在光阴极上形成电流脉冲,该电流脉冲可用仪器指示或记录。

13.1.3　核辐射检测技术的应用

1. 核辐射在线测厚仪

核辐射在线测厚仪是利用物质对射线的吸收程度或核辐射散射与物质厚度有关的原理进行工作的。镀层在线测厚仪是利用核辐射散射与物质厚度有关的原理工作的,其结构如图 13.4 所示。电离室外壳加上极性相反的电压,形成相反的栅极电流,使电阻 R 的压降正比于两电离室核辐射强度的差值。电离室 3 的核辐射强度取决于放射源 2,放射线经镀锡钢带镀层后反向散射;电离室 4 的辐射强度取决于辅助放射源 8,放射线经挡板 5 的位置调制。利用 R,控制电动机转动,以此带动挡板 5 移动,使两电离室电流相等。若用检测仪表测量出挡板 5 的移动位置,则可获得镀层的厚度。

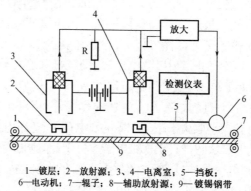

1—镀层;2—放射源;3、4—电离室;5—挡板;
6—电动机;7—辊子;8—辅助放射源;9—镀锡钢带

图 13.4　镀层在线测厚仪的结构

2. 核辐射物位计

不同介质对 γ 射线的吸收能力是不同的,固体吸收能力最强,液体次之,气体最弱。核辐射物位计如图 13.5 所示。若放射源和被测介质一定,则被测介质高度 H 与穿过被测介质后的射线强度 I 的关系为

$$H=\frac{1}{\mu}\ln I_0+\frac{1}{\mu}\ln I \qquad\qquad (13\text{-}3)$$

式中，I_0、I——穿过被测介质前、后的射线强度；

μ——被测介质的吸收系数。

探测器将穿过被测介质的 I 值检测出来，并通过检测仪表显示 H 值。目前用于测量物位的核辐射同位素有 ^{60}Co 及 ^{137}Cs，因为它们能发射出辐射强度很强的 γ 射线，半衰期较长。γ 射线物位计一般用于冶金、化工和玻璃工业中的物位测量，有定点监视型、跟踪型、透过型、照射型和多线源型。

图 13.5　核辐射物位计

γ 射线物位计的特点是：可以实现非接触式测量；不受被测介质温度、压力、流速等的限制；能测量比重差很小的两层介质的界面位置；适宜测量液体、粉粒体和块状介质的位置。

3. 核辐射流量计

在测量气体流量时，一般需要将敏感元件插在被测气流中，这样会引起压差损失，若气体具有腐蚀性则会损坏敏感元件。应用核辐射气体流量计测量流量即可避免上述问题。核辐射气体流量计工作原理如图 13.6 所示。气流管壁上装有两个电位差不同的电极，其中一个电极涂有放射性物质，放出的粒子可以使气体电离。当被测气体流过气流管时，部分离子被带出气流管，因而管内的电离电流减小。当气体流动速度加大时，从气流管带出的离子数增多，电离电流减小也更多。辐射强度、离子迁移率等因素也会影响电离电流，为了提高测量准确度，应采用差动测量线路。

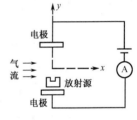

图 13.6　核辐射气体流量计工作原理

上述方法同样适用于其他流体流量的测量。在流动的液体中加入少量放射性同位素，还可运用放射性同位素跟踪法求取流体的流量。

4. 核辐射探伤

γ 射线探伤原理如图 13.7 所示。放射源放在被测管道内，沿着平行管道焊缝与探测器同步移动。当被测管道焊缝质量存在问题时，穿过被测管道的 γ 射线会产生突变，探测器将接收到的信号进行放大，然后将其送入记录仪记录下来。图 13.7(b) 为特性曲线，横坐标表示放射源移动的距离，纵坐标表示与放射性强度成正比的电压信号。图 13.7(b) 中的两突变波形表示被测管道焊缝在这两个部位存在大小不同的缺陷。上述方法也可用于探测块状铸件内部的缺陷。为了提高探测效率，在用上述方法探伤时，常选用闪烁计数器作为探测器，并在其前面加设 γ 射线准直器。γ 射线准直器用铅制成，通过上面的细长直孔使探测器检测的信号更为清晰。

除上述用途外，核辐射技术还可以用于制作核辐射式称重仪、温度计、检漏仪及继电器等检测仪表与元件。

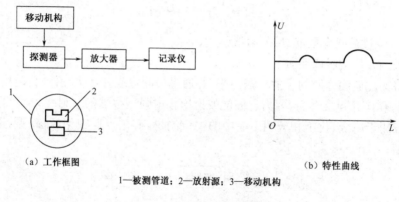

（a）工作框图　　　　　　　　　　　　（b）特性曲线

1—被测管道；2—放射源；3—移动机构

图 13.7　γ 射线探伤原理

13.2　超 声 检 测

13.2.1　超声检测原理

振动在弹性介质内的传播称为波动,简称波。波的频率为 $16\sim2\times10^4\,\mathrm{Hz}$,人耳能听到的机械波称为声波;低于 16Hz 的机械波称为次声波;高于 20kHz 的机械波称为超声波,人耳听不见超声波。声波的频率界限图如图 13.8 所示。超声波的波长较短,近似直线传播,在固体和液体媒质内的衰减比电磁波衰减小,能量容易集中,可形成较大强度,引起激烈振动,并能产生很多特殊作用。

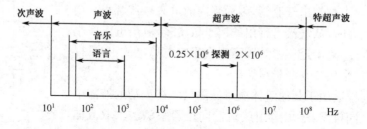

图 13.8　声波的频率界限图

当声源在介质中的施力方向与波在介质中的传播方向不同时,声波的波形也有所不同。质点振动方向与传播方向一致的波称为纵波,它能在固体、液体和气体中传播。波的反射与折射如图 13.9 所示。

质点振动方向垂直于传播方向的波称为横波,它只能在固体中传播。

质点振动介于纵波和横波之间,沿着表面传播,振幅随着深度的增加而迅速衰减的波称为表面波,它只能在固体表面传播。

当声波以某一角度入射到第二介质（固体）界面上时,除有纵波的反射、折射以外,还会发生横波的反射和折射,在一定条件下,还能产生表面波。各种波均符合几何光学中的折

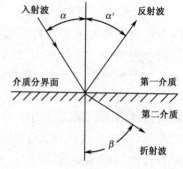

图 13.9　波的反射与折射

射、反射定律。

超声波具有与被称为电波和光波的电磁波相似的部分,同时它们之间有很大的不同。利用超声波的敏感技术有如下特点。

(1) 能以各式各样的传播模式(纵波、横波、表面波、薄板波)在气体、液体、固体或它们的混合物等各种媒质中传播,也可在光不能通过的金属、生物体中传播,是探测物质内部情况的有效手段。

(2) 由于超声波与电磁波相比,其传播速度慢,因此在频率相同时,超声波的波长短,容易提高测量的分辨率。

(3) 由于超声波在传播时受介质音响特性(由弹性常数或密度决定的声速、音响阻抗和由吸收、散射决定的衰减常数)的影响大,所以,可根据超声波传播的情况推测物质的状态。

超声检测技术的基本原理通常是利用某种待测的非声量(如密度、浓度、强度、弹性、硬度、黏度、温度、流量、液面、厚度、缺陷等)与某些描述媒质声学特性的超声量(如声速、声衰减、声阻抗)之间存在的直接或间接关系,在探索到这些关系的规律之后就可以通过超声量的测定来测量出那些待测的非声量。

在超声检测中,非声量的测量是通过声速、声衰减和声阻抗等的测量来实现的。

超声波传感器是检测伴随超声波传播的声压或介质变形的装置。利用压电效应、电应变效应、磁应变效应、光弹性效应等应变与其他物理性能的相互作用的方法,或者用电磁或光学等手段可检测由声压作用产生的振动。多数超声波传感器具有超声波发生和检测的可逆性。

超声波传感器因能完成超声波信号和电信号的变换,故又称超声波换能器。由于超声波传感器常用于探测物质内部情况,故又称超声波探头。另外,由于超声波传感器能完成超声波振动的发生、检测,故又称超声波振子。不管称为什么,也不管哪一种超声波仪器,都必须把超声波发射出去,并把反射回来的超声波变换成电信号,完成这一部分工作的装置就是超声波传感器。

超声波传感器根据其作用原理分为压电式、磁致伸缩式、电磁式等多种类型,在测试技术中主要采用压电式超声波传感器。

13.2.2 压电式超声波传感器

压电式超声波传感器是以压电效应为基础的。作为发射超声波的传感器利用压电材料的逆压电效应(电致伸缩效应);而接收用的传感器兼有发射与接收功能,即将脉冲交流电压加在压电元件上,使其向介质发射超声波,同时利用压电元件接收从介质反射回来的超声波,并将反射回来的超声波转换为电信号送到后面的放大器。因此压电式超声波传感器实际上是压电式传感器。

在压电式超声波传感器中,常用的压电材料有石英(SiO_2)、钛酸钡($BaTiO_2$)、锆钛酸铅(PZT)、偏铌酸铅($PbNb_2O_6$)等。压电式超声波传感器根据结构不同可分为直探头型、斜探头型、双探头型等类型。

1. 直探头型压电式超声波传感器

直探头型压电式超声波传感器可以发射和接收纵波。直探头型压电式超声波传感器主要由压电元件、阻尼块(吸收块)及保护膜组成,其结构如图 13.10 所示。

2. 斜探头型压电式超声波传感器

斜探头型压电式超声波传感器的结构如图 13.11 所示,该传感器可发射与接收横波。压电片产生纵波,经斜楔块倾斜入射到被测工件中,并转换为横波。如果斜楔块为有机玻璃,则斜探头型压电式超声波传感器的角度(入射角)为28°～61°,在钢中可产生横波。直探头型压电式超声波传感器在液体中倾斜入射时,也能产生横波。

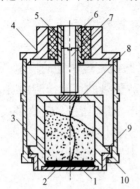

1—压电片;2—保护膜;3—吸收块;4—盖;5—绝缘柱;
6—接触座;7—导线螺杆;8—接线片;9—压电片座;10—外壳

图 13.10　直探头型压电式超声波传感器的结构

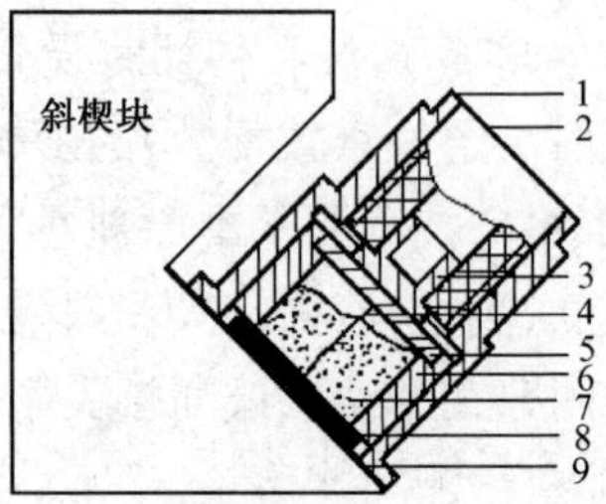

1—外壳;2—绝缘柱;3—接线柱;4—接线;5—接线片;
6—压电片座;7—吸收块;8—压电片;9—接地铜箔

图 13.11　斜探头型压电式超声波传感器的结构

当入射角增大到某一角度,使被测工件中横波的折射角为90°时,在被测工件表面可产生表面波,从而形成表面波探头,因此表面波传感器是斜探头型压电式超声波传感器的一个特例。

3. 组合型压电式超声波传感器

组合型压电式超声波传感器把两个压电片装在一个探头架内,当一个压电片用于发射时,另一个压电片用于接收。组合型压电式超声波传感器可发射与接收纵波,其结构如图 13.12 所示。压电片下的延迟块(有机玻璃)的作用是使声波延迟一段时间后再射入工件,这样可探测传感器近处的工件。

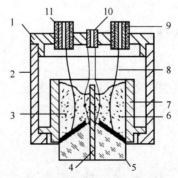

1—上盖;2—金属壳;3—吸收块;4—隔声层;5—延迟块;6—压电片;
7—压电片座;8—导线;9—接线座;10—接地点;11—绝缘座

图 13.12　组合型压电式超声波传感器的结构

13.2.3　超声波在检测技术中的应用

1. 超声波探伤

利用超声波可以探查金属内部的缺陷,这是一种非破坏性的检测,即无损检测。利用无损检测可对高速运动的板料、棒料进行检测。利用无损检测也可制成自动检测系统,该系统不但能发出报警信号,还可在有缺陷的区域喷上有色涂料,并根据缺陷的数量或严重程度做出"通过"或"拒收"的决定。

当材料内部有缺陷时,材料内部的不连续性成为超声波传输的障碍,超声波通过这种障碍时只能透射一部分声能。在无损检测中,十分细小的裂纹即可构成超声波不能透过的阻挡层。利用透射检测法检测缺陷如图13.13所示,在检测时,把超声波发射探头置于被测试件的一端,而把超声波接收探头置于被测试件的另一端,并保证探头和被测试件之间有良好的耦合,同时保证两个探头在一条直线上,这样检测接收到的超声波强度就可获得材料内部缺陷的信息。在超声波束的通道中出现任何缺陷都会使接收信号下降甚至完全消失,这就表明被测试件中有缺陷存在。

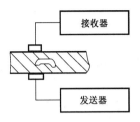

图 13.13　利用透射检测法检测缺陷

2. 超声波测温

超声波测温多数是以气、液、固三态媒质中温度与声速的关系为基础的。许多固体和液体中的声速一般随温度升高而降低,而气体中的声速与绝对温度的平方根成正比。气体中的声速变化率在低温时最大,大多数液体中的声速变化率基本不随温度变化而改变。固体中的声速变化率则在高温时最大。

声波在理想气体中的传播过程可认为是绝热过程,此时声波传播速度为

$$v=\sqrt{\frac{rp}{\rho}}=\sqrt{\frac{rRT}{M}} \tag{13-4}$$

式中,R——气体常数;

$\quad r$——定压比热和定容比热之比($r=C_p/C_v$);

$\quad M$——分子量;

$\quad \rho$——密度;

$\quad p$——压强;

$\quad T$——绝对温度。

由式(13-4)可知,理想气体中的声速与绝对温度 T 的平方根成正比。对于空气,影响其中声速的主要因素是温度,可用下式计算声速的近似值

$$v=20.067\sqrt{T}\,(\text{m/s})$$

常用的声速测量方法包括脉冲传播时间法、回鸣法、相位比较法和共振法等。

3. 超声波测厚度

超声波脉冲回波法检测厚度的原理图如图13.14所示。超声波传感器与被测物体表面接触,主控制器通过发射电路使超声波传感器发出超声波,超声波到达被测物体底面后反射,反射回的脉冲信号又被超声波传感器接收,经放大器放大后加到示波器垂直偏转板上;标记发生器输出时间标记脉冲信号,该脉冲信号也加到示波器垂直偏转板上,而扫描电压则加在示波器水平偏转板上。在示波器上可直接读出发射与接收超声波之间的时间间隔 t。被测物体的厚度为

$$h=ct/2 \tag{13-5}$$

式中,c——超声波的传播速度。

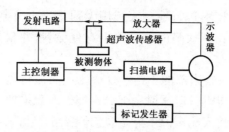

图 13.14　超声波脉冲回波法检测厚度的原理图

4. 超声波测液位

超声波脉冲回波式液位测量的工作原理如图 13.15 所示。超声波传感器发出的超声波脉冲通过介质到达液面,经液面反射后又被超声波传感器接收。测量发射与接收超声波脉冲的时间间隔和超声波在介质中的传播速度,即可求出超声波传感器与液面之间的距离。超声波测液位方式根据传声的方式和使用超声波传感器数量的不同可以分为单超声波传感器液介式[见图 13.15(a)]、单超声波传感器气介式[见图 13.15(b)]、单超声波传感器固介式[见图 13.15(c)]及双超声波传感器液介式[见图 13.15(d)]等。

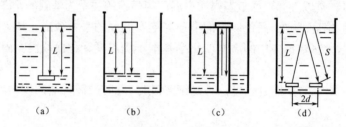

图 13.15　超声波脉冲回波式液位测量的工作原理

在生产实践中,有时只需要知道液面是否升到或降到某个或几个固定高度,这时可采用如图 13.16 所示的超声波定点式液位计,实现定点报警或液面控制。图 13.16(a)、图 13.16(b)为连续波阻抗式液位计示意图。由于气体和液体的声阻抗差别很大,当探头发射面分别与气体或液体接触时,发射电路中通过的电流也就明显不同。因此利用一个处于谐振状态的超声波传感器,就能通过指示仪表判断出超声波传感器前是气体还是液体。图 13.16(c)、图 13.16(d)为连续波透射式液位计示意图,图中相对安装的两个超声波传感器,一个用于发射,另一个用于接收。当用于发射的超声波传感器发射频率较高的超声波时,只有在两个超声波传感器之间有液体时,用于接收的超声波传感器才能接收到透射波,由此可以判断液面是否到达超声波传感器的高度。

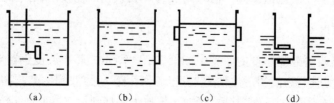

图 13.16　超声波定点式液位计

5. 超声波测流量

利用超声波测流量对被测流体并不产生附加阻力,测量结果不受流体物理和化学性质的

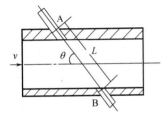

图 13.17 超声波测流体
流量的工作原理图

影响。超声波在静止和流动体中的传播速度是不同的,进而形成传播时间和相位上的变化,由此可求得流体的流速和流量。图 13.17 为超声波测流体流量的工作原理图。图 13.17 中的 v 为流体的平均流速,c 为超声波在流体中的传播速度,θ 为超声波传播方向与流体流动方向的夹角,A、B 为两个超声波传感器,L 为两个超声波传感器的距离。

超声波检测技术应用十分广泛,除上述应用外,还广泛用于医学上对人体的诊断治疗,海洋舰船、礁石、渔船、鱼群探测,石

油、煤矿、矿石的勘探等。

13.3 红外辐射传感器

红外探测技术在工农业生产、医学、遥感、天文、气象、地质及科学研究领域已得到广泛应用。在军事方面,红外探测技术的应用更为重要,特别是在夜视、瞄准、预警、目标探测与武器制导方面,已成为现代战争不可缺少的技术。受热物体的辐射称为热辐射,又称温度辐射。

13.3.1 红外辐射的基本定律

1. 基尔霍夫定律

等温腔内的物体如图 13.18 所示,任意物体 A 置于一个等温腔内,腔内为真空。物体 A 在吸收等温腔内辐射的时候也在发射辐射,物体 A 最后将与腔壁达到同一温度 T,这时称物体 A 与等温腔达到了热平衡状态。基尔霍夫定律指出,在热平衡状态下,物体 A 发射的辐射功率必等于它吸收的辐射功率,否则物体 A 将不能保持温度,于是有

$$M = \alpha E \qquad (13\text{-}6)$$

式中,M——物体 A 的辐出度;

α——物体 A 的吸收率;

E——等温腔内的辐照度。

式(13-6)又可写为

$$E = \frac{M}{\alpha} \qquad (13\text{-}7)$$

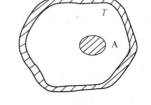

图 13.18 等温腔内的物体

式(13-7)是基尔霍夫定律的一种表达形式,即在热平衡状态下,物体的辐出度与其吸收率的比值等于等温腔中的辐照度,与物体的性质无关。若物体的吸收率越大,则它的辐出度也越大,即好的吸收体必是好的发射体。

密闭空腔中的辐射为黑体的辐射。黑体又称绝对黑体,是指在任何温度下都能够全部吸收任何波长入射辐射的物体。按此定义,黑体的反射率和透射率均为零,吸收率 $\alpha = 1$,黑体吸收本领最大,但是加热后,它的发射热辐射也比任何物体的发射热辐射都要大。

2. 普朗克定律

普朗克定律在近代物理的发展中占有极其重要的地位。普朗克关于微观粒子能量不连续的假设,首先用于普朗克公式的推导,得到了与实验一致的结果。普朗克定律叙述了黑体辐出度的光谱密度的分布

$$M_\lambda = c_1 \frac{\lambda^{-5}}{\exp(c_2/\lambda T) - 1} \qquad (13\text{-}8)$$

式中，M_λ——单位波长辐射通量密度，又称光谱辐射通量密度（$\mathrm{W/cm^2 \cdot \mu m}$）；

   λ——波长（μm）；

   T——绝对温度（K）；

   c_1——第一辐射常量[$c_1 = 3.7415 \times 10^{-16}(\mathrm{W \cdot m^2})$]；

   c_2——第二辐射常量[$c_2 = 1.43879 \times 10^{-2}(\mathrm{m \cdot K})$]。

3. 维恩位移定律

维恩位移定律给出了黑体光谱辐出度的峰值对应的峰值波长 λ 与黑体绝对温度 T 的关系，如图 13.19 所示。

$$\lambda T = a \qquad (13\text{-}9)$$

式中，λ——黑体光谱辐出度的峰值对应的峰值波长；

   T——黑体绝对温度；

   α——维恩位移常数。

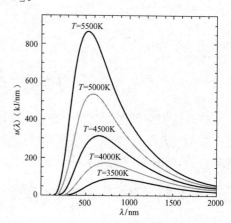

图 13.19 黑体光谱辐出度的峰值对应峰值波长与黑体绝对温度的关系

4. 斯忒藩-玻耳兹曼定律

物体温度越高，发射的红外辐射能越多，在单位时间内其单位面积辐射的总能量为

$$E = \sigma \varepsilon T^4 \qquad (13\text{-}10)$$

式中，T——物体的绝对温度（K）；

   σ——斯忒藩-玻耳兹曼常数[$\sigma = 5.67 \times 10^{-8} \mathrm{W/(m^2 \cdot K^4)}$]；

   ε——比辐射率（黑体的 $\varepsilon = 1$）。

13.3.2 红外传感器的分类

红外传感器又称红外探测器，是红外检测系统重要的元件之一。红外探测器按工作原理可分为热探测器和光子探测器两类。

1. 热探测器

热探测器在吸收红外辐射能后温度升高，引起某种物理性质的变化，这种变化与吸收的红外辐射能具有一定的关系。常见的物理现象有温差热电现象、金属或半导体电阻阻值变化现象、热释电现象、气体压强变化现象、金属热膨胀现象和液体薄膜蒸发现象等。因此，只要检测出上述变化，即可确定被吸收的红外辐射能大小，从而得到被测非电量值。

用这些物理现象制成的热探测器，理论上对一切波长的红外辐射具有相同的响应，但实际上存在差异。热探测器的响应速度取决于热探测器的热容量和热扩散率的大小。

2. 光子探测器

利用光子效应制成的红外探测器称为光子探测器。常用的光子效应有光电效应、光生伏特效应、光电磁效应和光电导效应。

热探测器与光子探测器对比如下。

（1）热探测器对各种波长都能响应，光子探测器只对一定区间的波长有响应。

（2）热探测器不需要冷却，光子探测器多数需要冷却。

（3）热探测器响应时间比光子探测器响应时间长。

（4）热探测器性能与元件尺寸、形状和工艺等有关，光子探测器容易实现规格化。

13.3.3 红外辐射检测技术的应用

1. 红外测温

红外测温具有如下特点。

（1）测量过程不影响被测目标的温度分布，可对远距离、带电，以及其他不能直接接触的物体进行温度测量。

（2）响应速度快，适宜对高速运动物体进行温度测量。

（3）灵敏度高，能分辨微小的温度变化。

（4）测温范围宽。例如，能测量－10～＋1300℃的通道光电比色温度计是不需要修正读数的红外测温计，如图13.20所示，这种温度计利用物体在两个不同波长下的光谱辐射亮度的比值实现温度测量。

2. 红外气体分析

只要在红外波段范围内存在吸收带的任何气体，都可用红外辐射检测技术对其进行分析。红外辐射检测技术的特点是，灵敏度高、反应速度快、精度高、可连续分析和长期观察气体浓度的瞬时变化。

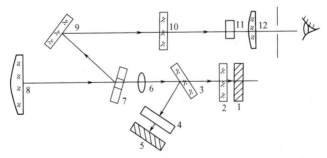

1、5—硅光电池；2、4—滤光片；3—分光镜；6—场镜；7—视场光栅；8—物镜；
9—反射镜；10—倒像镜；11—回零信号接收元件；12—目镜

图13.20 通道光电比色温度计

3. 红外遥测

运用红外光电探测器和光学机械扫描成像技术构成的现代遥测装置，可代替空中照相技术，从空中获取地球环境的各种图像资料。

气象卫星采用的双通道扫描仪装有可见光探测器和红外探测器。红外辐射检测技术还可用于森林资源、矿产资源、水文地质、地图绘制等勘测工作。

13.4 微波传感器

13.4.1 微波的基础知识

1. 微波的性质与特点

微波是波长为1～1000mm的电磁波,它既具有电磁波的性质,又不同于普通无线电波和光波。相比波长较长的电磁波,微波具有下列特点:定向辐射装置容易制造;遇到障碍物易于反射;绕射能力较差;传输性能良好,传输过程中受烟、火焰、灰尘、强光等的影响很小;介质对微波的吸收与介质的介电常数成比例,水对微波的吸收能力最强。微波的这些特点构成了微波检测的基础。

2. 微波振荡器与微波天线

微波振荡器是产生微波的装置。由于微波波长很短,频率很高(300MHz～300GHz),要求振荡回路具有非常微小的电感与电容量,故不能用普通的电子管与晶体管构成微波振荡器。构成微波振荡器的元件有调速管、磁控管和某些固体元件。小型微波振荡器也可采用体效应管。

由微波振荡器产生的振荡信号需要用波导管(波长为100cm以上可用同轴线)传输,并通过微波天线发射出去。为了使发射的微波具有尖锐的方向性,微波天线具有特殊的结构。常用的微波天线如图13.21所示,有扇形喇叭天线、圆锥形喇叭天线、旋转抛物面天线及抛物柱面天线。此外,介质天线与缝隙天线等也较为常用。

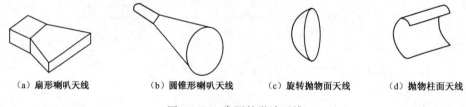

(a) 扇形喇叭天线　　(b) 圆锥形喇叭天线　　(c) 旋转抛物面天线　　(d) 抛物柱面天线

图13.21　常用的微波天线

喇叭天线结构简单,制造方便,可看作波导管的延续。喇叭天线在波导管与敞开的空间之间起匹配作用以获得最大的能量输出。抛物面天线犹如凹面镜,可产生平行光,这样可使微波发射的方向性得到改善。

13.4.2 微波传感器的类型

由发射天线发出的微波,在遇到被测物时会被吸收或反射,其功率会发生变化。若利用微波接收天线接收通过被测物或由被测物反射回来的微波,并将这些微波转换成电信号,再由测量电路测量和指示,就实现了微波检测。根据上述原理,微波传感器可分为反射式与遮断式两种。

1. 反射式微波传感器

反射式微波传感器通过检测由被测物反射回来的微波功率或经过的时间间隔来表达被测物的位置、厚度等参数。

2. 遮断式微波传感器

遮断式微波传感器通过检测微波接收天线接收到的微波功率大小来判断微波发射天线与微波接收天线间被测物的位置与含水量等参数。

13.4.3 微波检测技术的应用

1. 微波液位计

图 13.22 为微波液位计示意图。相距为 S 的微波发射天线与微波接收天线相互构成一定角度。波长为 λ 的微波从被测液面反射后进入微波接收天线。微波接收天线接收到的微波功率将随被测液面的高低不同而异。微波接收天线接收到的微波功率 P_r 为

$$P_r = \left(\frac{\lambda}{4\pi}\right)^2 \frac{P_t G_t G_r}{S^2 + 4d^2} \tag{13-11}$$

式中，d——两微波天线与被测液面间的垂直距离；

P_t、G_t——微波发射天线的发射功率和增益；

G_r——微波接收天线的增益。

当发射功率、波长、增益均恒定时，式(13-11)可改写为

$$P_r = \left(\frac{\lambda}{4\pi}\right)^2 \frac{P_t G_t G_r}{4} \cdot \frac{4}{(S/2)^2 + d^2} = \frac{K_1}{K_2 + d^2} \tag{13-12}$$

式中，K_1——取决于波长、发射功率和微波天线增益的常数；

K_2——取决于微波天线安装方法和安装距离的常数。

由式(13-12)可知，只要测得接收微波的功率 P_r，就可获得被测液面的高度。

2. 微波物位计

图 13.23 为微波开关式物位计示意图。当被测物位置较低时，微波发射天线发出的微波束全部由微波接收天线接收，经检波、放大并与定电压比较器比较后，发出正常的工作信号。当被测物升高到微波天线所在高度时，微波束部分被吸收，部分被反射，微波接收天线接收到的微波的功率相应减弱，经检波、放大后，发出的工作信号低于定电压信号，微波开关式物位计发出被测物位高出设定物位的信号。

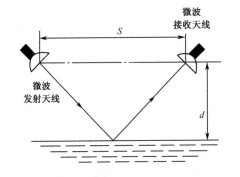

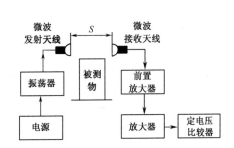

图 13.22　微波液位计示意图　　　　图 13.23　微波开关式物位计示意图

当被测物位低于设定物位时，微波接收天线接收的微波的功率为

$$P_0 = \left(\frac{\lambda}{4\pi S}\right)^2 P_t G_t G_r$$

当被测物升高到微波天线所在高度时,微波接收天线接收微波的功率为

$$P_r = \eta P_0 \qquad\qquad (13\text{-}13)$$

式中,η——由被测物的形状、材料的性质、电磁性能等因素决定的系数。

3. 微波测厚仪

图 13.24 为微波测厚仪原理图。微波测厚仪利用微波在传播过程中遇到金属表面会被反射且反射波的波长和速度都不变的特性进行测量。

如图 13.24 所示,在被测金属上、下两面各装有一个终端器。微波信号源发出的微波经环行器 A→上传输波导管,传输到上终端器。上终端器发射到被测金属上表面的微波经全反射后又回到上终端器,再经上传输波导管→环行器 A→下传输波导管,传输到下终端器。下终端器发射到被测金属下表面的微波经全反射后又回到下终端器,再经下传输波导管回到环行器 A,因此被测金属的厚度与微波传输过程中的电行程长度密切相关,即被测金属厚度增大时微波行程长度减小。

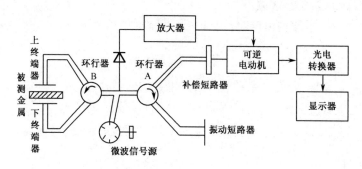

图 13.24　微波测厚仪原理图

微波传输过程中的电行程变化是非常微小的。为了测量这一微小的变化,通常用微波自动平衡电桥构成一个参考臂,完成模拟测量臂微波的传输过程(图 13.24 中的右半部分)。若测量臂和参考臂电行程长度完全相同,则反相叠加的微波经检波器检波后,输出为零;若两者电行程长度不同,则反射回来的微波相位角与发出的微波的相位角不同,经反相叠加后不能抵消,经检波器检波后便有不平衡信号输出。此不平衡信号经放大后控制可逆电动机,使补偿短路器产生位移,改变补偿短路器的长度,直到参考臂电行程长度与测量臂电行程长度完全相同为止。

补偿短路器的位移 ΔS 与被测金属厚度变化值 Δh 的关系式为

$$\Delta S = L_B - (L_A - \Delta L) = L_B - (L_A - \Delta h) = \Delta h \qquad\qquad (13\text{-}14)$$

式中,L_A、L_B——分别为测量臂和参考臂在电桥平衡时的电行程长度;

　　ΔL_A——被测金属厚度变化 Δh 引起的测量臂电行程长度变化值;

　　Δh——被测金属厚度变化值。

由式(13-14)可知,补偿短路器的 ΔS 即被测金属的厚度变化值 Δh。利用光电转换器测出 ΔS 即可由显示器显示 Δh 后直接显示被测金属厚度。图 13.24 中的振动短路器用于对微波进行调制,使检波器输出交流信号,该交流信号的相位随测量臂和参考臂电行程长度的差值

变化进行反向变化,可控制可逆电动机正反向转动,使电桥自动平衡。

微波检测技术应用十分广泛,除上述测量方面的应用和传统的通信、雷达(雷达本质上用于测距与测方位)方面的应用外,目前又与许多相关学科融合,开辟了新的分支,如量子电子学、射电天文学、微波化学、微波生物学、微波医学、微波气象学等。

思 考 题

13-1　霍尔元件的不等位电动势的概念是什么?温度补偿的方法有哪几种?

13-2　比较热探测器和光子探测器的优缺点。

13-3　微波是指什么电磁波?微波有何特点?微波检测有何特点?

第 14 章 光纤传感器

光导纤维简称光纤,它是一种介质圆柱光波导。光纤具有良好的传光特性(对光波的损耗可低至 0.2dB/km);具有比微波高 6 个数量级的宽频带;光纤本身就是一种敏感元件,光在光纤中传输时的振幅、相位、偏振态等会随着检测对象(如位移、压力、温度、流量、速度、加速度、振动、应变、磁场、电场、电压、电流、化学量、生物医学量等)的变化而变化。光纤传感器相比传统的各类传感器具有诸多优势,如低损耗、易弯曲、体积小、质量轻、防水火、耐腐蚀、灵敏度高、结构简单、电绝缘性好、抗电磁干扰、成本低及便于实现遥测等,广泛应用于国防军事、航空航天、工矿农业、能源环保、生物医学、计量测试和自动控制等领域。

14.1 光纤的特性

光纤是光纤传感技术的核心部件,深刻理解光纤传输原理和传输特性,正确选择光纤产品,是优化光纤传感系统设计的重要基础。

14.1.1 光纤的结构和主要参数

1. 光纤的结构

光纤的结构如图 14.1 所示。光纤中央的细芯(半径为 a,折射率为 n_1)称为纤芯,直径只有几十微米;纤芯的外面有一圈包层(半径为 b,折射率为 n_2,光波能在光纤中传输的必要条件是 n_1 大于 n_2),其外径为 $100\sim200\mu m$;光纤最外层为保护层(半径为 c,折射率为 n_3,$n_3 \geqslant n_2$)。光纤的这种结构可以保证入射到光纤内的光波集中在纤芯内传输。

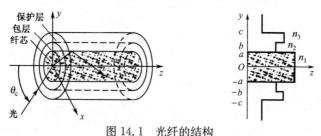

图 14.1 光纤的结构

2. 光纤的种类

光纤的种类很多,从不同的角度来看,其有不同的分类。光纤按光纤横截面上折射率的分布分为突变型(阶跃型)光纤和渐变型(自聚焦)光纤;按传输模式分为单模光纤和多模光纤,如图 14.2 所示。

3. 光纤的主要参数

(1)数值孔径 NA。

当光波以不同角度入射到纤芯并射至纤芯与包层的交界面时,光波在该交界面一部分透射，一部分反射。但当光波在光纤端面中心的入射角 θ 小于临界入射角 θ_c 时，光波就不会透射出包层与纤芯的交界面，而全部被反射。光波在包层与纤芯的交界面上经过无数次反射，沿锯齿状路线在纤芯内向前传输，最后从光纤的另一端传出，这就是光纤的传光原理。为保证光波可以全反射，要求 $\theta < \theta_c$，根据折射定理可以证明如下关系

$$\sin\theta_c = \sqrt{n_1^2 - n_2^2} \tag{14-1}$$

即光纤的临界入射角的大小是由光纤本身的折射率 n_1、n_2 决定的。

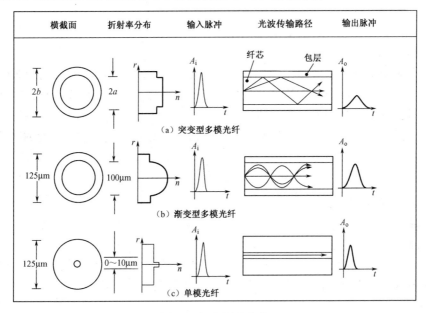

图 14.2 光纤的分类

光纤的数值孔径 NA 定义为

$$NA = \sin\theta_c$$

NA 是表示向光纤射入信号光波难易程度的参数。光纤的 NA 大，表明它可以在较大入射角范围内输入全反射光，并保证此光波沿纤芯向前传输，同时 NA 越大，纤芯对光能量的束缚越强，光纤抗弯曲性能越好。但 NA 越大，经光纤传输后产生的信号畸变越大，限制了信息传输容量。所以要根据实际使用场合，选择适当的 NA。

（2）时间延迟。

如图 14.3 所示，入射角为 θ 的光波在长度为 L 的光纤中传输，所经历的路程为 l，在 θ 不大的条件下，其时间延迟（传输时间）为

$$\tau = \frac{n_1 l}{c} = \frac{n_1 L}{c}\sec\theta_1 \approx \frac{n_1 L}{c}\left(1 + \frac{\theta_1^2}{2}\right) \tag{14-2}$$

式中，c——真空中的光速。

由式(14-2)可得，最大入射角($\theta = \theta_c$)和最小入射角($\theta = 0$)的光波之间的时间延迟差近似为

$$\Delta\tau = \frac{Ln_1}{2c}\theta_c^2 = \frac{L}{2n_1 c}(NA)^2 \approx \frac{n_1 L}{c}\Delta n \tag{14-3}$$

这种时间延迟差在时域会产生脉冲展宽，或称为信号畸变。由此可见，突变型多模光纤的信号畸变是当不同入射角的光波经光纤传输后，其时间延迟不同而产生的。

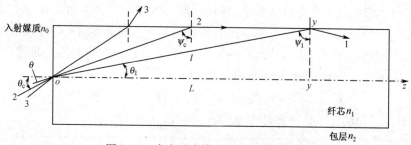

图 14.3　突变型多模光纤中的光线传输

（3）光纤模式。

沿纤芯传输的光波可以分解为沿轴向与沿截面传输的两种平面波。因为沿截面传输的平面波是在纤芯与包层交界面处全反射的，所以，当每一往复传输的相位变化是 2π 的整数倍时，就可以在截面内形成驻波。这样的驻波光波组称为模。模只能离散地存在，也就是说，光纤内只能存在特定数目的光波传输模。如果用归一化频率 γ 表示这些光波传输模的总数，其值一般为 $\gamma^2/4 \sim \gamma^2/2$。归一化频率为

$$\gamma = \frac{\pi d \text{NA}}{\lambda} \tag{14-4}$$

式中，λ——光波波长；

$\quad d$——光纤直径。

（4）传输损耗。

由于光纤纤芯材料的吸收、散射，以及光纤弯曲处的辐射损耗等的影响，光波在光纤中的传输不可避免地会有损耗，用 A 来表示传输损耗（单位为 dB），则有

$$A = al = 10\lg \frac{I_0}{I} \tag{14-5}$$

式中，l——光纤长度；

$\quad a$——单位长度的衰减；

$\quad I_0$——光纤输入端光强度；

$\quad I$——光纤输出端光强度。

14.1.2　光波在普通光纤内的传输

在纤芯和包层的交界面多次往复反射传输的高次模光波和经少数次数往复反射传输的低次模光波，在光纤的受光末端产生光程差（此光程差称为模分散），从而限制了光波的传输带域频率数。单模光纤没有此限制，可传输数吉赫兹的宽带域光波。

光波的波长极短，虽然有时被测对象会使光纤参数（如长度，纤芯或包层的折射率）只受到少许调制改变，但往往会使所传输光波相位发生很大改变。对于单模光纤传感器，讨论它所传输光波的相位问题就变得十分重要。

基模光波可看作由相互垂直的 E_x 模和 E_y 模合成的，如图 14.4 所示。若采用 (x, y, z) 直角坐标系来描述光波传输的情形，则 E_x、E_y 可分别表示为光波一边在 xOz、yOz 平面内振动，一边向 z 轴方向传输的状态。

光波虽然是电磁波，但为简化起见，只考察电场变化。此时可认为 $E_x(e_x \neq 0; e_y = 0)$ 只在 x 轴方向具有一定的电场强度，而 $E_y(e_x = 0, e_y \neq 0)$ 仅在 y 轴方向具有一定的电场强度。这两个电场分量根据麦克斯韦方程，一般为

E_x模

$$e_x = A_x(x,y)e^{j(\omega t - \beta_x z)} \qquad (14\text{-}6)$$

E_y模

$$e_y = A_y(x,y)e^{j(\omega t - \beta_y z)} \qquad (14\text{-}7)$$

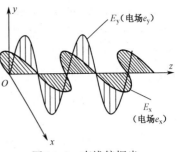

图 14.4　直线偏振光
的 E_x、E_y 模的传输

式中，A_x、A_y——分别为 E_x 与 E_y 在截面方向上的电场分布；

ωt——光的角频率与传输时间的乘积；

β_x、β_y——分别为 E_x 与 E_y 在轴向（z 轴方向）的传输系数，其物理意义可理解为 E_x、E_y 在轴向单位长度内相位角的变化量。

因为上述电场是在同一平面内（如 xOz,yOz 平面）振动的波，所以，它们是直线偏振（光）波，振动所在的面称为偏振（光）面。

之所以说单模光纤在测试技术中非常重要，还在于它传输的是直线偏振光。这样，就可以把多模光纤被略去的偏振光面及光波的传输相位变化等光学状态利用起来，进行多种非电量测量。

为分析单模光纤输出光波的偏振（光）特性，假定 E_x、E_y 模同时以同一振幅 A 传输，即 $A_x = A_y = A$，式（14-6）、（14-7）消去 ωt 项，则有

$$e_x^2 + e_y^2 - 2e_x e_y \cos(\Delta \beta_z) = A^2 \sin(\Delta \beta_z) \qquad (14\text{-}8)$$

式中，$\Delta \beta_z = |\beta_x - \beta_y|$，为 z 轴方向上传输系数差。

式（14-8）为一椭圆型方程，它表示电场的轨迹是椭圆形状的圆。图 14.5 给出了 $\Delta \beta_z$ 的一般情况与几种特殊状态：当 $\Delta \beta_z = m\pi(m = 0,1,2,3\cdots)$ 时，偏振光面不随时间变化；而当 $\Delta \beta_z = (2m+1)\pi/2$ 时，偏振光变化轨迹呈椭圆形，偏振光面不随时间变化，即偏振光面固定的偏振光称为线偏振光，如图 14.5(a)、图 14.5(e)所示。图 14.5(c)表示圆偏振光。当 $\Delta \beta_z$ 为一般情形时，偏振光变化轨迹为椭圆形，故统称为椭圆偏振光，如图 14.5(b)、图 14.5(d)所示。上述偏振光状态总称为偏振光特性。

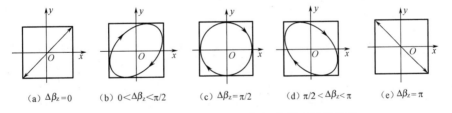

(a) $\Delta \beta_z = 0$　　(b) $0 < \Delta \beta_z < \pi/2$　　(c) $\Delta \beta_z = \pi/2$　　(d) $\pi/2 < \Delta \beta_z < \pi$　　(e) $\Delta \beta_z = \pi$

图 14.5　垂直方向上（$\Delta \beta_x - z$ 方向）传输光波的振动

对于普通单模光纤，当光波沿其轴线方向向前传输时，如果稍有外界干扰（如光轴振动、光纤弯曲或温度变化等），E_x、E_y 模之间将发生能量交换，结果，光纤中传输的模将发生变化，从而使偏振光面发生偏转，偏振光特性发生变化。

14.2　光纤传感器的应用

14.2.1　光纤温度传感器

1. 半导体吸收型光纤温度传感器

图 14.6 是利用半导体晶体光吸收特性制成的光纤温度传感器。从图 14.16 中可以看出，

半导体晶体在 0.9μm 波长附近有光的吸收端,吸收端会移动。这一性质与光源的光谱特性相结合,就可根据光的吸收量变化来测量温度。半导体吸收型光纤温度传感器的实际结构是将面积为 1mm²、厚度为 0.2～0.5mm 的半导体晶体夹在两根光纤之间,外面包上不锈钢管,这种传感器在温度为 0～80℃时,可获得近似对数式的线性关系。

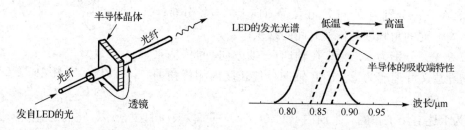

图 14.6 利用半导体晶体光吸收特性制成的光纤温度传感器

2. 荧光发射型光纤温度传感器

图 14.7 为荧光发射型光纤温度传感器。若将来自发光二极管的波长为 0.74μm 的可见光从多模光纤的一端照射到用 GaAlAs 外延层保护的 GaAs 荧光体上,则发出如图 14.7(b)所示光谱的荧光。波长为 0.83～0.9μm 的荧光的发射强度随温度的降低而减小,但波长范围在 0.9μm 以上的荧光的发射强度几乎不变。利用两种光纤使发射荧光在上述两个波长范围内分离,利用两个光电二极管测定两种波长范围内的荧光的强度比。此强度比不依赖于激光的强度,仅依赖于温度。所以,由测得的光强度比就可知道温度。此种方式的测量精度可达 0.1℃。

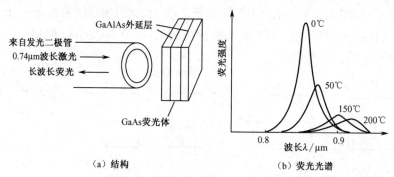

图 14.7 荧光发射型光纤温度传感器

14.2.2 光纤压力与振动传感器

1. 光纤水声传感器

在水中,声压一旦加在光纤上,则其长度和基于光弹性效应的折射率的变化就会使输出端的光波的相位发生变化。

光纤水声传感器又称水听器,它与超声波水听器相比,除具有灵敏度高、频响范围宽等优点外,还充分利用了光纤耐水、抗腐蚀等优良特性。图 14.8 是光纤水声传感器的基本原理图。材料、形状、长度完全一样的两个单模光纤匝环组成了光纤水声传感器的主体。激光器发射出来的激光束被半透镜分成两路:一路经单模光纤的参照匝环;另一路经单模光纤的敏感匝环。

敏感匝环放于水中感知水中声音(压力、振动);参照匝环不应感受被测量,而只起传输参照光的作用。

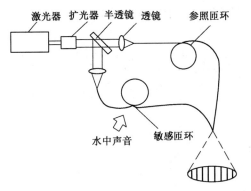

图 14.8　光纤水声传感器的基本原理图

2. 分布式光纤压力传感器

图 14.9 是分布式光纤压力传感器系统,该系统利用高双折射光纤在外力作用下可以产生模式耦合的特性,用高精度的外差干涉测量其模式耦合系数,并通过光程扫描对耦合点进行空间定位,从而实现分布式压力测量。为了提高测量模式耦合系数的精度,采用了外差偏振光干涉系统。

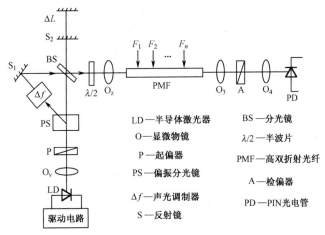

图 14.9　分布式光纤压力传感器系统

14.2.3　光纤分光与光谱传感器

一般用于光谱分析的分光光度计的结构复杂,对环境条件要求高,不便于遥测,也不便用于微区探测或生物体内探测,而光纤分光与光谱传感器有效地弥补了分光光度计的这些缺陷。

1. 用于监测大气污染的光纤传感器

用于监测大气污染的光纤传感器利用大气中不同成分气体具有不同的特征吸收光谱来检测大气污染(有害气体成分和浓度),通过吸收率大小及光强度变化可检测气体浓度。多成分的待测气体可用多波长激光光源进行探测。图 14.10 是用于监测大气污染的光纤传感器,在其样品观察盒内,有一对多次反射镜,可使载有吸收光谱信号的光经耦合头传输至光检测器,分别测出 λ_1、λ_2 吸收谱,从而达到检测气体成分的目的。

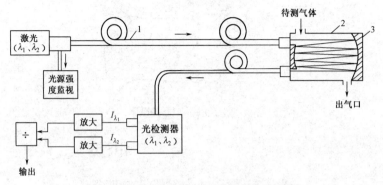

图 14.10　用于监测大气污染的光纤传感器

光纤损耗最小的波长在红外区,这也是许多气体分子的吸收光谱区,故光纤分光与光谱传感器最适合检测气体分子。用 1.3μm 的发光二极管能检测大气中水分子的吸收光谱,其他发射波长的发光二极管和氙灯能用于 CO_2、CH_4 和 HCl 等分子的遥控检测。

2. 检测生物体内的光纤分光传感器

光纤具有纤芯细、柔软、化学稳定性好和电气绝缘等特点,故可用它制作插入生物体内的光纤分光传感器。图 14.11 是一种用于检测血液中氧含量的光纤分光传感器。血球中的血红蛋白呈连氧状态(氧化血红蛋白)和无氧状态(还原血红蛋白),其反射光谱如图 14.12 所示,由图可知,波长选在吸收量变化大的 660nm 附近可检测有无氧,波长选在几乎无变化的 805nm 附近可检测氧饱和度。

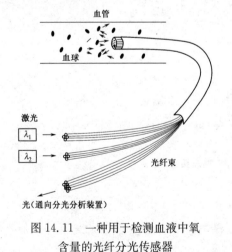

图 14.11　一种用于检测血液中氧
含量的光纤分光传感器

图 14.12　氧化血红蛋白和
还原血红蛋白的反射光谱

14.2.4　反射式光纤位移传感器

反射式光纤位移传感器是利用光纤传输光信号的功能,根据探测到的反射光的强度来测量其与被测反射表面的距离的。反射式光纤位移传感器原理示意图如图 14.13 所示。

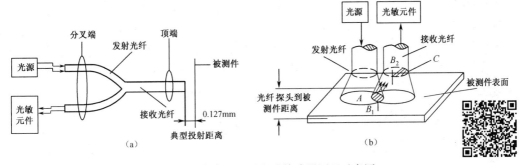

图 14.13　反射式光纤位移传感器原理示意图

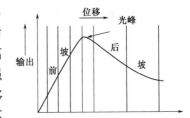
反射式光纤
位移传感器

反射式光纤位移传感器的工作原理:当光纤探头端部紧贴被测件时,发射光纤中的光不能反射到接收光纤中,因而就不能产生光电流信号;当被测件表面逐渐远离光纤探头时,发射光纤照亮被测件表面的面积 A 越来越大,相应的发射光锥和接收光锥重合面积 B_1 越来越大,因而接收光纤端面上被照亮的面积 B_2 也越来越大,这样就有一个线性增长的输出信号;当整个接收光纤端面被全部照亮时,输出信号就达到了位移-输出信号曲线上的光峰,光峰之前的一段曲线称为前坡区;当被测件表面继续远离光纤探头时,由于被反射光照亮的面积 B_2 大于 C,即有部分反射光没有反射进接收光纤,但由于接收光纤更加远离被测件表面,因此接收到的光强度逐渐减小,光敏元件的输出信号逐渐减弱,便进入位移-输出信号曲线的后坡区,如图 14.14 所示。在后坡区,信号的减弱速度与光纤探头和被测件表面之间的距离平方成反比。在位移-输出信号曲线的前坡区,输出信号的强度增加得非常快,所以这一区域可以用来进行微米级的位移测量;后坡区可用于距离较远而灵敏度、线性度和精度要求不高的位移测量;而在光峰区,输出信号对光强度变化的灵敏度要比对位移变化的灵敏度大得多,所以这个区域可用于对被测件表面状态进行光学测量。

图 14.14　位移-输出信号曲线

14.2.5　光纤图像传感器

光纤图像传感器是采用传像束来进行测量的。传像束由光纤按一定规则排列而成。一条传像束中包含了数万甚至几十万条直径为 $10\sim20\mu m$ 的光纤,每一条光纤传送一个像元信息。传像束可以对图像进行传递、分解、合成和修正。传像束式光纤图像传感器在医疗、工业、军事等领域有着广泛的应用。

1. 工业用的内窥镜

在工业生产过程中,经常需要检查系统内部结构情况,采用内窥镜,将光纤探头放入系统内部,通过传像束的传输,可以在系统外部观察、监视系统内部情况,其原理如图 14.15 所示。工业用的内窥镜由物镜、传像束、目镜组成。光源发出的光通过传像束照射到被测物体上,照明视场,通过物镜和传像束把内部结构图像送出来,以便观察或照相。

2. 医用内窥镜

医用内窥镜的示意图如图 14.16 所示。医用内窥镜由末端的物镜、光纤图像导管、顶端的目镜和控制手柄等组成。照明光通过光纤图像导管外层光纤照射到被观察物体上,反射光通过传像束输出。

由于光纤柔软、自由度大,通过末端控制手柄的控制能偏转,传输图像失真小,因此,用其制作的医用内窥镜是检查和诊断人体内各部位疾病和进行某些外科手术的重要仪器。

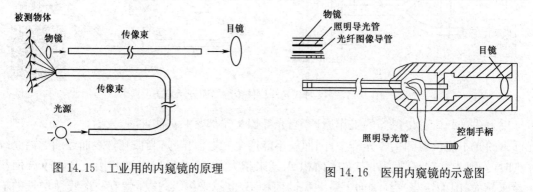

图 14.15　工业用的内窥镜的原理　　　　图 14.16　医用内窥镜的示意图

思　考　题

14-1　试分析光纤传感器的工作原理及其优点。

14-2　试举例说明光纤传感器在工业、医学、军事等方面的应用。

第 15 章　化学传感器

化学传感器是利用化学反应将被测量转换为电量的装置。化学传感器是各类传感器中可与人的鼻、舌相比拟的一类传感器,它至少须具备两种功能:对待测物质的形状或分子结构具有选择俘获功能(接收器功能);有效的电信号转换功能。

化学传感器在预防灾害、医疗保健和丰富人类生活等方面越来越重要。根据使用目的不同,化学传感器大致可分为用于计量和用于控制的两类,它们单独或组合起来又可以细分为用于环境、生产、医疗、生活等的传感器。

本章仅讨论湿敏传感器和气敏传感器。

15.1　湿敏传感器

湿敏传感器也称湿度传感器,是能够感受外界湿度变化,并通过湿敏元件材料的物理或化学性质变化,将湿度信号转化成电信号的元件。

在生活环境的空气调节当中,除了对温度调节提出了要求,对湿度的调节也逐渐提出了要求。在生产领域,许多场合对湿度调节也提出了要求。例如,工业领域中 IC(集成电路)和 LSI(大规模集成电路)、磁头等电子元件的生产要求低湿度环境;植物发芽、生长需要高湿度环境等。在干燥器、高频灶等医疗或家电产品的应用等方面,也要求对湿度进行控制。作为湿度控制系统的检测仪器,湿敏传感器已是必不可少的设备。

传统的测量湿度的传感器有毛发湿度计、干湿球湿度计、氯化锂湿度计等,之后又发展出中子水分仪、微波水分仪等,但传统湿敏传感器响应速度、灵敏度、准确度等都不高且不易与现代电子技术相结合。60 年代发展起来的半导体湿敏传感器,特别是金属氧化物半导体湿敏元件,在满足上述要求方面有了很大的突破,成为一类富有生命力的湿敏传感器。下面对金属氧化物半导体湿敏元件的制作、性能、基本原理和应用等方面进行简单的介绍。

15.1.1　湿度概念

湿度是指物质中所含水蒸气的量。目前湿敏传感器多数用来测量气体中的水蒸气含量,通常用绝对湿度或相对湿度来表示。

绝对湿度是指在一定温度和压力下,单位体积的气体中含有水汽的质量,即

$$H_a = m_v/V \tag{15-1}$$

式中,H_a——绝对湿度;

　　　m_v——待测气体中水汽的质量;

　　　V——待测气体的总体积。

相对湿度为待测气体中的水汽分压与相同温度下的水的饱和水汽压的比值的百分数,即

$$H_r = \frac{p_v}{p_w} 100\% \tag{15-2}$$

式中,H_r——相对湿度;

p_v——待测气体的水汽分压；

p_w——与待测气体相同温度时的水的饱和水汽压。

湿敏传感器的核心部分是湿敏元件，湿敏元件一般由基体、电动机和感湿层组成，如图15.1所示。湿敏元件的基体为不吸水且耐高温的绝缘材料，如聚碳酸板、氧化铝瓷等。在基体之上，常用镀膜法真空蒸镀薄膜，用丝网印刷法加工出两个金属电极。金属电极常用不易氧化的导电材料（如金、银等）制成。基体、金属电极加工好后，再涂敷感湿材料，然后在几百摄氏度的温度下烧结成感湿层。感湿层很薄，通常仅有几微米到几十微米，它是湿敏元件的主要组成部分，可随空气湿度变化（吸湿与脱湿）而改变阻值。

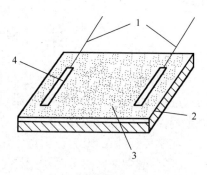

1—引线；2—基体
3—感湿层；4—金属电极

图 15.1　湿敏元件的结构

湿敏元件的工作原理主要是物理吸附和化学吸附。感湿层为微型孔状结构，极易吸附周围空气中的水分子。由于水是导电物质，因此当感湿层中水分子含量增多时，就会引起金属电极间电导率的上升。湿敏元件的感湿层还具有电介质特性，其正离子可以吸附空气中水分子的羟基（OH^-），在外加电压的作用下，产生载流子移动。这种变化是可逆的，即当空气中的水分子含量减少时，感湿层会释放羟基，引起金属电极间电导率下降。为了不使感湿层因极化而降低感湿灵敏度，在使用时应采用交流驱动或脉冲驱动。

湿敏传感器是出现较早的传感器之一，其种类很多，这里不一一赘述，下面只介绍新型湿敏传感器。

15.1.2　陶瓷湿敏传感器

半导体陶瓷材料是多孔结构的多晶体，具有较好的热稳定性及抗沾污的特点。只要半导体控制好陶瓷材料的组分及微观结构，就能获得精度高、响应快、滞后小、稳定性好的陶瓷湿敏传感器。目前，在陶瓷湿敏传感器的生产和应用中，半导体陶瓷材料具有很重要的地位。

1. 陶瓷湿敏传感器的感湿机理

关于陶瓷湿敏传感器的感湿机理，目前常用的有电子电导理论和离子电导理论，现分述如下。

（1）电子电导理论。

半导体陶瓷材料是多孔结构的多晶体，晶粒表面及晶粒界面很容易吸附水分子。水是一种强极性电介质，其分子结构示意图如图15.2所示。由图15.2可见，在水分子的氢原子附近有很强的正电场，具有很大的电子亲和力。当水分子在半导体陶瓷表面附着时将形成能级很深的附加表面受主态，必然会从半导体陶瓷表面俘获电子，从而在半导体陶瓷表面形成束缚态的负空间电荷，半导体陶瓷在近表面层出现相应的空穴积累，导致半导体陶瓷电阻率降低。

P型半导体陶瓷在水分子吸附前，陶瓷表面施主态会对表面层的载流子-空穴进行俘获，形成表面正空间电荷，使表面层的空穴耗尽，也使表面层的电阻率明显增加，在近表面处能带向下弯曲；在表面晶粒界面同样存在空穴缺乏的耗尽层和空穴势垒，如图15.3所示。所以P型半导体陶瓷的电阻率在水分子吸附前是比较高的。

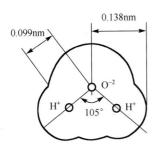

图 15.2 水分子结构示意图

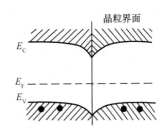

E_C—导带底能量；E_F—费米能级；
E_V—价带顶能量

图 15.3 P 型半导体陶瓷的晶粒界面

随着水分子不断被吸附，半导体陶瓷表面氧离子与水分子中氢离子也不断被吸引，使原来的本征表面带中靠近满带处的氧施主能级密度下降，原来俘获的空穴局部被释放，同时使原先下弯的能带变平，耗尽层变薄，表面载流子密度增加；在表面晶粒界面也将发生类似情况，界面带密度下降，表面晶粒界面势垒降低，因而表面载流子密度增加，迁移率变大，即表面电阻率降低。随着环境湿度的增加，水分子在半导体陶瓷表面的附着量增加，即增加了表面受主态密度，该密度远远超过本征施主态密度，这一附加表面受主带会对电子进行俘获，使表面束缚负空间电荷进一步增加，为了平衡表面负空间电荷，在近表面处积累更多的空穴，这样在近表面处不仅耗尽层消失，还形成一种载流子密度比体内载流子密度更高的空穴积累层，使原来下弯的能带转为上弯。在表面晶粒界面同样有空穴的大量积累，原来的空穴势垒也不存在，代之以很高的载流子浓度，空穴在此处将极易通过，如图 15.4 所示。

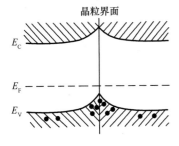

图 15.4 吸水后 P 型半导体
陶瓷晶粒界面能态

由上述内容可知，随着环境湿度的增加，水分子在半导体陶瓷体内的吸附量也随之增加，使半导体陶瓷体的电阻率逐渐降低。所以，P 型半导体陶瓷具有负感湿特性。在 N 型半导体陶瓷中，水分子的附着及表面负空穴电荷的积累会使原来已经上弯的表面能带进一步向上弯曲，当能带弯到价带顶比导带底更为靠近费米能级，即表面空穴浓度超过电子浓度时，就会出现表面反型层。如果表面晶粒界面也有这种空穴积累，则此空穴容易在表面迁移，这说明水分子的附着同样会使 N 型半导体陶瓷电阻率降低。

因此，对于 N 型或 P 型半导体陶瓷，只要其表面易于附着水分子，则其电阻率都将随着湿度的增加而显著下降，呈现负感湿特性。

(2) 离子电导理论。

离子电导理论认为，半导体陶瓷具有负感湿特性的原因是半导体陶瓷材料结构不致密，在晶粒之间有一定空隙，呈多孔毛细管状，水分子可以通过这种细孔，在各晶粒表面和晶粒界面吸附，并在晶粒界面颈部凝聚。细孔孔径越小，水分子越容易凝聚，即毛细管凝聚。由于半导体陶瓷吸附的水分子可离解出大量导电的离子，这些离子在水吸附层中担负着输运电荷的任务。

在完全脱水的半导体陶瓷体的表面裸露有金属离子和氧离子，而水分子离解为 H^+ 和 OH^-，于是 OH^- 和金属离子、H^+ 和氧离子在半导体陶瓷表面上进行化学吸附。水分子和 OH^- 解离出的 H^+ 会以水合质子 H_3O^+ 的形式构成导电的载流子。当水分子完成化学吸附之后,随之形成第 1、2 层的物理吸附,同时使导电载流子 H_3O^+ 的浓度增加,如图 15.5 所示。

随着环境湿度的增加,在物理吸附作用下,水分子在整个晶粒表面将形成多层水分子层,使导电载流子 H_3O^+ 的浓度进一步增大,从而使半导体陶瓷体电阻率降低。

由以上内容可以看出,在半导体陶瓷体中,电子电导和离子电导都有贡献。在低湿情况下以电子电导为主,在高湿情况下以离子电导为主。

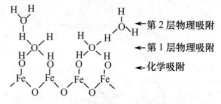

图 15.5 α-Fe_2O_3 吸附水的状态模型图

15.1.3 $MgCr_2O_4$ 系湿敏传感器

由 $MgCr_2O_4$—TiO_2 固溶体组成的多孔性半导体陶瓷是一种较好的感湿材料,这种材料的表面电阻率能在很宽的范围内随湿度的变化而变化,即使在高温条件下对其进行多次反复的热清洗,其性能仍较稳定。

$MgCr_2O_4$ 系湿敏传感器结构如图 15.6 所示。$MgCr_2O_4$ 系湿敏传感器采用 4mm×5mm× 0.3mm 的 $MgCr_2O_4$ 陶瓷片,在 $MgCr_2O_4$ 陶瓷片两面设置多孔的金电极,并用掺金玻璃粉将杜美丝引出线与金电极烧结在一起。在 $MgCr_2O_4$ 陶瓷片的外面,安装一个由镍铬丝绕制而成的加热清洗线圈,以便对元件进行加热清洗,排除有害气体,避免元件被污染。元件安装在疏水性的陶瓷基片上,在电极 2 和电极 3 的四周设置金属短路环,以消除两电极之间吸湿和沾污引起的漏电问题。图 15.6 中的 1 和 4 为加热清洗线圈的引出线。

$MgCr_2O_4$—TiO_2 是由 P 型半导体 $MgCr_2O_4$ 和 N 型半导体 TiO_2 烧结而成的一种复合型半导体陶瓷,这种陶瓷材料的电阻率及湿度特性与原材料的配比和掺杂有密切关系。例如,在电阻率偏高的 Cr_2O_3 和 $MgCr_2O_4$ 中添加 MgO 时,其电阻率会大幅度下降。$MgCr_2O_4$—TiO_2 电阻率与成分配比的关系如图 15.7 所示。$MgCr_2O_4$—TiO_2 的电阻率与 TiO_2 含量的摩尔百分比在半对数坐标中基本上为线性关系。由此可知,适当改变原材料的成分配比及掺杂,可以改变材料的电阻率及湿度特性。

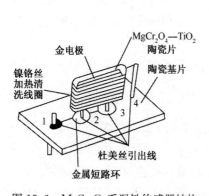

图 15.6 $MgCr_2O_4$ 系湿敏传感器结构

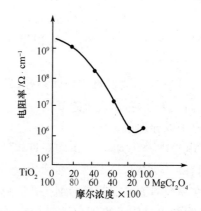

图 15.7 $MgCr_2O_4$—TiO_2 电阻率与成分配比的关系

$MgCr_2O_4$—TiO_2 具有多孔结构,气孔率较大(25%～40%),气孔平均直径为 1000～3000× 10^{-10}m。因此,$MgCr_2O_4$—TiO_2 具有良好的吸湿特性和脱湿特性。

当 $MgCr_2O_4$ 系湿敏传感器吸附油雾、灰尘及各种有害气体后,会缩小元件的感湿面积,这会使元件感湿性能退化,精度下降。为此,需要对元件进行加热清洗,以恢复元件对水分子的吸附能力。一般加热清洗电压为9V,加热时间为10s,加热温度为400~500℃。加热结束后,元件的电阻值在240s后恢复初始值。

15.1.4 ZnO—Cr$_2$O$_3$系湿敏传感器

ZnO—Cr$_2$O$_3$系湿敏传感器是以ZnO为主要成分的化学稳定性好的传感器,这种传感器不需要加热清洗就能稳定地连续测量湿度,并且其耗电少(在0.5mW以下),成本低,适于批量生产。

ZnO—Cr$_2$O$_3$系湿敏传感器采用直径为8mm,厚度为0.2mm的小圆片状的多孔陶瓷元件,在元件两表面烧结有多孔电极,并将铂-铱线焊在多孔电极上,将它们固定在密封支座上,焊上引线,装入具有过滤网眼的塑料外壳中,用树脂密封,如图15.8所示。图15.9为ZnO—Cr$_2$O$_3$系湿敏传感器的断面结构。

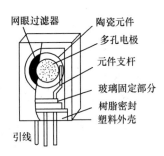

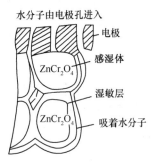

图15.8　ZnO—Cr$_2$O$_3$系湿敏传感器结构　　　图15.9　ZnO—Cr$_2$O$_3$系湿敏传感器的断面结构

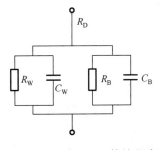

图15.10　感湿过程等效电路

ZnO—Cr$_2$O$_3$系湿敏传感器的电极和感湿体都是多孔结构。感湿体是由2~3μm的ZnCr$_2$O$_4$尖晶石结构的陶瓷晶粒构成的,晶粒表面被由LiZnVO$_4$组成的感湿玻璃覆盖,成为感湿点的离子紧紧地固定在V—O基本结构中,并形成稳定的感湿层。当空气中的水分子通过电极孔进入传感器内部并在感湿体表面进行可逆的吸湿和脱湿作用时,引起感湿体的电阻值变化。感湿过程等效电路如图15.10所示,图中的C$_B$为感湿体电容,C$_W$为吸湿电容,ZnO—Cr$_2$O$_3$系湿敏传感器的总电阻值为

$$R = R_D + \frac{R_W R_B}{(R_W + R_B)} \tag{15-3}$$

式中,R_D——电极的电阻值;

R_B——感湿体电阻值;

R_W——吸湿体电阻值。

在30%相对湿度以下的低湿范围,可以认为$R_W \gg R_B$,则$R \approx R_D + R_B$,此时传感器电阻值主要由感湿体电阻值决定。在90%相对湿度以上的高湿范围,可认为$R_W \ll R_B$,则$R \approx R_D + R_W$,此时传感器电阻值主要取决于吸湿体电阻值,这样,就可以得到传感器电阻值与相对湿度呈指数变化的特性。只要控制好材料的成分、晶粒直径及电极孔的大小,就可以获得便于应用的感湿特性。

ZnO—Cr$_2$O$_3$ 系湿度传感器的感湿特性曲线及响应特性曲线分别如图 15.11 和图 15.12 所示。由于腐蚀性气体、烟、灰尘、油等对 ZnO—Cr$_2$O$_3$ 系湿敏传感器的影响小,因此传感器性能较好,可用来长时间连续检测湿度。

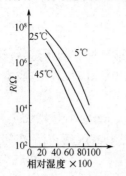
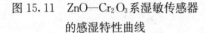

图 15.11　ZnO—Cr$_2$O$_3$ 系湿敏传感器
的感湿特性曲线

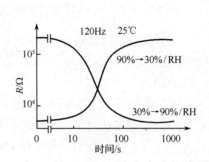

图 15.12　ZnO—Cr$_2$O$_3$ 系湿敏传感器的响应特性曲线

15.1.5　M 系列氧化铝湿敏传感器

M 系列氧化铝湿敏传感器属于电容式结构,如图 15.13 所示。在一块铝基片的一面用阳极氧化工艺形成一层多孔的氧化铝层,再在该层上面涂覆一层极薄的金膜,这样,铝基片和金膜作为两个电极,氧化铝作为介质,组成一个电容。当 M 系列氧化铝湿敏传感器处于湿度环境时,氧化铝层会吸附一定量水分子,通过测量氧化铝层的导电率变化就可以直接测出水蒸气的压力。多孔的氧化铝膜是 M 系列氧化铝湿敏传感器的核心。通常采用阳极氧化法获得有孔氧化铝和无孔氧化铝。实际上只有有孔的氧化铝膜具有感湿性。以理想化模型为例,当在显微镜下观察时,可以看到氧化铝膜中的气孔是细长的圆孔,而且气孔均匀地垂直膜表面穿通到铝基底。同时这些气孔的直径和间隔变化不大,分布比较均匀,如图 15.14 所示。当环境湿度发生变化时,氧化铝膜中气孔壁上吸附的水分子的数量也随之发生变化,从而改变氧化铝膜的电特性。

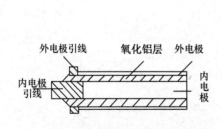

图 15.13　M 系列氧化铝湿敏传感器

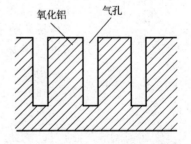

图 15.14　多孔氧化铝膜的结构

M 系列氧化铝湿敏传感器可以在气相或液相中使用,不但可以测出相对湿度,还可以测出绝对湿度,弥补了大多数陶瓷湿敏传感器只能测出相对湿度的不足。M 系列湿敏传感器具有灵敏度高、响应速度快、校准稳定性好及动态范围宽等优点,它与湿度表、样准仪、报警器等仪表可组成一套完整的湿度分析系统,该系统广泛应用于化学和电化学工艺过程、天然气处理和输送、发电、半导体制造、金属生产和加工、塑料制品成型、瓶装气体生产和贮存、冷冻、空气和其他气体的干燥等方面。可以说,几乎所有的气相和液相中的湿度测量都可以用 M 系列氧化铝湿敏传感器来完成。

15.2 气敏传感器

15.2.1 概述

气敏传感器通常是指用来检测 CO、CO_2、O_2、CH_4 等气态物质的化学传感器。一个气敏传感器可以是单功能的,也可以是多功能的;可以是单一的实体,也可以是许多传感器的组合阵列。但是,任何一个完美的气敏传感器都应满足下列条件。

(1)能有选择性地检测某种单一气体,而对其他共存的气体不响应。

(2)对被测气体应具有高的灵敏度,能检测规定允许范围内的气体浓度。

(3)信号响应速度快,再现性高。

(4)长期工作稳定性好。

(5)制造成本和使用价格低廉。

(6)维护方便。

由于气体的种类繁多,性质差异较大,所以仅用一种类型的气敏传感器不可能检测所有的气体。例如,固态电解质气敏传感器的主要测量对象是无机气体,如 CO_2、H_2、Cl_2、NO_2、SO_2 等;声表面波气敏传感器虽然也可以测量某些无机气体,但主要的测量对象是各种有机气体,如卤化物、苯乙烯、碳酰氯、有机磷化合物等,其气敏选择性取决于元件表面的气敏膜材料,一般用于同时检测多种化学性质相似的气体,而不适宜检测未知气体组分中的单一气体成分;氧化物半导体气敏传感器的主要测量对象是各种还原性气体,如 CO、H_2、乙醇、甲醇等,虽然可以通过添加各种催化剂在一定程度上改变其主要气敏对象,但却很难消除对其他还原性气体的共同响应,并且它的信号响应线性范围很窄,一般只能用于定性及半定量范围的气体检测。

15.2.2 固态电解质气敏传感器

固态电解质分为三大类,分述如下。

1. 离子电导固态电解质

材料中离子或电子的远距离迁移是产生电导的根本原因。金属的电导主要依靠自由电子的迁移来完成,电解质溶液的电导主要依靠游离的阴、阳离子来完成。在一般固态无机材料中,离子和电子往往被束缚在晶格或组成晶格的原子内,离子和电子的远距离迁移很难实现,因此其导电能力非常弱。只有当温度上升到使它们接近熔融状态时,或者当外加电压高于材料的分解电压时,高温游离出来的离子或高电压释放出来的电子才能使材料具有导电的可能性。对于某些固态无机材料,由于其结构的特殊性,部分离子可以相对自由地在晶格内移动,因此这些材料表现出一定的导电性能。通常将这一类固态无机材料称为固态电解质,也称快速离子导体或超离子导体。

描述固体材料导电能力的参数通常是电导率 σ,即单位长度、单位截面积固体切片的电导,常用单位为 $(\Omega \cdot cm)^{-1}$、$(\Omega \cdot m)^{-1}$ 或 S/m,其中 $S = 1/\Omega$。对于任何材料及其载流子,其总电导率为所有载流子的电导率之和,并可由下式给出

$$\sigma = \sum_{j}^{m} n_j q_j e \mu_j \tag{15-4}$$

式中,n_j——单位体积内载流子的总数目;

$\qquad q_j$——载流子的价电荷数;

$\qquad e$——电子电量$(1.602×10^{-19}C)$;

$\qquad \mu_j$——载流子的迁移率(m^2/V_s)。

在固态电解质的晶格中,不仅离子要参与导电,部分电子也有可能成为载流子。各载流子电导率与总电导率的比值称为载流子的迁移数,即

$$t_j = \sigma_j/\sigma \tag{15-5}$$

固态电解质在构成气敏传感器时,要求其电子迁移数 t_e 远小于离子迁移数 t_i,即 t_e/t_i 小于 10^{-3}。否则,电子参与导电会导致传感器内部短路,使传感器输出信号产生偏差。因此,固态电解质在使用温度范围内的电子迁移数是判断其是否适合作为气敏传感器的关键参数之一。离子电导率随温度的变化情况,通常可用阿伦尼斯方程来描述

$$\sigma = Ae^{(-E_a/RT)} \tag{15-6}$$

式中,A——前因子,包含潜在流动离子的振动频率在内的多项常数;

$\qquad E_a$——流动离子的活化能(J/mol);

$\qquad R$——气体常数$(8.315J/mol·K)$;

$\qquad T$——绝对温度(K)。

绘制 $\lg\sigma - T^{-1}$ 曲线,可得斜率为 $-0.4343E_a/R$ 的直线,这是用电导率法测量流动离子活化能的理论基础。由式(15-6)可知,离子的电导率通常随温度的升高而增大。如果多种离子同时对材料的总电导率有相近的贡献,则可以从统计力学的角度去分析各离子的电导率与温度的单独关系。这种情况下的阿伦尼斯方程应改写为

$$\sigma_j = (A_j/T)e^{(-E_a/RT)} \tag{15-7}$$

各离子的电导率 σ_j 可由交流阻抗仪测得。在各测量温度下绘制 $\lg(\sigma_j T) - T^{-1}$ 曲线,也可得斜率为 $-0.4343E_a/R$ 的直线。图 15.15 为几种固态电解质的离子电导率的温度特性曲线。在图 15.15 中,处于右上方位置且在整个温度范围内其离子电导率呈直线的固态电解质,在使用过程中不会发生相变,并且在常温下仍有很高的离子电导率。

2. 通用固态电解质

通用固态电解质是指不受被测气体的限制,可制成多种气敏传感器的固态电解质,这类材料包括各种 β—氧化铝、Nasicon 及沸石。根据气敏传感器参比电极材料的性质或参比气体的化学性质,常选用 Na^+ 或 Ag^+ 作为固态电解质材料的流动离子,相应称 Na^+-β-氧化铝或 Ag^+-β-氧化铝等。

通用固态电解质不能单独作为气敏传感器,必须与气敏膜联合使用才能构成加膜型气敏传感器。气敏膜材料通常是低离子电导率的气敏固体电解质,也可以是非固态电解质。气敏膜材料可直接涂在通用固态电解质的表面,也可利用化学反应来制备。

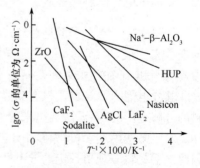

图 15.15 几种固体电解质离子
电导率的温度特性曲线

3. 气敏固态电解质

气敏固态电解质是指本身具有气敏功能且只对某一种气体具有气敏作用的固态电解质，其种类较多，包括氧离子固态电解质、质子固态电解质、卤素离子固态电解质及各类无机含氧盐固态电解质，可制成氧气、氢气、卤素气体及各种无机氧化物气体的气敏传感器。

常用的氧离子固态电解质是氧化锆，氧化铈（CeO_2）、氧化铋（Bi_2O_3）、氧化钍（ThO_2）等也较常用。

常用的质子固态电解质包括磷酸铀氢（HUP）和水合锑酸酐（$Sb_2O_3 \cdot 4H_2O$），常温下的最高使用温度为 50℃ 左右。由质子取代原传导离子的通用固态电解质（如 H^+-β-氧化铝、H^+-Nasicon 及 H^+-沸石等）也是很好的质子导体，但它们只有在加热时才具有高的离子电导率，其使用温度上限可达 300℃。钙钛矿类氧化物是目前可使用温度很高的质子固态电解质，在 900℃ 时的离子电导率约为 10^{-2}S/cm，使用温度可达 1000℃。

卤素离子固态电解质的种类不多，主要有氯化铅（$PbCl_2$）、氯化锶（$SrCl_2$）及氟化镧（LaF_3）。其中，氟化镧既是 F^- 导体，也是 O^{2-} 导体，可用于制作各类氧气传感器。

此外，以金属离子为传导离子的气敏固态电解质包括 Na_2SO_4、AgCl、K_2CO_3 等。与前述的其他各类气敏固态电解质相比，这类气敏固态电解质由于其传导离子往往可以与多种气敏基团组成化合物（如以 Na^+ 为传导离子的固态电解质可以有 Na_2SO_4、Na_2CO_3、$NaNO_3$ 等），因此构成气敏传感器的气敏选择性往往取决于气敏固态电解质的热稳定性及传感器的工作温度。

15.2.3 电位式气敏传感器

电位式气敏传感器是指输出信号为电位差形式的传感器，一般情况下其测量电路很简单。由于多数固态电解质本身在传感器工作温度范围内都存在一定的内阻，理想的电位差测量手段应避免电流在传感器内阻上的消耗引起的误差，因此，实际应用中常采用高输入阻抗的直接测量法。只要测量电路的输入阻抗远高于传感器内阻（约大于 10^6 倍），测量结果还是相当接近理论值的。

电位式气敏传感器分为浓差式和化学反应式两种，下面分别介绍它们的原理和结构。

1. 浓差式气敏传感器

浓差式气敏传感器输出的信号取决于传感器参比电极和参比电极之间的气体分压比。浓差式气敏传感器包括所有的共有元素型、采用参比气体的内含型和加膜型气敏传感器。浓差式气

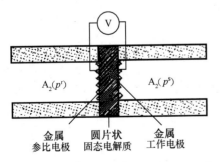

图 15.16　浓差式气敏传感器的基本结构

敏传感器的基本结构如图 15.16 所示。浓差式气敏传感器通常由圆片状固态电解质、金属工作电极、金属参比电极及气体样品室组成。工作电极一端的气体分压为 p^s 大气压，参比电极一端的气体分压为 p^r 大气压，两端的气体都为 A_2。由于电位式气敏传感器的工作原理与原电池的工作原理相似，因此可用相同的表示方法表示，则如图 15.16 所示的结构可表示为

$$A_2(p^r), Me \mid SSE \mid Me, A_2(p^s)$$

其中，Me 代表金属工作电极，通常采用铂（Pt）、金（Au）等贵金属制成，金属参比电极和金属工作电极使用同一种金属材料；SSE 是该传感器所用固体电解质的总称，一般要写出全称，如钙稳定氧化锆（CSZ）、磷酸铀氢（HUP）等，对于由通用固体电解质组成的气敏传感器还需要标出气敏膜的化学组成；Me 与 SSE 之间的竖线是代表固-固、固-气两相之间的相界面。

利用能斯脱公式可将输出信号与两气体分压比之间的关系表示为

$$E = (RT/2nF)\ln(p^s/p^r) \tag{15-8}$$

式中，E——传感器信号响应值，即传感器工作电极与参比电极之间的电位差（V）；

R——气体常数（8.315J/mol·K）；

T——工作温度；

n——电极反应的电子交换数目；

F——法拉第常数（9.648×10^4 C/mol）；

p^s——被测气体分压值（10^5 Pa）；

p^r——参比气体分压值（10^5 Pa）。

由此可见，已知传感器的工作环境温度 T 及参比气体的分压值 p^r，并测得传感器的信号响应值 E 后就可求得被测气体的分压值 p^s。在通常情况下，p^r 为已知常数，因此当传感器工作环境温度 T 恒定时，E 与 $\ln(p^s)$ 具有线性关系，直线的截距为 $(RT/nF)\lg(p^r)$，斜率为 RT/nF。图 15.17 为不同 p^s 下二氧化硫气敏传感器的响应曲线，即 E-$\ln(p^s)$ 曲线，其参比二氧化硫气体的分压分别为 0.12Pa 和 3.2Pa，氧气为平衡气体。

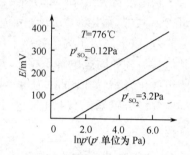

图 15.17　不同 p^s 下二氧化硫气敏传感器的响应曲线

传感器输出信号与被测气体分压的对数具有线性关系是浓差式气敏传感器的共同特点。因此，在一般情况下，浓差式气敏传感器都具有很宽的动态线性范围。浓差式气敏传感器理论上可以测量任意浓度范围的被测气体的分压，但实际中受固态电解质材料性能的限制，通常只能测量几个 ppm 浓度以上的气体分压。

2. 化学反应式气敏传感器

化学反应式气敏传感器结构示意图如图 15.18 所示，该传感器采用 AgCl 作为气敏固态电解质，采用金属 Ag 为参比电极，可表示为

$$Ag \mid AgCl \mid Pt, Cl_2$$

在 Pt 工作电极一端，AgCl 中的 Ag^+ 与 Cl_2 存在的化学反应为

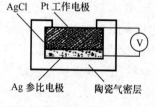

图 15.18　化学反应式气敏传感器结构示意图

$$Ag^+ + \left(\frac{1}{2}\right)Cl_2 + e \rightarrow AgCl \tag{15-9}$$

在化学反应的作用下，AgCl 中的 Ag^+ 不断向 Pt 工作电极附近迁移，造成 Ag 参比电极附近 Ag^+ 浓度相对减少，为了维持 Ag 参比电极的电位，Ag 参比电极一端的 Ag 与 AgCl 中的 Ag^+ 存在的平衡趋势为

$$Ag \rightarrow Ag^+ + e \tag{15-10}$$

其总结果是 Ag 参比电极与 Pt 工作电极一端的 Cl_2 存在的化学反应为

$$Ag + \frac{1}{2}Cl_2 \rightarrow AgCl \tag{15-11}$$

根据热力学定律,这一反应的自由能变化可由范特霍夫(Vant Hoff)反应方程式表示为

$$\Delta G = \Delta G^0 + RT\ln(a_{AgCl}/(a_{Ag}p_{Cl_2}^{1/2})) \tag{15-12}$$

式中,ΔG——反应自由能变化(J/mol);

a_{AgCl}——AgCl 的活度,纯固态 AgCl 的活度为 1;

a_{Ag}——Ag 参比电极 Ag 的活度,纯固态 Ag 的活度为 1;

p_{Cl_2}——Cl_2分压(10^5Pa);

ΔG^0——标准状态下的反应自由能变化,这里的 ΔG 等于 AgCl 的标准生成自由能 ΔG^0_{AgCl}。

根据化学原理,电极反应的电动势 E 与反应自由能变化 ΔG 之间有如下转换关系

$$E = \Delta G/nf \tag{15-13}$$

或在标准状态下

$$E^0 = \frac{-\Delta G^0}{nF} \tag{15-14}$$

式中,E——电极反应的电动势,即传感器工作电极与参比电极之间的电位差;

E^0——标准状态下的电极反应电动势。

根据式(15-11)、式(15-12)、式(15-13),并考虑到纯固态的 Ag 及 AgCl 的活度均为 1,可得到传感器工作电极与参比电极之间的电位差 E 与被测气体分压 p_{Cl_2} 之间的关系为

$$E = \frac{\Delta G^0_{AgCl}}{F} + (RT/F)\ln(p_{Cl_2}) \tag{15-15}$$

式(15-15)即该传感器电极总反应式(15-11)的能斯脱公式表示式。以 $Ag_2SO_4 - LiSO_4$ 为气敏固态电解质的二氧化硫气敏传感器的工作原理与如图 15.18 所示的传感器的工作原理相同。固态电解质的品种繁多,由它们组成的电位式气敏传感器的形式也多种多样,在此不一一叙述。

15.2.4 氧化物半导体气敏传感器

氧化物半导体气敏传感器采用氧化物半导体材料作为敏感材料,其原理是基于气体吸附在氧化物半导体气敏材料颗粒表面可导致材料载流子浓度发生相应的变化,从而改变氧化物半导体元件的电导率。由氧化物半导体粉末制成的气敏元件具有很好的疏松性,有利于吸附气体,其响应速度和灵敏度都较好;并且其种类繁多,制造简单,成本低廉,因此得到了迅速发展。

氧化物半导体气敏传感器主要用于在工业上进行天然气、煤气、石油、化工等部门易燃易爆有毒有害气体的监测预报和自动控制;在防治公害方面监测污染气体;在家电方面作为煤气报警器、火灾报警器等。

1. 氧化物半导体陶瓷气敏传感器

氧化物半导体陶瓷气敏传感器的导电机理是比较复杂的,但是这种机理是比较清楚的,即当气敏元件表面吸附气体时,它的电导率发生变化。

氧化物半导体对气体吸附一般分为物理吸附和化学吸附两种。物理吸附是气体与氧化物半导体表面之间为分子吸附状态,它们之间没有电子交换,不形成化学键,这种表面之间的结合力为范德瓦尔斯力。化学吸附是气体与氧化物半导体表面为离子吸附状态,它们之间有电

子交换,并存在化学键力。这两种吸附在一般情况下同时存在,只是在常温下主要为物理吸附,当温度升高时化学吸附增加并在某一温度达到最大程度。随后气体解吸概率增加,两种吸附作用同时减小。下面以 SnO_2 气敏传感器为例进行说明,由实验曲线可知(见图 15.19),SnO_2 在常温下吸附大量的气体,但其电导率变化不大,这说明室温下吸附气体为分子吸附,属于物理吸附。如果保持被测气体浓度不变,继续提高温度,那么 SnO_2 电导率将随温度增加而增大,在 $100\sim300℃$ 时,SnO_2 的电导率变化很快,这说明 SnO_2 在该温度下化学吸附作用增大,此时属于离子吸附。在 $300℃$ 以后,在高温解吸作用下,吸附气体逐渐减少,SnO_2 电导率下降。图 15.19 中的 ZnO 气敏传感器实验曲线也存在类似情况。由此可见,氧化物半导体气敏传感器要实现电导作用,需要在高温条件下工作,这就要求有加热功率,从而增加了元件成本。为了使氧化物半导体气敏传感器能在常温或较低的温度下工作,可采用催化剂。下面以 SnO_2 掺杂 Pd 为例说明催化剂的作用。

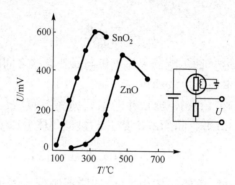

图 15-19　SnO_2 气敏传感器输出电压与温度的关系(被测气体为丙烷)

SnO_2 是 N 型半导体,能吸附 CH_4。当 CH_4 被吸附后,便失去电子成为正离子,而 SnO_2 得到电子后增加了 SnO_2 表面载流子的浓度,其电导率增加。CH_4 的电离过程为

$$CH_4 \rightarrow CH_4^+ + e\Delta H = 12.8116 \times 10^5 J/mol \tag{15-16}$$

式(15-16)表明,CH_4 的电离需要 $12.8116\times10^5 J/mol$ 能量,要实现这一反应是不容易的。如果把 CH_4 分解为 CH_3 原子团和 H 原子,则其过程为

$$CH_4 \rightarrow CH_m'3 + H'\Delta H = 4.3543 \times 10^5 J/mol \tag{15-17}$$

式中,$CH_m'3$ 为原子团,H' 为原子。

式(15-17)的过程需要热量为 $4.3543\times10^5 J/mol$,此能量可以通过 CH_4 分解 $CH_m'3$、H' 与 SnO_2 晶格中 O^{2-} 离子结合释放出能量得到补偿,即

$$H' + O^{2-} \rightarrow OH^- + e\Delta H = -14.26443 \times 10^5 J/mol \tag{15-18}$$

$$CH_3' + O^{2-} \rightarrow CH_3O^- + e \tag{15-19}$$

$$2H' + O^{2-} \rightarrow H_2O + 2e \tag{15-20}$$

采用 Pd 作为催化剂能在低温下具有一定的灵敏度,主要原因是半导体陶瓷烧结后,Pd 在 SnO_2 中以 PdO 形态存在,它促进式(15-18)的反应,并使式(15-18)、(15-19)、(15-20)的过程容易产生。实验表明,掺杂了 Pd 的 SnO_2 在 $160℃$ 左右产生接触氧化,而未掺杂 Pd 的 SnO_2 在 $250℃$ 才开始氧化。此外,PdO 本身还原为金属 Pd 并放出 O^{2-},从而增加还原性气体化学吸附作用,提高了气敏传感器的灵敏度。

2. 烧结型气敏传感器

目前常用的是 SnO_2 烧结型气敏传感器,其加热温度较低,一般为 $200\sim300℃$,因此加热

功率小,可简化结构。若在 SnO_2 中添加催化剂则可以提高传感器灵敏度,如添加微量 $PdCl_2$ 可以促进气体吸附和解吸,减小响应时间。SnO_2 烧结型气敏传感器制造工艺比较简单,首先在 SnO_2 粉末中加入 $0.5\%\sim2\%$(质量)的 $PdCl_2$ 及少量的黏合剂,在玛瑙研钵中研磨成泥状,然后接上工作电极和加热丝,在 $500\sim800℃$ 的温度下进行烧结。市场上商品化的 SnO_2 烧结型气敏传感器主要用于气体检漏报警。图 15.20 是报警电路图,该电路由变压器、蜂鸣器、印刷线路板组成。报警值应在气体爆炸下限的 $1/40\sim1/5$。

有一种烧结型气敏传感器采用 γ-Fe_2O_3 或 α-Fe_2O_3 作为敏感材料,这两种材料均属于 N 型半导体材料。多孔的 γ-Fe_2O_3 和 α-Fe_2O_3 与还原性气体相接触时,其表面受到还原作用而转变为 Fe_2O_3,因此传感器电阻值迅速下降,呈现出气敏特性。这种传感器的最大特点是不需要催化剂就能够得到较高的灵敏度,而且在高温下热稳定性好。α-Fe_2O_3 的热稳定性比 γ-Fe_2O_3 的热稳定性更好,但 γ-Fe_2O_3 的灵敏度不高,当 α-Fe_2O_3 按原材料配制时,对气体的敏感作用非常弱。如果采用特殊工艺将原材料粉末化,并且控制陶瓷微粒结构使晶粒尺寸为 $0.05\sim0.2\mu m$,气孔率达 62%,比表面积达 $135\%m^2/g$,那么这样制成的 α-Fe_2O_3 微粒体具有很高的灵敏度和快速响应特性(小于 10s)。由于这种传感器不需要催化剂,消除了催化剂造成灵敏度降低的问题,从而延长了元件的寿命,因此这是一种很有发展前途的气敏传感器。

图 15.21 为 α-Fe_2O_3 型气敏传感器的结构示意图。敏感元件是 α-Fe_2O_3 烧结体,用一个螺旋线圈加热,工作温度为 430℃,基座采用塑料,外壳采用不锈钢网罩。

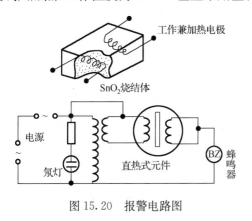

图 15.20 报警电路图

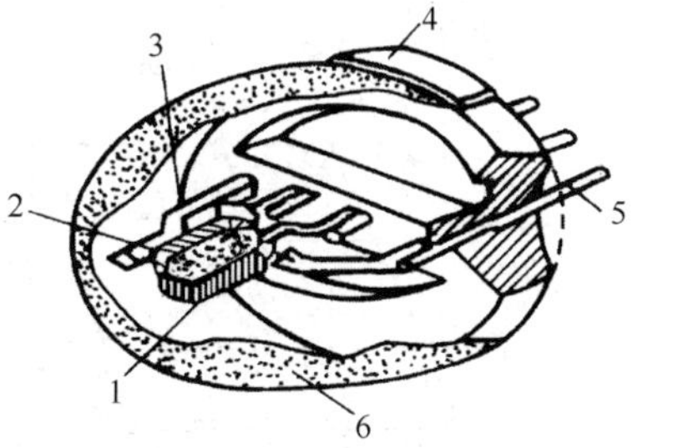

1—加热器;2—敏感元件;3—构架;
4—基座;5—插头;6—不锈钢网罩

图 15.21 α-Fe_2O_3 型气敏传感器的结构示意图

3. 薄膜型气敏传感器

烧结型气敏传感器在制备过程中,重复性较差,机械强度也不好,若采用真空镀膜或溅射的方法可实现元件的薄膜化,从而保证元件的一致性,并便于成批生产,而且元件的机械强度也比较好。较早出现的薄膜型气敏传感器是 ZnO 薄膜型气敏传感器,其结构如图 15.22 所示。在图 15.22 中,绝缘片 1 为石英玻璃或陶瓷,用真空镀膜机在其表面蒸镀 Zn 金属,电极为 Pt 或 Pd 膜。图 15.22 中的 2 和 3 是引线。把已蒸镀好的 Zn 金属衬底基片氧化,Zn 膜在 500℃ 以下氧化形成 ZnO 膜。由于 ZnO 气敏特性需要在高温环境下才能体现,故在衬底基片背面有一电极作为加热元件。ZnO 是 N 型半导体,当添加 Pt 作为催化剂时,元件对丁烷、丙烷、乙烷等烷烃气体有很高的灵敏度,而对 H_2、CO 等气体的灵敏度很低;若用 Pd 作为催化剂,则元件对 H_2、CO 有很高的灵敏度而对烷烃类气体的灵敏度低。因此 ZnO 薄膜型气敏传感器具有良好的选择性,但加热元件温度高(400~450℃)。

此外,在陶瓷基片上用平面型射频等离子气相淀积法制成 SnO_2 气敏元件,在陶瓷基片背面涂上一层 RuO_2 作为加热元件,加热温度为 $260 \sim 340$℃,用银钯制成电极引线,这样制成的气敏传感器的特点是不用掺杂 Pd、Pt 等贵金属作为催化剂,对 H_2、CO_2、管道煤气、液化石油气都有气敏作用。

4. 厚膜型气敏传感器

厚膜型气敏传感器是 1977 年发展起来的一种气敏传感器(见图 15.23)。图 15.24 为管状厚膜型气敏传感器。厚膜型气敏传感器克服了烧结型气敏传感器一致性和机械强度差的问题,制造方法比薄膜型气敏传感器制造方法简单,更便于成批生产。厚膜型气敏传感器把气敏材料(如 SnO_2、ZnO)与一定比例硅凝胶混合成能印刷的厚膜胶,再把厚膜胶用丝网印刷到安装有 Pt 电极的氧化铝基片上,经自然干燥后烧结成厚膜型元件。如图 15.24 所示,管状厚膜型气敏传感器半导体层 1 采用 ZnO,外层用 Pt 作为催化剂层,Pt 不仅与还原性气体起反应,还增加 ZnO 表面上的还原性气体吸附,增大 ZnO 在空气中的电阻值,从而提高传感器的灵敏度。图 15.24 中的 2 是绝缘管,3 是加热线圈,4 是导线,5 是电极。此外,管状厚膜型气敏传感器采用 $V-Mo-Al_2O_3$ 作为催化剂可检测浓度很低的卤化碳氢化合物气体,如 CCl_2F_2、$CHCLF_2$ 等。厚膜型气敏传感器能检测液化石油气体,受环境温度、湿度影响小,并能连续使用 5000 小时,如果在 SnO_2 膜上附加只允许 H_2 通过的 SiO_2 涂层,则可用于检测 H_2,如图 15.25 所示。

图 15.22　ZnO 薄膜型气敏传感器的结构

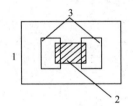

图 15.23　厚膜型气敏传感器

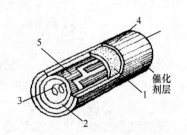

图 15.24　管状厚膜型气敏传感器

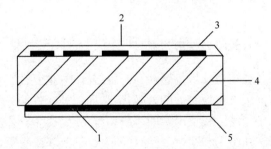

1—Pt 加热器;2—SiO_2 膜;3—Pt 电极;
4—氧化铝基板;5—氧化铝膜
图 15.25　在 SnO_2 膜上附加
只允许 H_2 通过的 SiO_2 涂层

第 16 章　新型传感器及其应用

16.1　声表面波传感器

声表面波(Surface Acoustic Wave,SAW)是一种在固体浅表面传播的弹性波,它存在若干模式,其中瑞利波是目前应用较广泛的一种声表面波。声表面波元件是用半导体集成电路工艺在压电基底材料上淀积和光刻特定形状和尺寸的金属膜制成的。目前,国内已有的声表面波传感器包括声表面波压力传感器、声表面波温度传感器、声表面波生物基因传感器、声表面波化学气相传感器等。声表面波传感器按其使用的元件种类可分为延迟线型和谐振器型;按能源供给的方式可分为有源和无源两种。

16.1.1　延迟线型声表面波传感器

1.延迟线型声表面波传感器的结构

延迟线型声表面波传感器的结构示意图如图 16.1 所示,该传感器主要包括输入 IDT(叉指换能器)、输出 IDT、声波传播路径、压电基片及吸声材料等。传播距离 l 为两组 IDT 之间的中心距。IDT 结构图如图 16.2 所示,叉指周期为 P、叉指间距为 b、叉指宽度为 a,孔径为 w。其中,$P=2(a+b)$。压电材料、IDT 和反射栅的指宽、叉指间隔等共同决定了延迟线型声表面波传感器的工作频率、品质因数、寄生抑制和敏感系数等参数。

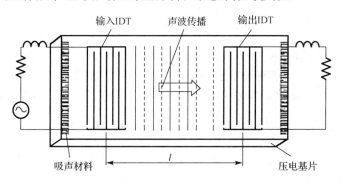

图 16.1　延迟线型声表面波传感器的结构示意图

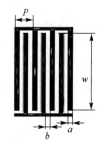

图 16.2　IDT 结构图

2.延迟线型声表面波传感器的工作原理

延迟线型声表面波传感器又分为有源和无源两种。有源延迟线型声表面波传感器由一个输入 IDT 和一个输出 IDT 组成;无源延迟线型声表面波传感器由一个 IDT 和多个反射栅组成。

有源延迟线型声表面波传感器利用逆压电效应通过输入 IDT 将输入的电信号转换成声表面波信号,声表面波信号沿压电基片表面传播,最终由输出 IDT 将声表面波信号转换成电信号输出。

无源延迟线型声表面波传感器由 IDT 和反射栅 1、2 及压电基片组成,如图 16.3 所示。当 IDT 上加以正弦激励信号后,该信号在压电基片上转换为声表面波信号,该声表面波信号便在压电基片表面先后传输至反射栅 1、2 并被反射回来。如果压电基片受到某些外界因素的影响(如受热膨胀),则 IDT 与反射栅间的距离及声表面波的波长将发生改变,从而由各反射栅反射回来的声表面波信号的相位随之发生变化,这种相位的变化量可作为外界因素的度量。

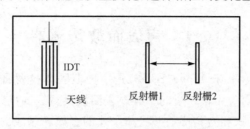

声表面波传感器

图 16.3 无源延迟线型声表面波传感器构成示意图

3. 延迟线型声表面波传感器的测量电路

延迟线型声表面波传感器采用有源传感器测试电路,被测参数的变化使声表面波传播速度发生变化,从而引起传感器谐振频率和输入/输出相位差的变化,据此设计相位差测量法和幅频特性测量法两种测量方法。

(1)相位差测量法。

当被测对象改变时,声表面波传播速度发生改变,而传播距离不变,则声表面波在两个 IDT 之间传播的时间将发生改变。所以通过测量输入、输出信号的延迟时间可以得到被测对象参数。传播时间与传播速度之间的关系为

$$t = \frac{l}{v_1}$$

其中,l——输入 IDT 与输出 IDT 之间的中心距离;

v_1——声表面波传播速度。

在延迟线型声表面波传感器的输入端加固定频率的激励信号(激励信号频率等于延迟线型声表面波传感器处于标准环境下的谐振频率),比较输出电信号和激励信号的相位差,得到传感信息。在一般情况下,标准环境和测量环境下信号的相位差不会超过一个周期。相位差测量法是一种非常灵敏的测量方法,在相位差变化可能超过一个周期的测量环境下可以通过微调激励信号频率来使相位差变化尽量在一个周期内。如果微调激励信号频率仍不能使相位差变化在一个周期内,那么可以用其他补偿法,如幅频特性测量法,先粗略测量变化的整周期数,再通过相位差测量法进行精确测量。

(2)幅频特性测量法。

延迟线型声表面波传感器在进行电声、声电转换,以及声表面波在压电基片上传播时会有一定能量损耗,当被测对象不变时,波速不再改变,改变激励信号的频率,传播波长将随之改变。延迟线型声表面波传感器的谐振频率可以通过测量其幅频特性来得到,即在一定频率范围内以一定频率间隔扫频输出激励信号时,通过测量扫频范围内每一频率点的元件输出响应信号与输入激励信号幅值比,取衰减最小的点,该点对应的频率为延迟线型声表面波传感器的当前谐振频率。

从电学的角度来看,延迟线型声表面波传感器是一个二端口网络,其等效电路如图 16.4

所示。在图 16.4 中，1、3 为输入端口，对应延迟线型声表面波传感器的输入 IDT；2、4 为输出端口，对应延迟线型声表面波传感器的输出 IDT，该等效电路的幅频特性方程为

$$A_{\mathrm{u}} = \frac{20\log U_{\mathrm{out}}}{U_{\mathrm{in}}}$$

式中，U_{in}——激励信号；

$\quad U_{\mathrm{out}}$——输出响应信号。

A_{u} 是一个负数，它的绝对值表示衰减的大小，单位为 dB。A_{u} 绝对值越小表示衰减越小，A_{u} 绝对值最小的点对应的频率为延迟线型声表面波传感器的当前谐振频率，此时声表面波的实际传播波长等于延迟线型声表面波传感器的固有波长。

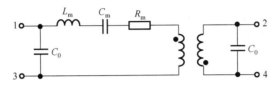

图 16.4　延迟线型声表面波传感器的等效电路

16.1.2　谐振型声表面波传感器

1.谐振型声表面波传感器的工作原理及结构

谐振型声表面波传感器将 IDT 置于 2 个全反射的反射栅间。当激励的声表面波的频率与谐振器频率相等时，声表面波在反射栅间形成驻波，反射栅反射的能量达到最大。外部激励信号加载在输入 IDT 上，输入 IDT 将电信号转换为声表面波，声表面波沿压电基片表面向两边传播，经两侧反射栅反射叠加由输出 IDT 输出，最终实现声电转换。声表面波谐振器分为单端口和双端口两种，单端口声表面波谐振器只有一个 IDT，该 IDT 兼作输入和输出；而双端口声表面波谐振器有两个 IDT，一个用于输入，完成电能到声能的转换，另一个用于输出，完成声能到电能的转换。无论单端口还是双端口声表面波谐振器，IDT 的两边都要有反射栅。图 16.5 是两种谐振器的结构。

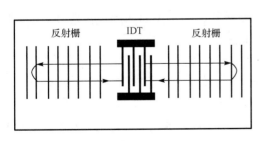
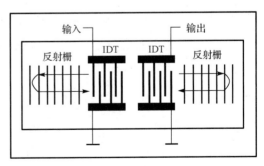

（a）单端口声表面波谐振器　　　　　　　　（b）双端口声表面波谐振器

图 16.5　两种谐振器的结构

2.谐振型声表面波传感器的测量电路

谐振型声表面波传感器的测量电路采用谐振型声表面波传感器和放大器组成自激振荡电

路,如图 16.6 所示。谐振型声表面波传感器作为正反馈支路具有选频作用,同时使放大器和谐振型声表面波传感器组成的回路增益大于 1,附加为 2π 整数倍的相,产生自激振荡电路需要的幅度和相位。谐振型声表面波传感器的待测量引起声表面波传输速度的变化,从而使其相频特性发生变化,进而自激振荡电路的振荡频率发生变化,最后测量自激振荡电路的振荡频率的变化量,得到其相频特性,推算被测量的值。

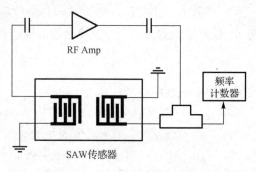

图 16.6　自激振荡电路结构图

16.1.3　声表面波传感器应用

(1)将声表面波谐振器与匹配电路植入轮毂轮辐结构的沟槽内,可实现轮胎胎压的无源无线监测。图 16.7 为声表面波传感器轮胎胎压检测示意图。智能轮胎是随着汽车工业发展出现的一种新型轮胎,它能够自动进行轮胎压力和温度等参数的测量,并根据测量结果对轮胎状态进行智能判断和决策。无源无线声表面波压力和温度传感器体积小、质量轻、精度和灵敏度高,将声表面波谐振器与匹配电路植入轮毂轮辐结构的沟槽中,可实现轮胎力学性能与电学性能一体化功能。

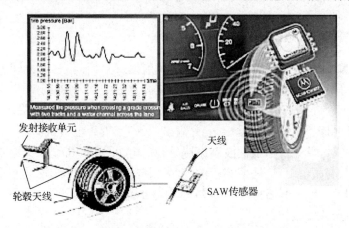

图 16.7　声表面波传感器轮胎胎压检测示意图

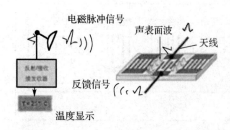

图 16.8　声表面波传感器测温系统示意图

(2)声表面波温度传感器用于温度测试,是根据温度变化引起振荡频率变化进行温度测量的。一般通过声表面波温度传感器来获取声表面波传递的温度数据,通过无线方式将温度数据传输到温度处理系统,借助系统的自动记录功能来形成温度值的变化曲线。图 16.8 为声表面波传感器测温系统示意图。在测温过程中,工作人员还需要了解过去的温度变化情况来预测温度的未来变化情况,最终通过数据的处理和记录来更加直观和方便地提供数据的信息支持。

(3)基于铁钴薄膜的声表面波传感器可以测量电流。被测电流通过赫姆霍兹线圈产生磁场,当磁场发生变化时,铁钴薄膜产生磁致伸缩效应和 ΔE 效应,铁钴薄膜的磁致伸缩效应导致传感器频率信号发生变化,通过观察采集频率信号的变化,即可测量电流强度。

16.2 生物传感器

生物传感器是利用各种生物或生物物质检测与识别生物体内化学成分的传感器。生物或生物物质是指酶、微生物和抗体等,它们的高分子具有特殊的性能,能够精确地识别特定的原子和分子。生物传感器是分子生物学、微生物学、电化学、光学的结合体,是在传统传感器上增加一个生物敏感基元而形成的新型传感器。

生物传感器并不专指用于生物技术领域的传感器,它的应用领域还包括环境监测、医疗卫生和食品检验等。

生物传感器的各种基础反应都是在一种被称为膜的表面或中间进行的,反应过程即识别过程。分子识别部分的生物敏感膜和信号转换部分的转换器性能的优劣决定了生物传感器性能的优劣。其中,生物敏感膜是生物传感器最为关键的部分。生物敏感膜是人工制造的,即通过一种固定化技术把识别物固定在某些材料中,形成具有识别被测物质功能的人工膜。生物敏感膜是基于物理与化学变化的生化反应分子识别膜,研究生物传感器的主要任务就是研究这种膜。

16.2.1 生物传感器的工作原理

生物传感器是在基础传感器上耦合生物敏感膜形成的,其工作原理示意图如图16.9所示。生物敏感膜上(或膜中)附着有生物传感器的敏感物质,被测物质放入被测量溶液中经扩散作用进入生物敏感膜层,经分子识别,关键信息可通过相应的化学或物理变化转变为可测量的电信号,通过分析相应的电信号就可知被测物质的成分或浓度。

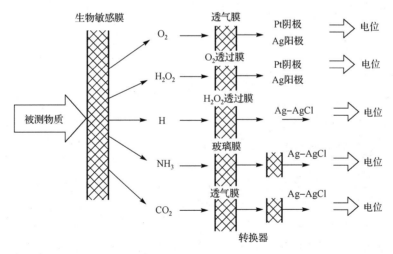

图16.9 生物传感器工作原理示意图

16.2.2 生物传感器的测量方法

生物传感器通常采用电极测量法把识别后的信息以电信号的形式从识别功能膜上取出,常用电极有 O_2 电极、H_2O_2 电极、PH 电极、CO_2 电极等。在这个过程中,常采用电流法或电位法用相应电极把被测物质浓度转换为电信号。当把生物传感器插入某试液时,由于电极活性物质被消耗或形成,对应得到一个恒定的电流值或电位值,根据它们与被测物质浓度之间的关系就可测量出被测物质的浓度。

按测量方式将电极测量法分为静态测量法和动态测量法,如图 16.10(a)、图 16.10(b)所示。将生物传感器插入试液中,边搅拌边测量称为静态测量法。动态测量法是一种把生物传感器插入测量池中,让缓冲液连续流过测量池,在一定时间内将试液注入进行测量的方法,这种方法使用较为普遍。还有一种测量方法是反应器式测量法,仅当识别功能物质活性低且输入信号较小时采用此方法,如图 16.10(c)所示。

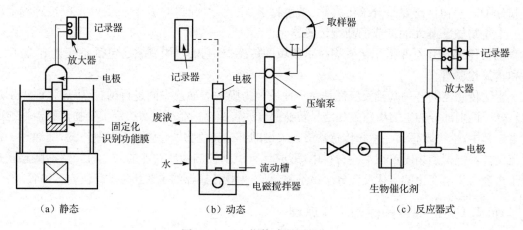

图 16.10　生物传感器测量方法

16.2.3　生物传感器的应用

1.酶传感器及其应用

酶是生物体内具有催化作用的活性蛋白质,具有特异的催化功能,被称为生物催化剂。酶参加新陈代谢过程中的所有生化反应,并以极高的速度和明显的方向性维持生命的代谢活动,包括生长、发育、繁殖与运动,可以说,没有酶就没有生命。酶的催化效率比一般催化剂的催化效率高 108~109 倍。在日常生活中,我们可以使用酶传感器快速检测蔬菜和水体中含有的有机磷农药,避免其在农产食品中残留和累积对食品安全和人类健康造成严重的威胁。

2.微生物传感器及其应用

将微生物固定于膜上并将它与电化学元件进行组合,可组成微生物传感器,该传感器可弥补酶传感器的价格昂贵且不够稳定而应用领域受限的缺陷。

利用微生物质呼吸功能受到被测物体的促进或抑制作用,可制成呼吸测量型微生物传感器和电极活性物质测定型微生物传感器。微生物包括细菌、酵母、霉菌等,它们在适宜的条件下分裂增殖很快,故活体微生物是生物电极的优良酶源。微生物传感器按其工作原理上可以分为发光微生物传感器,呼吸机能型微生物传感器,代谢机能型微生物传感器和基因工程微生物传感器。其中,发光微生物传感器可以通过检测细菌的发光信号来检测目标物质的毒性;呼吸机能型微生物传感器可以测量好氧型微生物消耗的氧气或生成的二氧化碳含量,以此研究其代谢活性,进而检测对微生物呼吸有抑制作用的毒性物质;代谢机能型微生物传感器则利用厌气微生物作为敏感材料,同化有机物产生各种代谢生成物;基因工程微生物传感器很早就应用于对环境污染物的检测,并在医学诊断、精确农业、食品安全和营养物质含量控制等领域得到迅速发展。

3. 免疫传感器及其应用

免疫传感器是根据抗体(一种免疫球蛋白)与抗原(一种进入机体后能刺激机体产生免疫反应的物质)相互反应来测定物质的,是活性单元(抗体或抗原)与电子信号转换元件(换能器)的结合。也可以说,免疫传感器是将高灵敏度的传感技术与特异性免疫反应结合起来,用来监测抗原、抗体反应的生物传感器。

免疫传感器种类很多,常见的有电化学免疫传感器、质量检测免疫传感器、热量检测免疫传感器及光学免疫传感器。免疫传感器主要用于检测食品中的毒素和细菌,也可用于检测 DNA,以及检测残留的农药及毒品等。免疫传感器的优势在于抗原与抗体的结合具有很高的特异性,从而减少了非特异性干扰,并且其具有能将输出结果数字化的精密换能器,可实现定量检测。

4. 细胞传感器及其应用

细胞传感器是以活细胞为探测单元的生物传感器。细胞传感器能定性定量测定某类物质存在与否及其浓度。细胞传感器主要用于微生物活细胞的计数(菌数传感器)和细胞种类的识别(细胞识别传感器),也可用于动物和人类细胞的检测。从生物学角度来看,细胞传感器能够探求细胞的状态功能和基本生命活动;从被分析物的角度来看,细胞传感器能够研究和评价被分析物的功能。

广义上,细胞传感器除包括微生物细胞传感器外,还包括动物细胞传感器和植物细胞传感器。尽管使用活细胞作为细胞传感器的敏感元件会产生很多复杂的问题,如细胞类型的选择、细胞的培养、细胞活性的保持、细胞与传感器的耦合等;但其能够实现实时、动态、快速和微量的生物测量,因此在临床医学、食品检测、发酵工业、环境监测、生物工程和药物开发等领域都有着重要的应用价值。

5. 基因芯片及其应用

基因芯片又称 DNA 芯片或生物芯片,通过微加工技术,将数以万计乃至数百万计的特定序列的 DNA 片段(基因探针)有规律地排列在硅片或玻片等支持物上,构成二维 DNA 探针阵列,因其与计算机的电子芯片类似,故称为基因芯片。基因芯片的测量原理是,将待测的探针分子固定在支持物上与标记的样品分子进行杂交,通过检测每个待测探针分子的杂交信号强度来获取其数量或序列信息。图 16.11 为某种基因芯片的构造。

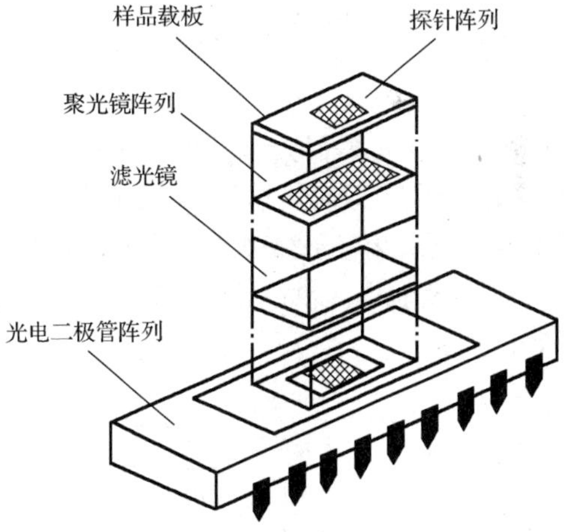

图 16.11 某种基因芯片的构造

基因芯片技术同时将大量探针固定于支持物上,因此可以一次性对大量序列进行检测和分析,同时通过设计不同的探针阵列并使用特定的分析方法可使该技术具有多种不同的应用场合,如基因表达谱测定、突变检测、基因组多态性分析、基因组文库作图及杂交测序等。虽然基因芯片技术已经取得了长足发展,但仍然存在许多难以解决的问题,如技术成本昂贵、复杂、检测灵敏度较低、重复性差、分析范围较狭窄等,这些问题主要表现在样品的制备、探针的合成与固定、分子的标记、数据的读取与分析等方面。

16.3　智能传感器

智能传感器是具有信息处理功能的传感器。智能传感器将传感器、前级信号调理电路、微处理器和后端接口电路集成在一个芯片上,能直接实现信息的检测、处理、存储和输出。目前智能传感器的总线技术已逐渐实现标准化、规范化。智能传感器作为从机可以通过专用总线接口与主机进行通信。智能传感器的应用领域非常广泛,仅汽车上使用的智能传感器就达几十种,如温湿度传感器、压力传感器、加速度传感器、液位传感器,还有高智能化的用于车道跟踪、车辆识别、车距探测、卫星定位等的传感器。以下对几种常用的智能传感器进行说明。

16.3.1　单片智能温度传感器及其应用

单片智能温度传感器自 20 世纪 90 年代问世以来,广泛应用于各类自动控制系统。单片智能温度传感器将 A/D 转换电路、ROM 存储器集成在一个芯片上,是一种数字式温度传感器。在实际应用中,单片智能温度传感器分为数字集成温度传感器、模拟式集成温度传感器、智能温度传感器、通用智能温度控制器,它们在工作原理、输出信号和使用方法上有一定的差别。

1. DS18B20

DS18B20 是由美国达拉斯半导体公司生产的,分辨率可编程,与单片机之间可以进行单总线通信,是一种数字集成温度传感器,可测温度范围为 $-55 \sim +125℃$。图 16.12 为 DS18B20 的外形图。DS18B20 有三个引脚,分别为 GND(接地端)、DQ(数字输入/输出端)、U_{DD}(外接电源端,作为寄生电源时接地)。

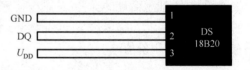

图 16.12　DS18B20 的外形图

2. DS18B20 的典型应用

DS18B20 与单片机的连接方式有两种,如图 16.13 所示。图 16.13(a)为省电方式,利用 CMOS 管连接传感器数据总线,微处理器控制 CMOS 管的导通截止,为数据总线提供驱动电流,这时电源 U_{DD} 接地线,DS18B20 处于省电状态。图 16.13(b)为漏极开路输出方式,由于 DS18B20 输出端属于漏极开路输出,传感器数据线通过上拉电阻保证常态为高电平,在这种方式下,只要有电源供电,传感器就处于工作状态,另外可以在输入/输出单总线上连接其他驱动。

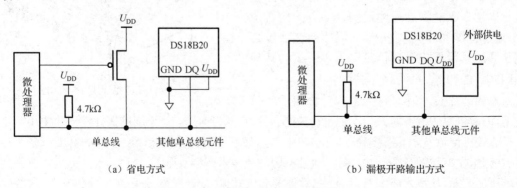

（a）省电方式　　　　　　　　　　　　（b）漏极开路输出方式

图 16.13　DS18B20 与单片机的连接方式

16.3.2　集成湿敏传感器及其应用

湿敏元件是最简单的湿敏传感器,主要有电阻式、电容式两大类。湿敏元件能将湿度信号转化为电压信号,不具备湿度信号调理功能,主要缺点是线性度差,产品一致性差,响应时间长。集成湿敏传感器可以在很大程度上克服湿敏元件的这些缺陷,提高湿度测量的精确度和稳定性。

HM1500/HM1520 是法国 Humirel 公司于 2002 年推出的集成湿敏传感器,将侧面接触式湿敏电容与湿度信号调理电路封装在一个模块中,不需要外围电路,互换性好,抗腐蚀性强,特别适合 10%～95%RH 精确测量的环境。

1. HM1500/HM1520 的结构特征

HM1500/HM1520 内部包含由 HS1101 湿敏电容构成的桥式振荡器、低通滤波器和放大器,能够输出与相对湿度具有线性关系的直流电压信号,输出阻抗典型值为 70Ω,适合用 3～10V 电源供电,工作电流典型值为 0.4mA,漏电流≤300μA,工作温度范围是 -30～+60℃。HM1500 属于通用型湿敏传感器,测量范围为 0%～100%RH,当采用 5VDC 供电时,0%～100%RH 典型输出电压为 1～4V。

HM1520 是专为低湿度设计的,适合霜点或微量水分环境的相对湿度测量,测量范围一般为 0%～20% RH,输出电压为 +1～+1.6V。

HM1500/HM1520 的 3 个引脚分别是 GND(接地端)、U_{CC}(+5V 电源端)、U_O(电压输出端)。相对湿度为 10%～95%RH。

HM1500 的输出电压 U_O 与相对湿度 RH 的对应关系(T_A=+23℃)如表 16.1 所示。

表 16.1　HM1500 的输出电压 U_O 与相对湿度 RH 的对应关系(T_A=+23℃)

RH(%)	10	15	20	25	30	35	40	45	50
U_O(V)	1.325	1.465	1.600	1.735	1.860	1.990	2.110	2.235	2.360
RH(%)	55	60	65	70	75	80	85	90	95
U_O(V)	2.480	2.605	2.370	2.860	2.990	3.125	3.260	3.405	3.555

输出电压的计算公式为 $U_O=1.079+0.2568RH$。

当 T_A=+23℃时,按 $RH'=RH \cdot [1-2.4(T_A-23)e^{-3}]$ 对读数进行修正。

HM1520 的输出电压 U_O 与相对湿度 RH 的对应关系如表 16.2 所示。U_O 与 U_{CC} 成正比,计算公式为 $U_O=U_{CC}(0.197+0.0512RH)$。

表 16.2　HM1520 的输出电压 U_O 与相对湿度 RH 的对应关系(T_A=+23℃)

RH(%)	0	1	2	3	4	5	6	7	8	9	10
U_O(V)		1.013	1.038	1.064	1.089	1.115	1.141	1.166	1.192	1.217	1.243
RH(%)	11	12	13	14	15	16	17	18	19	20	
U_O(V)	1.269	1.294	1.320	1.346	1.371	1.397	1.422	1.448	1.474	1.499	

3. HM1500/HM1520 的典型应用

由 HM1500/HM1520 和单片机构成的智能湿敏测量仪的电路原理框图如图 16.14 所示,该电路采用 5V 电源,由 4 只共阴极 LED 数码管显示两位整数和两位小数的湿度值。同时,该电路采用 PIC16F874 单片机,MC1413 为由达林顿管组成的反相驱动器阵列。PIC16F874 是一种高性价比的 8 位单片机,内含 8 路逐次逼近式 10 位 A/D 转换器,最多可对 8 路湿度信号进行模数转换,现仅用其中一路。JT 为晶振频率为 4MHz 的石英晶体,与电容 C_1、C_2 构成晶振电路,为单片机提供 4MHz 时钟频率。

PA0 口线用于接收湿敏传感器的输出电压信号；PA1～PA4 输出位扫描信号，经过 MC1413 获得反相后的位驱动信号。RB0～RB6 输出 7 段数码信号，接 LED 显示器相应的电极 a～g。PIC16F874 还具有掉电保护功能，$\overline{MCLR}$ 为掉电复位锁存端。当 U_{CC} 从 5V 降至 4V 以下时，芯片就进入复位状态。当电源电压恢复正常时，须经过 72ms 的延迟才能脱离复位状态，转入正常运行状态。在掉电期间，RAM 中的数据保持不变，不会丢失。

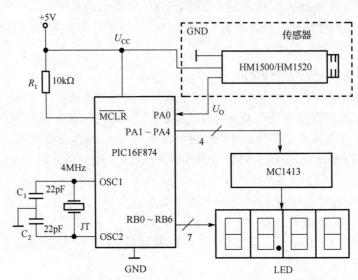

图 16.14　由 HM1500/HM1520 和单片机构成的智能湿敏测量仪的电路原理框图

16.3.3　集成硅压力传感器及其应用

集成硅压力传感器内部除包括传感器单元外，还增加了信号调理、温度补偿、压力修正等电路，可以把压力信号转换成毫伏级的差模电压信号，具有良好的线性度，并且输出电压与所加压力具有精确的比例关系。

1. MPX2100/4100/5100/5700 系列集成硅压力传感器

MPX2100/4100/5100/5700 系列集成硅压力传感器由美国 Motorola 公司生产，其内部结构、工作原理基本相同，主要区别在于测量范围和封装形式不同。MPX2100/5100 测量范围为 0～10kPa；MPX4100 测量范围为 15～115kPa；MPX5700 测量范围为 0～700kPa。

MPX2100/4100/5100/5700 系列集成硅压力传感器有多种封装形式，以 MPX4100 系列产品为例，其封装形式与引脚如图 16.15 所示，6 个引脚分别为输出端 U_O、公共地 GND、电源端 U_S 和 3 个空引脚。

（a）CASE867封装（MPX4100A）　　（b）CASE867B封装（MPX4100AP）　　（c）CASE867E封装（MPX4100AS）

图 16.15　MPX4100 系列产品的封装形式与引脚

参考压力由元件的热塑壳内部的密封真空室提供,当垂直方向受到压力 P 时,将 P 与真空压力 P_0 进行比较,输出电压正比于压力,如图 16.16 所示。由图 16.16 可见,输出电压与压力在 20～105kPa 成正比,超出压力范围后,输出电压基本不随压力 P 变化。

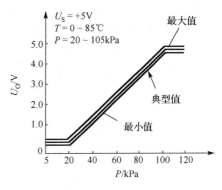

图 16.16　MPX4100 系列产品输出电压与压力的关系曲线

2. 集成硅压力传感器的典型应用

MPX5100 的典型应用电路如图 16.17 所示,MPX5100 和 LM3914 构成 10 段压力计电路。在图 16.17 中,+5V 为 U_S 供电,C_1、C_2 为去耦电容,LM3914 驱动 LED 显示器,一个 LM3914 可驱动 10 点(10 段)LED 条图,可根据发光段长度或位数确定被测压力大小。LM3914 输入电压可通过 RP_1 调节,当被测压力为零时,调节 RP_1 可使 LED 显示器全灭。

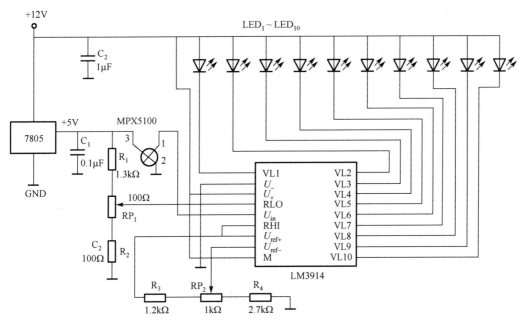

图 16.17　MPX5100 的典型应用电路原理

16.3.4　单片集成磁场传感器及其应用

单片集成磁场传感器把磁敏电阻、霍尔元件及信号调理电路集成在一个芯片上,使得传感器的性能、可靠性、稳定性、灵敏度及实用性大大提高。目前,单片集成磁场传感器不仅可以测量磁场(如磁场强度、磁通密度),还可以测量电量(如频率、相位)及非电量(如振动、位移、位置、转速、转数、导磁产品的计数等)。

1. HMC 系列单片集成磁场传感器

HMC 系列单片集成磁场传感器是由美国 Honeywell 公司生产的,简称 MR(磁敏电阻)传感器,该系列产品包括单轴磁场传感器和双轴磁场传感器。单轴磁场传感器和双轴磁场传感器配套使用可以构成 3 轴(X、Y、Z 轴)磁场传感器,能测量立体空间磁场,可用于地球磁场探测仪、导航系统、磁疗设备及自动化检测装置。

下面以 HMC1001 为例进行介绍。HMC1001 内部结构如图 16.18 所示,内部电路包括用集成工艺制成的 MR 电桥,两个带绕式线圈(一个是补偿线圈,可等效于 2.5Ω 的标称电阻;另一个是置位/复位线圈,等效于 1.5Ω 的标称电阻)。当线圈上有电流通过时,产生的磁场就耦合到 MR 电桥上。这两个线圈具有磁场信号调理功能。在接入电源后,HMC1001 能测量沿水平轴方向的环境磁场或外加磁场。当外部磁场加到 HMC1001 时,会改变磁敏电阻的电阻值,产生的电阻变化率使 MR 电桥输出电压随外部磁场信号变化,配上数字电压表即可测量磁场。

HMC1001 的输出响应曲线如图 16.19 所示。当置位/复位脉冲电流通过引脚 S/R+ 时,输出响应曲线斜率为正值,反之为负值,据此特性可改变输出电压的极性。电流方向由 S/R+ 到 S/R− 时,输出置位 U_{OSET},电流方向由 S/R− 到 S/R+ 时输出复位 U_{ORESET}。输出电压差值能消除温漂和非线性影响,即 $U_O = (U_{OSET} - U_{ORESET})/2$。

置位曲线和复位曲线是对称的,由于工艺使桥臂不可能完全对称,因此可采用补偿技术使 MR 电桥平衡,具体办法是在输出端之间跨接一只电阻,使零磁场时的输出电压为零。

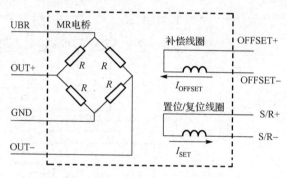

图 16.18　HMC1001 内部结构

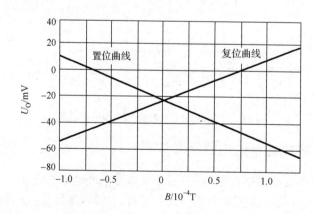

图 16.19　HMC1001 的输出响应曲线

2. HMC 系列集成磁场传感器的应用

图 16.20 是 HMC1001 用作接近开关的电路,HMC1001 接 AMP04,构成接近开关电路,磁钢接近时,输出电压达到 30mV,使比较器翻转,输出低电平使 LED 发光;磁钢移开时,输出高电平使 LED 熄灭。该电路相当于带有指示灯的接近开关,利用该电路还可检测位移、转速等。

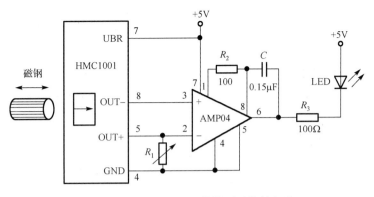

图 16.20　HMC1001 用作接近开关的电路

图 16.21 是用 HMC1052L 双轴磁场传感器设计的实用环境磁场检测电路,该电路主要由磁场传感器、放大器、单片机和输入/输出接口电路组成。HMC1052L 双轴磁场传感器是由 Honeywell 公司生产的高性能磁场传感器。每个磁场传感器都配置成由 4 个元件组成的惠斯通电桥,以将磁场转化为不同的输出电压。该电路能检测低至 120 微高斯的磁场。

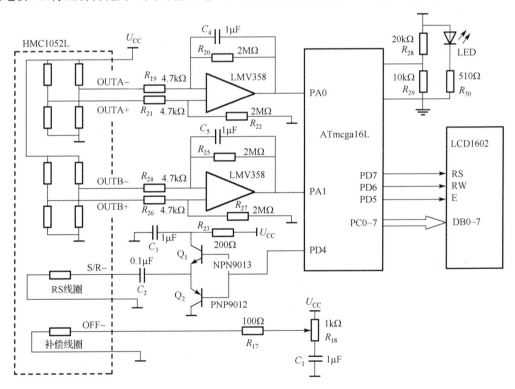

图 16.21　用 HMC1052L 双轴磁场传感器设计的实用环境磁场检测电路

图 16.21 中的 HMC1052L 把测量到的电磁信号直接转换为电压输出,由组成运算放大器 LMV358 把微弱信号放大到单片机能够检测的电压,通过单片机自带的模数转换器,把模拟信号转换成数字信号,经过计算处理后在 LCD1602 上显示磁场值。晶体管 9013 和 9012 与单片机组成置位/复位控制电路,可提高测量灵敏度,减弱强磁场的干扰。补偿线圈的作用是在没有测量磁场时,消除环境磁场和铁磁性物质对测量结果的影响,可起到系统调零的作用。

思 考 题

16-1　简述声表面波传感器的特性及影响其测量精度的因素。

16-2　简述生物传感器未来发展方向。

16-3　简要说明生物传感器的特点。

16-4　与传统传感器相比,智能传感器有哪些特点?

16-5　智能传感器今后的发展方向如何?

第 17 章　射频识别技术

随着信息技术和互联网的不断发展,物联网已经成为全世界密切关注的话题,被称为继计算机、互联网之后世界信息产业的第三次浪潮。物联网通过信息传感设备,按照约定的标准和协议获得关于任何物体的具体信息并使之与互联网连接,然后对这些数据信息进行传递和共享,以实现全球范围内的智能化管理。

RFID 是射频识别(Radio Frequency Identification)的简称。RFID 技术通过射频信号自动识别目标对象并获取相关数据信息,可工作于各种恶劣环境,可识别高速运动物体,并可同时识别多个目标,具有双向传输、信息量大、环境适应能力强、便捷联网等许多优点。

物联网体系可分为感知层、传输层和智能应用层三个层面。感知层在物联网体系中处于信息采集的前端,对物联网的实现起着基础性作用;作为物联网系统的核心技术,RFID 技术在物联网体系中担当"感知"角色,基于对传统传感器的定义,可以认为 RFID 技术也是重要的传感器技术。

17.1　自动识别技术

自动识别技术(Auto Identification and Data Captue,AIDC)是信息数据自动识读、输入计算机的重要方法,是一种自动化的信息采集技术。近几十年来,自动识别技术在全球范围内得到了迅猛发展,已成为一种包括条码技术、磁条磁卡技术、IC 卡技术、生物识别技术、RFID 技术等在内的集计算机、光、磁、物理、机电、通信技术为一体的高新技术。

自动识别系统通过中间件将获取的信息提供给应用系统,该信息经过应用系统的处理并按照约定的协议规范通过互联网进行通信和信息共享,将其用户端延伸到任何物品和任何地方,就构成了物联网体系。

RFID 是无线射频技术在自动识别领域的具体应用,其基本识别原理源于相关自动识别技术。例如,RFID 的识别编码以条形码编码体系为基础;在接触式 IC 卡中加入射频单元就构成 RFID 电子标签等。因此,下面先对主要的自动识别技术进行简单介绍。

17.1.1　条码识别技术

条码识别技术是应用规模最大和应用最广泛的自动识别技术。条码由一组按特定规则排列的条、空及相应的数字组成,可以由条码扫描器识读。这些条和空有各种不同的组合,其代表的数据含义由各自的编码规则决定,这些编码规则逐渐形成不同的符号识别体系(也称码制)。

目前使用频率较高的几种条码来源于国际(欧洲)物品编码协会(European Article Number,EAN)和美国统一代码委员会(Universal Product Code,UPC)。具有代表性的几种条码是 EAN-13 码、EAN-8 码、UPC-A 码、Code 93 码、交叉 25 码、EAN-128 码等,UPC 码是美国统一代码委员会制定的一种应用于商品的条码,主要用于美国和加拿大地区,是最早大规模应用的条码。EAN-128 码是由 EAN 和 UPC 联合开发、共同采用的一种更加国际化和容量更大的条码,它可以表示生产日期、批号、数量、规格、保质期、收货地等更多的商品信息。还有一些条码是为了适应特殊行业需求的,如库德巴码用于血库、图书馆、包裹等的跟踪管理,25码用于包装、运输和国际航空系统为机票进行顺序编号等。

上述条码都是一维条码,为了提高条码的信息量,人们发明了二维条码,二维条码大大扩展了条码的信息量和应用范围。二维条码分为两类:一类是由矩阵代码和点代码组成的,其数据以二维空间的形态编码;另一类包含重叠或多行条码符号,其数据以成串的数据行显示。

目前应用较多的二维条码有 PDF417、QR Code、Code 49、Code 16K 等。

PDF417 码是一种信息量较大的便携式数据文件。美国、加拿大已经在车辆年检、行车证年审及驾驶证年审等方面将 PDF417 码作为机读标准。巴林、墨西哥、新西兰等国家将 PDF417 码应用于报关、身份证、货物实时跟踪等方面。

QR Code 码是由日本 Denso 公司开发的一种矩阵二维码。QR Code 码除了具有其他二维条码所具有的信息容量大、可靠性高、可表示多种文字信息、保密防伪性强等优点外,还具有超高速识读、全方位识读、可高效识读汉字等特点,更加适合我国应用,这也正是当前 QR Code 码在我国获得广泛应用的主要原因。

几种常见的一维条码样图如图 17.1 所示,几种常见的二维条码样图如图 17-2 所示。

图 17.1　几种常见的一维条码样图

图 17.2　几种常见的二维条码样图

17.1.2　磁卡识别技术

磁卡识别技术应用了电磁学的基本原理,其工作原理与录音磁带和计算机磁盘的工作原理是一样的。常见的磁卡是用一层很薄的由定向排列的铁性氧化粒子材料(也称涂料)组成的磁条,经热合与纸或塑料等非磁性基片组合而成的。

磁卡识别技术的优点:数据可读可写,数据存储量能满足大多数需求,成本低廉,便于使用,具有一定的数据安全性。这些优点使得磁卡识别技术的应用非常广泛,如银行卡、自动售货卡、会员卡、电话卡、铁路车票、地铁车票等。

磁卡识别技术属于接触识读,它与条码有三点不同:其数据可进行部分读写操作;给定面积编码容量比条码所需容量大;对物品逐一标识成本比条码所需成本高。

磁卡和磁卡读卡器如图 17.3 所示。

磁卡的磁性粒子易受环境影响从而出现数据失效,以及在读卡操作过程中的信息易泄露等问题。磁卡的数据安全性受到限制,在安全性要求高的应用领域有逐步被取代的趋势,如各银行采用 IC 卡识别技术的银行卡已经逐步代替了原来的磁卡。

图 17.3　磁卡和磁卡读卡器

17.1.3　IC 卡识别技术

IC(Integrated Circuit)卡,即集成电路卡。IC 卡将集成电路芯片镶嵌在塑料基片中,封装成卡的形式,芯片内部的配置决定了卡片具有的功能。例如,只具有存储功能的存储器卡、逻辑加密卡和卡内芯片包括中央处理器 CPU、EEPROM、RAM,以及固化在 EEPROM 中的操作系统 COS(Chip Operating System)的 CPU 卡等。IC 卡分为接触式和非接触式两种。接触式 IC 卡有 8 个触点可与读卡设备连接,通常说的 IC 卡指的就是接触式 IC 卡。

具有射频传输功能的非接触式 IC 卡也称射频卡。射频卡是 RFID 系统的一个基本单元,相关内容在下一节讨论。

和磁卡相比,IC 卡具有安全性高、存储容量大、便于应用、方便保管、防磁、防一定强度的静电、抗干扰能力强、可靠性高、使用寿命长等优点。在日常生活中,IC 卡有着极其广泛的应用,如手机 SIM 卡、银行卡、社会保障卡、加油卡、智能电表卡等。

17.1.4　生物识别技术

生物识别技术是利用生命个体的生理特征或行为特征进行分析来识别验证个体身份的自动识别技术,如指纹识别、语音识别和虹膜识别等技术。指纹识别技术历史悠久,应用非常普遍,也是目前大规模应用的生物识别技术,已经在公共管理、身份认定、考勤、锁具及电子档案等系统中发挥了巨大的作用。指纹识别技术经历了光电、压力、电容、射频等不同识别方式的改进。

射频指纹识别系统通过传感器阵列发出微量射频信号,在测试区域形成一个射频场,反射的射频波经处理后形成指纹图像,该系统的工作原理与雷达工作原理类似。由于射频波可以穿透手指的表皮层探测手指里层的指纹纹路,因此射频指纹识别系统对手指表面的外层皮肤并不直接敏感,它能快速提取真实指纹信息,可实现滑动识别,并且对干燥手指、汗手指,以及手指表面有油渍、灰尘等不利于指纹采集的手指均有良好的分辨能力,优于利用传统方式采集指纹的传感器。

语音识别技术除了具有身份识别的功能,还在人机对话和实施系统控制的应用中担当了重要角色,如计算机语音输入系统、智能手机等。

虹膜的形成由遗传基因决定,是人体中独特的结构之一。在包括指纹在内的所有生物识别技术中,虹膜识别技术是当前应用最为方便和精确的一种。虹膜的高度独特性、稳定性及不可更改的特点是其可用作身份鉴别的物质基础。虹膜识别技术被广泛认为是二十一世纪最具有发展前途的生物识别技术,未来在安防、国防、电子商务等诸多领域的应用,也必然会以虹膜识别技术为重点。

典型的生物识别技术与 RFID 技术结合的例子是,将提取的生物特征数据(指纹、虹膜等)存放在 RFID 卡(如身份证)里,由持卡人保存,在重要的需要确认持卡人身份的场合,可以现场提取其相应的生物特征与 RFID 卡中的数据进行比对,准确判定持卡人的身份。这种双向互认的机制可以杜绝冒名顶替,也使 RFID 应用系统的安全性得到了进一步提高。

17.1.5 射频识别技术

RFID 技术是一种非接触式的自动识别技术,它通过标签与读写器之间的射频波能量进行非接触的双向数据通信,以达到识别和标识的目的。

相比其他自动识别技术,RFID 技术具有识别速度快、信息容量大、可靠性和安全性高等优势。伴随着国家信息化工程的推动,以及作为物联网架构的重点与基础,RFID 技术近年来发展很快,在身份识别、公共管理、安全管理、交通物流、军事等领域得到了广泛应用。

RFID 系统结构框图如图 17.4 所示。RFID 系统的工作流程:读写器通过其射频单元的收发天线将用于寻找标签的载波信号发出;标签进入读写器收发天线的工作区域时被激活,将自身电子编码等信息通过收发天线发出,读写器接收标签发来的信号并对此信号进行解调解码;解调解码后的信号被送往控制模块进行处理,包括判断该标签的合法性并针对不同的设定做出相应的处理控制、对标签执行逆向的写入操作或控制执行机构的动作、将标签信息传送至其他平行系统实现信息互通共享,以及将标签信息向上传送到互联网等。

图 17.4　RFID 系统结构框图

17.2　射频识别相关的基础理论

RFID 技术是基于无线电、雷达、数字通信等相关技术综合发展的产物。在 RFID 系统中,读写器和标签是通过各自收发天线之间建立的电磁、射频场进行无线数据传输,进而实现自动识别的。也就是说,读写器与标签之间的数据传输是 RFID 得以实现的核心,因此,了解 RFID 相关的电磁场和数字通信基本理论可以更好地认识和应用 RFID 技术。

17.2.1 射频识别相关的电磁场基本理论

由电磁传播的基本规律可知,空间无线传输信道的性能是由天线周围的场区特性决定的。一个射频激励在天线上加载之后,在一个紧邻天线的区域内,除辐射场之外,还有一个非辐射场,它的外界约为一个波长。在紧邻天线的区域内,电抗性储能占主导地位,其电场和磁场的能量转换类似于变压器中的电磁转换;当参考点与天线口径表面的距离逐渐增大时,辐射场开始占据主导地位,射频激励以电磁波的形式进入空间。一般将射频激励形成电磁场的范围称为天线的近场区,将射频激励形成电磁波的范围称为远场区。

射频激励在近场区主要进行电抗性储能,对外并不做功,因此近场区又称电抗近场区或无功近场区。远场区可根据距离天线的远近分为辐射近场区和辐射远场区。在辐射近场区,辐射场占优势,且辐射场的角度分布与距离天线口径的距离有关。对于通常的天线,辐射近场区又称菲涅尔区;辐射远场区又称夫朗荷费区,在该区域,辐射场的角度分布与距离天线口径的距离无关。

辐射远场区是天线辐射场中最重要的一个区域。公认的辐射近场区和辐射远场区的分界距离为

$$R = \frac{2D^2}{\lambda} \tag{17-1}$$

式中,D 为天线的直径;λ 为天线的波长;$D \geqslant \lambda$。当满足天线结构的最大尺寸 L 小于波长 λ 时,天线周围只有电抗近场区和辐射远场区,没有辐射近场区。出于 RFID 系统特征和实际应用的考虑,系统中大都采用 $L/\lambda < 1$ 或 $L/\lambda \ll 1$ 的天线结构模式。

17.2.2 能量耦合和数据传输

1. 电感耦合方式的能量传递和数据传输

采用电感耦合方式的 RFID 系统的典型工作频率为 13.56MHz 和小于 135kHz 的频段。

电感耦合方式的电路结构如图 17.5 所示,读写器中的 U_s 是射频源,电感线圈(电感为 L_1)和电容 C_1 构成并联谐振回路,谐振的频率即 U_s 的频率,R_s 是射频源 U_s 的损耗内阻。电路在工作时,U_s 在电感线圈上产生高频电流 i_s,当谐振时,此高频电流达到最大值。由于工作频率范围内的波长比读写器与标签的电感线圈之间的距离大很多,所以两电感线圈之间的电磁场可以看作简单的交变磁场。

通过电磁感应,读写器的电感线圈上的高频电流在标签的电感线圈上产生感应电压 U_2。同样,标签的电感线圈和电容 C_2 一起构成谐振回路,调谐读写器的发射频率,即 U_2 的频率,以得到最大的感应电压。感应电压经过整流等得到标签正常工作时所需的直流电压。

上述两个电感线圈可以分别看作变压器的初级线圈和次级线圈。由于这种耦合方式的效率不高,所以只适用于低频近距离电路。

在电感耦合方式下,标签到读写器的数据传输通常采用负载调制的方法。负载调制是标签与读写器进行数据传输经常使用的方法。具有负载调制器的标签等效电路如图 17.6 所示,通过控制标签谐振回路的电路参数使其按照数据流的节拍变化,标签复变阻抗的大小和相位都会发生变化(调制)。在读写器端,通过对数据进行处理,就可以恢复从标签发送来的数据(解调)。

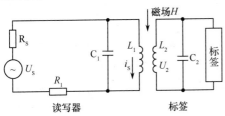

图 17.5 电感耦合方式的电路结构

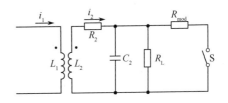

图 17.6 具有负载调制器的标签等效电路

在标签谐振回路的所有电路参数中,只有两个参数可以被数据载体改变,即负载电阻值 R_L 和并联电容量 C_2,与之对应,又有电阻负载调制和电容负载调制。下面对电阻负载调制进行介绍。

当一个谐振的标签(标签的固有谐振频率与读写器的发送频率相符合)进入读写器电感线圈的交变磁场后,可以检测到该电感线圈上的电流 i_1 发生变化。根据楞次定律,该变化是在标签电感线圈中产生的感应电流 i_2 通过互感对电流 i_1 的作用。通过使并联电阻(阻值为 R_{mod})根据数据流的节拍接通和断开,可以改变标签复变阻抗 Z_T 的大小,Z_T 的值在 $Z_T(R_L//R_{mod})$ 两值之间转换,Z_T 的相位几乎保持不变。标签复变阻抗 Z_T 上的电压变化在标签电感线圈中感应,可以使标签电感线圈上的总电压的大小和相位发生变化,这样,标签中的负载调制产生了对读写器电感线圈电压的调幅。

2. 反向散射耦合方式的能量传递和数据传输

RFID 系统的反向散射耦合方式的理论和应用基础是雷达技术理论。在实际应用中,由于目标的反射性能通常与频率成正比,所以 RFID 系统的反向散射耦合方式一般采用特高频(UHF)段和超高频(SHF)段。

反向散射耦合方式的基本原理如图 17.7 所示。读写器天线的发射功率是 P_1,经过自由空间衰减后到达标签的功率是 P'_1,P'_1 被送入整流电路后,形成标签正常工作时所需要的直流电压。另外 P'_1 被标签天线反射的功率是 P_2。天线的反射性能会受连接到与天线相连负载的影响。为了实现从标签到读写器的数据传输,与天线相连的负载的接通和断开应与要传输的数据流一致,从而完成对由标签反射的功率 P_2 的振幅调制(调制后的反向散射)。由标签反射的功率 P_2 经过自由空间辐射,P_2 的一部分被读写器的天线接收,这部分被读写器接收的功率经收发耦合电路传输至读写器的接收通道,经放大及相关处理后得到有用信息。

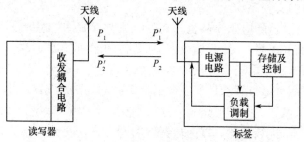

图 17.7　反向散射耦合方式的基本原理

(1)读写器到标签的能量传输。

与读写器距离为 R 处的标签的功率密度为

$$S = \frac{P_{T_Z}G_{T_Z}}{4\pi R^2} = \frac{EIRP}{4\pi R^2} \tag{17-2}$$

式中,P_{T_Z} 为读写器的发射功率,G_{T_Z} 为读写器天线的增益,R 为标签与读写器之间的距离;EIRP 为读写器天线有效辐射功率,是指读写器发射功率和天线增益的乘积。当标签天线和读写器天线为最佳对准和正确极化时,标签可吸收的最大功率与入射波的功率密度 S 成正比,可表示为

$$P_{Tag} = A_g S \tag{17-3}$$

式中,$A_g = \frac{\lambda^2}{4\pi}G_{Tag}$ 为标签天线的增益,所以有

$$P_{\mathrm{Tag}} = A_{\mathrm{g}}S = \frac{\lambda^2}{4\pi}G_{\mathrm{Tag}}S = \mathrm{EIRP} \cdot G_{\mathrm{Tag}}\left(\frac{\lambda^2}{4\pi R}\right)^2 \qquad (17\text{-}4)$$

标签由读写器电磁场供电,标签功耗越大,读写距离越短,性能越差。标签能否正常工作也主要由标签的工作电压决定,现代低功耗 IC 设计技术使标签本身的功耗越来越低,可靠工作距离也越来越大。目前,典型的低功耗标签的工作电压为 1.2V 左右,标签功耗为 $50\mu W$ 以下。

(2)标签到读写器的能量传输。

标签反射电磁波的效率与反射横截面 σ 成正比。反射横截面与许多参数有关,如目标的大小、形状、材料、电磁波的波长和极化方向。标签返回的电磁波能量为

$$P_{\mathrm{Back}} = S\sigma = \frac{P_{T_Z}G_{T_Z}}{4\pi R^2}\sigma = \frac{\mathrm{EIRP}}{4\pi R^2}\sigma \qquad (17\text{-}5)$$

所以返回读写器的功率密度为

$$S_{\mathrm{Back}} = \frac{P_{T_Z}G_{T_Z}\sigma}{(4\pi)^2 R^4} \qquad (17\text{-}6)$$

读写器天线的有效接收面积 $A_{\mathrm{W}} = \lambda^2 G_{R_Z}/(4\pi)$,其中 G_{R_Z} 为读写器天线增益,可以得出接收功率为

$$P_{R_Z} = S_{\mathrm{Back}}A_{\mathrm{W}} = \frac{P_{T_Z}G_{T_Z}G_{R_Z}\lambda^2 \sigma}{(4\pi)^3 R^4} \qquad (17\text{-}7)$$

式(17-7)表明,如果以接收的标签反射能量为标准,反向散射的 RFID 系统的作用距离与读写器发送功率的四次方根成正比。

17.2.3 数字调制与编码原理

1. 数字调制原理

在 RFID 系统中,读写器与标签之间的原始数据称为基带信号,该信号通常不能直接传送而必须用数字基带信号对其进行调制,使之变换为高频复合信号后才可以发送,这样的变换过程称为数字调制。常用的数字调制方式有振幅键控(Amplitude-Shirt Keying,ASK)、频移键控(Frequency-Shift Keying,FSK)和相移键控(Phase-Shift Keying,PSK)等。由于在传输数据的同时还有向标签提供能量的特定要求,因此 RFID 系统大都采用振幅键控的调制方式。本节仅对振幅键控调制原理进行简要说明,其他调制原理可参看相关文献。

振幅键控是利用载波的幅度变化来传递数字信息的,在二进制数字调制中,载波的幅度只有两种变化,分别对应二进制数 1 和 0。二进制振幅键控信号可以表示成具有一定波形的二进制序列(二进制数字基带信号)与正弦载波的乘积,即

$$v(t) = s(t)\cos(\omega_c t) \qquad (17\text{-}8)$$

式中,$s(t)$ 为二进制序列,$\cos(\omega_c t)$ 为载波。其中

$$s(t) = \sum_n a_n g(t - nT_S) \qquad (17\text{-}9)$$

式中,T_S 为码元持续时间,$g(t)$ 为持续时间 T_S 的基带脉冲波形,a_n 为第 n 个符号的电平值。

在振幅键控方式下,载波的振幅值按二进制编码在 a_0 和 a_1 之间切换(键控),其中 a_0 对应 1 状态,a_1 对应 0 状态,a_1 取 0 和 a_0 之间的值。振幅键控的信号波形图如图 17.8 所示,其中

图 17.8(a)为基带信号,图 17.8(b)为正弦载波信号,图 17.8(c)为振幅键控信号。已调波的调制深度为

$$m = \frac{a_0 - a_1}{a_0 + a_1} \times 100\% \tag{17-10}$$

当调制深度为 100%时,载波振幅在 a_0 与 0 之间切换,这时为通-断键控。

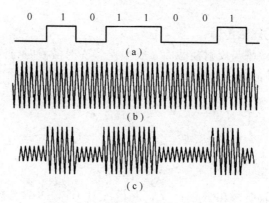

0 1 0 1 1 0 0 1

(a)

(b)

(c)

图 17.8　振幅键控的信号波形图

2. 数据编码原理

数据编码一般又称基带数据编码。对基带数据进行编码一方面便于数据传输,另一方面可以对传输的数据进行加密。常用的数据编码方式有反向不归零(Non Return to Zero,NRZ)编码、曼彻斯特(Manchester)编码、单极性归零编码、米勒(Miller)编码、差动编码、脉冲-间歇编码、脉冲位置编码等。

(1)反向不归零编码。

反向不归零编码用高电平表示二进制数 1,低电平表示二进制数 0,如图 17.9 所示。反向不归零编码并不适合实际传输,因为它的频谱中有直流分量。此外,反向不归零编码中不含有位同步信号频率成分,所以不能直接用来提取同步信号。以上原因使反向不归零编码的实际应用受到限制。

(2)曼彻斯特编码。

在曼彻斯特编码中,半个比特周期的下降沿表示二进制数 1,半个比特周期的上升沿表示二进制数 0,如图 17.10 所示。因此,曼彻斯特编码也被称为分相编码。

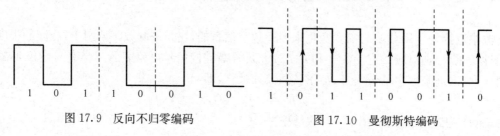

1 0 1 1 0 0 1 0

图 17.9　反向不归零编码

1 0 1 1 1 0 0 1 0

图 17.10　曼彻斯特编码

(3)单极性归零编码。

在单极性归零编码中,第一个半比特周期的高信号表示二进制数 1,持续整个比特周期的低信号表示二进制数 0,如图 17.11 所示。

（4）米勒编码。

在米勒编码中，半比特周期内的任意边沿（上升沿或下降沿）表示二进制数 1，下一个比特周期中保持不变的电平表示二进制数 0，如图 17.12 所示。因为一连串的零在比特周期开始时产生电平交变，因此，对于接收端来说，很容易建立位同步。

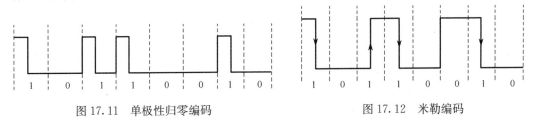

图 17.11　单极性归零编码　　　　　　图 17.12　米勒编码

（5）差动编码。

在差动编码中，每个要传输的二进制数 1 都会引起信号电平的改变，而在传输二进制数 0 时，信号电平保持不变，如图 17.13 所示。使用 XOR 门和 D 触发器很容易从反向不归零编码得到差动编码。

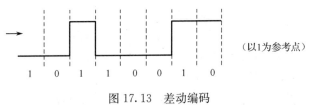

（以1为参考点）

图 17.13　差动编码

（6）脉冲-间歇编码。

在脉冲-间歇编码中，用下一脉冲前的暂停持续时间 t 表示二进制数 1，而用下一脉冲前的暂停持续时间 $2t$ 表示二进制数 0，如图 17.14 所示。由于脉冲持续时间很短，所以在数据传输过程中可以保证读写器的高频场连续供给标签能量。

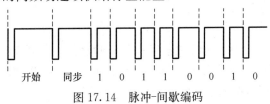

开始　同步　1 0 1 1 0 0 1 0

图 17.14　脉冲-间歇编码

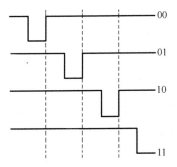

图 17.15　脉冲位置编码

（7）脉冲位置编码。

脉冲位置编码与脉冲-间歇编码类似，不同的是，在脉冲位置编码中，每个数据比特的宽度是一致的。其中，脉冲在第一个时间段表示 00，在第二个时间段表示 01，在第三个时间段表示 10，在第四个时间段表示 11，如图 17.15 所示。

在为 RFID 系统选择信号编码方式时，应当根据系统的技术要求、标签形式、数据特征、工作频段、作用距离等条件综合考量。

RFID 系统涉及的其他有关数字信号解调、载波、射频功率放大等基础知识可看相关文献。

17.3 射频识别系统的分类与特点

17.3.1 射频识别系统的分类

按照不同的工作方式,RFID 系统有以下几种分类。

RFID 系统按照供电方式分为无源供电系统、有源供电系统和半有源供电系统。

RFID 系统按照标签的工作方式可分为主动式、被动式和半主动式,分别对应前面的供电方式分类中的有源、无源和半有源。

RFID 系统按照标签的存储种类分为只读式和读写式两种。

RFID 系统按照系统读写信息方式分为电磁耦合和空间散射耦合两种。

RFID 系统按照系统工作程序分为全双工工作方式、半双工工作方式及时序工作方式。

RFID 系统按照标签工作频率可分为低频(LF)系统、高频(HF)系统、特高频(UHF)系统和超高频(SHF)系统。

低频系统的工作频率范围为 30~300kHz。

低频系统常用的频率是 125kHz 和 134.2kHz,主要应用于短距离、低成本、低能耗、安全性要求较高的场合,如动物监管、货物跟踪、车辆防盗、门禁和安全管理等。

高频系统的工作频率范围为 3~30MHz。

高频系统典型的工作频率为 13.56MHz,主要应用于需要较长的读写距离和较快的读写速度的场合,如高速列车与地面系统之间的信息传输、高速公路不停车收费系统等。

特高频系统的工作频率范围为 300MHz~3GHz。

特高频系统典型的工作频率为 433MHz,866~960MHz 和 2.45GHz,主要用于后勤管理、集装箱识别、航空和铁路包裹管理等。

超高频(SHF)系统的工作频率范围为 3~30GHz。

超高频系统典型的工作频率为 5.8GHz 和 24GHz。

在 RFID 系统的术语中,有时称无线电频率的低频和高频频段为 RFID 低频段,特高频和超高频频段为 RFID 高频段。RFID 系统涉及无线电的低频、高频、特高频和超高频频段。可以说,RFID 系统的空中接口覆盖了无线电技术的全部频段。

17.3.2 射频识别系统的特点

RFID 系统的特点主要表现在如下几方面。

1. 非接触性

标签的读写在非接触操作状态下完成,读写距离从几厘米到几十米不等,可在各种场合实现非接触的信息传递,如正在运行的列车和地面系统之间的识别操作等。

2. 高可靠性和耐用性

标签与读写器之间无机械接触,避免了接触不良造成的读写错误等问题,即使在标签上有灰尘、油污或无光照等外部恶劣环境下也不影响信息的读写。另外,标签表面无裸露的芯片,无须担心芯片脱落,静电击穿,弯曲损坏等问题。

3. 操作方便、读写速度快

读写器在几厘米至几十米范围内都可以对标签进行读写,使用时没有方向性,标签可以从任意方向掠过读写器,能在短时间内完成读写操作。

4. 信息容量大

RFID 系统的信息容量可以根据应用系统的要求随意配置,基于芯片制造技术的发展,信息容量可以满足几乎所有的识别要求,同时可定义设置多个分区,每个分区又各自设有密码,可以对应多种不同的应用,实现一卡多用。

5. 快速防冲突机制

标签中有快速防冲突机制,能防止标签之间出现数据干扰,因此,读写器可以同时处理多张标签的操作。

6. 安全加密性能好

标签的电子编码是唯一的,制造厂家在产品出厂前已将此电子编码固化,不可再更改。读写器可验证标签的合法性,同时标签也可验证读写器的合法性,即标签与读写器之间可以进行相互认证,且在通信过程中可以对所有的数据加密。

7. 重复使用性

由于标签信息为电子数据,因此可以反复读写,长期使用。

17.4　射频识别系统的组成和工作原理

17.4.1　射频识别系统的组成

RFID 系统由电子标签/应答器(简称标签)、读写器、计算机和天线组成,如图 17.16 所示。

在一个 RFID 系统中,应用目的和应用环境不同,RFID 系统的组成会有所不同。最简单的 RFID 系统只有一个读写器,每次只对一个标签进行操作,如公交车上的票务系统、食堂收费系统等。较复杂 RFID 系统的读写器具备防冲撞能力,可以同时对多个标签进行操作,更复杂的 RFID 系统具备多读写器之间的信息处理及现场控制、网络连接能力。

1. 标签

标签是由耦合元件及芯片组成的,标签内置天线,用于与读写器进行通信。每个标签具有唯一的电子编码,标签中存储被识别物体的相关信息。标签相当于一个具有无线收发功能及存储功能的单片系统(SOC)。一个典型的标签如图 17.17 所示。

标签根据其内部有无供电电源分为被动式、半主动式、主动式三类。

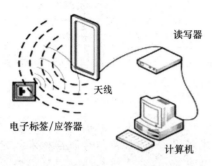

读写器

天线

电子标签/应答器

计算机

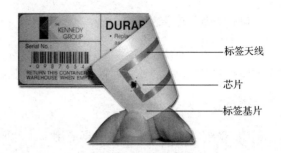

标签天线

芯片

标签基片

图 17.16　RFID 系统组成示意图　　　　　图 17.17　一个典型的标签

（1）被动式标签。

被动式标签没有内部供电电源,其内部集成电路通过接收到的由读写器发出的电磁波进行驱动,完成读写过程。被动式标签具有轻薄小巧,价格低廉等优点。

（2）半主动式标签。

半主动式标签的工作原理与被动式标签的工作原理类似,只是加入了一颗小型电池,半主动式标签在没有读写操作时不耗费电池电能,在接收到读写器的电磁波之后启动电源工作,以驱动标签内的芯片完成信息交流。半主动式标签比被动式标签工作距离远,传输信息的可靠性高。

（3）主动式标签。

主动式标签又称有源标签,内有电池,可利用自有电池在标签周围形成有效活动区,主动侦测周围的读写器发射的信号,并将自身资料传送给读写器。主动式标签拥有较长的读取距离并具有较大的内存容量,可以用来储存读写器所传送来的更多附加信息。

常见的标签如图 17.18 所示。

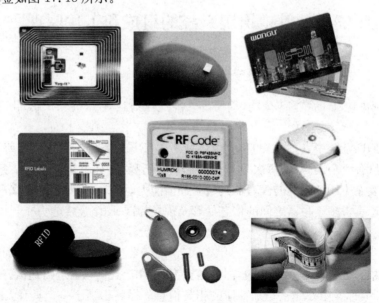

图 17.18　常见的标签

随着 RFID 技术的成熟和新工艺、新材料的应用,标签将朝着容量更大、体积更小、作用距离更远、信息传输更快、数据保密性能更好、价格更低的方向发展,同时将引领 RFID 技术走向更加广阔的市场。

2. 读写器

读写器(阅读器)是通过天线与标签进行通信、读写标签信息的设备,是实现射频识别的关键设备。当标签进入读写器的电磁波覆盖范围时,受到读写器发出的射频波的激励进入工作状态,读写器接收标签信息,完成与标签的通信,并将相应的数据传送至管理主机,执行相应操作。

在通常情况下,RFID 读写器应根据标签的读写要求及应用需求情况来设计。常见的读写器如图 17.19 所示。

图 17.19   常见的读写器

3. 计算机

计算机通过有线或无线的方式与读写器相连,以获取标签的信息,对读取的数据进行处理,并对 RFID 系统进行现场控制。

4. 天线

RFID 系统中的天线是实现标签和读写器间信号传递的重要设备。天线形成的电磁场的范围就是 RFID 系统的可读区域。

读写器天线发射电磁能量以激活标签,实现数据传输,同时也接收来自标签的信息。一般地,由于被识别物体的空间指向可能无法确定,这就要求读写器天线为圆极化天线,可以在物体空间指向发生变化时,不失去匹配。同时,读写器天线还要求低剖面、小型化,有的要求多频段,甚至有的读写器需要使用多天线技术或智能波束扫描天线阵技术。RFID 系统对天线的带宽要求不高,这也是具有窄频特性的微带形式的天线等能普遍应用于 RFID 系统的原因。

标签的天线形式常常由标签的外形结构决定,由于要使标签能够粘贴到被识别的物体上,因此要求标签尺寸足够小,从而要求标签天线的尺寸也足够小。当标签需要大规模应用时,要求标签天线成本低,加工简单。一般而言,标签的天线不宜进行太复杂的设计,均采用线极化天线形式,如双偶极子、印制偶极子等。

天线在标签和读写器间传递射频信号,旨在实现可靠的数据传输,天线的结构、形状、功率匹配、带宽、电磁散射等的性能与 RFID 系统的工作方式、读取距离、实现的功能等技术要求密切相关。因此,天线设计是 RFID 系统设计的重要内容。几种天线如图 17.20 所示。

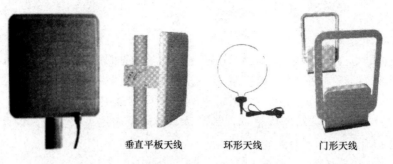

垂直平板天线　　　环形天线　　　门形天线

图 17.20　几种天线

17.4.2　射频识别系统工作原理

RFID 系统使用读写器及可附着于目标物的标签,利用射频信号将信息由标签传送至读写器,读写器对接收的信号进行解调和解码后送到后台主系统进行相关处理,主系统判断标签的合法性,针对不同的设定做出相应的处理和控制。

RFID 系统的通信是利用电磁感应或电磁场的空间耦合及射频信号的调制解调技术实现的。标签一般由天线、射频模块、控制模块和存储器构成;读写器由天线、射频模块、读写模块、时钟和电源构成。

RFID 系统工作原理示意图如图 17.21 所示。

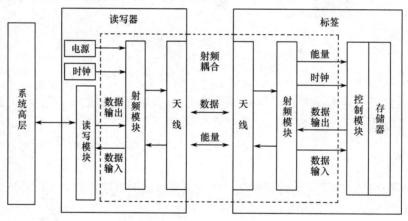

图 17.21　RFID 系统工作原理示意图

1. 标签工作原理

标签主要由两部分组成,即芯片和天线。标签通过天线、芯片可以接收和存储、传输信号。标签依靠其天线获得能量,并由芯片接收、发送数据。

天线利用射频电场为芯片提供稳定电压,并将获得的数据解调后送至数据模块处理,同时将数据调制后返回读写器。

标签的电路结构和信号流程如图 17.22 所示。

2. 读写器工作原理

读写器连接着天线和计算机网络,它的基本功能就是实现识别系统与被识别对象之间双

·254·

向信息的传递。根据 RFID 系统的要求不同、标签工作方式的不同,其电路结构和工作原理也不尽相同。一般来说,读写器主要由高频接口和智能控制单元两个基本模块组成。

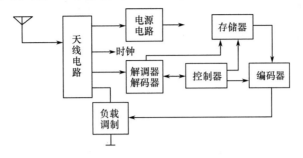

图 17.22　标签的电路结构和信号流程

高频接口包含发送器和接收器,其功能包括产生高频发射功率以启动射频卡并提供能量;对发射信号进行调制,以将数据传送给射频卡;接收并解调来自射频卡的高频信号。

原理上,智能控制单元是读写器的核心,通常采用嵌入式 MPU,并通过编制相应的 MPU 控制程序来实现收发信号的智能处理及与后续应用程序之间的 API 接口。读写器电路及信号流程示意图如图 17.23 所示。

读写器在 RFID 系统中的主要任务如下。

(1)与应用系统软件计算机端进行通信并执行应用系统软件发来的控制命令。

(2)控制与标签的通信过程。

(3)信号的编码与解码。

(4)执行反碰撞算法。

(5)对标签与读写器之间要传送的数据进行加密和解密。

(6)进行读写器和标签之间的身份验证。

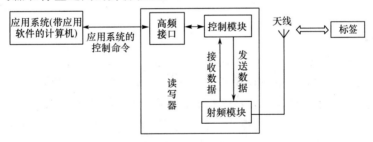

图 17.23　读写器电路及信号流程示意图

17.5　射频识别的关键技术

射频识别的关键技术主要有 RFID 软件中间件技术、安全与隐私保护技术和防碰撞技术。

17.5.1　RFID 软件中间件技术

在 RFID 的应用中,如何将现有的软件系统和新的 RFID 设备连接起来,最大限度地发挥这些设备的作用已成为用户十分关切的问题。为了确保正确地读取数据,以及将数据高效地传输到后台系统,需要考虑应用系统与现有系统的软硬件的兼容和如何连接的问题。RFID中间件就是这样的介于RFID应用系统和现有系统软件之间的一类软件,它可以连接网络上不同的应用系统,以达到资源共享、服务共享的目的。RFID中间件是一种独立的系统或服务程序,在客户服务器的操作系统之上管理计算机资源和网络通信。因此,RFID中间件的架构设计解决方案便成为RFID应用的重中之重。

一般来说,硬件系统开发好以后是固定不变的,而主机软件却是千差万别的,而且这种差别难以避免,原因如下。

(1)软件应用的背景领域不同,在不同的领域需要使用不同的软件。

(2)软件开发使用的语言和技术可能不同。

(3)软件运行的操作系统可能不同。

主机软件产生差别问题的本质是应用系统与硬件接口的问题。因此,确保数据读取的可靠性及将数据高效地传输到后台系统都是需要考虑的问题。具体来说,RFID中间件屏蔽了底层操作系统的复杂性,使程序开发人员面对的是简单而统一的开发环境,减少了程序设计的复杂性,不必再为程序在不同系统软件上移植而重复工作,大大减轻了程序开发人员的负担。

RFID中间件可以自适应地建立应用程序和读写器之间的连接,当应用程序的需求发生改变或更换读写器的时候,可使开发工作变的简便、缩短了开发周期,同时也减少了系统的维护、运行和管理的工作量。RFID中间件作为新层次的基础软件,其重要作用是将在不同时期、不同操作系统上开发的应用软件集成起来,使它们彼此像一个整体一样协调工作,显然,这是操作系统和数据管理系统均无法单独实现的。

RFID中间件担当的是标签和应用程序之间的中介角色,它的主要作用包括控制读写器按照预定的方式工作;按照一定的规则过滤数据,将真正有效的数据传送给后台信息系统;保证读写器和分布式应用系统平台之间的可靠通信,为异构的应用程序提供可靠的数据通信服务。

RFID中间件的主要特征如下。

(1)独立于架构(Insulation Infrastructure)RFID中间件独立并介于读写器与后端应用程序之间,能够与多个读写器及后端应用程序连接,以减轻架构质量并降低架构维护的复杂性。

(2)数据流 RFID中间件的主要目的在于将实体对象转换为信息环境下的虚拟对象,因此数据处理是RFID中间件最重要的功能。数据流RFID中间件具有数据的搜集、过滤、整合与传递等功能,以便将正确的对象信息传递至后端的应用系统。

(3)处理流 RFID中间件采用程序逻辑及存储再转送的方式来提供顺序的消息流,具有数据流设计与管理的功能。

(4)支持多种编码标准(Standard)。目前国际上有关机构和组织提出了多种编码方式,但尚未形成统一的RFID编码标准体系,如美国统一编码委员会和国际物品编码协会(UCC/EAN)联合组建的EPC编码标准体系、日本泛在UID编码标准体系等。RFID中间件应具有支持各种编码标准并进行数据整合与集成的能力。

17.5.2 安全与隐私保护技术

标签带来好处的同时,也带来了诸如用户隐私被侵犯等安全问题。隐私威胁问题归因于标签的基本功能:任意一个标签都能在远程被扫描,标签自动响应读写器且不加区别地传输信息,因此消费者可能在不知情的情况下被扫描,从而导致自身隐私受到侵害。RFID 隐私问题引起了广泛关注,并且隐私威胁论占据了一定市场,因此能否有效解决 RFID 引起的隐私问题成为 RFID 技术能否进一步成功推广的关键。

1. RFID 的安全威胁

RFID 应用广泛,面临各种各样的安全问题。例如,攻击者可以利用合法读写器或自己构造一个读写器对标签实施非法接入,造成标签信息泄露;攻击者也可以篡改标签内容或复制合法标签,以获取个人利益或进行非法活动。

RFID 面临的隐私威胁包括标签信息泄露和利用标签的唯一标识符进行恶意跟踪。从通信数据的角度来看,RFID 的安全和隐私问题主要包括以下几个。

(1)数据私密性问题。

一个标签不应当向未经授权的读写器泄露任何敏感的信息。一个完备的 RFID 安全方案必须能够保证标签中包含的信息仅能被授权的读写器识别。由于缺乏点对点加密和 PKI 密钥交换的功能,因此在 RFID 系统的应用过程中,攻击者有可能获取并利用标签中的内容。同时,从读写器到标签的信道往往具有较大的覆盖范围,攻击者可以通过窃听技术,分析微处理器正常工作过程中产生的各种电磁特征来获得标签和读写器之间或其他 RFID 通信设备之间的通信数据。

(2)数据完整性问题。

在通信过程中,数据完整性能够保证接收者接收到的信息在传输过程中没有被攻击者篡改或替换。在 RFID 系统中,通常使用消息认证码进行数据完整性的检验。消息认证码使用的是一种带有共享密钥的散列算法,即将共享密钥和待检验的消息连接在一起进行散列运算,对数据的任何细微改动都会对消息认证码的值产生较大的影响。在通信接口处使用的校验和方法仅能够监测随机错误的发生。如果不采用数据完整性控制机制,则可写的存储器有可能受到攻击。

(3)数据真实性问题。

标签的身份认证在 RFID 系统的许多应用中是非常重要的。攻击者可以从窃听到的标签与读写器间的通信数据中获取敏感信息,进而重构标签,达到伪造标签的目的。攻击者可以利用伪造品代替实际物品,或通过重写合法的标签内容,使用低价物品标签的内容替换高价物品标签的内容,从而获取不当利益。同时,攻击者也可以通过某种方式隐藏标签,使读写器无法发现该标签,从而成功地实施物品转移。

(4)用户隐私泄露问题。

在许多应用中,标签中所包含的信息关系到使用者的隐私,这些数据一旦被攻击者获取,使用者的隐私将无法得到保障,因而一个安全的 RFID 系统应当能够保护使用者的隐私或相关经济实体的商业利益。事实上,目前的 RFID 系统面临巨大的隐私安全风险。通过读写器跟踪携带缺乏安全机制的标签的个人,并对这些信息进行综合分析,就可以获取使用者的个人喜好和行踪等隐私信息,如抢劫犯能够利用读写器来确定贵重物品的数量及位置等。同时,一些情报人员也可以通过读取一系列缺乏安全机制的标签来获得有用的商业机密,如商场情报人员可以通过隐藏在竞争对手货架附近的读写器周期性地统计上架商品来统计销售数据。

2. 现有的 RFID 安全与隐私的解决方法

现有的 RFID 安全与隐私的解决方法主要有以下两种。

(1)物理方法。

① Kill 标签。该方案由标准化组织 Auto-ID Center(自动识别中心)提出,原理为在商品结账时移除标签 ID 甚至完全消除标签。

② 法拉第网罩。法拉第网罩是由金属网或金属宿片形成的无线电不能穿透的容器。由电磁场知识可知,利用法拉第网罩可以阻止隐私侵犯者通过扫描获得标签信息。

③ 主动干扰。主动干扰无线电信号是另外一种屏蔽标签的方法,其缺点是附近其他合法的 RFID 系统也会受到干扰,也有可能阻断其他使用天线电信号的系统。

④ 阻止标签。该方案通过采用一种特殊的阻止标签干扰的防碰撞算法来实现,读写器读取命令每次总获得相同的应答数据,从而保护标签。

(2)逻辑方法。

到目前为止,已有多种 RFID 安全协议被提出,包括 Hash Lock 协议、随机化 Hash 协议、Hash 链协议、基于杂凑的 ID 变化协议、数字图书馆 RFID 协议、分布式 RFID 询问应答认证协议、LCAP 协议等。

17.5.3 RFID 防碰撞技术

RFID 技术的一个突出特点就是多目标识别。在多识别目标的应用中,读写器周围可能会有多个标签同时存在,当多个标签同时向读写器传送数据时就产生了冲突问题。目前存在的 RFID 碰撞冲突:多个读写器的工作区域重叠,多个标签工作在同一频率,当这些标签处于同一个读写器的工作区域内时,信息传输将产生冲突,导致信息读取失败。

无线电通信系统中的多路存取方法包括空分多路(Space Division Multiplex Access,SDMA)法、时分多路(Time Division Multiplex Access,TDMA)法、频分多路(Fequency Division Multiplex Access,FDMA)法和码分多路(Code Division Multiplex Access,CDMA)法。RFID 系统多路存取技术的实现对标签和读写器提出了特殊的要求,为了使用户感觉不到碰撞的发生,必须可靠地防止标签的数据相互碰撞而不能读出等问题的出现。

目前人们主要使用的防碰撞算法有两种:一种是基于 Aloha 的不确定性算法;另一种是基于二叉树的确定性算法。

基于 Aloha 的不确定性算法分为 Aloha 算法、时隙 Aloha(Slotted Aloha)算法、动态时隙 Aloha(Dynamic Slotted Aloha)算法、帧时隙 Aloha(Frame-slotted Aloha)算法、动态帧时隙 Aloha(Dynamic Frame-slotted Aloha)算法等。基于二叉树的确定性算法主要有二叉树搜索(Binary Search)和动态二叉树搜索(Dynamic Binary Search)算法,此外还有智能的寻呼树(Intelligent Query Tree)算法、自适应的被动标签防碰撞协议(Adaptive Memory-less Tag Anti-collision Protocol)及基于返回式二叉树树状搜索的反碰撞算法等。下面对两种重要算法进行介绍。

1. Aloha 算法

Aloha 算法是一种随机接入算法,这种算法多采取"标签先发言"的方式,即标签一旦进入读写器的工作区域就自动向读写器发送其自身的 ID。这种算法仅用于只读标签中。数据传输时间只是重复时间的一小部分,以致在每次传输之间产生相当长的间隔。此外,各个标签之间的重复时间的差别是极其细微的,所以存在两个标签可以在不同的时间段发送它们的数据,从而使数据包之间不会互相碰撞的可能。

Aloha算法存在的问题是数据帧在发送过程中发生碰撞的概率很大。此外,RFID系统中的标签不具有载波监听发现碰撞的能力,只能通过接收读写器的命令来判断有无碰撞。针对这些问题,研究人员提出了一些扩展的方法来改善Aloha算法在RFID系统中的可行性和有效性。

在时隙Aloha算法中,标签只在规定的同步时隙内传输数据包。与Aloha算法相比,时隙Aloha算法中出现的碰撞时间可能只有Aloha算法碰撞时间的一半。

2. 二叉树搜索算法

二叉树搜索算法是一种无记忆标签防碰撞算法。读写器每次发出一个寻呼信息,只有电子编码小于或等于寻呼的UID(读写器发出的寻呼序列号的值)的标签才对读写器的寻呼进行响应。标签除了记忆自身的电子编码信息,不用记忆其他任何信息。对二叉树搜索算法的可靠性起决定性作用的是处在读写器工作区域内的所有标签的准确同步,即它们准确地在同一时刻开始传输它们的信息,这样就可以准确地按位判断碰撞的发生。

动态二叉树搜索算法是一种改进的二叉树搜索算法。在二叉树搜索算法中,标签的电子编码总是一次一次完整地传输,当标签的电子编码较长时,需要传送大量的数据,这就增加了搜索时间和出错频率。实际上,在读写器发送的请求命令中,冲突位置前的各位不包含标签的补充信息,只要事先设定好,这些信息可不必发送。剪除这部分冗余数据可以使系统的传输效率得到很大提高。

除了上述几种算法,还有很多其他防碰撞算法,如自适应防碰撞算法、二进制查询树算法、二时隙树算法等。

17.6　RFID技术的应用

下面用两个经典的案例对RFID技术的应用进行简要的介绍。

17.6.1　高速公路不停车电子收费系统

不停车电子收费(Electronic Toll Collection,ETC)系统是一种用于公路、大桥和隧道的电子自动收费系统。不停车ETC系统应用RFID技术,利用路侧单元(Road Side Unit,RSU)与车载单元(On Board Unit,OBU)之间的专用短程通信,在不需要司机停车和其他收费人员采取任何操作的情况下,自动完成收费处理过程。不停车是当前缓解收费站交通堵塞的有效手段,因此,各个国家都优先进行不停车电子收费系统的开发,并且积极推广,该系统目前在欧美地区的应用已经比较成熟。我国也已经在大部分高速公路应用了不停车ETC系统,不停车ETC系统在全国高速公路的联网运行指日可待。

不停车ETC系统是一种利用专用短程射频波通信技术,通过路侧天线与车载电子标签的信息交换,自动识别车辆,自动完成车辆通行费扣除的全自动运行管理系统。

1. 不停车ETC系统关键技术

不停车ETC系统利用车辆自动识别技术完成车辆与收费站之间的无线数据通信,进行车辆的自动识别和有关收费数据的交换,通过专用的计算机网络进行收费数据的处理,实现不停车自动收费的全电子收费。

该系统主要采用以下关键技术。

(1)自动车辆识别(Automatic Vehicle Identification,AVI)技术。

AVI 技术利用射频通信技术实现数据代码的传送,车载无线电收发装置可以发射或接收频率范围很宽的电磁波。AVI 技术能够实现高速率的数据传送,这样就增加了系统能够处理的数据量。由于天线的尺寸与所使用的波长有关,因此车载无线电收发装置在尺寸上比电感收发装置小。

(2)自动车型分类(Automatic Vehicle Classification,AVC)技术。

AVC 技术通过对动态图像进行处理获得通过车辆的轮廓,并计算获取的车长、车高、周长、面积、车长高比、圆形度、外接矩形与面积比等特征参数,同时提取车型图像的不变特征,应用一些分类方法进行分类。

(3)短程通信(Dedicated Short Range Communication,DSRC)技术。

DSRC 模块由路侧单元(读写天线)和安装在车辆上的车载单元(电子标签)组成。RSU 是 OBU 的读写控制器,OBU 是一种具有微波通信功能和信息存储功能的移动设备识别装置。RSU 和 OBU 之间利用 DSRC 通信协议的数据交换方式和 5.8GHz 微波无线传递手段,实现移动车载设备与路侧固定设备之间安全可靠的信息交换。

(4)逃费抓拍系统(Video Enforcement System,VES)。

当有逃费车辆通过时,VES 系统可根据报警命令自动将图片和相应资料存入主机数据库,通过联网计算机直接共享逃费车辆信息,当其再次经过其他收费站时,计算机能有效识别,勒令其补交所逃通行费款额,从而对逃费车辆起到监督、控制作用。

2. ETC 车道的工作原理和系统构成

当系统检测到车辆进入 ETC 车道的时候,安装在支架上的读写天线与 OBU 中的电子标签自动交换信息,ETC 车道计算机根据电子标签中存储的信息识别出车辆信息,根据车辆行驶情况从车主的银行账号或储值中扣除通行费。交易成功后,车道栏杆自动抬起,放行车辆;车辆通过后,车道栏杆自动降下。整个过程不需要人工干预,车辆不停车快速通过 ETC 收费车道。ETC 车道系统结构示意图如图 17.24 所示。

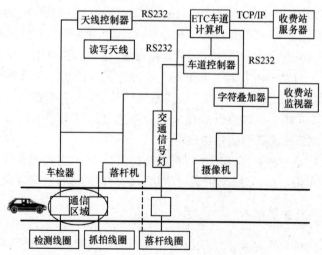

图 17.24　ETC 车道系统结构示意图

ETC 出口车道的过车流程如下。

(1)当车辆进入通信区域时,埋入地下的检测线圈得到信号,同时启动读写天线。

(2)读写天线与电子标签进行通信,判别电子标签的有效性,有效则进行交易;无效则报警并保持车道封闭,直到车辆离开检测线圈。

(3)如果交易成功,则车道栏杆抬起,车道的交通信号灯变绿,费用金额显示器显示交易信息。另外,自动识别系统读取电子标签中的用户费用信息、车型信息和入口车道信息进行收费计算,完成 IC 卡内收费额的扣除,收费记录写入 IC 卡,并向用户显示有关收费状态信息后给予放行。

(4)当车辆通过抓拍线圈时,系统进行图像抓拍,字符叠加器将过车信息叠加到抓拍图像中。

(5)当车辆通过落杆线圈后,车道栏杆自动回落,车道的交通信号灯变红。

(6)系统保存交易信息,并上传至收费站服务器,一个收费流程完成,等待下一车辆进入。

(7)车辆出入的全部信息均由 ETC 车道计算机实时记录,并生成车流量的准确日报、月报统计表。

在硬件设计中,主要以 RFID 为数据载体,通过无线数据交换方式实现车辆与车辆自动识别系统的通信,完成车辆基本信息、入口信息、卡内预存费用信息的远程数据存取。自动识别系统按照既定的收费标准,通过计算从 IC 卡中扣除本次道路使用通行费,并修改 IC 卡内的信息记录,完成一次自动收费放行。由于车辆征费根据车辆类型的不同而不同,所以对进入不停车 ETC 系统车辆的分类是道路征费的依据。车辆的类型可在购置电子标签时一次性写入 IC 卡内,电子标签必须具有防拆除更换的功能,防止大车型使用小车型的电子标签作弊。由于 ETC 车道是无人看管的车道,即便可以设置车道栏杆,依然需要 VES 系统保证合法车辆快速通过车道,防止非 ETC 车辆不交费"闯卡"。VES 系统利用视频图像捕获技术、车辆牌照识别技术记录逃费车辆的车牌信息和外部特征,使管理部门有据可查,以保证 ETC 车道的运营安全。

3. 收费管理中心总体结构框架

不停车 ETC 系统主要由 ETC 车道、收费控制中心、ETC 管理中心、开户银行及传输网络组成。图 17.25 为不停车 ETC 系统总体框图。

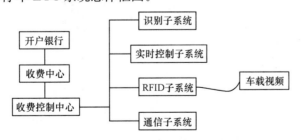

图 17.25　不停车 ETC 系统总体框图

自动收费记录以加密方式建立,收费管理人员不能修改或添加记录,自动收费记录文件由数据库自动生成。ETC 管理中心与开户银行系统的信息传递以协议加密的方式进行,以确保安全。不停车 ETC 系统的工作流程:ETC 管理中心负责管理和监控一条或一个区域内高速公路的不停车收费站,将每日收费信息自动分类汇总后,通过传输网络与开户银行系统进行数据交换,以便开户银行从用户在银行开设的专用账户中收取相应的费用转入业主专业账户,并将从银行网络收到的黑名单下发给各不停车收费站,再由不停车收费站下发给各车道子系统,从而保证整个不停车 ETC 系统能够正常运行。

17.6.2 RFID 医院信息系统

在医疗体制不断完善的今天,医院的信息化程度已经大大提高,现在大型医院都用上了医院信息化系统。医院信息化系统提高了医院的服务水平,也方便了群众就医。但是目前医院信息化系统存在的一些问题并没有得到根本解决。例如,当遇到突发事件,面对必须及时施救的病人时,医生和护士必须寻找该病人的病例,在查看病人病史及药物过敏史等重要信息后,才能针对病人的具体情况进行施救,然而这些查看过程会延误抢救病人的最佳时机。RFID医院信息系统可以快速准确地解决这些问题,大大提高医院治疗和管理病人的效率。

1. RFID 医院信息系统的构成

医院现有的信息化系统已经对每一位挂号病人进行了基本信息录入,但是这些信息并不是病人的实时信息,医护人员只有通过办公区域的计算机终端才能查到病人的准确实时信息。现在,医护人员通过一条简单的 RFID 智能腕带就可以随时随地掌握每一位病人的准确实时医疗信息。

当医院采用 RFID 医院信息系统后,每位住院的病人都将佩戴一个 RFID 腕带,这个腕带中储存了病人的相关信息,包括病人基本资料及药物过敏史等重要信息,更多详细的信息可以通过 RFID 标签的电子编码到对应的中央数据库查阅。RFID 医院信息系统示意图如图 17.26 所示。从图 17.26 中可以看出,服务器存储着病人最终完整的病例,每个病区医生的 RFID 手持机也可以存储其负责病人的相关病例,通过 RFID 手持机可以准确读出病人RFID 腕带中的相关信息,并且也可以向 RFID 腕带中写入相应信息。

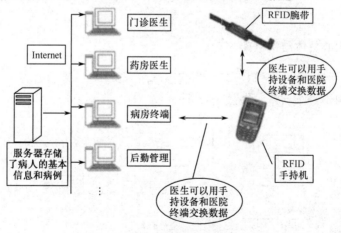

图 17.26　RFID 医院信息系统示意图

如今,RFID 腕带完全可以替代现有病床前的病人信息卡。例如,病人是否对某种药物过敏,当天是否已经打过针,当天是否已经吃过药等监控信息都可以通过 RFID 手持机和病人的RFID 腕带反映出来,这样可以大大提高管理病人的效率。

2. 医院使用 RFID 标识的原则

医院在日常医疗活动中,每时每刻都要使用病人标识,包括使用记载病人情况的床头标识卡,让病人穿上医院的标识服、让病人佩戴 RFID 腕带等。医院使用 RFID 标识应该遵循以下三个基本原则。

(1)提供确切的病人身份标识,标识准确、统一,标识涵盖医院的各个部门。

(2)建立病人与医疗档案,建立各种医疗活动的明确对应关系。

(3)使用可靠的标识产品,确保病人标识不会被调换或丢失。医院工作人员经常用类似"1号床的病人,吃药了"这样的语言引导病人接受各种治疗。但是,这些方法往往会造成错误的识别结果,甚至会产生医疗事故。通过使用特殊设计的病人标识腕带,将标有病人重要资料的标识腕带系在病人手腕上进行 24 小时贴身标识,能够有效保证随时对病人进行快速准确地标识。同时,特殊设计的病人标识腕带能够防止被调换或除下,可以确保标识对象的唯一性和准确性。医院也可以为工作人员佩戴 RFID 胸卡,这样医院不仅可以对病人进行管理,也可以对工作人员进行管理,医院在紧急时可以找到最需要的医生。

3. RFID 技术在母婴识别方面的应用

RFID 腕带可以应用在医院的很多方面,如可以应用在母婴识别上。刚刚出生的婴儿不能准确表达自己的状况,并且新生儿特征相似,如果不加以有效标识,往往会造成错误识别。单独对婴儿进行标识存在管理漏洞,母亲与婴儿是一对匹配的标识对象,将母亲与婴儿同时标识,可以杜绝恶意的人为调换,这对新生婴儿的标识尤为重要。RFID 技术可以解决目前医院存在的母亲抱错婴儿、婴儿被盗等问题,如图 17.27 所示。

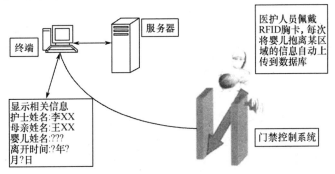

图 17.27　RFID 技术在母婴识别方面的应用

当护士抱着婴儿离开时,婴儿 RFID 腕带的识别信息必须和母亲的识别信息相匹配才能离开,如果信息不匹配,门禁控制系统就会发出报警,可以有效防止婴儿被抱错。

(1)防止婴儿被抱错。

医护人员佩戴 RFID 胸卡,每次将婴儿抱离某区域的信息自动上传到数据库。

护士通过携带 RFID 手持机,可以分别读取母亲和婴儿 RFID 腕带中的信息,判断母婴双方的身份是否匹配,可以有效防止出生时长相差不多的婴儿被抱错。

(2)防止婴儿被盗。

在各个监护病房的出入口布置固定式 RFID 读写器,每当有护士和婴儿需要通过时,通过读取护士身上的 RFID 胸卡和婴儿身上的 RFID 腕带,确认身份无误后监护病房的门才能打开。同时,护士的身份信息、婴儿的身份信息及出入时间都被记录在数据库中,并配有监控录像,保安能随时监控重点区域的情况。

应用于医院的 RFID 腕带如图 17.28 所示。

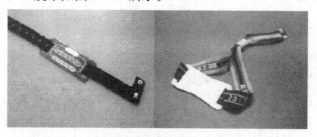

图 17.28 应用于医院的 RFID 腕带

第**3**部分

智 慧 地 球

第 18 章　智 慧 家 居

智慧地球是指把传感器嵌入电网、铁路、桥梁、隧道、公路、建筑、供水系统、大坝、油气管道等各种物理系统中,并且使这些物理系统相互连接构成物联网,然后将物联网与现有互联网整合起来,实现人类社会与物理系统的有机结合,即互联网＋物联网＝智慧地球。智慧地球的架构图如图 18.1 所示,智慧地球由天-空-地智能传感器网络和物联网设备层、基础网络支撑层、基础设施网络层和应用层等部分构成。

图 18.1　智慧地球的架构图

18.1　智慧家居的架构和特点

智慧家居系统是智慧地球的基本组成单元,通过将各类传感器嵌入家居设备中进行信息采集并利用无线通信技术将这些信息传递到家庭网关中,同时通过互联网将信息发送到控制端,保持这些设备与住宅的协调,从而实现家庭生活的自动化和智能化管理,具有平台统一、可靠性高、便捷实用、网络化等特点。

18.2　智慧家居中传感器的应用

智慧家居系统采用各类传感器来感知室内及周边信息,如图 18.2 所示。智慧家居系统应用的传感器包括温湿度传感器、气体传感器、光敏传感器、水浸传感器、红外传感器等。

1)温湿度传感器

温湿度传感器是智慧家居的重要组成单元,用于实现室内空气环境的检测和调节。温度传感器中的敏感元件可以检测周围温度变化,并产生相应的信号输出,输出的信号大小会随着温度的变化而变化,从而实现温度监测。根据温度测量方式的不同,温度传感器可分为接触式和非接触式两类,接触式温度传感器包括热敏电阻、集成温度传感器等,非接触式温度传感器包括辐射温度计、红外温度传感器等。根据传感器输出特点不同,温度传感器又可分为模拟温度传感器和数字温度传感器,其中数字温度传感器能够将温度转化为方便计算机处理的数字量,处理速度快且接线简单方便,在智慧家居中较为常用。

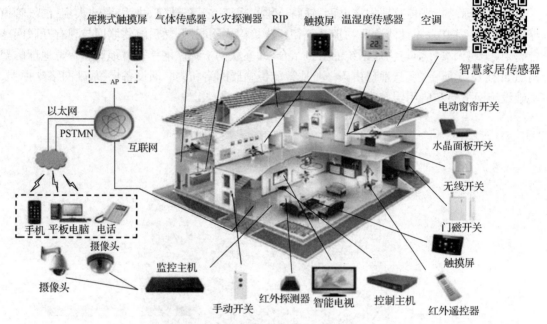

图 18.2　智慧家居中传感器的应用

湿度信息由湿度传感器转变为电信号,利用湿敏元件的相关参数(电压、电阻值等)随环境湿度变化而变化的特性来检测环境湿度。根据输出信号的不同,湿度传感器可分为电阻型、电容型和电抗型,其中电阻型应用最多,电抗型应用最少;根据材料不同,又可分为陶瓷型、有机高分子型、半导体型和电解质型等。

如图 18.3 所示,将温湿度传感器安装在室内不同点位,可以实时监测家庭温湿度状况。当需要进行温湿度自动控制的时候,只需要将空调、加湿器、烘干机等温湿度调节设备的值上传到家庭网关中与传感器测得的实际温度值相比较,就可以进行家居温湿度的智能化控制和自动调节。

2)气体传感器

气体传感器用于检测可燃气体及污染气体等的浓度,实现对危险气体的分析。常见的气体传感器包括电化学气体传感器、催化燃烧气体传感器、半导体气体传感器、红外气体传感器等。

(1)电化学气体传感器。

许多可燃性的有毒有害气体(如硫化氢、一氧化氮、二氧化氮、二氧化硫、一氧化碳等)都有电化学活性,可以被电化学氧化或还原。电化学气体传感器利用气体的氧化还原性,通过电流、电势及敏感元件阻值的变化等来检测气体的浓度。智慧家居使用的电化学气体传感器主要为两电极电化学 CO 传感器,该传感器由工作电极、对比电极、电解质溶液、电解质溶液的保持材料、绝缘体、管脚等零部件组成,如图 18.4 所示。

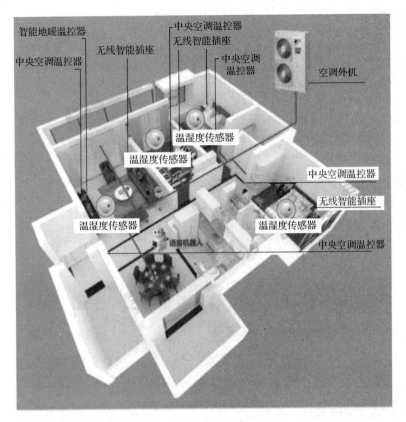

图 18.3　温湿度传感器应用案例

（2）恒电位电解式气体传感器。

恒电位电解式气体传感器的原理是使电极与电解质溶液的界面保持一定电位进行电解,通过改变其设定电位,有选择地使气体进行氧化或还原,从而定量检测 CO、H_2S、HO_2、SO_2、HCl 等各种气体。

（3）离子电极式气体传感器。

离子电极式气体传感器的原理是气态物质溶解于电解质溶液并离解,离解生成的离子作用于离子电极产生电动势,通过测量电动势获得气体浓度。这类传感器由作用电极、对比电极、内部溶液和隔膜等构成,可检测 NH_3、HCN、H_2S、SO_2、CO_2 等气体。

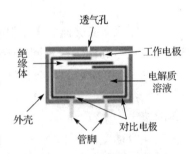

图 18.4　两电极电化学气体传感器结构

（4）电量式气体传感器。

电量式气体传感器的原理是被测气体与电解质溶液反应生成电解电流,将此电流作为传感器输出电流来检测气体浓度。电量式气体传感器的作用电极、对比电极都是 Pt 电极,可用于检测 Cl_2、NH_3、H_2S 等气体。

（5）催化燃烧气体传感器。

如图 18.5 所示,催化燃烧气体传感器实际上是基于铂电阻温度传感器的一种气体传感器,即在铂电阻表面制备耐高温催化剂层,内部结构是检测元件和补偿元件配对组成的测量电桥,在一定温度下,可燃气体在铂电阻表面催化燃烧,因此铂电阻温度升高,铂电阻的阻值发生变化。这种传感器通常可以用于检测空气中的甲烷、LPG、丙酮等可燃气体。

气体传感器典型应用如图18.6所示,在监测的过程中,用户仅需要将检测气体的浓度上限指标输入计算机系统中,计算机系统在采集相关信息后,一旦通过对比分析发现气体浓度超过上限指标,就会发出警报并及时通过换气扇或油烟机来清除气体。

图 18.5　催化燃烧气体传感器

3) 光敏传感器

光敏传感器是使用光敏元件(光电管、光电倍增管、光敏电阻、光敏三极管等)将光信号转换成电信号的传感器,其敏感波长接近可见光的波长,包括红外线波长和紫外线波长。

（a）厨房天然气泄漏监测　（b）浴室气体泄漏监测　（c）管道气体泄漏监测

图 18.6　气体传感器典型应用

光敏传感器主要用于夜间光控灯、光控制玩具、声光控制开关、摄像头等电子产品光自动控制领域。

4) 水浸传感器

水浸传感器能够监测无水到有水、有水到退水两种状态。如图18.7所示,当两个探头同时接触到水时,水浸传感器利用水的导电性,形成电流回路,此时传感器上传浸水/漏水状态给网关,从而触发网关产生声光报警,或者联动其他智能设备执行排水、烘干等相关动作。

5) 红外传感器

红外传输技术利用红外线作为载体进行数据传输。红外传输技术在智慧家居系统中具有多种功用。

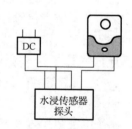

图 18.7　水浸传感器原理

(1)遥控功能。

传统的红外遥控器一般是对单个电器进行控制的。智慧家居系统采用综合布线技术,配合相关的通信协议,可以将各类家用电器及报警设备整合到统一的数据系统中,并通过遥控器或控制面板对系统进行操作。另外,还可以配合智慧家居系统的情景功能,用简单的操作同时控制多个设备。

(2)红外探测

红外探测技术分为主动式红外探测及被动式红外探测技术,两者在智慧家居中有着不同的应用。如图18.8所示,主动式红外探测技术通过红外发射机发出一束或多束经过调制处理的平行红外光束,由红外接收机进行接收并转换为数字信号发送给报警主机,若传输区间出现障碍物,就会触发报警。主动式红外探测技术主要应用于家庭报警系统。

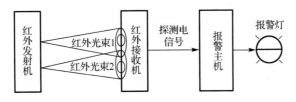

图 18.8　主动式红外探测技术原理

　　被动式红外探测器是通过感应红外热释传感器对相应区域的红外能量变化来判断该区域内是否有人的。由于人体的红外能量与环境有差别，当人通过探测区域时，被动式红外探测器感应到红外能量的变化，就会向系统提供反馈信号，配合智慧家居系统的联动功能，可以实现夜间自动照明等功能。

思 考 题

18-1　智慧家居的发展趋势。

18-2　如何实现智慧家居中传感器的有效集成和管理？

第 19 章　智 慧 交 通

19.1　智慧交通的架构和特点

  智慧交通系统将先进的科学技术（信息技术、数据通信传输技术、电子控制技术、计算机技术、传感技术、人工智能等）有效地综合运用于交通运输、服务控制和车辆制造，以加强车辆、道路、使用者三者之间的联系。智慧交通利用物联网等技术，向各交通行驶主体及相关部门提供实时、有效的交通信息，避免产生交通事故；通过移动通信提供最佳路线信息和车辆实时运行信息，为旅客提供便捷的出行服务；具有高效省时、节能环保、以人为本、安全便捷等特点。

19.2　智慧交通中传感器的应用

19.2.1　汽车传感器

  如图 19.1 所示，智能汽车内部配备了各类汽车传感器，可以感知并响应汽车内部和外部环境的不断变化，实现了车辆功能控制、调节和响应，提高了安全性、舒适性和效率。汽车传感器能够对周围的温度、湿度、气体、转速、压力、流量、位置及加速度等进行精确的测量，是电子控制系统中的重要元件。

图 19.1　智慧汽车传感器网络

1. 轮速传感器

  现代汽车的 ABS 系统中都设置有电磁感应式轮速传感器，电控单元 ECU 根据轮速传感器的信号计算车速，作为换挡控制的依据。

(1)电磁感应式轮速传感器。

电磁感应式轮速传感器如图19.2所示。电磁感应式轮速传感器由永久磁铁和电磁感应线圈组成，它被固定安装在自动变速器输出轴附近的壳体上，输出轴上的停车锁定齿轮为感应转子，当输出轴转动时，停车锁定齿轮的凸齿不断地靠近或离开轮速传感器，使电磁感应线圈内的磁通量发生变化，从而产生交流电，车速越高，输出轴转速越快，感应电压脉冲频率越高，电控组件根据感应电压脉冲频率的高低计算汽车行驶速度。

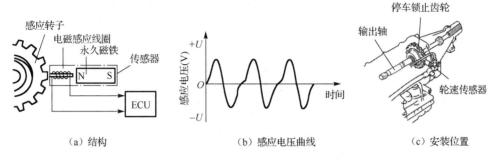

（a）结构　　　　　　　　（b）感应电压曲线　　　　　　（c）安装位置

图19.2　电磁感应式轮速传感器

(2)霍尔式轮速传感器。

霍尔式轮速传感器如图19.3所示。霍尔式轮速传感器主要由磁钢、差动霍尔电路、印刷电路板等组成。这种传感器基于霍尔效应进行工作：通过印刷电路板的两端进行电流控制，并在传感器的垂直方向施加磁场，传感器两端产生与磁感应强度相关的电势，通过施加的磁场强度变化使传感器两端产生霍尔电势脉冲，脉冲频率反应车轮旋转的快慢。

(3)磁电式轮速传感器。

磁电式轮速传感器如图19.4所示。磁电式轮速传感器主要由永久磁铁、绕组、软铁芯等组成，分为凿式、柱式、菱形三种。从软铁芯的一极发出的磁力线通过齿圈和空气回到另一极。车轮运转的时候，会依次穿过感应磁场，改变其磁阻，从而产生感应电动势，感应电动势的频率和幅度可反映汽车轮速快慢。

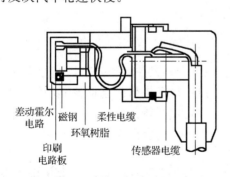

图19.3　霍尔式轮速传感器

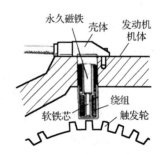

图19.4　磁电式轮速传感器

2. 温度传感器

汽车温度传感器应用如图19.5所示。温度传感器能够对汽车的变速器、发动机、空调的温度进行监测。

温度传感器的检测元件为负温度系数电阻，当车内外气温发生变化时，传感器的阻值会发生变化，温度升高，电阻值减小；温度下降，电阻值增大。汽车的冷却液、进气管、蒸发器出口、车内外等处的温度检测普遍采用 NTC 热敏电阻。

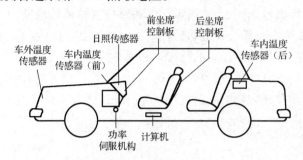

图 19.5　汽车温度传感器应用

3. 压力传感器

（1）MEMS 压力传感器。

MEMS 压力传感器如图 19.6 所示。MEMS 压力传感器大多基于硅压阻效应进行工作,压力作用于硅薄膜使 4 个电阻应变片电阻值发生变化,惠斯通电桥输出与压力成正比的电压信号。这种传感器适用于中低压场景,如发动机进气管、胎压检测系统 TPMS、真空度、油箱压力等。

（2）MEMS 加速度传感器。

MEMS 加速度传感器基于牛顿第二定律,通过在加速过程中对质量块对应惯性力的测量来获得加速度值。这种传感器采用电容、压阻效应,或者热对流原理,分为低 g（重力加速度）和高 g 两类,这两类传感器的区别在于测量的加速度范围不同,$\pm(2\sim24)g$ 等中低 g 传感器用于主动悬架、ESP、侧翻、导航等非安全类系统,$\pm200g$ 等高 g 传感器用于气囊等安全系统。

（3）MEMS 角速度陀螺仪。

MEMS 角速度陀螺仪基于 Coriolis 力原理,即一个物体在坐标轴中直线移动时,假设坐标系旋转,物体会受到一个垂直方向的力和加速度。MEMS 角速度陀螺仪通常安装两个方向的可移动电容板,径向电容板加振荡电压迫使物体进行径向运动,在旋转时,横向电容板能够测量横向 Coriolis 运动带来的电容量变化,从而计算出角速度。MEMS 角速度陀螺仪最多可测量 x、y、z 轴角速度,用于侧翻、车身稳定控制系统、惯性导航 IMU 等。

4. 碰撞传感器

碰撞传感器多数采用惯性式机械开关结构,相当于一只控制开关,其工作状态取决于汽车碰撞时加速度的大小。如图 19.7 所示,碰撞传感器通常安装在车身前端和两侧。当汽车发生碰撞时,由碰撞传感器检测汽车碰撞的强度信号,并将信号输入安全气囊计算机,安全气囊计算机根据碰撞传感器的信号来判定是否引爆充气元件使气囊充气。

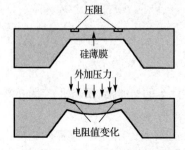

图 19.6　MEMS 压力传感器

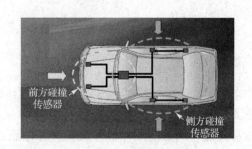

图 19.7　碰撞传感器

（1）机电结合式碰撞传感器。

机电结合式碰撞传感器是一种利用机械机构运动（滚动或转动）来控制电器触电运动，并由触电断开与闭合来控制气囊点火器电路接通与切断的传感元件。机电结合式碰撞传感器包括滚球式碰撞传感器（见图19.8）、滚轴式碰撞传感器（见图19.9）和偏心锤式碰撞传感器（见19.10）。

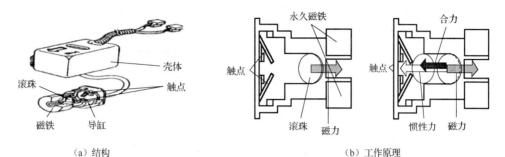

（a）结构　　　　　　　　　　　（b）工作原理

图19.8　滚球式碰撞传感器

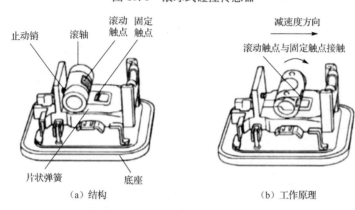

（a）结构　　　　　　　　　　　（b）工作原理

图19.9　滚轴式碰撞传感器

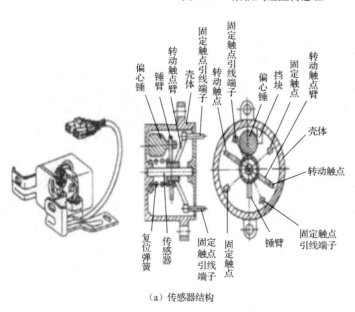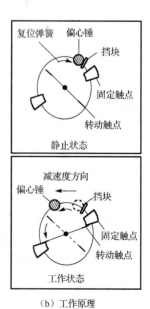

（a）传感器结构　　　　　　　　　　（b）工作原理

图19.10　偏心锤式碰撞传感器

偏心锤式碰撞传感器又称偏心转子式碰撞传感器,用于丰田汽车安全气囊系统和马自达汽车安全气囊系统。

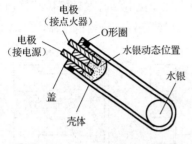

图 19.11 水银开关式碰撞传感器结构

(2)水银开关式碰撞传感器。

水银开关式碰撞传感器结构如图 19.11 所示。水银开关式碰撞传感器是利用水银良好的导电特性制成的,主要由水银、壳体、电极和密封塞等组成。当汽车发生碰撞时,减速度使水银产生惯性力;惯性力在水银运动方向上的分力会将水银抛向传感器电极,使两个电极接通,从而接通气囊点火器电路的电源。

(3)电子式碰撞传感器。

电子式碰撞传感器利用碰撞时应变电阻的变形使其电阻值发生变化或压电晶体受力使输出电压发生变化来控制安全气囊电路,其结构有电阻应变式和压电效应式两种。电阻应变式碰撞传感器结构如图 19.12 所示。

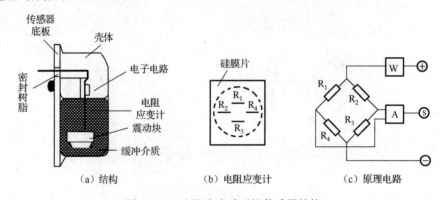

图 19.12 电阻应变式碰撞传感器结构

19.2.2 无人驾驶技术传感器

无人驾驶技术传感器通过车载传感系统感知车辆周围环境,根据感知获得的道路、车辆位置和障碍物信息,自动规划行车路线并控制车辆的转向和运行速度,从而使车辆能够安全、可靠地在道路上行驶。环境感知传感器及其感知范围如图 19.13 所示。

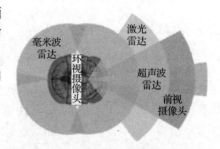

图 19.13 环境感知传感器及其感知范围

1.环视摄像头

环视摄像头又称全景式影像监控系统,能将汽车顶部各个方向鸟瞰画面拼接起来,并动态地显示在车内的液晶屏上。安装了环视影像系统的汽车,通过在合适位置布置环视摄像头,驾驶员能够看清汽车四周的图像。高级的环视影像系统配合声呐可以发出实时预警,提醒驾驶员和障碍物靠得太近,有效避免出现交通意外。

2.超声波雷达

超声波雷达是一种极其常见的传感器,通过超声波发射装置向外发射超声波,利用接收器接收超声波,通过计算发射与接收超声波的时差来测算距离。超声波雷达主要应用于短距离场景,是汽车驻车或倒车时的安全辅助装置,能以声音或更为直观的显示器告知驾驶员周围障碍物的情况。

3. 毫米波雷达

毫米波雷达利用高频电路产生特定调制频率(FMCW)的电磁波,通过天线发送电磁波并接收从目标反射的电磁波,通过计算发送和接收电磁波的参数来获取目标的各个参数。毫米波雷达可以同时对多个目标进行距离、速度及方位的测量:根据多普勒效应实现测速,通过天线的阵列方式实现方位测量(包括水平角度和垂直角度)。毫米波雷达主要包括用于中短测距的 24GHz 雷达和用于长测距的 77GHz 雷达两种。毫米波雷达可有效提取景深及速度信息,识别障碍物,具有测量距离、速度和位置信息的功能,可以确定车辆与交叉路口的距离、车速和车道占用情况,如图 19.14 所示。

毫米波雷达传感器

图 19.14　毫米波雷达的应用

4. 激光雷达

激光雷达(LiDAR)利用激光束探测物体、测量距离,帮助自动驾驶车辆识别障碍物,实现安全巡航。激光雷达分为单线激光雷达和多线激光雷达。多线激光雷达可以获得极高的速度、距离和角度分辨率,形成精确的三维地图,抗干扰能力强,是智能驾驶汽车的最佳技术发展路线,但是成本较高,容易受到恶劣天气和烟雾环境的影响。固态激光雷达比传统机械激光雷达更坚固、更紧凑且更具成本效益。

不同传感器的感知范围均有各自的优势和局限性,无人驾驶汽车中的传感器的发展趋势是通过传感器信息融合技术,弥补单个传感器的缺陷,提高整个智能驾驶系统的安全性和可靠性,如图 19.15 所示。

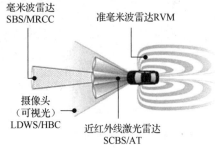

图 19.15　无人驾驶汽车中的传感器

19.2.3　车辆运行检测

车辆运行检测对于提高城市交通运行效率极为重要。车辆运行检测系统常用传感器包括巨磁阻传感器、毫米波传感器和红外传感器。

1. 巨磁阻传感器

巨磁阻传感器的应用如图 19.16 所示。当有车辆通过时,巨磁阻传感器周围的地磁场发生变化,变化的磁场信号经过处理放大后通过 A/D 转换器送入微处理器,微处理器立即启用定时器记录车辆通过的时刻,然后采集车辆后端巨磁阻传感器的输出信号,当检测到车辆后定时器停止计时,之后重新开始车辆的计时工作,检测下一辆车。车辆运行检测系统采用两个巨磁阻传感器能够判断车辆行驶的方向。

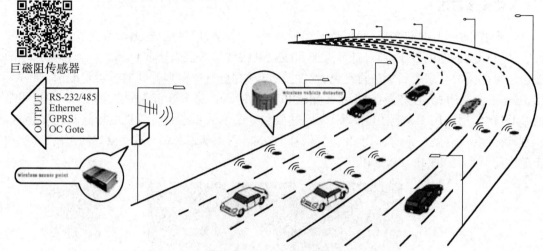

图 19.16　巨磁阻传感器的应用

2. 24GHz 雷达传感器

24GHz 雷达传感器将 24GHz 选为发射频率,根据发送与接收信号的频率差,并利用相关公式计算出物体的运动速度、静止距离、所处角度等参数。24GHz 雷达传感器的应用如图 19.17所示。24GHz 雷达传感器可以确定车辆与交叉路口的距离、车速和车道占用情况,并且可以实现远程发放超速罚单,降低执法人员遇到危险情况的可能性。

图 19.17　24GHz 雷达传感器的应用

3. 行人及车辆检测传感器

红外感传器和行人检测摄像机可用于行人及车辆交通违规监测。行人违规监测如图 19.18所示。行人及车辆检测传感器根据从智慧交通控制系统接收到的信号向智慧交通控制器发送信号,实现对行人和车辆等交通参与者进行实时的高效管理。

19.2.4　智慧道路

通过传感器监测和智能系统诊断等手段可以延长道路使用寿命,降低道路大修频次频率,提高公共资源利用率。

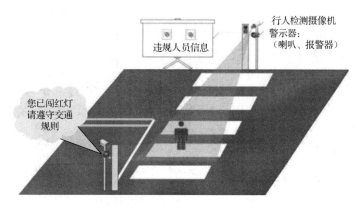

图 19.18　行人违规监测

1. 桥梁状态监测传感器

桥梁状态监测传感器网络如图 19.19 所示。桥梁状态监测传感器用于温度、索力、位移、沉降、应力、应变、振动响应等参数的测量,为桥梁的养护管理提供依据,延长桥梁使用寿命,降低事故发生率。

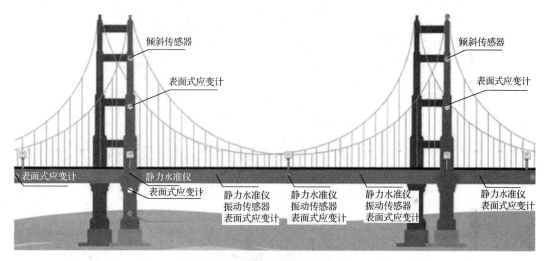

图 19.19　桥梁状态监测传感器网络

(1)桥梁温度传感器。

桥梁状态监测使用的温度传感器为埋入式光纤光栅温度传感器,通过内部敏感元件——光纤光栅反射的光信号中心波长移动量来实现温度测量,如图 19.20 所示。

(2)桥梁索力监测传感器。

桥梁索力监测传感器包括压力传感器、电阻应变式传感器、磁通量传感器和光纤光栅加速度传感器等,其中光纤光栅加速度传感器在现阶段应用较广。压力传感器可以测量斜拉索的微小振动,通过振动分析自振频率,最后由索力与自振频率、边界条件、刚度等的关系式来计算索力。

如图 19.21 所示,光纤光栅加速度传感器由悬臂梁、质量块及相关部件构成。在测量物体振动时,把机座固定在振动源上,振动源与机座同时振动,从而引起质量块的振动,在惯性力的作用下悬臂梁产生收缩和伸长,带动光纤光栅产生应变,从而引起布拉格波长的变化,通过探测布拉格波长的变化来实现振动测量。

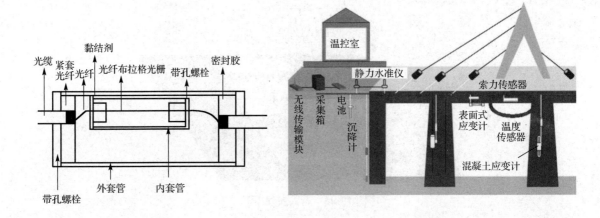

（a）传感器结构   （b）安装方式

图 19.20　光纤光栅温度传感器

（3）桥梁应变式传感器。

应变式传感器可用于桥梁施工监控,除可采用第 4 章所述电阻应变式传感器,还可采用振弦式应变计。振弦式应变计如图 19.22 所示。振弦传感器工作原理是钢弦振动,当被测结构物内部的应力发生变化时,应变计同步感受变形,变形通过前后端座传递给振弦转变成振弦应力的变化,从而改变振弦的振动频率;电磁线圈激振

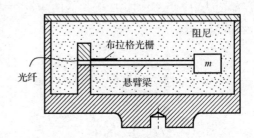

图 19.21　光纤光栅加速度传感器结构

振弦并测量其振动频率,频率信号经电缆传输至读数装置,从而获得被测结构物内部的应变量。

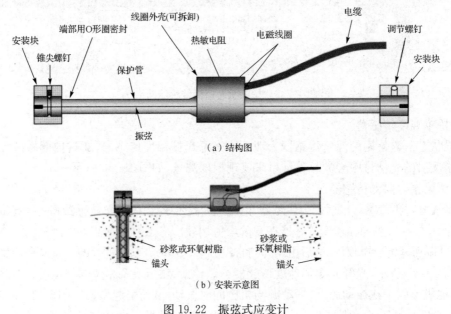

（a）结构图

（b）安装示意图

图 19.22　振弦式应变计

(4)桥梁沉降传感器。

光纤光栅沉降传感器如图 19.23 所示。光纤光栅沉降传感器采用静力水准仪的原理,内置浮筒,当传感器安装位置处发生沉降时,液位变化带动浮筒沉降变化,从而引起光栅波长变化。

2. 无人值守汽车衡

无人值守汽车衡能对高速公路过往车辆进行自动称重,判断车辆是否超载。动态汽车衡通过整车称量方式或轴重(非整车)称量方式,可称量行驶中的车辆总重量或轴重。轴称量的动态公路车辆自动衡又称动态轴重衡,可固定安装在高速公路收费站或国道、省道收费站的出站口等地方,实现自动超载检测。无人值守汽车衡目前采用的称重传感器多为电阻应变式汽车衡称重传感器。

图 19.23　光纤光栅沉降传感器

3. 地磁传感器

地磁传感器由薄膜合金(透磁合金)制成,利用载流磁性材料在外部磁场存在时电阻特性将改变的基本原理进行磁场变化的测量。当地磁传感器接通电源以后,若没有任何外部磁场,则薄膜合金会有一个平行于电流方向的内部磁化矢量。地磁传感器的应用如图 19.24 所示,当驾驶员将车辆停在车位时,地磁传感器将自动感应车辆的停车时间,并将停车时间传送到中继站进行计费。

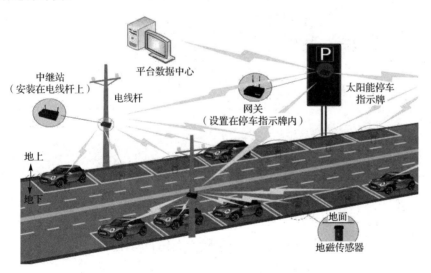

图 19.24　地磁传感器的应用

思　考　题

19-1　智慧交通与数字交通的区别?

19-2　智慧交通如何有效提高出行效率并保证出行安全?

第 20 章 智 慧 城 市

智慧城市将各类不同功能的传感器嵌入每一个需要识别和管理的物体上形成物联网,实现对物理城市的全面感知;利用云计算等技术对感知信息进行智能处理和分析,实现网上数字城市与物联网的融合,并发出指令对包括政务、民生、环境、公共安全、城市服务、工商活动等在内的各种需求做出智能化响应和智能化决策支持。

20.1 智慧城市的架构和特点

智慧城市物联网使用的感知手段已经超过了常规传感装置使用的感知手段,包括常见的定位技术、传感器、监控系统和无线射频识别标记等,涵盖了可以随时随地实现数据传输、感知和测量的设备;感知客体内容更丰富,覆盖了从人的生理活动到企业财务数据管理等方方面面。智慧城市构建云图如图 20.1 所示。

图 20.1 智慧城市构建云图

20.2 智慧城市中传感器的应用

20.2.1 城市安全传感器

智慧城市的安全服务以城市公共安全资源为载体,依托空间信息、业务信息共享平台与传感器网络,构建了城市日常管理、应急指挥、预防预警三位一体的安全防护体系,实现了智能化日常安全管理、传感器自动报警预警、快速反应及智能辅助决策等。城市安全系统采用的传感器主要有人脸识别传感器、指纹传感器和声传感器。

1. 人脸识别传感器

如图 20.2 所示,人脸识别技术采用的传感器为 3D 深度传感器。

如图 20.3 所示,双目视觉摄像机通常由一个 RGB 摄像头和一个近红外摄像头组成。可见光＋近红外光电一体化的人脸活体检测技术的原理为,对多光谱光源照射下的人脸皮肤反射的光谱信息进行采集和分析,真实人脸材质和各种伪造人脸材质(照片、视频、面具等)会在摄像头中出现明显的差异;同时利用深度学习模式,让计算机通过图像处理技术自主判断待检测样本是否为真实人脸,从而达到人脸识别目的。

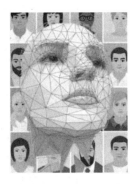

图 20.2 人脸识别技术

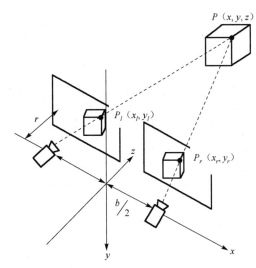

（a）双目视觉摄像机

（b）双目视觉原理图

图 20.3 双目视觉检测

双目方案就是将两个摄像头固定在同一个模块上,并且调整它们的角度、固定它们之间的距离,形成一个稳定的模块结构。根据两个摄像头摆放的角度和两个摄像头中间的固定距离,用三角测量方法测量远处的待测物体距两个摄像头基线的距离。

2. 飞光时间(Time of Flight, TOF)

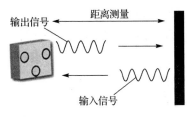

图 20.4 飞光时间方案

如图 20.4 所示,飞光时间方案利用光在空间中飞行的时间乘以光的速度,得到观察者和被测物体之间的距离。TOF 传感器上有一个红外 LED 或 VCSEL 光源,发射一束高频亮光。亮光束打到被测物体之后,TOF 传感器上面的 CCD(Charge Coupled Device)传感器以极高的频率对变形的亮光束进行切割,每一帧画面都分时切割,采集每一帧画面和之前发射面光束的时间差,利用这个时间差可计算出每一张画面跟 TOF 传感器之间的距离,从而获得待测物体的深度信息。

3. 指纹传感器

指纹传感器是实现指纹自动采集的关键元件。指纹传感器按传感原理（指纹成像原理和技术）分为光学指纹传感器、半导体指纹传感器、超声波指纹传感器和射频指纹传感器等。

光学指纹传感器主要利用光的折射和反射原理：光从底部射出，经棱镜投射到手指表面，光线在凹凸不平的指纹线上折射的角度及反射回去的光线明暗会产生差异，这样 CMOS 或 CCD 就会收集到不同明暗程度的图片信息，完成指纹的采集。

半导体指纹传感器分为电容式和电感式两种，其原理类似：在一块集成有成千上万个半导体元件的平板上，手指贴在其上构成了电容（电感）的另一面，由于手指平面凹凸不平，凸点处和凹点处接触平板的实际距离大小不一样，因此形成的电容/电感数值也就不一样，设备根据这个原理将采集到的不同数值进行汇总，完成指纹采集。

4. 声传感器

声传感器的原理：在材料表面传播的声表面波或压电薄板材料中的声波等，由于受边界上力学、电学等边界条件的影响，其传播特性也会发生改变，测出这些特性（主要是声速）的改变，即可检测出边界上的力学参数。例如，声传感器通过检测微质量、应力、黏滞、温度和电学参数（如介电常数）等的改变，实现声检测功能。声传感器的种类很多，按测量原理可分为压电、电致伸缩效应、电磁感应、静电效应和磁致伸缩效应等声传感器。在智慧城市安全系统中，声传感器可以将检测到的犯罪、交通事故、突发状况等信息及时反馈给集控系统。

20.2.2 环境监测传感器

为有效监测城市综合环境，基于多传感器的城市综合移动环境监测系统可在移动环境下实现环境监测数据的采集与传输，实现污染源和环境质量在线自动监测监控和实时数据的无线传输，以及视频图像的远程控制等。移动环境监测系统可实现环境信息的实时采集、集成、分析，以及处理的自动化、智能化、可视化。

1. 风速传感器

风速传感器如图 20.5 所示。

（1）机械式风速传感器。

三杯式风速传感器由小型直流有刷电动机与三杯式旋转风杯组成，如图 20.5（a）所示。三杯式风速传感器的工作原理为，当环境有水平流动风时，旋转风杯发生旋转，并带动小型电动机产生电压，该电压与旋转速度基本成正比，利用此信号电压，可以对环境风速进行测量。

（a）三杯式风速传感器　　　　（b）超声波风速传感器

图 20.5　风速传感器

（2）超声波风速传感器。

超声波风速传感器是利用超声波时差法来实现风速测量的，如图 20.5(b)所示。声音在空气中的传播速度会与风向上的气流速度叠加。若超声波的传播方向与风向相同，则其传播速度会加快；若超声波的传播方向与风向相反，则其传播速度会变慢。因此在固定的检测条件下，超声波在空气中传播的速度可以和风速函数对应，通过计算即可得到精确的风速和风向。

2. 总辐射传感器

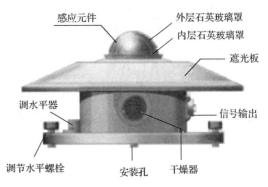

总辐射传感器如图 20.6 所示。总辐射传感器采用热电感应原理，与各种辐射记录仪或辐射电流表配合使用，能够测量太阳的总辐射、反射辐射、散射辐射、红外辐射、可见光辐射、紫外辐射、长波辐射等。总辐射传感器的核心为感应元件，采用绕线电镀式多接点热电堆，其表面涂有高吸收率的黑色涂层。热接点在感应面上，冷接点位于机体内，冷热接点产生温差电势。在线性范围内，总辐射传感器的输出信号与太阳辐照度成正比，可广泛应用于太阳能利用，以及气象、农业、建筑材料老化及大气污染等部门进行太阳辐射能量的测量。

图 20.6 总辐射传感器

20.2.3 智慧城市照明传感器

智慧路灯用城市传感器、电力线载波/ZIGBEE 通信技术和无线 GPRS/CDMA 通信技术等将城市中的路灯串联起来，形成物联网，实现对路灯的远程集中控制与管理。智慧路灯具有根据车流量、时间、天气情况等条件设定方案自动调节亮度、远程照明控制、故障主动报警、灯具线缆防盗、远程抄表等功能。

1. 光敏传感器

光敏传感器是比较理想的因环境光照度变化而能控制电路自动开关的电子传感器。光敏传感器可根据天气、时间段和地区自动控制 LED 灯具开闭。

2. 接近传感器

接近传感器通过判断照明区域内的物体移动实现开关控制。常用的接近传感器包括红外传感器、超声波传感器和微波传感器。当有人走进感应区内，并且达到照明需求时，接近传感器自动开启，负载电器开始工作，并启动延时系统，只要人未离开感应区，负载电器将持续工作；当人离开感应区后，接近传感器开始计算延时，延时结束，接近传感器自动关闭，负载电器停止工作。

3. 温度传感器

LED 灯具的过温保护是智慧照明系统的重要环节。在铝散热器靠近 LED 灯具处安装温度传感器，可实时采集灯具的温度，当铝散热器温度升高时可利用此温度传感器自动降低恒流源输出电流，使 LED 灯具降温，当铝散热器温度升高到限用设定值时自动关断 LED 灯具，实现 LED 灯具过温保护，当温度降低后，自动将 LED 灯具电源开启。

4.声控传感器

声控传感器原理及应用如图 20.7 所示。声控传感器由声音控制传感器、音频放大器、选择频道电路、延时开启电路及可控硅控制电路等组成。声控传感器根据声音对比结果判断是否启动控制电路,由调节器给定声控传感器的原始设定值,声控传感器不断地将外界声音强度与原始设定值进行比较,当外界声音强度超过原始设定值时向控制中心传达"有音"信号。声控传感器在楼道及公共照明场所得到了广泛应用。

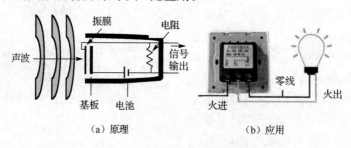

（a）原理 　　　　　　　　（b）应用

图 20.7　声控传感器原理及应用

20.2.4　智慧医疗传感器

在智慧医疗中,传感器的应用范围包括生理监测(如心率)、筛查(如血生化)及跌倒风险评估等。智慧医疗传感器都是由特定公司研制,并由适当的监管机构批准的。在医院和初级卫生保健设施中,智慧医疗传感器的应用更偏重于医学筛查和诊断,如床边血液化学测试、电解质水平测试、血浓度分析。智慧医疗传感器的主要应用场景包括如下。

（1）筛查和诊断。

生物和光学传感器用于床旁监测和诊断。

（2）运动。

穿戴式无线传感器(如加速度计和陀螺仪)可以用于判断平衡和跌倒风险,并监测临床干预问题。

（3）生理。

这类传感器用于测量关键健康生理指标,如血压。红外传感器用于非接触温度计。

（4）成像。

低成本 CCD 和超声波传感器可用于医疗成像。智能药丸可用于肠道成像。

思　考　题

20-1　智慧城市由哪些关键模块构成?

第21章 智慧电网

21.1 智慧电网的架构和特点

如图 21.1 所示,智慧电网系统主要由智慧发电、智慧输电、智慧变电、智慧配电和智慧用电五大应用模块构成。智慧电网从五大模块的应用需求出发搭建电力综合信息平台,通过对海量信息的有效处理实现对输电线路、变电站设备、配电线路及配电变压器的实时监测和故障检修,统一调配电力资源,实现了发电厂到用户端电器之间的每一点上的电流和信息的双向流动,解决了传统电力系统能源利用率低、互动性差、安全稳定分析困难等问题。

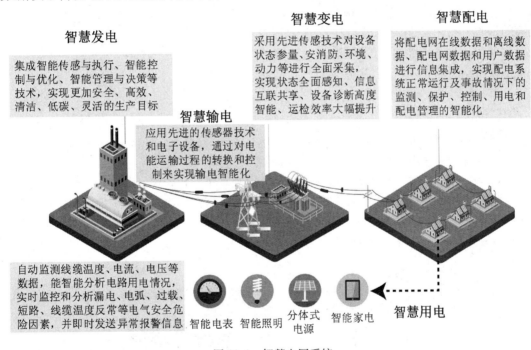

图 21.1 智慧电网系统

21.2 智慧电网中传感器的应用

智慧电网利用传感器对发电、输电、配电、供电、用电等关键设备的运行状况(如温度、压力、流量)进行实时监控;把获得的数据通过网络系统进行收集、整合;通过对数据进行分析、挖掘,实现对整个电力系统运行的优化管理。

21.2.1 智慧电网温度传感器

PT100 温度传感器是一种将温度变量转换为可传送的标准化输出信号的仪表。PT100 温度传感器由两个用来测量温差的传感器组成,输出信号与温差具有一定的连续函数关系。

PT100温度传感器的标准输出信号为直流电信号,主要用于各类高压电动机、大型电动机、变压器等高压设备的温度测量。铂热电阻传感器在智慧电网中的应用如图21.2所示。

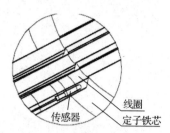

图21.2 铂热电阻传感器在智慧电网中的应用

21.2.2 智慧电网位移传感器

某型号高压断路器结构如图21.3所示。断路器机械特性位移传感器用于监测断路器动触点动作特性。高压断路器是在正常或故障情况下接通或断开高压电路的专用控制元件。当发生短路时,大电流产生的磁场克服反力弹簧,脱扣器拉动操作机构动作,开关瞬时跳闸;当发生过载时,电流变大,发热量加剧,双金属片变形到一定程度推动机构动作,电流越大,动作时间越短。

利用断路器机械特性位移传感器可以对断路器进行直线位移测量,实现对断路器性能的评估和运行状态的监测,进而实现检测高压开关柜故障的目的。利用断路器机械特性位移传感器可以实现对断路器速度曲线的检测,通过速度曲线来反映断路器的工作状态,从而判断其运行是否正常。

光纤位移传感器利用光纤阵列探头采集反射式数字编码器反射的光信号,实现断路器位移监测。在使用时,反射式数字编码器安装在带拉杆的

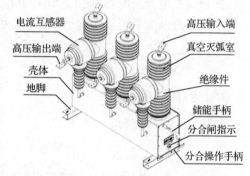

图21.3 某型号高压断路器结构

直线滑轨表面,通过Z形连接器将拉杆与断路器动触点绝缘连杆相连。断路器动触点产生机械位移时会通过Z形连接器带动反射式数字编码器,光纤阵列探头可采集到携带不同位置信息的光脉冲信号,经过解码可获得断路器动触点的位移信息。光纤位移传感器进行断路器机械特性检测时的安装方式如图21.4所示。

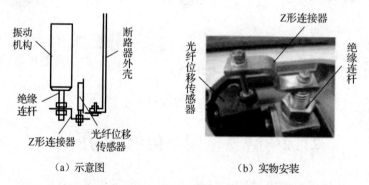

(a)示意图　　　　　(b)实物安装

图21.4 光纤位移传感器进行断路器机械特性检测时的安装方式

21.2.3 智慧电网电流传感器

电流传感器是风能涡轮机转换器必不可少的元件,用于监测电网系统中的电流信号。

1. 霍尔电流传感器

霍尔电流传感器根据霍尔电压与磁场强度的正比例关系,提供恒定的霍尔电流,霍尔电流只受到磁场强度的影响,霍尔电压的变化可以反映磁场强度的变化。磁场是由相应电流产生的,与电流具有明确的联动关系,霍尔电流传感器利用霍尔元件的这一原理来测量电流强度,其结构如图 21.5 所示。

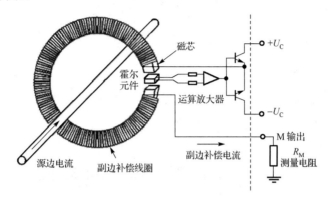

图 21.5　霍尔电流传感器的结构

2. 光纤电流传感器

光纤电流传感器是智能电网快速发展的科技产物。如图 21.6 所示,光纤电流传感器主要是利用磁光晶体的法拉第效应,得到电流所产生的磁场强度,进而计算出电流大小的。

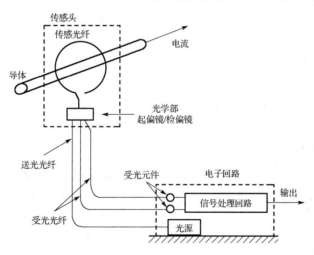

图 21.6　光纤电流传感器

3. 高频电流传感器(HFCT)

如图 21.7 所示,高频电流传感器是在环状磁芯上缠绕多匝导电线圈制成的,可检测局部放电。高频电流传感器通常安装在电缆接地线上,当电缆内部发生局部放电时,会产生高频脉冲电流沿着电缆接地线向大地传播,当高频脉冲电流穿过传感器环状磁芯中心时,引起的交变电磁场会在导电线圈上产生感应电压。高频电流法通过分析感应电压信号特征来获取电缆内局部放电的诊断信息。

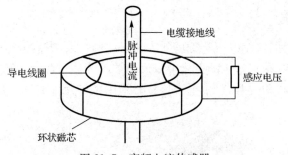

图 21.7　高频电流传感器

21.2.4　输电线振动传感器

在输电线路上安装微风振动传感器,可实时监测导线的振动幅值、频率等参数,为判断导线疲劳寿命、避免导线断股断线提供有效数据。

1. 光纤振动传感器

光纤布拉格光栅(Fiber Bragg Grating,FBG)振动传感器是利用光栅谐振波长的变化来反映振动情况的。

如果光纤布拉格光栅受到振动而引起作用于布拉格光栅上的应变发生周期性改变,则布拉格光栅的中心波长也会发生周期性漂移,检测这个周期性漂移的信号可获取振动的强弱及频率信息。悬臂梁式光纤振动传感器如图 21.8 所示。

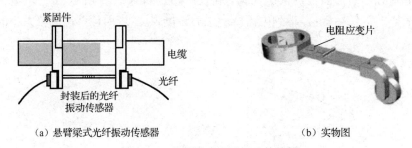

(a) 悬臂梁式光纤振动传感器　　　　　　　(b) 实物图

图 21.8　悬臂梁式光纤振动传感器

2. 三轴加速度传感器

如图 21.9 所示,X、Y、Z 三个相互正交方向上的加速度由三轴加速度传感器感知,经过容压变换、增益放大、滤波和温度补偿后以电压信号输出。三轴加速度传感器是由半导体材料(多晶硅)经半导体工艺加工得到的,其结构可简化为三块电容极板。两端的极板固定,中间的极板在加速度的作用下偏离无加速度时的位置,这样中间极板与两端极板的距离发生变化,从而使电容量发生变化。这个变化量经容压变换、增益放大、滤波和温度补偿后体现在最后的电压输出值上,从而完成对加速度的测量。

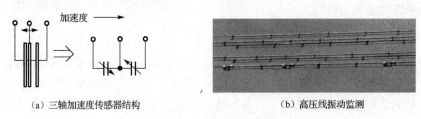

(a) 三轴加速度传感器结构　　　　　　　(b) 高压线振动监测

图 21.9　三轴加速度传感器结构及应用

21.2.5 SF6 气体传感器

SF6(六氟化硫)具有极稳定的化学性质,是电力系统和电气设备中应用广泛的气体绝缘介质,但 SF6 气体的走漏是电力行业首要事故之一,所以在电力行业环绕 SF6 有很多参数需要检测,其中,纯度检测(检测 SF6 气体的密度变化)、走漏检测和分化物检测是主要的三个方向。

SF6 气体传感器用于检测高压开关气室中的 SF6 气体的密度、压力、温度、水分密度等。

1. 基于气体放电原理的 SF6 气体传感器

气体原子或分子在外加电场作用下,获得一定能量而释放电子,电子、离子能够在电场作用下形成电流,这种现象称为气体放电。当电极两端加上较高但还未达击穿的电压时,曲率半径很小的电极附近会产生电晕放电。电晕放电电流会受到电极间施加的电压大小、电极形状、电极间距及环境气体的种类和密度等因素的影响。空气中负电晕放电的主要载流子为自由电子,当放电区域周围有 SF6 气体存在时,由于 SF6 电负性很强,极易吸附自由电子而形成 SF6 离子,而 SF6 离子在电场中的迁移率较自由电子低很多,因此会导致负电晕放电电流减小。对于参数固定的电晕放电传感器,当其周围 SF6 气体浓度不同时,产生 SF6 离子的数量不同,对放电迁移区电导率的影响也不同,进而负电晕放电电流减小量不同。根据负电晕放电电流的减小情况可以获取 SF6 气体浓度信息。SF6 气体传感器原理及其实物图如图 21.10 所示。

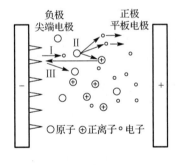

（a）电晕放电原理　　　　（b）SF6气体传感器实物图

图 21.10　SF6 气体传感器原理及其实物图

2. 基于红外光谱吸收原理的 SF6 气体传感器

基于红外光谱吸收原理的 SF6 气体传感器使用红外光谱吸收技术来检测 SF6。红外光谱吸收技术的原理是,气体在红外光谱中具有独特的、定义明确的光线吸收曲线,可以用来识别特定气体。气体浓度可以通过使用适当的红外光源并分析光路中气体吸收的能量来得出。

21.2.6　UHF 局放传感器

在绝缘强度很高的介质(如 SF6 气体、油纸绝缘等)中,如果出现微小放电,则会产生一个前沿很陡的电流脉冲,从而辐射出高频电磁波信号,信号频率可达 GHz。UHF 法是目前局部放电检测的一种有效方法,该方法通过天线传感器接收局部放电辐射的 UHF 电磁波,实现局部放电的检测。UHF 局放传感器结构如图 21.11 所示。UHF 局放传感器接收局部放电产生的特高频电磁波信号,通过对传感器接收到的特高频信号进行跟踪分析处理,可得到高压开关气室内部的局部放电状况。

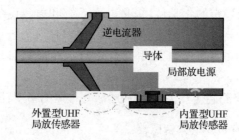

图 21.11　UHF 局放传感器结构

思　考　题

21-1　智慧电网的发展趋势是怎样的?

第22章 智 慧 救 援

智慧救援可以使防灾减灾系统具备有效的运行方式,以及内部的相互关联性和系统的智能化。

22.1 智 慧 消 防

智慧消防可对消防设施、器材、人员等状态进行智能化感知、识别、定位与跟踪,实现火警上报和处理,为防火监督管理和灭火救援提供相关的火警信息、地点、时间、频次等信息支撑,提高消防灭火救援能力。

22.1.1 智慧消防的架构和特点

如图 22.1 所示,智慧消防系统是在数字化的地理信息基础上,结合互联网技术、数字通信技术、移动定位技术,在计算机软件平台上建立建筑消防设施、灭火及抢险救援应急预案,以及消防水源及消防装备信息采集、汇总、分析、发布等智能化数字化的辅助决策系统,从而实现对整个城市的消防安全检测、火灾预警、指挥调度等。

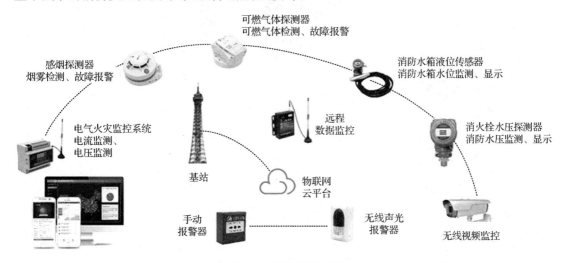

图 22.1 智慧消防系统

22.1.2 智慧消防系统中传感器的应用

压力、温度、湿度等传感器安装在监控现场或各类消防设备(如消防水龙头、消防水管等)中,传感器对高危重点区域及周边环境各种参数进行实时监测、收集与存储,包括压力、液位、温度、湿度等数据,形成监测预警历史数据库,同时为进一步的数据分析提供数据支撑。

在消防人员定位设备中,目前多采用加速度传感器、陀螺仪、磁传感器和气压传感器等感应元件,以惯性运动测量的方式达到跟踪和定位的目的,可提前有效预知安全隐患,跟踪定位快速处理意外事故。

1. 消防水箱监测传感器

(1)扩散硅压力传感器。

扩散硅压力传感器如图 22.2 所示,该传感器用于消防水箱压力的监测。硅单晶材料在受到外力作用产生极微小应变时,其内部原子结构的电子能级状态会发生变化,从而导致其电阻率剧烈变化(G 因子突变),能将感受到的液体或气体压力转换成标准的电信号对外输出。

(2)液位传感器。

投入式液位传感器(液位计)适用于消防水箱的液位测量。投入式液位传感器是基于所测液体静压与该液体的高度成比例的原理,采用隔离型扩散硅敏感元件或陶瓷电容压力敏感传感器,将静压转换为电信号,经过温度补偿和线性修正,转化成标准电信号。投入式液位传感器工作原理如图 22.3 所示。

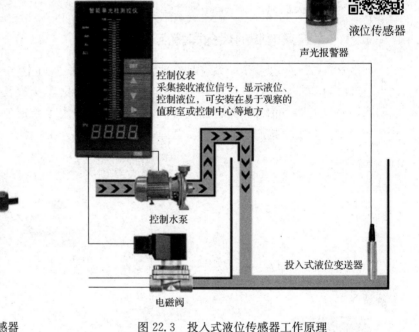

图 22.2 扩散硅压力传感器　　　　图 22.3 投入式液位传感器工作原理

2. 测温传感器

测温传感器利用感温元件监测环境或物体对流、传导、辐射传递的热量,并根据测量、分析的结果判定是否发生火灾。测温传感器测量被保护线路中温度参数变化,一般由热敏电阻或红外测温元件等组成,可以监测线路或连接点的温度异常情况。测温传感器应设置在电缆接头、端子、重点发热部件等位置。

(1)圆箔式辐射热流传感器。

如图 22.4 所示,圆箔式辐射热流传感器敏感元件为康铜箔,铜热沉体材料为无氧铜,康铜箔中心引出细铜丝,这些元件构成了热电堆。焊在康铜箔中心的细铜线与焊在铜热沉体上的铜引线构成热电堆的输出。当辐射热流

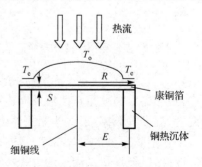

图 22.4 圆箔式辐射热流传感器

均匀照射在圆箔片上时,圆箔片温度上升。铜热沉体吸收圆箔片周边的热量,导致圆箔片温度场发生变化,形成温度梯度,经热电堆检测并输出与之对应的电压信号。

(2)热辐射型光纤高温传感器。

如图22.5所示,热辐射型光纤高温传感器采用黑体热辐射原理(在给定的温度条件下,黑体会辐射出确定的光波)检测一定波长光波的能量,通过将光波的能量进行处理后转换成温度,实现温度测量。热辐射型光纤高温传感器的传感单元由黑体腔刚玉管、温度探头、多模光纤铠装光缆和光纤接头盒组成。

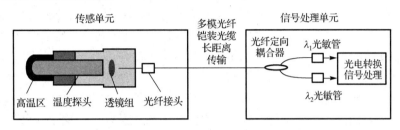

图 22.5　热辐射型光纤高温传感器

(3)线型光纤温度传感器。

线型光纤温度传感器(缆式、空气管式、分布式光纤、光纤光栅、线式多点型等)也可作为测温式电气火灾监控探测器,为便于统一管理,可将其报警信号接入电气火灾监控器。线型光纤温度传感器主要由光纤组成,当受到温度、压力和张力等影响后,其光纤传导特性会发生变化,从而能够连续实时测量光纤沿线的温度分布和变化情况。如果向光纤发射一定能量的激光脉冲,该脉冲在向前传播的同时不断产生后向散射光波,该后向散射光波的状态会受到光纤所在空间的温度影响而有所变化。线型光纤温度传感器在隧道火灾监测中的应用如图22.6所示。

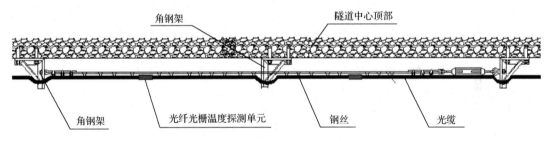

图 22.6　线型光纤温度传感器在隧道火灾监测中的应用

3. 感烟探测器

感烟探测器通过监测烟雾浓度来实现火灾早期预警。

(1)离子感烟火灾探测器。

离子感烟火灾探测器利用放射性同位素释放的 α 射线对局部空间的空气进行电离,产生正、负离子,电离状态下的带电离子在外加电压作用下形成离子电流,当火灾产生的烟雾及燃烧产物(烟雾气溶胶)进入电离空间时,表面积较大的烟雾粒子将吸附其中的带电离子,离子电流发生变化,经电子电路检测,从而获得与烟雾浓度有直接关系的电信号,用于火灾确认和报警。

(2)光电感烟探测器。

光电感烟探测器是一种利用火灾烟雾对光产生吸收和散射的原理来探测火灾的装置,可分为减光式和散射式两种类型。将发射器发出的光束打到烟雾上,通过测量烟雾在其光路上造成的衰减来判定烟雾浓度的方法称为减光式探测法;通过测量烟雾对光散射作用产生的光能量来确定烟雾浓度的方法称为散射式探测法。光电感烟探测器结构及其应用如图22.7所示。

4. 火焰探测器

物质在燃烧过程中,除产生烟雾和放出热量外,还会产生可见的或大气中没有的不可见的火焰辐射。火焰探测器能感应火灾现场的火焰辐射,通过将火焰辐射能量转化为电流或电压信号,达到火灾探测的目的。火焰探测器感应的火灾参量包括火焰辐射强度和频率。火焰辐射是具有离散光谱的气体辐射和伴有连续光谱的固体辐射,其波长在 $0.1\sim10\mu m$ 或更宽的范围内。为了避免其他信号的干扰,常利用波长小于 $300nm$ 的紫外线或火焰中特有的波长在 $4.4\mu m$ 附近的 CO_2 辐射光谱作为探测信号。紫外线传感器只对 $185\sim260nm$ 内的紫外线进行响应,而对其他频谱范围的光线不敏感,利用紫外线传感器可以对火焰中的紫外线进行检测。火焰探测器如图22.8所示。

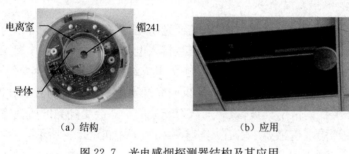

（a）结构 （b）应用

图 22.7 光电感烟探测器结构及其应用 　　图 22.8 火焰探测器

5. 可燃气体探测器

可燃气体探测器是利用探测环境的可燃性气体会对气敏元件造成影响(主要是对其欧姆特性造成影响)的原理制成的火灾探测器,如图22.9所示。

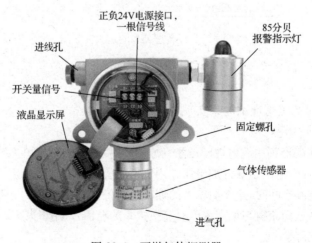

图 22.9 可燃气体探测器

22.2　智慧地质灾害预警

22.2.1　智慧地质灾害预警系统的架构和特点

　　智慧地质灾害预警系统采用分布式惯性传感技术,以埋设、表面贴装、地锚杆架设、网架挂装等形式,在滑坡、危岩、落石、泥石流易发地带等地质结构不稳定区域和重点监测区域构建传感器网络,收集地质结构应力惯性、加速度等数据,对局部地质结构姿态进行实时超高精度自主感知,结合大数据分析,提早发现地质灾害的趋稳变形阶段和弱变形阶段,实现地质灾害的早发现、早治理、早控制。

22.2.2　智慧地质灾害预警系统中传感器的应用

1. 地质灾害监测预警传感器

　　(1)地震传感器。

　　地震台通过地震传感器(见图 22.10)、数据采集器、数据记录器等协同工作来记录地震。地震传感器分为东西、南北、垂直三个维度,可监测地震信号。当地震发生时,地震波会以每秒 5 到 7 千米的速度传向地震传感器,地震传感器会将检测到的机械信号转化为电信号,并通过模拟数字信号转换器将电信号传输到数据采集室测报员的计算机上。

图 22.10　地震传感器

　　(2)地震加速度传感器。

　　地震发生时会产生地震波,地震波按传播方式分为纵波(p 波)、横波(s 波)和面波三种。纵波传播速度最快,但破坏性比较弱;横波传播速度居中;面波是由纵波与横波在地表相遇后激发产生的混合波,破坏强度大,是对建筑物造成破坏的主要因素。地质灾害监测传感系统如图 22.11 所示,利用高灵敏度地震加速度传感器探测地震纵波,可提前几秒发出地震预警信号。地震加速度传感器是一种测量地球表面运动的仪器,通过敏感元件将测量点的加速度信号转换为相应的电信号。当传感器以加速度 a 运动时,质量块受到一个与加速度方向相反的惯性力作用,产生与加速度成正比的形变,悬臂梁随之产生应力和应变。质量块产生的形变被粘贴在悬臂梁上的扩散电阻感受到,根据硅的压阻效应,扩散电阻的阻值发生与应变成正比的变化,将扩散电阻作为电桥的一个桥臂,通过测量电桥输出电压的变化可以完成对加速度的测量。

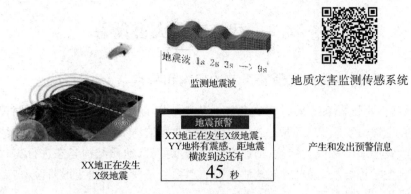

图 22.11 地质灾害监测传感系统

（3）地质灾害倾角传感器。

在进行地震前兆观测时，将地质灾害倾角传感器埋置在地震发生地附近的地下深处，当地震将要发生的时候，地壳会产生运动，此时地质灾害倾角传感器可以对地壳运动引起的角度变化进行检测。

利用地质灾害倾角传感器可以监测山体的运动状况，山体往往由多层土壤或岩石组成，不同层次山体的物理构成和侵蚀程度不同，其运动速度也不同。当发生山体滑坡时，布设在不同深度的地质灾害倾角传感器会返回不同的倾角数据。经无线网络传输后进行数据融合处理，专业人员就可以据此判断出山体滑坡的趋势和强度，并判断其威胁性大小。常用地质灾害倾角传感器包括电解质型倾角传感器和力平衡伺服型倾角传感器。

电解质型倾角传感器如图 22.12 所示。电解质型倾角传感器在玻璃壳体内装有导电液，并有三个铂电极和外部相连，三个铂电极相互平行且间距相等。当玻璃壳体水平时，三个铂电极插入导电液的深度相同。如果在两个铂电极之间加上幅值相等的交流电压，则铂电极之间会形成离子电流，三个铂电极之间的导电液相当于两个电阻（阻值分别为 R_1 和 R_2）。若导电液摆至水平，则 $R_1 = R_2$。当玻璃壳体倾斜时，铂电极间的导电液体积不相等，三个铂电极浸入导电液的深度也发生变化，从而引起输出电信号变化。

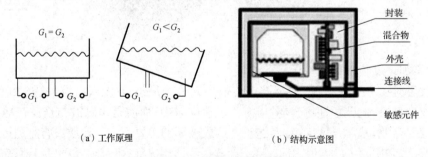

（a）工作原理　　　　　　　　（b）结构示意图

图 22.12 电解质型倾角传感器

力平衡伺服型倾角传感器如图 22.13 所示。力平衡伺服型倾角传感器主要由非接触位移传感器、力矩电动机、误差和放大电路、反馈电路、悬臂质量块五部分组成。悬臂质量块与力矩电动机的电枢连接在一起。非接触位移传感器用于检测悬臂质量块的位移量和方向。当整个传感器发生倾斜时，悬臂质量块便离开原来的平衡位置，非接触位移传感器检测出该变化后，将位置信号送入误差和放大电路，放大后的信号经反馈电路送入力矩电动机的线圈，力矩电动机会产生一个与悬臂质量块运动方向相反、大小相等的力矩，悬臂质量块最终停留在一个新的平衡位置，此时传感器输出的信号为倾斜角值。

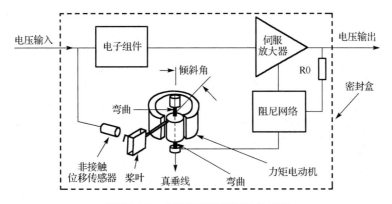

图 22.13　力平衡伺服型倾角传感器

(4)边坡监测预警传感器。

边坡监测系统如图 22.14 所示,利用传感器网络对边坡进行监测,为滑坡调查、研究和防治提供有效依据,可实现滑坡危害的早期预报,从而最大限度地减少和防止滑坡造成的损失。

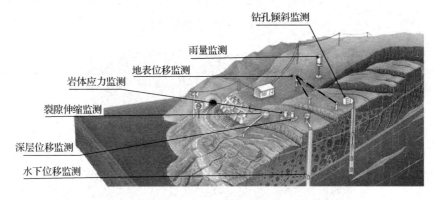

图 22.14　边坡监测系统

光纤光栅位移传感器如图 22.15 所示,该传感器用于山体滑坡等地质灾害监测。光纤光栅位移传感器基于光纤光栅的应变测量原理,由探杆探测边坡的位移变化,探杆在拉伸的作用下将位移变化通过滑块转化成悬臂梁自由端挠度的变化,由此使悬臂梁上下表面发生应变,等强度的悬臂梁上下表面的应变数值相等而方向相反,通过测量悬臂梁上下表面的波长变化差值来反映边坡的位移变化量。

深层位移监测采用固定式测斜传感器,如图 22.16 所示。固定式测斜传感器内部有高精度角度感应芯片,感应芯片上下各有一对滑轮,利用重力摆锤始终保持铅直方向的性质,测得仪器中轴线与重力摆锤垂直线间的倾角,倾角的变化可由电信号转换获得,从而可以测得被测结构的位移变化量。

裂缝传感器如图 22.17 所示。裂缝传感器内部包含一组振动钢弦敏感元件,振动钢弦一端被固定,另一端则连接到弹簧拉力棒,现场裂缝变形时带动弹簧拉力棒移动,从而改变了振动钢弦的振动频率,这个振动频率的大小与裂缝开合大小具有比例关系。自动化采集系统获取裂缝传感器振动频率数据,然后通过计算得出裂缝的大小及裂缝的变化趋势等信息。

2. 地质灾害救援传感器

(1)光离子化气体传感器。

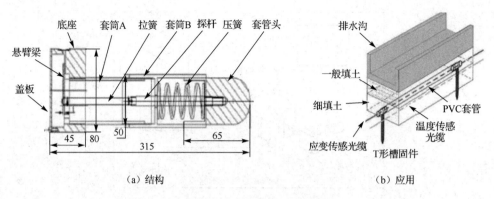

（a）结构　　　　　　　　　　　　　　　　　（b）应用

图 22.15　光纤光栅位移传感器

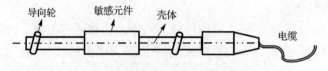

图 22.16　固定式测斜传感器

图 22.17　裂缝传感器

　　光离子化气体传感器如图 22.18 所示。光离子化气体传感器主要用于地震引起的建筑、矿井等坍塌后 10ppb 到 10000ppm 的挥发性有机物和其他有毒气体的监测，能够跟踪与查找泄露源，确保人员生命安全。光离子化气体传感器利用紫外光源，将有机物分子电离成可被检测到的正负离子，检测器捕捉到离子化气体的正负离子，并将其转化为电流信号实现气体浓度的测量。光离子化气体传感器可用于检测芳香烃类、酮类、醛类、氯代烃类、胺及胺类化合物和不饱和烃类。

　　（2）超声波气体探测器。

　　当气体通过很小的泄漏孔从高压端向低压端泄漏时，会形成湍流，产生振动。典型的湍流气流会在差压超过 0.2MPa 时产生超声波。超声波气体探测器（见图 22.19）通过接收超声波判断是否有气体泄漏。超声波气体探测器通常用于石油和天然气平台、发电厂燃气轮机、压缩机及其他户外管道等的监测。

　　（3）红外气体传感器。

　　红外气体传感器利用气体对特定频率的红外光谱的吸收作用制成。红外光从发射端射向接收端，当红外光传播路径中有气体时，这些气体会吸收红外光，接收端接收到的红外光就会

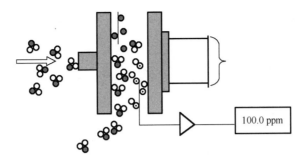

图 22.18　光离子化气体传感器

减少,从而检测出气体含量。

思　考　题

22-1　如何提高智慧救援系统的生命搜救效率?

22-2　智慧救援如何最大限度保护救灾人员的安全?

图 22.19　超声波气体探测器

第23章 智 慧 生 产

智慧生产主要包括智慧工业和智慧农业两部分。

23.1 智慧工业的架构和特点

智慧工业系统如图 23.1 所示。智慧工业将具有环境感知能力的各类终端、基于泛在技术的计算模式、移动通信等不断融入工业生产的各个环节,大幅提高了制造效率,改善了产品质量,降低了产品成本并减少了资源消耗,将传统工业提升到了智能化的阶段。

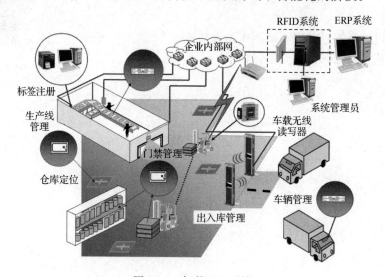

图 23.1 智慧工业系统

智慧工业是一个全新的工业体系,具有智能化特征的同时具有人文、生态、文明、融合的特征。

23.2 智慧工业中传感器的应用

23.2.1 智慧工业温度传感器

在工业生产中,通常采用接触式温度传感器或非接触式温度传感器。接触式温度传感器包括热电阻温度传感器和热电偶温度传感器。PT100 温度传感器是较常见的热电阻温度传感器,PT100 温度传感器使用的是铂,同样的原理针对不同的用途,很多装置也使用铜、镍、镍铁等热敏电阻。在某些场合(如等离子体加热或受控热核反应等),必须采用非接触式测温。

1. 光学高温计

光学高温计利用物体在某一单色波长的辐射强度与温度具有一定的函数关系进行测温。常用光学高温计包括隐丝式光学高温计、恒定亮度式光学高温计、WGG2 光学高温计(见

图 23.2）、光电高温计、辐射温度计，其中 WGG2 光学高温计目前应用较为广泛。WGG2 光学高温计利用亮度平衡原理进行测温，被测物体成像于 WGG2 光学高温计灯泡的灯丝平面上，光学系统在一定波段范围内比较灯丝与被测物体的表面亮度，调节滑线电阻盘使灯丝的亮度与被测物体的亮度相均衡，直至灯丝轮廓隐灭于被测物体的影像中，此时仪表示值即被测物体的温度。

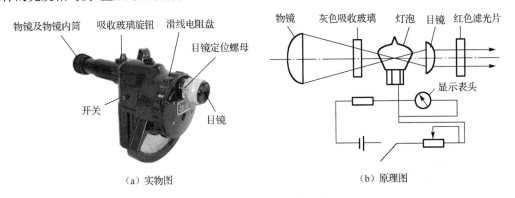

（a）实物图　　　　　　　　（b）原理图

图 23.2　WGG2 光学高温计

2. 红外温度传感器

任何高于绝对零度的物质都可以产生红外线，现代物理学称之为热射线。红外温度传感器接收来自物体的红外辐射，经过光学系统和电子线路转化为标准信号输出。红外温度传感器在工业现场的应用如图 23.3 所示。

图 23.3　红外温度传感器在工业现场的应用

23.2.2　智慧工业视觉传感器

视觉传感器主要利用光学元件和图像传感器采集目标图像信息，计算出目标图像的位置、数量、形状等参数信息，并将数据和判断结果输出至显示设备。视觉传感器可以应用于焊缝自动跟踪、元件表面缺陷检测、零件自动分拣、包装检测、无人驾驶、安全防护等领域。

我国十大民族品牌之一海康威视是全球领先的智能视觉制造商之一，在 AI 视频监控领域占据重要地位，其机器视觉技术在全球范围内都有广泛应用，连续 8 年蝉联全球视频监控市场占有率第一位。海康威视积极践行社会责任，将视觉传感技术应用于全球多个生态保护区，推动绿色发展，以科技力量助力生态保护和社会的和谐发展。

智慧工业二维视觉传感器本质上是可以执行多种任务（如检测运动物体，定位传送带上的零件）的摄像头，可以检测零件并协助机械臂等装置确定零件的位置，自动化机械系统可以根据接收到的信息适当调整其动作。

23.2.3 力/力矩传感器

智慧工业机械设备利用力/力矩传感器感知末端执行器的力度,进而完成装配,人工引导、示教,力度限制等应用。目前,力/力矩传感器广泛应用于各种工业自动控制中,如产品测试、仿生机械手、机器人装配等。在多数情况下,力/力矩传感器都位于机器人和夹具之间,这样所有反馈到夹具上的力都可以在机器人的监控之中。力/力矩传感器在机械手中的应用如图23.4所示。

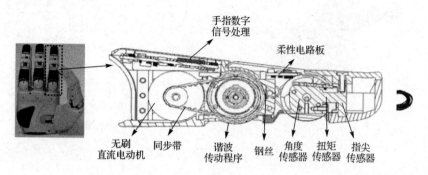

图 23.4 力/力矩传感器在机械手中的应用

目前,各国研究机构的力/力矩传感器根据其使用原理可以分为应变式、电容式、压电式、光栅式等类型。

1. 应变式力/力矩传感器

应变式力/力矩传感器基于应变片的电阻应变效应。应变式力/力矩传感器的主要设计思想为,弹性本体单元受输入力矩作用而发生形变,通过粘贴在弹性本体单元形变处的应变片的阻值变化来计算输入力矩的大小。

2. 电容式力/力矩传感器

电容式力/力矩传感器通常分为变面积型和变极距型两种,如图23.5所示。

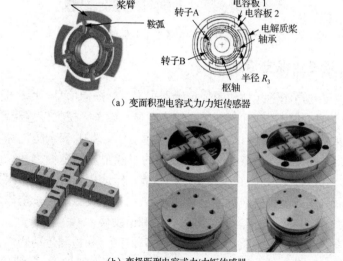

(a) 变面积型电容式力/力矩传感器

(b) 变极距型电容式力/力矩传感器

图 23.5 电容式力/力矩传感器

3. 光栅式力/力矩传感器

光栅式力/力矩传感器通常将具有相同槽数的两个圆盘按一定距离分别固定于传递轴的两端。光栅接收器正对圆盘槽孔用于检测槽孔处的信号变化。若无力矩载荷作用,则通常将光栅式力/力矩传感器光栅接收器的输出信号调至相同,当存在力矩载荷时,光栅接收器转角发生变化,光栅接收器的信号将产生相位差,进而可测得作用力矩载荷的大小。

23.3　智慧农业的架构和特点

强国必先强农,农强方能国强。习近平总书记强调:"推进中国式现代化,必须坚持不懈夯实农业基础,推进乡村全面振兴。"农业强国是社会主义现代化强国的根基,推进农业现代化是实现高质量发展的必然要求。智慧农业架构如图 23.6 所示。智慧农业是以物联网技术为支撑和手段的一种现代农业形态,把农业看成一个有机联系的整体系统,在生产中全面综合地应用信息技术,能够提高农业资源利用率、降低农业能耗和成本、减少农业生态环境破坏。

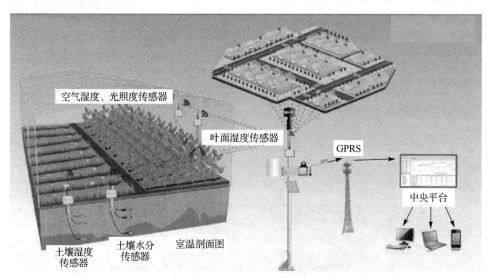

图 23.6　智慧农业架构

23.4　智慧农业中传感器的应用

传感器技术在智慧农业中扮演着至关重要的角色,能够实时监测并反馈农田各种关键参数,为智慧农业提供技术支撑和数据支持。农业传感器主要用于采集光、温、水、肥、气等农业要素信息。

23.4.1　农业温湿度光照度传感器

温湿度传感器广泛用于温室大棚、土壤、露天环境、植物叶面、粮食及蔬菜水果储藏等的温湿度监测。

1. 大棚内温湿度传感器

壁挂式温湿度传感器用于监测大棚内的温度和湿度。壁挂式温湿度传感器的核心是湿敏元件。湿敏元件一般是在绝缘物上浸渍吸湿性物质，或者通过蒸发、涂覆等工艺制备一层金属、半导体、高分子薄膜和粉末状颗粒制作而成的。在湿敏元件的吸湿和脱湿过程中，水分子分解出的 H^+ 的传导状态发生变化，从而使湿敏元件的电阻值随湿度变化而变化。

2. 土壤温湿度传感器

土壤温湿度的测量一般使用插入式温湿度传感器。土壤温湿度传感器用于检测作物生长发育过程中土壤温度、水分含量及变动情况，便于及时和适量浇灌。土壤中的体积含水量与土壤表现出的介电常数具有固定的某种函数关系，几乎与土壤和水中所含的盐分无关。采用频域测量方法，测量中间探针与两侧探针之间的电容量，该电容量与介电常数成正比，经过 A/D 转换，单片机运算处理，非线性矫正和 D/A 转换输出，即可获得与土壤体积含水量成正比的线性电压输出。插入式温湿度传感器的应用如图 23.7 所示。一般土壤插入式温湿度传感器尺寸比较小，有多个长度不同的探针，可以更好地测量不同深度土壤的温湿度。

图 23.7 插入式温湿度
传感器的应用

3. 光照度传感器

光照度是指物体被照明面上单位面积得到的光通量。智慧农业中的光照度传感器普遍采用对弱光也具有较高灵敏度的硅兰光伏探测器。光照度传感器用于检测作物生长所需的光照强度是否达到作物的最佳生长状况。光照度传感器的应用如图 23.8 所示。

图 23.8 光照传感器的应用

23.4.2 农业气体传感器

目前应用较多的农业气体传感器是 CO_2 气体传感器和 NH_3 气体传感器。CO_2 气体传感器利用非色散红外原理检测温室、大棚及畜禽舍中的 CO_2 含量，根据检测结果决定是否需要增施化肥或通风换气。NH₃气体传感器采用三电极电化学的测量方式,即在二电极传感器的基础上,通过接入外部稳压电路,并加入参考电极以稳定感应电极电动势。NH₃气体传感器用于检测畜禽舍环境中的NH₃含量,根据测量结果决定是否需要清除粪便和通风换气。

23.4.3 土壤电导率传感器

土壤电导率(EC)传感器对土壤、水栽培基质养分和营养液的电导率进行实时测量,使植物根系生长在正常的EC值范围内,避免可溶性盐类浓度过高导致植物损伤或植株根系死亡。土壤水溶性盐是强电解质,其水溶液具有导电能力。以测定电解质溶液的电导为基础的分析方法称为电导分析法。土壤二合一传感器如图23.9所示,该传感器基于电流电压四端法测量原理,包括两个电流端、两个电压端,激励信号源(恒流源)经过两个电流端流入大地,由于土壤电导率的变化直接影响电压端输出电压,因此通过检测电压端的电势差,就可以计算出土壤的电导率。

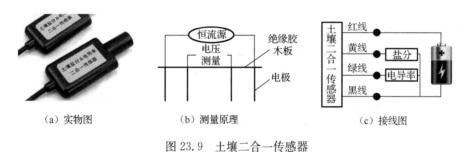

(a) 实物图   (b) 测量原理   (c) 接线图

图 23.9 土壤二合一传感器

思　考　题

23-1 智慧工业和智慧农业面临的关键问题是什么?

参 考 资 料

[1] 蒋洁青,陈昱,洪云来,叶飞.声表面波传感技术及其在电力测温中的应用[J].电子技术与软件工程,2019(20):209-211.

[2] 舒博,李嫣然,赵泓霖,等. 一种用于电缆局放检测的高频电流传感器的设计. 电气自动化,Vol. 040,No. 3,2018.

[3] WANG Wen, JIA Yana, LIU Xinlu, YONG Liang, ZHAO Du. Grating-Patterned FeCo Coated Surface Acoustic Wave Device for Sensing Magnetic Field. Aip Advances, 2018, 8 (1):015134. DOI:10. 1063/1. 5012579.

[4] 潘小山,刘芮彤,王琴,等. 声表面波传感器的原理及应用综述[J]. 传感器与微系统,2018(4):1-4.

[5] 仝杰,贾雅娜,张薇,等.基于磁致伸缩效应的声表面波电流传感器研究[J].压电与声光,2017,39(5):662-664,706.

[6] 陆炳华,刘婷,张海滨. 智能驾驶汽车传感器介绍及布置. 上海汽车,No. 11,2017.

[7] 赵国栋,耿亚明,柴宇,等. 光纤位移传感器在断路器在线监测系统中的应用. 电力工程技术,Vol. 36,No. 4,2017.

[8] 吴亚盼,邵佩佩,杨岸. 中国特色智能电网的结构框架及技术应用. 科学技术创新,Vol. 000,No. 004,2016.

[9] 田恬. 新型柔性关节嵌入式力矩传感器关键技术研究. 沈阳:沈阳理工大学出版社,2016.

[10] 严佳婧. 无处不在的传感器构筑智慧城市未来. 华东科技,Vol. 000,No. 007,2015.

[11] 顿文涛,赵玉成,王力斌,等. 车联网的关键技术及研究进展. 农业网络信息,No. 08,2015.

[12] 郑新. 智能电网与传感器. 电器工业,No. 10,2015.

[13] 刘卫荣,姚朝辉,梁灵娇,等. 基于光纤位移传感器的断路器机械特性测试仪. 电工文摘,Vol. 000,No. 006,2015.

[14] 田红保,王强. 基于智慧物联的地质灾害易发区监测预警系统研究. 国土资源信息化,Vol. 000,No. 4,2015.

[15] 孙晓梅. 智慧农业传感器的应用现状及展望. 农业网络信息,Vol. 000,No. 2,2015.

[16] 王剑星,申超,赵彦,等. 热辐射型光纤高温传感器及其性能研究. 传感器世界,Vol. 020,No. 006,2014.

[17] 杨芳. 基于电流-电压四端法的无线土壤电导率传感器研究. 西南师范大学学报(自然科学版),No. 06,2014.

[18] 刘咏平. 基于车联网技术开展城市智慧交通深度应用. 中国公共安全:学术版,No. 17,2012.

[19] 夏前亮. 声表面波传感器测试电路研究[D]. 南京:南京航空航天大学出版社,2012.

[20] 余淑慧. 输电线防振锤系统微风振动特性研究. 北京:华北电力大学出版社,2012.

[21] 邵晶. 面向智能电网的光电传感器技术. 武汉:华中科技大学出版社,2011.

[22] 史鹏翔,贾书丽,李晨露,等. 光栅振动解调技术在输电线运动监测中的应用. 电力系统通信,No. 12,2011.

[23] 杜磊,龚元,吴宇,等. 光纤布喇格光栅沉降传感器. 光子学报,No. 12,2011.

[24] 李鹏. 延迟线型无源无线声表面波传感器硬件系统研究[D].西安:西安电子科技大学出版社,2011.

[25] 赵燕. 传感器原理及应用. 北京:北京大学出版社,2010.

[26] 戴焯. 传感器原理与应用. 北京:北京理工大学出版社,2010.

[27] 李艳红,李海华. 传感器原理及其应用. 北京:北京理工大学出版社,2010.

[28] 刘笃仁,韩保君,刘靳. 传感器原理及应用技术(第二版). 西安:西安电子科技大学出版社,2009.

[29] 吴建平. 传感器原理及应用. 北京:机械工业出版社,2009.

[30] 余贻鑫. 智能电网的技术组成和实现顺序. 南方电网技术,Vol. 3,No. 2,2009.

[31] 张帆. 基于加速度传感器定位的输电线舞动监测装置研究. 重庆:重庆大学出版社,2009.

[32] 张洪润,张亚凡,邓洪敏. 传感器原理及应用. 北京:清华大学出版社,2008.

[33] 陈建元. 传感器技术. 北京:机械工业出版社,2008.

[34] 郁有文,常健,程继红. 传感器原理及工程应用(第三版). 西安:西安电子科技大学出版社,2008.

[35] 陈裕泉,[美]葛文勋. 现代传感器原理及应用. 北京:科学出版社,2007.

[36] 唐文彦. 传感器(第4版). 北京:机械工业出版社,2007.

[37] 刘胜春,姜德生,李盛. 新型光纤光栅振动传感器测试斜拉索索力. 武汉理工大学学报,Vol. 028,No. 8,2006.

[38] 赵博. 基于SAW原理的传感器技术研究[D]. 哈尔滨:哈尔滨工业大学出版社,2006.

[39] 叶林华. 基于相关检测技术的晶体光纤荧光温度传感器特性研究. 浙江大学博士学位论文. 杭州：浙江大学出版社，2006.

[40] Lenz, J., Edelstein, S.. Magnetic Sensors and Their Applications，IEEE Sensors Journal，Vol. 6，No. 3，2006.

[41] 高国富，罗均，等. 光机电一体化丛书——智能传感器及其应用. 北京：化学工业出版社，2005.

[42] 郝晓剑. 瞬态表面高温测量与动态校准技术研究. 中北大学博士学位论文. 太原：中北大学出版社，2005.

[43] Measurement and Automation Catalog 2005. National Instruments.

[44] 蒋蓁，罗均，谢少荣. 微型传感器及其应用. 北京：化学工业出版社，2005 .

[45] 李科杰. 现代传感技术. 北京：电子工业出版社，2005.

[46] 张岩，胡秀芳. 传感器应用技术. 福州：福建科学技术出版社，2005.

[47] 孙建民，杨清梅. 传感器技术. 北京：清华大学出版社，2005.

[48] 张洪润，张悦，张亚凡. 传感技术与应用教程. 北京：清华大学出版社，2005.

[49] 刘晓明，朱钟淦. 微机电系统设计与制造. 北京：国防工业出版社，2005.

[50] 章吉良，周勇，戴旭涵，等. 微传感器——原理、技术及应用. 上海：上海交通大学出版社，2005.

[51] 莫锦秋，梁庆华，汪国宝，王石刚. 微机电系统设计与制造. 北京：化学工业出版社，工业装备与信息工程出版中心，2004.

[52] 范志刚. 光电测试技术. 北京：电子工业出版社，2004.

[53] Doebelin E.. Measurement Systems；Application and Design，5thEdition. McGraw-Hill Inc.，2004.

[54] 基于计算机的测量和自动化应用方案文集. 美国国家仪器有限公司，2004.

[55] 李刚，林凌. 现代测控电路. 北京：高等教育出版社，2004.

[56] 徐科军，马修水，李晓林. 传感器与检测技术. 北京：电子工业出版社，2004.

[57] 王雪文，张志勇. 传感器原理及应用. 北京：北京航空航天大学出版社，2004.

[58] 陈艾. 敏感材料与传感器. 北京：化学工业出版社，2004.

[59] 张文栋. 微传感器与微执行器全书. 北京：科学出版社，2003.

[60] 王伯雄. 测试技术基础. 北京：清华大学出版社，2003.

[61] 张广军. 光电测试技术. 北京：中国计量出版社，2003.

[62] 严钟豪，谭祖根. 非电量电测技术(第 2 版). 北京：机械工业出版社，2002.

[63] 蔡萍，赵辉. 现代检测技术与系统. 北京：高等教育出版社，2002.

[64] 王大珩. 现代仪器仪表技术与设计. 北京：科学出版社，2002.

[65] 李科杰. 新编传感器技术手册. 北京：国防工业出版社，2002.

[66] 孙传友，孙晓斌，李胜玉，张一. 测控电路及装置. 北京：航空航天大学出版社，2002.

[67] 测量和自动化百科全书光盘. 美国国家仪器有限公司，2002.

[68] 侯培国，王玉田，王莉田，王杰，郭增军. 高性能虚拟数字示波器的研究. 测试技术学报，2002.

[69] Internet-Ready Power Network Analyzer for Power Quality Measurements and Monitoring, Instrupedia, 2002 Edition，National Instruments Corporation.

[70] 颜冲，等. 新型商用化磁阻式传感器. 传感器技术，Vol. 20，No. 6，2001.

[71] M. Elwenspoek, R. Wiegerink. Mechanical Microsensors. Springer-Verlag Berlin Heidelberg，2001.

[72] Ramon Pallds-Areny, John G. Webster. Sensor and Signal Conditioning, Second Edition. John Wiley & Sons, 2001.

[73] 何希才. 传感器及其应用电路. 北京：电子工业出版社，2001.

[74] 刘君华，贾惠芹，丁晖，阎晓艳. 虚拟仪器图形化编程语言 LabVIEW 教程. 西安：西安电子科技大学出版社，2001.

[75] 张国雄，金篆芷. 测控电路. 北京：机械工业出版社，2001.

[76] 刘君华. 现代检测技术与测试系统设计. 西安：西安交通大学出版社，2001.

[77] 赵负图. 现代传感器集成电路(通用传感器电路). 北京：人民邮电出版社，2000.

[78] 李道华，李玲，朱艳. 传感器电路分析与设计. 武汉：武汉大学出版社，2000.

[79] 吴兴惠，王彩君. 传感器与信号处理. 北京：电子工业出版社，1998.

[80] 侯国章. 测试与传感技术. 哈尔滨：哈尔滨工业大学出版社，1998.

[81] Gregory T. A. Kovacs. Micromachined Transducers Sourcebook.. McGraw-Hill Companies Inc.，1998.

[82] 刘迎春，叶湘滨. 传感器原理、设计与应用. 长沙：国防科技大学出版社，1997.

[83] 王勖成，邵敏. 有限单元法基本原理和数值方法. 北京：清华大学出版社，1997.

[84] 徐德炳. ADXL50 和 ADXL05 型加速度计的原理及应用———一种单片集成带有信号调理电路的加速度传感器. 电子技术应用，No. 5，1997.

[85] Bryzek, J.. Impact of MEMS Technology on Society. Sensors and Actuators，Vol. A56，Nos. 1-2，Aug. 1996.

[86] 杨卫，郑泉水，靳征谟. 走向二十一世纪的中国力学. 北京：清华大学出版社，1996.

[87] 孙肖子. 传感器及其应用. 北京：电子工业出版社，1996.

[88] 贺安之，阎大鹏. 现代传感器原理及应用. 北京：宇航出版社，1995.

[89] 童诗白，徐振英. 现代电子学及应用. 北京：高等教育出版社，1995.

[90] 孙希任等. 航空传感器实用手册. 北京：机械工业出版社，1995.

[91] 罗先和等. 光电检测技术. 北京：北京航空航天大学出版社，1995.

[92] 黄贤武，郑筱霞. 传感器原理与应用. 成都：电子科技大学出版社，1995.

[93] Giachino，J. M. and Miree，T. J.. The Challenge of Automotive Sensors. Proceedings of the SPIE Conference inMicrolithography and Metrology in Micromachining，SPIE Vol. 2640，1995.

[94] 张福学. 传感器敏感元件实用指南. 北京：电子工业出版社，1993.

[95] Thomas G. Beckwith，Roy D. Marangoni，John H. Lienhard V.. Mechanical Measurements(Fifth Edition). Pearson Education，Inc.，1993.

[96] 吕俊芳. 传感器接口与检测仪器电路. 北京：北京航空航天大学出版社，1992.

[97] 贾伯年，俞朴. 传感器技术. 南京：东南大学出版社，1992.

[98] 吴兴惠. 敏感元件及材料. 北京：电子工业出版社，1992.

[99] 吴正毅. 测试技术与测试信号处理. 北京：清华大学出版社，1991.

[100] 陈润泰，许馄. 检测技术与智能仪表. 长沙：中南工业出版社，1990.

[101] MacDonald，G. A.. A Review of Low Cost Accelerometers for Vehicle Dynamics. Sensors and Actuators，Vol. A21，Nos. 1-3，1990.

[102] 强金龙. 非电量电测技术. 北京：高等教育出版社，1989.

[103] [美]H. N. 诺顿. 传感器与分析器手册. 上海：上海科学技术出版社，1989.

[104] 王英华. 晶体学导论. 北京：清华大学出版社，1989.

[105] 叶松林. 精密机械仪器零件. 杭州：浙江大学出版社，1989.

[106] 王化祥，张淑英. 传感器原理及应用. 天津：天津大学出版社，1988.

[107] 刘广玉. 几种新型传感器———设计和应用. 北京：国防工业出版社，1988.

[108] 潘新民，等. 微型计算机与传感器技术. 北京：人民邮电出版社，1988.

[109] 鲍敏杭，吴宪平. 集成传感器. 北京：国防工业出版社，1987.

[110] 陈锦荣. 传感器设计原理. 南京：南京理工大学出版社，1987.

[111] 张是勉，杨树智. 自动检测. 北京：科学出版社，1987.

[112] 袁希光. 传感器技术手册. 北京：国防工业出版社，1986.

[113] 陈继述. 红外探测器. 北京：国防工业出版社，1986.

[114] 郭振芹. 非电量电测量. 北京：计量出版社，1982.

[115] 南京航空学院，北京航空学院合编. 传感器原理. 北京：国防工业出版社，1980.